JN235860

大気環境変化と植物の反応

野内 勇 編著

2001

東京
株式会社
養賢堂発行

執筆者一覧

野内　勇　　農業環境技術研究所 地球環境部 気象研究グループ長
芳住　邦雄　共立女子大学 家政学部 教授
伊豆田　猛　東京農工大学 農学部 環境資源科学科 助教授
清野　豁　　農業環境技術研究所 企画調整部長
鞠子　茂　　筑波大学 生物科学系 助教授
横沢　正幸　農業環境技術研究所 地球環境部 主任研究官

（2001.4現在）

口絵写真1

口絵写真2

口絵写真3

口絵写真1　光化学オキシダント（オゾン）によるコマツナの被害症状（漂白斑）

口絵写真2　光化学オキシダント（オゾン）によるアサガオの被害症状（漂白斑と褐色ネクロシス）

口絵写真3　光化学オキシダント（PAN）によるペチュニアの被害症状（葉裏面の銀白化）

口絵写真4　オゾン層破壊16％相当のUV-B照射によるキュウリの被害症状（黄色化）

口絵写真5　栃木県の奥日光におけるシラビソ・オオシラビソの衰退

口絵写真4

口絵写真5

序　文

　今，地球には約30万種の植物と100万種を越す動物とが，多様で豊かな生命活動を行っている．それは地球誕生46億年の歴史の中で，気の遠くなるような時間を通して，進化と絶滅という悠久のドラマを地球環境という舞台で演じてきた結果である．しかし，近年，誕生してからまだ500万年ほどにしかならない人類が，自らの生命活動により，地球環境に大きなインパクトを与え，地球温暖化，オゾン層破壊，酸性雨や砂漠化などという地球環境問題を引き起こし，地球上の全生物の将来に不安の影を落としつつある．特に，植物は宇宙船地球号の中で基礎生産を担っており，健全な植物の生育なくしては，宇宙船地球号の乗組員の生命を維持することはできない．

　1980年代後半，地球温暖化，オゾン層破壊や酸性雨などの地球環境問題が顕在化したが，このことは地球を取り巻く大気環境がいかに脆弱であるかを示している．それ以前，私たちが知る大気環境といえば，局地的・地域的な大気汚染の問題であった．イオウを多量に含む石炭や重油の燃焼に伴うイオウ酸化物汚染，自動車排ガスに代表される窒素酸化物汚染，さらに窒素酸化物と炭化水素が太陽の紫外線により生成する光化学オキシダント汚染などである．これら大気汚染物質は人間の健康を損ねるばかりでなく，植物の生育不良をもたらし，激しい場合には枯死に至らしめた．しかし，現在，我が国では，産業公害としての大気汚染は各種の対策により克服されつつあり，明白な大気汚染による植物被害の発生は少なくなってきた．その一方，特に，急速な工業化を遂げつつあるアジアなどの国々では，我が国が経験した大気汚染の歴史の道を辿りつつあり，特に，大都市の大気汚染レベルは我が国において最もひどかった時期のそれに匹敵するかあるいはそれ以上でもある．

　一方，フロン，ハロカーボン，メタンやCO_2などのそれ自身は動植物に毒性ではない大気微量気体が，その濃度を増加することにより，オゾン層を破壊したり，地球を温暖化するなど地球規模での環境変化を招き，人類の生存と生態系に危機をもたらせている．すなわち，大気環境は工場や自動車から

序文

の煙や排ガスによる局所的な問題から,オゾン層破壊や高濃度 CO_2 による地球温暖化などの地球規模の大気環境問題へと拡大してきている.そこで,本書は,産業公害型の大気汚染物質,地球環境問題である酸性雨,オゾン層破壊や温暖化などの大気環境の変化と,それが植物に及ぼす影響を理解することを目的として編集した.

本書では,大気汚染の現状と最近の大気質の変化,地球環境に至る大気環境を概説した.そして,大気汚染の植物被害の歴史的変遷を振り返るとともに,指標植物を用いた大気環境モニタリング調査から,今なお,大気汚染(特に,光化学オキシダント)が過去のものではないことを示した.大気汚染物質として主要な二酸化イオウ,窒素酸化物,光化学オキシダント(オゾンとPAN),酸性雨がどのような仕組みで植物に障害を与えるのか,また,植物はそれらの大気汚染物質に対し,どのように自らを防御しているのかを生理生化学的な面から眺めて概説した.また,現在,環境科学者や生態学者ばかりでなく,社会的関心を集めている森林衰退の原因を実態調査や各種の実験結果から探った.一方,大気大循環モデルから予想される温暖化シナリオから将来予想される大気環境変化による植物への影響予測,オゾン層破壊に伴う紫外線増加が引き起こす農作物の生育・収量影響や陸域生態系への影響など地球環境変化がもたらす植物への影響について最新の情報を含めて解説した.さらに,温暖化をもたらす温室効果ガスである CO_2 およびメタンと植物との係わりを取り上げた.CO_2 では,大気-植生-土壌の間をめぐる CO_2 の交換過程を解説するとともに,その過程を記述する数学モデルを紹介した.湿地や水田などの嫌気性土壌内でメタン生成菌によって生成されるメタンは,大部分が水生植物の体内を介して大気へ放出されるが,この水生植物によるメタン放出機構を解説した.最後に,植物が CO_2 を吸収し光合成を行う際に,大気汚染物質も同時に取り込むが,この植物による大気の浄化能の評価法を解説した.

本書は,編者が長年携わってきた大気汚染や大気環境変化による植物の生理・生態的な影響を中心としているが,より広い分野をカバーするために,各分野の第一線で活躍している編者の友人にも執筆して頂いた.本書は,大気

環境と植物の係わりに興味を持つ学生や研究者を対象として,企画されたものであり,かなり専門的な内容を含んでいる.本書が,現在直面している大気環境問題を理解するための手引きとなれば幸いである.

最後に,本書の刊行を引き受けて頂いた養賢堂,特に,矢野勝也編集部長をはじめ編集部の方々にいろいろとお世話になった.厚くお礼申し上げる.

2001年5月

野 内　勇

目 次

第1章 大気汚染による植物被害の変遷　（野内　勇）……… 1
1.1 江戸時代・明治時代の鉱山周辺の二酸化イオウによる煙害……… 2
1.2 大正・昭和前期における煤塵・二酸化イオウによる都市型大気汚染… 3
1.3 戦後の経済成長期以降の工場周辺のさまざまな大気汚染物質
　　による汚染……… 4
　1.3.1 二酸化イオウ……… 4
　1.3.2 フッ素化合物……… 6
　1.3.3 煤　塵……… 6
1.4 安定経済成長期の都市・生活型の広域大気汚染……… 7
　1.4.1 光化学オキシダント……… 7
　1.4.2 酸性雨……… 10
1.5 地球規模の大気環境問題……… 12

第2章 大気汚染物質と大気質の変化　（芳住　邦雄）……… 16
2.1 大気汚染物質の動態……… 16
　2.1.1 常時監視データによる大気質の現状……… 16
　2.1.2 大気汚染物質の発生源……… 21
　2.1.3 大気汚染物質の環境濃度の特性……… 22
　2.1.4 大気汚染物質の生成機構……… 25
2.2 地球規模大気質の変動……… 40
　2.2.1 地球温暖化の現状……… 40
　2.2.2 地球規模の熱収支……… 42
　2.2.3 温室効果ガス……… 45
　2.2.4 成層圏オゾン層の破壊……… 52
　2.2.5 太陽光紫外線照射量……… 55
　2.2.6 都市域による紫外線量の動態……… 56

第3章 二酸化イオウによる植物被害　　（野内　勇）……… 64
- 3.1 被害症状 …………………………………………………… 65
- 3.2 被害の発生とSO_2濃度 ………………………………… 65
- 3.3 SO_2の作用メカニズム ………………………………… 66

第4章 光化学オキシダントによる植物被害　　（野内　勇）…… 72
- 4.1 オゾン ……………………………………………………… 72
  - 4.1.1 被害症状 …………………………………………… 72
  - 4.1.2. 被害の発生とオゾン濃度 ……………………………… 73
  - 4.1.3 オゾンの作用メカニズム …………………………… 78
  - 4.1.4 活性酸素種の解毒 …………………………………… 91
  - 4.1.5 オゾンと炭化水素との反応生成物（過酸化物）の植物毒性 …… 94
- 4.2 パーオキシアセチルナイトレート（PAN）………………… 97
  - 4.2.1 被害症状 …………………………………………… 97
  - 4.2.2 被害の発生とPAN濃度 …………………………… 97
  - 4.2.3 PANの作用メカニズム …………………………… 98

第5章 窒素酸化物による植物被害　　（野内　勇）………… 113
- 5.1 被害症状, 被害の発生とNO濃度 ……………………… 113
- 5.2 NO_2の作用メカニズム ………………………………… 114
  - 5.2.1 亜硝酸イオン（NO_2^-）の蓄積 ………………… 114
  - 5.2.2 光合成への影響 …………………………………… 118

第6章 大気環境の悪化を警告する指標植物　　（野内　勇）… 122
- 6.1 二酸化イオウの指標植物 ……………………………… 122
  - 6.1.1 高等植物 …………………………………………… 123
  - 6.1.2 コケ類 ……………………………………………… 125
- 6.2 フッ化水素の指標植物 ………………………………… 133
- 6.3 エチレンの指標植物 …………………………………… 134

6.4 オゾンの指標植物 ·· 135
　6.4.1 タバコ ··· 135
　6.4.2 アサガオ ··· 137
　6.4.3 ハツカダイコン ··· 143
　6.4.4 クローバー ··· 145
6.5 PANの指標植物 ··· 146
　6.5.1 ペチュニアの被害症状および葉被害とPAN濃度との関係 ·········· 146
　6.5.2 ペチニア被害から見た関東地方およびその隣接県における大気中の
　　　　PAN汚染の分布 ··· 147
6.6 指標植物法が目指すもの ··· 149

第7章　酸性雨による農作物被害　（野内　勇）··············· 156
7.1 被害症状 ··· 156
7.2 農作物の生長・収量への影響 ····································· 157
　7.2.1 温室における人工酸性雨実験による生長・収量への影響 ·········· 157
　7.2.2 野外実験における酸性雨の農作物の生長・収量への影響 ·········· 163
7.3 酸性雨による土壌の酸性化と炭酸カルシウムによる中和 ············ 164

第8章　森林衰退　（伊豆田　猛）························· 168
8.1 森林衰退の現状 ··· 168
　8.1.1 欧　米 ··· 168
　8.1.2 中　国 ··· 172
　8.1.3 日　本 ··· 173
8.2 森林衰退の原因仮説 ··· 177
　8.2.1 欧米における森林衰退の原因仮説 ····························· 177
　8.2.2 オゾン仮説 ··· 178
　8.2.3 二酸化イオウ仮説 ··· 179
　8.2.4 酸性降下物仮説 ··· 179
　8.2.5 窒素過剰仮説 ··· 180

8.3 日本における森林衰退に関する野外調査・・・・・・・・・・・・・・・・・・・・・・ 182
8.4 日本における森林衰退の原因仮説の検証・・・・・・・・・・・・・・・・・・・ 184
　8.4.1 オゾン・・・ 184
　8.4.2 酸性雨・・・ 187
　8.4.3 酸性霧・・・ 190
　8.4.4 酸性降下物による土壌酸性化・・・・・・・・・・・・・・・・・・・・・・・・・ 191
　8.4.5 窒素過剰・・・ 195
　8.4.6 複合ストレス・・・ 196
8.5 おわりに・・ 198

第9章　地球温暖化の植物への影響予測　　（清野　豁）・・・・・・ 209
9.1 温暖化のメカニズム・・ 209
9.2 温室効果ガス・・・ 211
9.3 温暖化の将来予測・・ 212
　9.3.1 地球規模の気候変化予測・・・・・・・・・・・・・・・・・・・・・・・・・・・・・ 212
　9.3.2 日本付近の気候変化予測・・・・・・・・・・・・・・・・・・・・・・・・・・・・・ 214
9.4 温暖化による農業生産への影響・・・・・・・・・・・・・・・・・・・・・・・・・・・ 215
　9.4.1 作物に対する生理的影響・・・・・・・・・・・・・・・・・・・・・・・・・・・・・ 215
　9.4.2 地球規模の農業生産への影響・・・・・・・・・・・・・・・・・・・・・・・・ 220
　9.4.3 アジア諸国の農業生産への影響・・・・・・・・・・・・・・・・・・・・・ 222
　9.4.4 わが国の農業生産への影響・・・・・・・・・・・・・・・・・・・・・・・・・・ 225
9.5 新たな気候変化シナリオに基づく影響評価・・・・・・・・・・・・・・・ 230
9.6 森林生態系への影響・・ 233
9.7 残された問題・・・ 235

第10章　紫外線（UV-B）増加に対する植物の反応　（野内　勇） 241
10.1 オゾン層の形成と生物の進化・・・・・・・・・・・・・・・・・・・・・・・・・・・・ 242
10.2 生体物質への影響・・ 244
10.3 植物に対するUV-Bの影響・・・・・・・・・・・・・・・・・・・・・・・・・・・・・・・ 247

10.3.1　UV-Bの影響を調べる実験方法……………………… 247
  10.3.2　照射実験におけるUV-B放射照度の表示…………… 251
  10.3.3　被害症状………………………………………………… 252
  10.3.4　UV-B照射に対する植物の反応……………………… 252
  10.3.5　紫外線に対する植物の防御機構……………………… 254
 10.4　紫外線増加が農作物の生長・収量への影響……………… 260
  10.4.1　ダイズ…………………………………………………… 262
  10.4.2　イ　ネ…………………………………………………… 264
  10.4.3　オオムギ………………………………………………… 266
  10.4.4　その他の農作物………………………………………… 268
 10.5　樹木と各種生態系へのUV-Bの影響…………………… 268
  10.5.1　温帯の樹木……………………………………………… 268
  10.5.2　熱帯・高標高地の樹木………………………………… 269
  10.5.3　草　原…………………………………………………… 270
  10.5.4　矮生低木の優先したヒース生態系…………………… 271
 10.6　UV-Bが生態系に及ぼす間接的な影響………………… 272
 10.7　競合バランス………………………………………………… 274
 10.8　おわりに……………………………………………………… 275

第11章　大気－植生－土壌系におけるCO_2交換
　　　　　　　　　　　　　　（鞠子　茂・横沢　正幸）………… 284
 11.1　植物のCO_2交換に関わる生理機構……………………… 286
  11.1.1　個葉の光合成…………………………………………… 286
  11.1.2　植物の呼吸……………………………………………… 290
  11.1.3　大気CO_2濃度の上昇と植物によるCO_2固定……… 292
 11.2　大気－植生－土壌系のCO_2交換………………………… 294
  11.2.1　生態系の炭素循環……………………………………… 294
  11.2.2　大気CO_2濃度の上昇と生態系の炭素循環………… 297
 11.3　植物と環境とのCO_2交換に関するモデル……………… 299

11.3.1 個葉光合成のモデル・・・・・・・・・・・・・・・・・・・・・・・・・・・・・・・・・・・・・・・ 299
11.3.2 大気−植物−土壌間の CO_2 交換モデル・・・・・・・・・・・・・・・・・・・ 305
11.4 大気−植生−土壌系の CO_2 交換モデルの例・・・・・・・・・・・・・・・・・ 315

第12章 水田・湿地からのメタン発生　　（野内　勇）・・・・・324

12.1 水田・湿地におけるメタンの生成および分解・・・・・・・・・・・・・・・・ 325
12.2 大気への放出・・ 327
 12.2.1 水稲における通気組織系（ventilating system）・・・・・・・・・・ 328
 12.2.2 ガスの流れ：分子拡散とマスフロー・・・・・・・・・・・・・・・・・・ 328
 12.2.3 水生植物のマスフローによるメタンの放出・・・・・・・・・・・・ 338
12.3 水田からのメタンの発生量・・・・・・・・・・・・・・・・・・・・・・・・・・・・・・・ 339
12.4 水稲体内を介したメタン放出機構・・・・・・・・・・・・・・・・・・・・・・・・・ 340
 12.4.1 水田土壌から大気へのメタンの放出経路・・・・・・・・・・・・・・ 340
 12.4.2 水稲のメタン放出口・・・・・・・・・・・・・・・・・・・・・・・・・・・・・・・ 341
 12.4.3 水稲体内を介した土壌根圏から大気へのメタン輸送機構・・・・・ 346
12.5 水田からのメタン放出に係わる要因−特に，水稲の生育・品種
  について−・・ 347
12.6 水田におけるメタンフラックスおよび土壌水中のメタン濃度の
  季節変化・・ 349
12.7 水稲体内を介したメタン輸送モデル・・・・・・・・・・・・・・・・・・・・・・・ 350
 12.7.1 コンダクタンスの季節変化・・・・・・・・・・・・・・・・・・・・・・・・・ 352
 12.7.2 コンダクタンスの日変化・・・・・・・・・・・・・・・・・・・・・・・・・・・ 354
 12.7.3 水耕栽培の水稲の根圏温度を変化させた時のコンダクタンス変化・・・・ 356
 12.7.4 水田からのメタンフラックスの推定・・・・・・・・・・・・・・・・・ 358
12.8 水田土壌内における気泡の存在が水稲を介したメタン輸送に
  影響を及ぼすか？・・・・・・・・・・・・・・・・・・・・・・・・・・・・・・・・・・・・・・ 359
12.9 おわりに・・・ 361

第13章　植物の持つ大気浄化機能　　（野内　勇）············ 371
　13.1　植物のガス交換機能·· 371
　13.2　沈着速度と沈着量評価··· 373
　　13.2.1　沈着速度·· 373
　　13.2.2　沈着速度から求めた植物群落の大気浄化能の評価 ············ 375
　13.3　植物生産量を利用した植物の大気浄化能の評価············ 376
　　13.3.1　植物生産力に基づく汚染ガス吸収モデル·················· 376
　　13.3.2　わが国の緑地の大気浄化能の評価························· 379
　13.4　おわりに··· 381

索引·· 385

第13章　植物の持つ大気浄化機能　　（野内　勇）………… 371
- 13.1 植物のガス交換機能……………………………………… 371
- 13.2 沈着速度と沈着量評価…………………………………… 373
  - 13.2.1 沈着速度………………………………………………… 373
  - 13.2.2 沈着速度から求めた植物群落の大気浄化能の評価 ………… 375
- 13.3 植物生産量を利用した植物の大気浄化能の評価………… 376
  - 13.3.1 植物生産力に基づく汚染ガス吸収モデル ………………… 376
  - 13.3.2 わが国の緑地の大気浄化能の評価 ……………………… 379
- 13.4 おわりに………………………………………………… 381

索引 ……………………………………………………………… 385

第1章 大気汚染による植物被害の変遷

　大気汚染は18世紀末の欧州で始まった産業革命以後もたらされ，その性質を変えながら現在にも及んでいる．わが国の大気汚染問題は，1980年代を境にして局地的あるいは地域的な大気汚染の問題から，地球環境というグローバルな視点に変わってきた．これは二酸化イオウ（SO_2）などによる地域的な健康被害や植物被害の発生が減少し，大気汚染が社会的な関心を集めないような程度に改善されてきたこと，その一方では地球の温暖化やオゾン層の破壊など，地球規模での大気環境の変化が起こり始めており，その重要性が指摘されるようになったからである．

　大気汚染による植物被害は火山活動起源のような形で有史以前からあったが，自然現象としての大気汚染は別として，わが国の大気汚染の歴史とその汚染による植物被害・植物影響の研究との係わりを振り返ってみよう．(1)江戸時代に端を発した鉱山・精錬所周辺の高濃度SO_2，いわゆる煙害による樹木や農作物被害，(2)明治中期から昭和20年代にかけて大阪，東京のように中小製造工場が乱立した大都市における不特定多数の煙突から，石炭燃焼に伴って排出された煤塵およびSO_2による街路樹を中心とした植物被害，(3)石炭から石油に燃料転換がなされるとともに，第二次大戦後の高度経済成長期（昭和30年代後半から昭和40年代前半）において，大工場群のコンビナートの高煙突からの石油燃焼に伴うSO_2による工場周辺のミカン，ナシ，イグサや水稲の被害，(4)昭和45年に初めて社会問題化した光化学オキシダントによる広域の農作物・園芸植物や公園・街路樹の被害，(5)酸性雨の深刻さが認識された昭和48年以降，その生態系への悪影響として，平地のスギの衰退と山岳地帯の森林衰退現象の指摘という流れである．

　酸性雨と平地林のスギ衰退および森林衰退に関しては，現在，調査研究が進められているが，それらが酸性雨の影響であるとの確証はほとんど得られていない．さらに最近では，大気中の二酸化炭素，メタン，窒素酸化物やフロンのような温室効果ガス濃度の増加による地球の温暖化，フロンの大量放

出による成層圏オゾン層の破壊に伴い地表に到達する紫外線（UV-B）量の増加など，植物に対して直接の毒性をもたない大気微量気体が直接的あるいは間接的に引き起こす地球規模の環境変化による陸上生態系への影響が憂慮されている．

本章は，わが国で発生した大気汚染による植物被害の歴史的変遷を振り返り，次章以降に展開される各章の背景とするものである．

1.1 江戸時代・明治時代の鉱山周辺の二酸化イオウによる煙害

江戸時代は今日からみれば物質文明の未発達な時代であったが，精錬所の煙害は森林に壊滅的な被害を与えていた．わが国の公害の原点といわれる足尾銅山はその一例である．栃木県の足尾銅山は1611年に精錬を開始したが，精錬所周辺ではまもなく森林樹木がすべて枯死し，不毛の地と化した．銅や亜鉛などの鉱石は，金属とイオウが化合したものであったり，不純物としてイオウを含んでいるため，精錬の段階でイオウが燃え，SO_2となって大気中に排出され，それによる被害のためであった．明治初期にさらに精錬は大規模化され，大正初期には煙害によって生じた裸地が 600 ha にも及び，鉱

図 1.1　足尾銅山周辺に今なお残る不毛の山肌（栃木県足尾市，1992年5月，農工大伊豆田氏提供）

山側が年々砂防工事を施すにもかかわらず降雨のたびに土砂が流出し，洪水を招いたという（只木，1979）．ただ，足尾銅山の公害問題の主題は渡良瀬川のカドミウム鉱毒であったことと，森林枯損の被害の多くが国有林であったため，樹木被害問題は社会問題化しなかった．しかし，その煙害地の規模はわが国最大であり，1973年に操業を停止し，25年以上経過したにもかかわらず，今なお，禿げた山肌を見せて自然が破壊されたままであり（図1.1），酸性土壌に強いイタドリやヘビノネコザなどのわずかな植物群落しか見いだすことができない．

同様な SO_2 による農林水産業の深刻な煙害被害は，愛媛県の別子銅山（1900年頃），秋田県の小坂鉱山（1905年頃）や茨城県の日立鉱山（1910年頃）などの銅精錬所周辺においても発生していた．精錬所周辺の煙害に対する地域住民の反対運動は熾烈を極めたが，健康影響に関する医学的知識の不足などもあって，農林業の被害補償を求めるという形で行われた．しかし，企業側は折々に損害補償を交えつつも，操業を優先したことと対策技術が未発達なことから，十分な改善効果を上げることができず，公害反対運動が長期化した．昭和に入った1929～1939年頃，排煙脱硫装置の導入など数々の発生源対策の結果，煙害問題はようやく終止符を打った．

1.2 大正・昭和前期における煤塵・二酸化イオウによる都市型大気汚染

大正時代に新しい大気汚染問題として登場してきたのは，人口集中による都市型の大気汚染である．大阪，東京，川崎，名古屋のような商工業都市では中小製造工場が乱立し，不特定多数の煙突から石炭燃焼に伴って煤煙が排出された．当時の動力源は石炭を燃焼する蒸気機関であったため，煤塵とSO_2が多量に排出され，特に冬になると暖房ボイラーからの黒煙で太陽が見えないほどであり，大阪は「煙の都」と呼ばれた．煤塵とSO_2による被害は，呼吸器疾患を中心とする住民の健康被害が中心であり，植物被害は街路樹に発生する程度であった．この煤煙による大気汚染は第一次世界大戦（1914～

1918年)頃に激しいものとなり,日中戦争(1939〜1945),さらには第二次世界大戦(1941〜1945年),戦後復興期の昭和35年(1960年)頃まで続いた.第二次世界大戦頃に至っては,国民は戦争の耐乏生活を強いられ,苦情を口にすることもほとんどできなかった.

1.3 戦後の経済成長期以降の工場周辺のさまざまな大気汚染物質による汚染

1.3.1 二酸化イオウ

戦後の高度経済成長期になると,燃料が石炭から石油に切り替わり,大気汚染は石炭による黒い煤煙から白い煙の SO_2 へと移っていった(1945年〜1973年).1959年頃,近代的な大型工場が相互に関連を持ちながら操業するコンビナート形式の大工場群が出現した(図1.2).高煙突から排出される SO_2 を中心とした大気汚染は形態を変化させつつ広域化,深刻化していった.大気汚染対策である工場の高煙突化は,周辺の高濃度汚染の改善には効果があったが,汚染物質を広域に拡散・移流することとなり,四日市工業地帯(三重県)の周辺では,四日市喘息といわれる健康被害の発生とともに,水

図1.2 多数の工場が林立するコンビナート(神奈川県川崎市の京浜工業地帯,2000年7月)

1.3 戦後の経済成長期以降の工場周辺のさまざまな大気汚染物質による汚染

稲や樹木などの植物被害も発生した（谷山・沢中，1975）．さらに，京葉臨海工業地帯（千葉県）周辺でナシや水稲などの農作物被害（千葉県農林部，1974），水島工業地帯（岡山県）周辺でイグサや果樹類などの農作物被害（岡山県農業試験場，1974a，1974b）が発生している．これら被害の原因物質は，石油の燃焼に伴って発生する SO_2 であり，精錬による煙害被害とある一面では類似している．

京葉臨海工業地帯の植物被害（千葉県農林部，1974）では，1965年5月から6月にプラタナス，モミジ，イチョウやケヤキなどの新芽や果樹園のナシの葉と花に可視被害が発生した．次いで1966年2月には，モクセイ，ビワ，キャラ，アカマツやツツジなどに落葉を生じた．そして，1966年春にはナシに激しい被害が生じ，落葉，葉面の壊死斑，花の枯死や幼果の被害なども生じた．特に，石灰ボルドー液を散布したナシの被害が甚大であった（白鳥，1978）．ナシ被害を防止するため，千葉県はナシ栽培方法の改善，他の作物への作付け転換や工場に対しての低イオウ燃料への切り替え要請を行い，ナシの急性被害は1965年と1966年の2年間だけにとどまった．しかしその後しばらくは，樹勢の衰え，ナシの奇形化や矮小果の着生率が高く，数年してやっと正常にもどったという（白鳥，1978）．

都市に生育する樹木の衰退調査が林業試験場（1967）や東京都首都整備局（1968）で開始された．その結果，東京都区内の東部，北部，南部でクロマツ，シラカシ，スダジイ，ケヤキ，ソメイヨシノ，ヒマラヤスギ，ムクノキやエノキなどの樹木の衰退が激しく，西部では比較的被害が軽く，その衰退の程度や分布は大気中のイオウ酸化物濃度の地域分布と一致していることがわかった．なお，アカマツ，スギとモミは衰退が激しすぎて，衰退の分布調査には使えない状況であった．このような東京都区内における樹木の衰退はその後も進行し，被害は東京の西部へと拡大していった（山家，1973，1978）．さらには，首都圏で重油燃焼によって放出される SO_2 の放出（84万トン，日本全国の排出量の22％に相当）が続けば，東京の緑は50年後には消失するというショッキングな調査結果が報告されることにもなった（科学技術庁資源調査会，1972）．

1.3.2 フッ素化合物

フッ素を含む粘土,岩石や鉱石が加熱されると,フッ化物,そのほとんどはガス状の HF が大気中に放出される.フッ化物による植物被害は,氷晶石(フッ化ナトリウムとフッ化アルミニウムの混晶)を使用するアルミナの電気分解工場,リン鉱石(フッ素アパタイトを主成分とする鉱石)を原料とするリン酸肥料製造工場やフッ化物をうわ薬に使用する陶磁器,瓦や煉瓦などの陶磁器製造工場の近くでしばしば発生した.

フッ素の植物に対する毒性は強く,大気中の濃度が数 ppb でも敏感な植物には被害が発生する.フッ化水素は水に易溶性であるので,気孔を通して取り込まれた後,速やかに蒸散流に乗って葉の先端や葉縁部に集積する.そのため,フッ化物による被害症状は,ほとんどが葉の先端と葉縁の壊死斑である.壊死斑の特徴は,壊死部分と健全な組織の間が明確に識別されるような赤味がかった茶色のバンドが存在することである.

ガス状のフッ化水素の被害として,角田ら(1968)は福島県西部のアルミ工場周辺のフッ素汚染状況を調査し,石灰濾紙法による $0.1\ \mathrm{mgF/m^2/}$月,あるいは環境濃度 $2.7\sim5.1\ \mu\mathrm{gF/Nm^3}$ ($3\sim6$ ppb)程度以上の地域でマツとグラジオラスの葉の先枯れ,ウメとカキの着果阻害が発生することを認めている.千葉県では,アルミ電解工場やリン酸肥料工場などの周辺で,水稲の葉に被害が発生するとともに,玄米収量の著しい低下があった(千葉県農林部,1974).フッ化物に対して感受性の高い植物であるグラジオラス,アプリコットやブドウなどの被害症状は,葉中のフッ素濃度含量が 20 ppm を越えた時に生じる(Treshow and Anderson, 1991).

フッ素化合物は発生源で除去しやすい物質であるので,アルミナ電解工場やリン酸肥料製造工場では発生源対策の徹底により植物被害の発生はほとんどなくなったが,その後も規模の小さな瓦や陶磁器の製造工場周辺では,スギやマツなどの樹木の葉枯れや立ち枯れ,水稲被害が頻発したが(桐本ら,1977;正通ら,1979),現在では急性被害の発生事例は極めて少なくなった.

1.3.3 煤　塵

煤塵の定義は「燃焼,加熱および化学反応などにより発生する排ガス中に

含まれる固体の粒子物質」であり，燃焼施設における除じんが不完全な場合に植物被害が発生する．1973 年，四国においてミカンの果実が煤塵の付着により，ほうそう状あるいは黒色状の小斑点が発生した（松島，1976）．松島（1976）は全国 14 工場の重油燃焼ボイラーの煤塵によるミカンやナシ果実への影響を調査し，さまざまな煤塵のうち，強酸性と潮解性の煤塵を付着させると上記の被害が発生することを確認した．また，鋳物工場から排出される煤塵によってもナシ果実の被害が生じ，商品価値が低下したことも知られている（沖野ら，1974）．

1.4 安定経済成長期の都市・生活型の広域大気汚染

1960 年代後半には，大気汚染のみならず水質汚濁，自然破壊，新幹線などによる騒音・振動などの問題も日本各地で顕在化し，公害に対する国民世論が急速な高まりを見せた．そのため，企業による燃焼施設における燃料の低イオウ化や排煙脱硫装置の設置，自治体と企業との間の公害防止協定，法律による排出規制などの各種の公害対策が行われ，1965 年度以降の継続測定局における大気中の二酸化イオウ濃度の年平均値は，1967 年度の 0.059 ppm をピークに減少傾向に転じた．しかし，一方，この時期に新たな都市・生活型の大気汚染問題が顕在化してきた．その発生源は工場・事業場の他，無数ともいえる自動車等の移動発生源であり，汚染物質としては光化学スモッグと酸性雨などの二次大気汚染物質であり，またその元凶である窒素酸化物である．

1.4.1 光化学オキシダント

1969 年頃，従来までの SO_2 による植物被害症状とは異なる被害症状が千葉県，神奈川県，東京都などで発生した．コマツナ，ツマミナやホウレンソウの葉の葉脈間が漂白化したり（口絵写真 1），ネギの葉先が白く漂白される被害であった．また，同時にケヤキの葉が緑葉のまま大量に落葉したが，これらの原因は不明であった．折しも 1970 年 7 月 18 日，東京都杉並区で目の痛みや呼吸困難を訴える人が続出する事件が起こった．この時，東京都公害研究所はこの原因は光化学スモッグによるものであると発表した．光化学

(8)　　第1章　大気汚染による植物被害の変遷

図 1.3　光化学スモッグによってかすむ東京駅周辺（東京都千代田区有楽町交通会館より望む，1972年8月）

スモッグの発生が確認されるに至って，原因不明であった植物被害も光化学オキシダントであると推定された（東京都公害研究所，1972）．光化学スモッグとは自動車排ガスや発電所などの発生源から排出された窒素酸化物，炭化水素などの汚染物質が太陽の紫外線により複雑な光化学反応を起こして，二次的にオゾンやパーオキシアセチルナイトレート（Peroxyacetyl nitrate：$CH_3COOONO_2$，PANと略称する）などの酸化性物質（オキシダント），あるいはアルデヒドやアクロレインなどの還元性物質，さらにはエアロゾルなどが生成されてモヤがかかったような大気汚染状態になる現象である（図1.3）．光化学オキシダントによる植物被害はアメリカ・ロサンゼルス地方で，すでにレタスやペチュニアなどの葉裏面の銀白化，ブロンズ化や光沢化を呈するPAN被害（Haargen-Smit et al., 1952；Stephens et al., 1956, 1961），タバコやブドウ葉の白色斑点や褐色斑点（Richard et al., 1958, Heggestad and Middleton, 1959）としてオゾン被害が確認されていた．

　わが国における光化学オキシダントによる植物の被害は，実は1969年以前にもあった．1962年頃，タバコの葉に原因不明の白色小斑点が近畿および北四国で発生し，「生理的斑点病」と呼ばれていた．この生理的斑点病には5つのタイプがあるが，1973年に至ってようやくタイプⅡとⅢはオキシダン

ト障害であることがわかったのである（須山ら，1973）．光化学スモッグの発生が頻発するようになった1971～1974年にかけて，日本各地で光化学オキシダントによる植物被害調査が行われた（例えば，東京都公害研究所，1971, 1972, 1974）．その結果，ホウレンソウ，フダンソウ，アサガオ，サトイモ，ネギ，ラッカセイ，トウモロコシ，コマツナ，サントウサイ，タバコ，カブ，ダイコン，ハツカダイコン，ニンジン，ゴボウ，ダイズ，インゲンマメ，キュウリ，ゴマ，ペチュニア，イネなど，多数の植物に可視被害が発生していることがわかった．光化学オキシダントの主成分はオゾンであり，その90％以上を占め，残りの10％以下はPANなどである．野外で発生した植物の被害はそのほとんどがオゾンによるものである．一方，PANは毒性が強く，5～10 ppb程度の濃度でもペチュニアなど感受性の高い植物に可視被害を発現させるが，大気中の濃度が低いため，PANによる被害の発生は極めて少なかった．ペチュニア，レタス，サラダナ，ホウレンソウ，フダンソウやインゲンマメなどで，葉裏面の銀白化や光沢化症状が観察されている（野内ら，1975）．

図1.4 ケヤキの異常落葉（東京都東大和市狭山自然公園，1971年7月22日）
夏にもかかわらず，左に見えるケヤキから大量の落葉があり，地面が一面その落葉で覆われている．

　1960年代末から1970年代初めの夏期に，広域にわたってケヤキの異常落

葉現象（図1.4）が頻繁に見られたが，落葉の発生と高濃度オキシダントの発生との間に相関が見られることより，オキシダントがその主原因と考えられた．

光化学オキシダントによる植物被害は，1970年代には晩春から初秋まで各地で頻発していたが，自動車排気ガス規制などの効果により，1980年代に入ると散発的に見られる程度に激減した．しかし，現在でも今なお光化学スモッグは発生しており，オゾンによる農作物やアサガオなどの可視被害の発生が認められている．

1.4.2 酸性雨

光化学スモッグが頻発していた1973年から1975年の3年間に，関東地方を中心に霧雨による目の痛みなどの人体被害が3回発生した．例えば，1974年7月3～4日，栃木県を中心に32,000人あまりの人が目の痛みを訴えた．1976年6月25日の雨水はpHが低く，特に熊谷では3.05であった（村野，1993）．これらの酸性雨事件において植物被害が報じられている．

これより以前，1970年の夏，雨にうたれたアサガオの花弁が変色や脱色したことが東京や近畿地方の各地で観察された（佐藤，1972；大平ら，1974）．さらに，1972年6月にサツキ，1973年5月にオオムラサキツツジの花弁が降雨後に脱色される現象が東京で発生したと新聞報道された．アサガオとツツジの花弁への人工酸性雨添着実験（図1.5）の結果，アサガオ花弁の脱色はpH 4.3以下とやや低い酸性液で

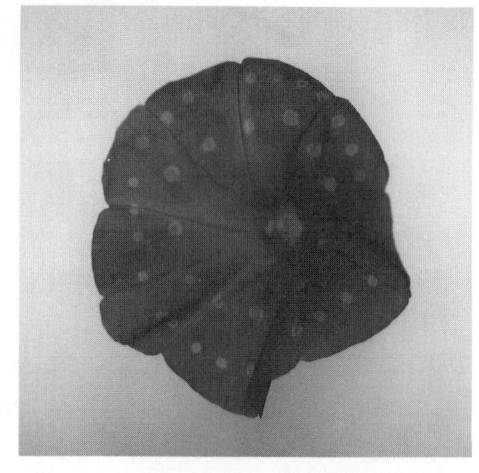

図1.5 アサガオ花弁の人工酸性雨による脱色（1983年8月）
pH 3.0の人工酸性雨（硫酸溶液）を花弁に添着した後に発生した脱色斑点

も発生するが(野内, 1984), ツツジ花弁の脱色はpH 2.6以下と極めて低い酸性液でしか発生しなかった(野内, 1982). そのため, 野外で発生しているアサガオの脱色斑は酸性雨によるものであること, 一方, 野外で脱色斑が発生したツツジから花腐れ菌核病の病菌が検出されることもあり, オオムラサキツツジの花弁の脱色の原因は酸性雨とは言い難いと結論された(野内, 1982, 1984).

　1980年代に入って, 欧米では酸性雨による湖沼の酸性化や森林の衰退が指摘され, 酸性雨の陸水生態系への影響が注目を集めた. わが国でも, 1960年代後半から目立っていた関東平野の社寺林や屋敷林のスギの先枯れ(図1.6)や枯損は, 酸性雨がその原因であるとの指摘がなされた(Sekiguchi et al., 1986). その後, スギの枯損に関して各種の調査が行われた(例えば, 高橋ら, 1986 ; 梨本・高橋, 1992 ; 松本ら, 1992). 現在でも, その原因は明らかではないが, 光化学オキシダントを中心とした大気汚染や大気の乾燥化などが有力である. 平地のスギの衰退以外にも, その後, 神奈川県丹沢山系のモミやブナ, 赤城山のシラカンバ, 奥日光のコメツガ, オオシラビソ, ダケ

図1.6　都市林のスギの衰退（埼玉県東松山市箭弓稲荷神社, 1993年9月）
　　　　1960年代後半から目立ち始めた先端が枯損するスギの先枯れ症状

カンバなどの山岳森林の衰退が広く認められるようになり，その原因として酸性雨や酸性霧の可能性が指摘されている．しかし，平地のスギの衰退と同様に，現地調査やさまざまな実験から，これら樹木衰退の原因は酸性雨とは考えにくいとする意見が主流となっている．

1.5 地球規模の大気環境問題

イオウ酸化物，光化学オキシダントや酸性雨などは植物に対して有毒な物質であり，農林生態系に多大な影響を及ぼすものである．しかし，フロン，CO_2 やメタンなどの大気微量成分は，それ自身は植物にとって毒物ではないが，その濃度が増加すると農林生態系に直接および間接に影響を及ぼし，しかもその影響が気候や生態系など広範な地球規模で現れる．すなわち，フロンによるオゾン層破壊とそれに伴う紫外線の増加や，CO_2，メタンや N_2O などの温室効果ガスによる地球温暖化である．オゾン層が1％減少すると生物に有害な紫外線（UV-B）は2％増加するともいわれており，農作物の生長・収量や生態系に対する UV-B の影響が調べられつつある．また，現在の約 350 ppm の大気中の CO_2 が，21 世紀中頃には2倍の 700 ppm に達すると予測されており，その濃度増加に伴って全球的な平均気温は約2℃上昇するとされ，そのシナリオに沿って農作物の収量予測や森林樹木への影響が世界各地の研究機関で急ピッチに調べられている．

引用文献

千葉県農林部，1974：農林公害事例集．

Haagen-Smit, A. J., Darley, E. F., Zaitlin, M., Hull, H. and Noble, W. M., 1952 : Investigation on injury to plants from air pollution in the Los Angeles area. *Plant Physiol.*, **27**, 18-34.

Heggestad, H. E. and Middelton, J. T., 1959 : Ozone in high concentrations as a cause of tobacco leaf injury. *Science*, **129**, 208-210.

科学技術庁資源調査会，1972：科学技術庁資源調査会勧告第26号「高密度地域における資源利用と環境保全の調和に関する勧告」，192p.

引用文献

桐本俊武・則武赳夫・高須謙一, 1977：石川県の一地区における瓦工場周辺におけるフッ素化合物による大気汚染調査成績, 全国公害研究誌, **2**, 38-47.

松島二良, 1976：ばいじん及び二酸化硫黄による温州みかんの被害, 三重大学環境科学研究紀要, **1**, 113-127.

松本陽介・丸山 温・森川 靖, 1992：スギの水分生理特性と関東平野における近年の気象変動－樹木の衰退現象に関して－．森林立地, **34**, 2-13.

村野健太郎, 1993：酸性雨と酸性霧．179p, 裳華房．

梨本 真・高橋啓二, 1990：関東甲信・瀬戸内地方におけるスギ衰退現象．森林立地, **32**, 70-78.

野内 勇・飯嶋 勉・大平俊男, 1975：植物に及ぼすパーオキシアセチルナイトレート (PAN) の影響．大気汚染研究, **9**, 535-543.

野内 勇・小山 功・大橋 毅・古明地哲人, 1982：人工酸性雨水によるオオムラサキ (ツツジ科) の花弁の脱色について．東京都公害研究所年報, 74-78.

野内 勇・小山 功・大橋 毅・古明地哲人, 1984：酸性雨水によるアサガオ花弁の脱色について．東京都公害研究所年報, 74-78.

岡山県農業試験場, 1974a：イグサの先枯原因究明に関する調査．昭和48年度岡山県農業試験場研究報告, pp 1-5.

岡山県農業試験場, 1974b：ミカンの不時落葉, 落果に関する試験．昭和48年度岡山県農業試験場研究報告, pp. 5-6.

沖野英男・今村三郎・稲垣育男, 1974：い物工場の粉じんによるナシ果実の汚染．愛知農業総合試験場報告, B (園芸) 6, 108-112.

大平俊男・沢田 正・古明地哲人・野内 勇・大橋 毅・伊達 昇・飯島 勉・寺門和也, 1974：アサガオによる光化学スモッグ影響調査, 東京スモッグ生成機序・植物被害に関する調査研究報告, pp. 655-672, 東京都公害研究所．

Richard, B. L., Middleton, J. T. and Hewitt, W. B., 1958：Air pollution with relation to agronomic crops. V. oxidant stipple of grape. *Agron. J.*, **50**, 559-561.

林業試験場, 1967：大気汚染の樹木におよぼす影響に関する研究, 大気汚染防止に関する総合研究報告書, pp. 213-275, 科学技術庁．

佐藤治雄, 1972：雨水によるアサガオの脱色．Nature Study, **18**, 74-78.

Sekiguchi, K., Hara, Y. and Ujiie, A., 1986 : Dieback of *Cryptomeria japonica* and distribution of acid deposition and oxidant in Kanto district of Japan. *Environ. Technol. Letters*, **7**, 263-268.

白鳥孝治, 1978：大気汚染による植物被害の変遷. 千葉県公害研究所研究報告, **10**, 1-14.

正通寛治・坪内　彰・内田利勝・小玉博英・安井　新, 1979：瓦工場周辺におけるふっ化物による大気汚染について, 全国公害研究誌, **4**, 21-28.

Stephens, E. R., Hanst, P. L., Doerr, R. C. and Scott, W. E., 1956 : Reaction of nitrogen dioxide and organic compounds in air. *Ind. Eng. Chem.*, **48**, 1498-1504.

Stephens, E. R., Darley, E. F., Taylor, O. C. and Scott, W. E., 1961 : Phtochemical reaction products in air pollution. *Int. J. Air Water Pollut.*, **4**, 79-100.

須山　勇・黒田昭太郎・篠原俊清・国沢健一, 1973：タバコの生理的斑点病に関する研究. 第5報　病斑の発生と大気中のオキシダントとの関係. 日本専売公社岡山たばこ試験場研究報告, **33**, 37-49.

只木良也, 1979：森林生態系への影響, 大気環境の変化と植物（門司正三, 内嶋善兵衛編）, pp.54-71, 東京大学出版会.

高橋啓二・沖津　進・植田洋匡, 1986：関東地方におけるスギの衰退と酸性降下物による可能性. 森林立地, **28**, 11-17.

谷山鉄郎・沢中和雄, 1975：作物のガス障害に関する研究（12）, 大気汚染地域（四日市）における水稲の生育・収量の特徴と大気汚染に対する指標植物としての意義について. 日作紀, **44**, 74-85.

角田文夫・羽田美樹子, 1968：弗化物による大気汚染の植物汚染の植物に及ぼす影響, 産業環境工学, **59**, 2-11.

東京都公害研究所, 1971：東京光化学スモッグに関する調査研究（第1報）, 364p.

東京都公害研究所, 1972：東京スモッグ生成機序・植物被害に関する調査研究部会中間報告（第2報）, 491p.

東京都公害研究所, 1974：東京スモッグ生成機序・植物被害に関する調査研究報告（第3報）, 816p.

東京都首都整備局，1968：大気汚染による植物の被害に関する調査報告書，都市公害部資料 2-0-11.

Treshow, M. and Anderson, F. K. (ed), 1991 : Fluoride: origins and effects. In: *Plant Stress from Air Pollution*, pp. 61-76, Jon Wiley, Chischester.

山家義人，1973：東京都内における樹木衰退の実態，林業試験場報告，**257**, 101-107.

山家義人，1978：都市域における環境悪化の指標としての樹木の衰退と微生物の変動．林業試験場報告，**301**, 119-129.

第2章　大気汚染物質と大気質の変化

2.1 大気汚染物質の動態

2.1.1 常時監視データによる大気質の現状

　大気環境中に存在する汚染物質は，人為活動に基づく発生源と自然現象に基づく発生源から排出される．産業活動の発展により惹起された昨今の大気汚染現象は，もとより前者に多くを由来している（Yoshizumi, 1991；Yoshizumi et al., 1980；神成・山本，1998）．

　こうした汚染源からの直接の排出物質は，一次汚染物質と称され，大気環境中での変質過程を経て生成したものを二次汚染物質と称し，別途に吟味す

表2.1　大気汚染に係る環境基準

物質	環境上の条件	対象区域
二酸化硫黄	1時間値の1日平均値が0.04 ppm以下であり，かつ，1時間値が0.1 ppm以下であること．	工業専用地域，車道その他一般公衆が通常生活していない地域または場所以外の地域
一酸化炭素	1時間値の1日平均値が10 ppm以下であり，かつ，1時間値の8時間平均値が20 ppm以下であること．	
浮遊粒子状物質	1時間値の1日平均値が0.10 mg/m^3以下であり，かつ，1時間値が0.20 mg/m^3以下であること．	
二酸化窒素	1時間値の1日平均値が0.04 ppmから0.06 ppmまでのゾーン内又はそれ以下であること．	
光化学オキシダント	1時間値が0.06 ppm以下であること．	
ベンゼン	1年平均値が0.003 mg/m^3以下であること	
トリクロロエチレン	1年平均値が0.2 mg/m^3以下であること	
テトラクロロエチレン	1年平均値が0.2 mg/m^3以下であること	

表2.2　環境基準の評価方法

ア．短期的評価
　　測定を行った日の1日平均値，8時間値または各1時間値を環境基準と比較して評価を行う．
イ．長期的評価
　　年間の1日平均値を環境基準と比較して評価を行う．
① 二酸化硫黄，一酸化炭素，浮遊粒子状物質の場合（昭和48年6月環境庁通達）
　　年間の1日平均値のうち，高い方から2％の範囲にあるもの（365日分の測定値がある場合は，7日分の測定値）を除外した後の最高値（2％除外値）を環境基準と比較して評価する．ただし，環境基準を超える日が2日以上連続した場合には，非達成と評価する．
② 二酸化窒素の場合（昭和53年7月環境庁通達）
　　年間の1日平均のうち，低い方から98％に相当するもの（98％）を環境基準と比較して評価する．

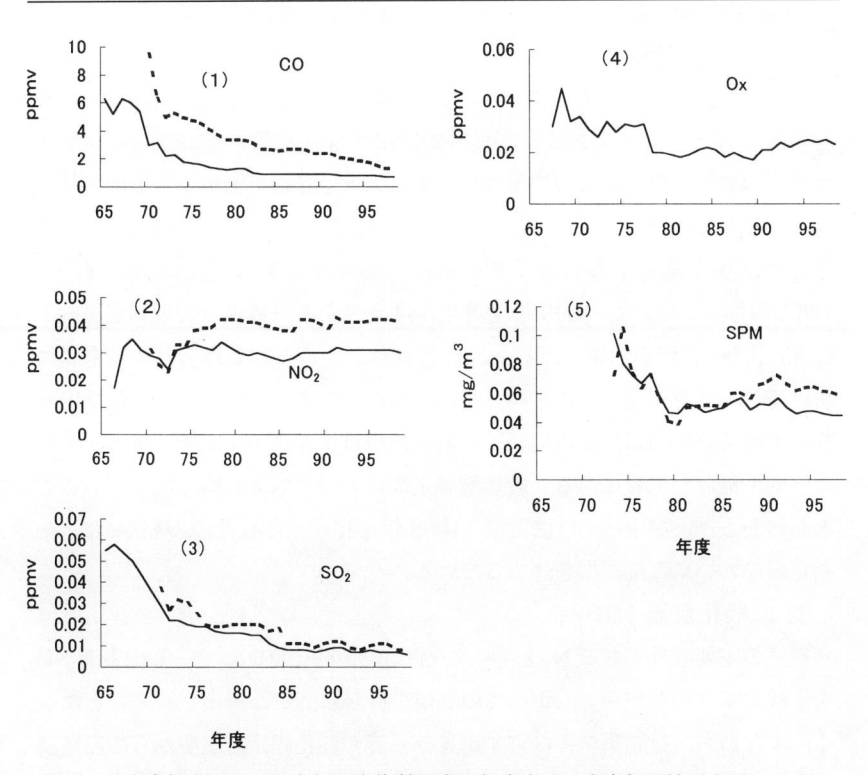

図2.1　東京都内における大気汚染物質濃度の年次変化（東京都環境保全局，1999）
　　　実線：一般環境測定局，破線：自動車排出ガス測定局

ることが多い．光化学オキシダント，硝酸塩，硫酸塩や有機過酸化物は，後者の例といえる．

大気汚染物質の影響としては，人体影響が第一義的に危惧され，わが国では，表2.1および表2.2に示す環境基準が設定されている．これは，人の健康を保護する観点から維持されることが望ましいレベルとして定められているのであって，植物，建造物あるいは文化財等への影響（芳住ら，1990）を直接的に考慮に入れたものではない．

そのうち5種類の物質は，地方自治体の常時監視システムによって全国的に連続測定がなされている．図2.1には東京都内の測定局における年平均値（東京都環境保全局，1999）を示し，以下にその説明を加える．

1）一酸化炭素（CO）

COは，自動車排出ガス中に燃料の未燃焼成分として存在し，特にガソリン自動車のアイドリング時に高濃度で排出される特徴を有している．ボイラー等の固定発生源からの排出は少なく，ほぼ全量が自動車から排出されるものとみなし得る．また，ディーゼル車では，空気がきわめて過剰となる空燃比で燃焼が進行するため，その排出はわずかである（Yoshizumi et al., 1982）．図2.1 (1)は，1999年度現在，44か所ある一般環境大気測定局および35か所の自動車沿道に近接して設置されている自動車排出ガス測定局におけるデータを年度ごとに平均した結果の推移である．自動車からの排出ガスの影響を直接的に受ける場所にある自動車排出ガス測定局での値は，それよりやや離れた位置にある一般環境測定局における値より高くなっていることがわかる．環境中のCO濃度は，1968年をピークに減少し，現状では，全測定局において環境基準を達成している．

2）二酸化窒素（NO_2）

空気の主要成分であるN_2とO_2は，高温燃焼時に反応して一酸化窒素NOを生成する．したがって，すべての燃焼装置からNOが排出されることになる．すなわち，自動車のみならずボイラー等の各種固定発生源からの環境濃度への寄与も少なくない．また，燃料中に含まれるN分もNO生成に寄与する．生成したNOは，主として排出過程ではO_2により，環境中ではO_3によ

り酸化されて NO_2 に変換される．OH ラジカルの素反応過程での役割も大きい．NO の反応性は低く，その影響は小さいものと考えられ，環境基準は NO_2 のみに定められている．NO_2, NO, N_2O などの混合物を窒素酸化物 (NO_x) と呼んでいる．図 2.1 (2) は，東京都内における NO_2 の年平均値の推移である．一般環境測定局および自動車排出ガス測定局で共に年次により増加あるいは減少に転じた期間もあるが，おおよそ 1990 年度以降全体として横ばいの状態にあると言える．NO_2 汚染は，わが国の環境問題のうちで最も重要な課題の一つといえるものであり，環境基準の達成率は，1998 年度では一般測定局で 56.8 %，自動車排出ガス測定局で 20.0 % であるにすぎない．なお，1999 年度の全国平均は，一般環境測定局 98.9 %，自動車排出ガス測定局 78.7 % である．

3) 二酸化イオウ (SO_2)

イオウ酸化物は，燃料に含まれるイオウ成分が燃焼時に酸化されて生じ SO_2 として排出される．一部は SO_3 まで酸化される．重油の低イオウ含有量化および灯油，ガスなどへの燃料転換の施策により，この数年 5～8 ppb の極めて低濃度で一般環境測定局では推移している．図 2.1 (3) に東京都内における測定結果を示した．自動車排出ガス測定局で高めの値となっているのは，ディーゼル車に使われる軽油中の硫黄分の影響であるが，わが国でも含有量の低減化がはかられてきている．

4) 光化学オキシダント (Ox)

光化学オキシダントは，太陽からの紫外線を受けて窒素酸化物と炭化水素が反応して生成する．その 90 % 以上はオゾン (O_3) であり，残りは各種の過酸化物である．図 2.1 (4) には，オキシダント濃度の経年的推移を示した．環境濃度は，1978 年以降増減を繰り返しながら，ほぼ横ばいの状態にある．一般環境測定局での全測定時間数のうち環境基準に適合した時間の割合は，1998 年度で 95.2 % であり，また，最近の光化学スモッグ注意報が発令された回数は，1997 年および 1998 年ともに 11 回となっている．

5) 浮遊粒子状物質 (SPM)

粒子状物質の発生源としては，固定発生源および移動発生源のみならず，

土壌，海塩などの自然起源および環境中で二次的に生成されるものも少なくない (Yoshizumi et al., 1990)．ガス状の物質に比較して削減対策の確立が困難な物質と言える．自動車のうちでは，ディーゼル車から黒煙としての排出量が大きい．かつては鉛化合物の排出が大きな問題であったが，わが国では1973年以降ガソリンの無鉛化が実施されたため，その影響は小さなものとなっている．図2.1(5)に示したように一般環境測定局では，増減を繰り返しながら推移している．自動車排出ガス測定局では，1990年度前後には，増加傾向にあったが，その後減少傾向に転じた．1998年度では東京都内のいずれの測定局においても，環境基準が達成されておらず，NO_2とともに，環境行政上最大の課題の一つである．しかし，1999年度に至って環境基準の達成率は大幅に改善された．

6) 有機化合物

(1) ベンゼン

化学・薬品工業で溶剤，合成原料として使用されている．また，ガソリン中にも含まれており，自動車からも排出されている．大量に吸入すると急性中毒を起こし，頭痛，めまい，吐き気などがあらわれ，死亡することがあるとされ，慢性作用としては，造血機能の障害と発がん性が知られている．

1998年度東京都内における一般環境測定局の年平均濃度は，3.4～5.8 $\mu g/m^3$ の範囲内にあり，全域平均値は 4.7 $\mu g/m^3$ であった．自動車排出ガス測定局で5.2～8.5 $\mu g/m^3$，年平均値は 6.9 $\mu g/m^3$ と高く，自動車からの寄与の大きいことがうかがわれる．

(2) トリクロロエチレンおよびテトラクロロエチレン

トリクロエチレンは，金属製品の洗浄剤，溶剤，低温用熱媒体などに用いられている．約8割が金属製品の洗浄剤として使用されている．人体への影響は，頭痛，吐き気，麻酔作用，肝臓障害をもたらし，発がん物質である可能性が高いとされている．

テトラクロロエチレンは，ドライクリーニング用洗浄剤，金属製品洗浄剤として広く用いられている．人体影響としては，めまい，頭痛，肝臓障害をもたらすとされ，発がん性の疑いもある．

トリクロロエチレンの一般環境測定局の年平均濃度は，3.6～12.0 $\mu g/m^3$ の範囲内にあった．テトラクロロエチレンは，1.0～3.9 $\mu g/m^3$ の範囲内にあった．いずれも自動車排出ガス測定局での結果との差は顕著ではなかった．環境基準は，トリクロロエチレンおよびテトラクロロエチレンについては，全調査地点で達成されているが，ベンゼンについては，全調査地点で達されなかった．

2.1.2 大気汚染物質の発生源

大気汚染物質の多くは，燃焼に伴って発生するといっても過言ではない．石油，天然ガス，石炭などを燃焼させて都市活動に必要なエネルギーを得る際に副生するものである．そうした燃焼用装置としては，各種工場，ビルの冷暖房，家庭用器具など移動しない固定発生源と，自動車，船舶，飛行機などの移動発生源がある．表2.3に南関東の一都三県における大気汚染物質の排出量の算定結果（環境庁，1999）を示した．現状では，最も著しく汚染物質を排出しているのが，自動車である．南関東で排出される SO_2 の約22％，NO_x の約46％は，自動車によると見積られている．

都市における輸送機関としての自動車の重要性がきわめて大きいことは，衆目の一致するところであり，東京都内の自動車保有台数は1998年3月末で419万台に達している（東京都，2000）．1964年に100万台を越えて以来，約4倍の増加である．さらにいえば，直接的に排出量に影響を与える要

表 2.3　南関東における大気汚染物質排出量（環境庁，1999）

	SO_x		NO_x		SPM	
	t/年	比率, %	t/年	比率, %	t/年	比率, %
工場	53,274	60.3	113,293	40.0	13,971	39.0
自動車	19,200	21.7	131,062	46.3	19,843	55.4
船舶	14,980	17.0	15,188	5.4	1,843	5.1
航空機	169	0.2	4,710	1.7		
民生	655	0.7	18,801	6.6	141	0.4
合計	88,278	100.0	283,054	100.0	35,798	100.0

算定基準：1995年度

因は，交通量である．1年間に1台当たりが走行する距離に自動車台数を乗じた値は，通過交通量を含めて東京都内の総計で300億台・kmと推算されている．その内訳は，乗用車6割弱，貨物車4割強である．最近の問題点は，自動車に占めるディーゼル車の割合の増加傾向である．これは主として燃料が廉価であるという経済性に起因するものであるが，乗用車においては，1990年3月に比較して，1999年3月にはその1.7倍にも増加している．また，自動車全体としては，ディーゼル車の比率は，1999年3月で15.6％となっている．ディーゼル車の排出ガス対策は，ガソリン車の場合よりも困難であるとされ，これまで緩い規制が行われてきたのが実状である．ディーゼル車の規制は今後厳しくなることが策定されているが，個々の自動車からの排出量を抑制することのみでは限界があるとも考えられる．1995年から，自動車NO_x法と呼ばれる「自動車から排出される窒素酸化物の特別措置法」が定められた．自動車交通が集中している地域を特定地域に指定して，そこでのNO_xの総量削減計画が実施されることになった．その地域での合理的な自動車使用を促すとともに，排出量の低い車種のみを使用させることなどが内容となっている．

2.1.3 大気汚染物質の環境濃度の特性

発生源から排出された物質は，希釈過程を経て，われわれの居住環境へ至ることになる．したがって，気象条件が大きな影響を与えることになり，風速および大気安定度が主要な環境濃度への影響因子である．

1）季節別平均濃度の変化

地上付近に発生源が多く存在するNO_xおよびSO_2の月別平均濃度変化は，11〜12月に高濃度になる一山形のパターンを示す事が知られている．特に，関東地方でその特徴が著しい．ところが，浮遊粒子状物質は，図2.2に例を示すように，6〜8月にかけて夏期および11〜12月の冬期に高濃度となる二山型の月変化パターンを示す．夏期のピークは，光化学反応に伴う二次生成粒子の影響が大きいと見込まれている．

2）風速階級別濃度変化

風速の階級別濃度変化をみると，図2.3に示すようにOxを除く，浮遊粒

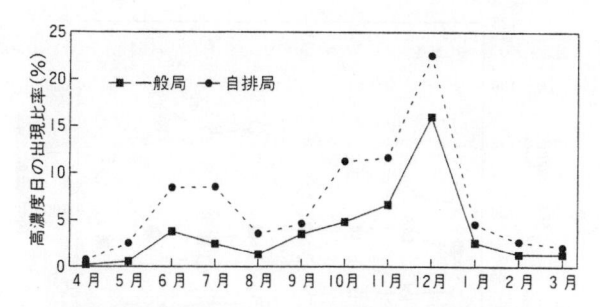

図 2.2 環境基準非達成局における浮遊粒子状物質高濃度日の月別分布（芳住，1998，許可を得て転載）

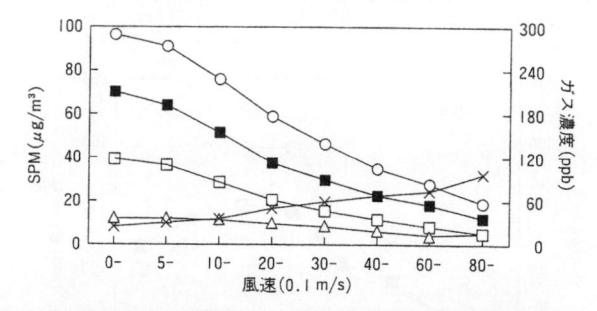

図 2.3 風速による環境濃度への影響（国設川崎，1992）（芳住，1998，許可を得て転載）
○：SPM，□：NO_x，△：SO_2，：O_x ■：NMHC（10 ppbC）

子状物質，NO_x，SO_2 および非メタン炭化水素（NMHC）では，おおむね風速が強くなると環境濃度が低くなっている．

これは，物質の移流と拡散現象を考えた場合，大気中の物質が風によって希釈される効果を示しているといえる．浮遊粒子状物質の拡散現象の取扱いに関しても，他のガス状物質と基本的には類似していることを示すものである．O_x は，移流過程で生成するため風速の増加によっては低減せず，むしろ，輸送の効果により高濃度状態となる．

3）湿度と環境濃度の関係

浮遊粒子状物質，NO_x，SO_2，O_x，NMHC の各汚染物質濃度と相対湿度の関係を表わしたものを図 2.4 に示す．図中では，横軸に相対湿度（％），縦軸

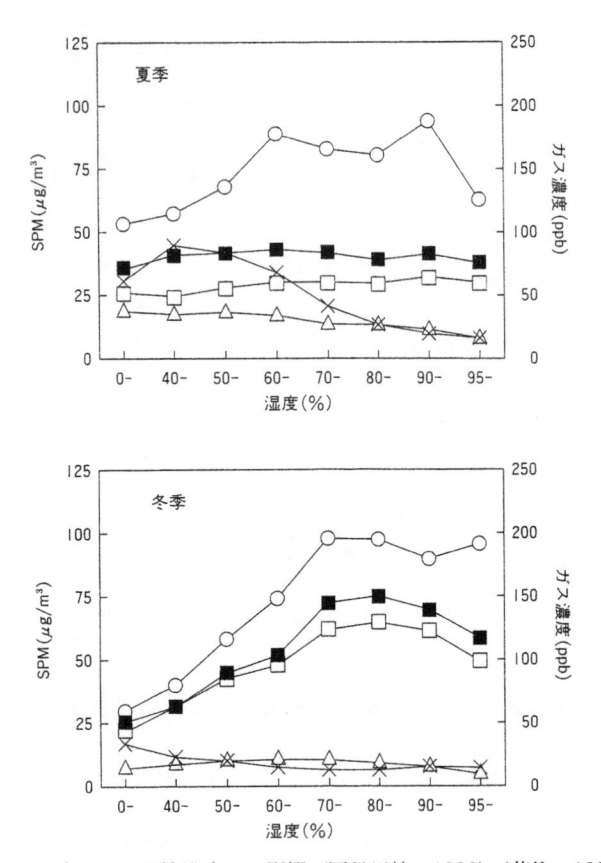

図 2.4 湿度による環境濃度への影響（国設川崎, 1992）（芳住, 1998, 許可を得て転載）
○：SPM, □：NO_x, △：SO_2, ：O_x ■：NMHC (10 ppbC)

に夏期および冬期の期間平均濃度が表されている．年間を通してみると，その影響の程度は夏期よりも冬期の方が顕著である．

湿度による浮遊粒子状物質濃度の上昇が NO_x 等の他の汚染物質と比較して冬期に際立って大きくなる現象が確認できることから，高気圧の通過後，低気圧（気圧の谷）の接近に伴い相対湿度が上昇してくるような状況下において高濃度が現れることが推察される．

2.1.4 大気汚染物質の生成機構

1) 酸性雨

　雨水が酸性化することによる影響の顕在化がはじめて指摘されたのはヨーロッパであり，特に，北欧においては湖沼の酸性化および森林の枯死か重篤な状態にまで進行していると言われている．さらに，オンタリオ州を中心とするカナダ東南部においても，同様の被害が深刻化しているとみられている．わが国においては，1973年6月に静岡県や山梨県で目および皮膚への刺激による人体被害が報告されて以来，雨水組成の酸性成分についての研究が注目を集め，地方自治体の研究機関を中心に，広範なモニタリングが続けられている（川上，1998；市川，1998；Li and Kasahara, 1998；山本ら，1999；佐竹，1999；玉置，2000；石川ら，1998）．ヨーロッパおよび北米では，国境を越えての大気汚染物質の長距離輸送による酸性物質の生成および流入が問題となっているが，わが国においても大気汚染の進行，さらには韓国および中国の工業化の進展に従い，その影響が危惧されつつある．すなわち，これまでわが国では，たかだか数百kmの距離圏における汚染現象のみが環境対策の課題となっていたが，数千kmのいわば地球規模の広域汚染につ

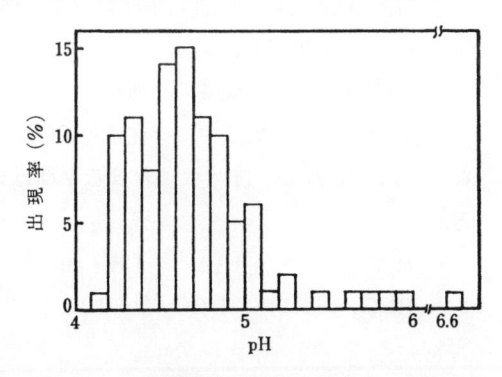

図2.5　わが国各地における雨水中pH値の出現頻度分布（芳住，1987，許可を得て転載）

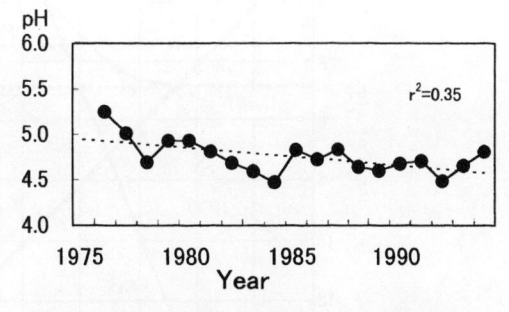

図2.6　1976〜94年の綾里における降水のpHの経年変化（石川ら，1998，許可を得て転載）

(1) 雨水酸性化の現状

わが国の100地点における降水のpHの10年間にわたる年平均値の出現頻度分布が，図2.5にまとめられている．その平均値はpH 4.5であり，pH 5.5以上の割合は5％にすぎない．濃度幅はpH 4.1〜5.9であり，pH値で2.0の範囲に納まっている．しかもバックグラウンドと考えられる地点でも必ずしも酸性度の低い値（pH値が大きい）とはなっておらず，雨水酸性化がわが国全体の問題となっていることがうかがわれる．また，図2.6に示すように清浄地域ともいうべき岩手県綾里での測定結果では長期的にはpHの低下傾向が認められている．

(2) 自然水における炭酸の平衡

雨水の酸性度は，大気中に存在するCO_2が溶解して生じる炭酸に本来は依存するはずである．自然水における平衡は式(1)〜(5)によって表わされる．

$$[H_2CO_3^*]/P_{CO_2} = 10^{-1.5} \quad [M \cdot atm^{-1}] \tag{1}$$

$$[HCO_3^-][H^+]/[H_2CO_3^*] = 10^{-6.3} \tag{2}$$

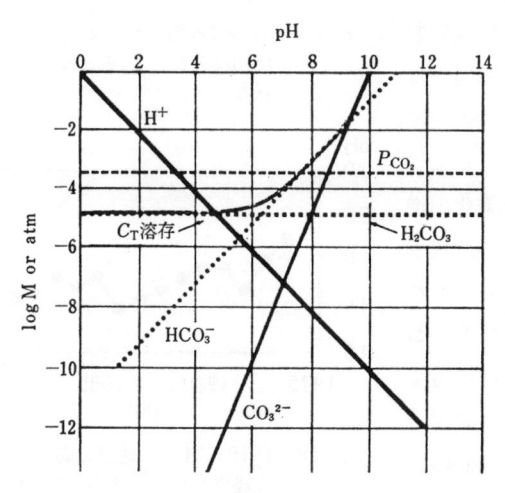

図2.7 自然水における炭酸の平衡（芳住，1987，許可を得て転載）

$$[CO_3^{2-}][H^+]/[HCO_3^-] = 10^{-10.2} \tag{3}$$

$$[H^+][OH^-] = 10^{-14} \tag{4}$$

$$[H^+] = [OH^-] + [HCO_3^-] + 2[CO_3^{2-}] \tag{5}$$

これらの関係を図示すると図 2.7 のようになる．ここに，P_{CO_2} は CO_2 の分圧であり，

$$[H_2CO_3^*] = [CO_2(aq)] + [H_2CO_3] \tag{6}$$

$$C_T = [H_2CO_3^*] + [HCO_3^-] + [CO_3^{2-}] \tag{7}$$

である．なお，C_T は溶存炭酸成分の総計値である．$P_{CO_2} = 330$ ppm とおくと，大気中の炭酸と平衡する酸性度として pH 5.60 が得られる．

しかし，実際にはこれよりも pH 値の低い，すなわち，酸性度の高い雨水が一般的である．主として硫酸および硝酸が主要な寄与をなし，さらには塩酸および有機酸なども大気中から溶解して，水素イオン濃度を増加させるものと考えられている．固定および移動発生源から排出される硫酸塩は，総硫黄分の 2～5 ％ 程度，硝酸塩は実質的に無視でき，雨水酸性化の原因物質は，ほとんどが SO_2 および NO_x のガスとして排出されるものであり，これらは大気環境中で酸化され，それぞれ硫酸および硝酸に変換される．

図 2.8 には国設測定局における硫酸塩および硝酸塩の総粒子状物質に対する濃度比率の関係を示した．黒マルで示した関東地方の測

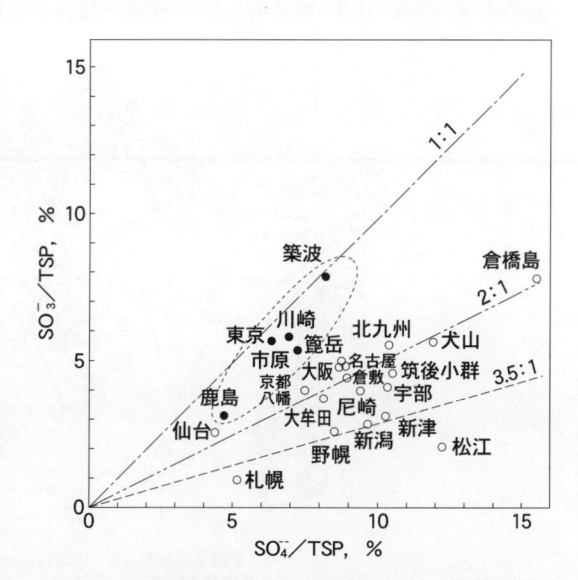

図 2.8 総粒子状物質 (TSP) 濃度に対する硫酸塩および硝酸塩濃度比率の関係 (1979～1981 年) (芳住, 1987, 許可を得て転載)

定局は，他の地域に比較して硝酸塩の比率が高いことがわかる．また，関東地方での低pH値の降水出現時には，雨水中の硝酸塩濃度が高い事例が報告されている（古明地ら，1986）．一方，米国においてもロサンゼルス地域は，自動車排出ガスによる汚染物質の影響が強いことが知られているが，アメリカ東部の雨水に比べて硝酸塩の寄与が大きいといわれている（芳住，1987）．わが国における関東地方は，相対的にロサンゼルス型といえそうである．SO_2およびNO_xの排出削減がこれまで実施されてきたにもかかわらず，雨水中の水素イオン濃度に大きな変化がみられないのは，中和剤となる塩基性物質の排出も減少したためとの可能性もある．

欧米での雨水酸性化と異なり，わが国では直接的な人体影響が報告されている．特に顕著なのは，1974年の関東地方での被害であり，7月3日から4日にかけて延べ約33,000人について雨水による目の刺激，皮膚への痛み等の影響が報告された（古明地，1983）．1975年にも北関東を中心に数十人の被害があった．1981年に群馬県で被害が報告された時には，雨水中のpH

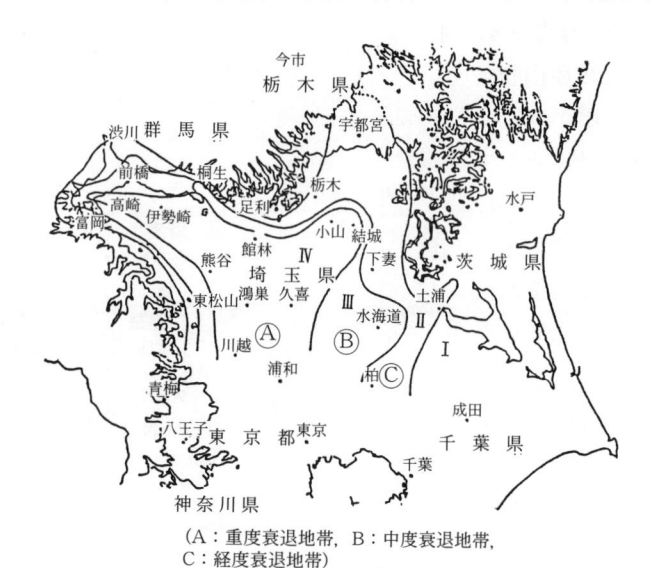

（A：重度衰退地帯，B：中度衰退地帯，C：経度衰退地帯）

図2.9　関東地方における樹木（スギ）の衰退状況（環境庁大気保全局・環境庁水質保全局・農林水産省林野庁，1986）

2.86が記録されている(関口ら,1983).

　雨水酸性化による樹木への影響が,北ヨーロッパおよびドイツで特に著しいと指摘されている.ドイツの黒い森(シュワルツワルト)での被害は,きわめて深刻なものと受けとめられ,ドイツ政府の大気汚染対策促進の駆動力となっているようである(Hordijk, 1986).一方,数々の音楽および文学の舞台として名高いウィーンの森も雨水酸性化の被害が危惧されている.しかし,ヨーロッパではここ数年冬期の冷え込みが厳しく,そのため森林の生育が悪いことや,さらに,スイスのアルプスでさえも認められる高濃度のオゾンの存在が雨水の酸性化よりも森林被害の要因としては深刻である可能性もある.わが国での,関東地方でのスギの衰退状況についての結果を図2.9に示したが,オキシダント,降水量(梨本・高橋, 1990)あるいは都市の乾燥化(松本ら, 1992)との関係も重要な要因と考えられている.

　湖沼への影響も一部では深刻である.スウェーデンを中心とする北ヨーロッパおよびカナダにおける湖沼は,酸性降水の流入によりpHが低下し,魚類が生息しえなくなった湖沼が多数にのぼっている.スウェーデンでは太古以来の氷河の流下により表層土が削りとられて,きわめて薄くなっており,緩衝能力が低く降水の影響を受けやすいものと考えられている(Swedish ministry, 1982).湖沼水の酸性化によって土壌中の重金属の溶出とともに,毒性の強いアルミニウムの溶出がみられている.そこで,スウェーデンでは,すでに航空機による炭酸カルシウムの散布が主要な対策方法として実施されている.一方,オンタリオ州およびノバスコシア州を中心とするカナダ東南部の14,000の湖沼が既に死滅し,おおよそ40,000の湖沼が危機に瀕しているといわれている.この原因がオハイオバレーを中心とする米国からのSO_2のカナダへの流入であるとみるカナダ側では,米国での排出規制強化を求めている(芳住, 1987).

　こうした湖沼の深刻な酸性化は,わが国では未だ報告されていないが,現状では酸性降下物質の影響よりも湖沼の緩衝力が上まわっているためであり,将来への危惧は否定できない.

　文化財への影響は,金属の腐食および大理石の変質溶解などとして現れ

図2.10　大気汚染によって劣化崩壊した彫像（Swedish ministry, 1982）

る．特に，ヨーロッパでは屋外の歴史的文化財として，大理石など炭酸カルシウムを主成分とする材料による彫像あるいは建造物が少なくないが，これらへの被害が近年顕在化しつつある．図2.10は西ドイツのウェストファリにある1702年に製作された彫像の例である．左側は1908年に撮影されたものであるが，1969年には右側の写真のように目鼻だちも定かでなくなっている．ギリシアのアテネにあるアクロポリスのパルテノン神殿においても酸性物質の影響は著しい（Yocom, 1979）．紀元前約450年に建てられ2400年間あまりその威容を誇っていた神殿が，特に1950年代から始まったアテネ周辺の工業化と人口集中による環境悪化によって，崩壊の危機に瀕している．その反応機構は，次のように考えられている（三浦，1983）．

① 酸性降水による大理石の溶出

　SO_2 および NO_2 は雨水に溶解し，$CaSO_4$ (aq) あるいは $Ca(NO_3)_2$ (aq) を生じさせ大理石を溶出させる．燃焼時に排出される CO_2 も $Ca(HCO_3)_2$ の生成による溶出反応を起こしうる．

② 大理石の硫酸塩化によるはく離

　大理石が大気中の SO_2 と反応して石膏となり，結晶構造の相違により脱落

する．

③鉄骨補強材の腐食による破損

1837〜1842年および1900〜1935年に崩壊をくい止めるために補強した鉄骨が，現在，腐食により体積を増加させて，大理石のひび割れを生じさせている．

こうした酸性物質による攻撃に対する保存対策としては，第一には，当然ながら大気汚染の排出源での規制を行い，SO_2およびNO_xの排出を抑制する．第二には，化学的な表面処理を施す．たとえばシリコーン樹脂やエポキシ樹脂の被膜形成，$Ba(OH)_2$溶液と反応させて$CaSO_4$を不溶性の$BaSO_4$へ変換すること，高圧のCO_2に暴露して$CaSO_4$を$CaCO_3$に戻すことなどが考えられている．第三には，鉄骨に換えて耐腐食性の高いチタンを用いることなどが挙げられる．

2）粒子状物質

大気環境中に浮遊している微粒子には，工場・事業場の煙突や自動車の排気管からの排煙，地表から飛散した粉塵，光化学反応により生成した粒子，海域からの塩粒子，火山の噴煙，黄砂，そして水または氷粒子からなる雲など数多くの種類がある．これらの微粒子は影響の程度は異なるが，人間の健康に影響を与えるだけでなく，視程や気候などローカルな環境から地球規模のグローバルな環境まで，幅広い範囲でわれわれの生活環境に影響を及ぼしている．気相に懸濁して固相あるいは液相の不均一系を構成する，こうした粒子は，エアロゾルとも呼ばれる．浮遊粒子状物質の環境基準が，1972年に定められて以来，各種発生源の排出規制が進められてきている．

浮遊粒子状物質に係わる大気汚染の特徴は第一には，都府県にまたがる広域的なものであり，第二には，発生源が工場，事業所などの固定発生源および自動車，船舶，航空機などの移動発生源の人為起源のみならず，土壌，海塩，植物などの自然起源に由来するものも少なくないことが挙げられる．さらには，第三として，大気環境中にガス状物質として排出された後に粒子状物質に変換された二次生成物質の影響を無視できないことがある．

(1) 粒子状物質の性状

これまでわが国での主要な大気汚染物質は，CO, SO_2, NO_x などのガス状物質であったが，これらと粒子状物質とでは基本的に異なる特性がある．構成物質は，単一ではなくそれぞれの発生源に対応した元素あるいは化合物の混合物となっている．また，粒子には，図 2.11 に示すように大きさの分布が存在し，それらは発生機構との密接な関連を有している．

図 2.11 の横軸は，粒径すなわち粒子の直径である．エアロゾルとして対象とされる粒径は，0.01 から 1,000 μm に至る数オーダーの範囲にあるので対数で表示するのが通例である．縦軸は粒径分布関数 $F(dp)$ であり，質量濃度を粒径で微分したものである．その際，前述のように粒径を対数表示するのでこの分母にも通常，粒径の対数を用いる．この関数の単位は，$\mu g/m^3$ であり μm では除さない．対数をとったものは無次元だからである．また，粒径分布関数の示す値は直接的な物理的意味を有しない．この曲線とある粒径の範囲によって囲まれた面積が濃度の意義を持っている．すなわち，粒径分布関数に粒径の範囲幅で積分したものが濃度 M である．その関係を次式に示す．

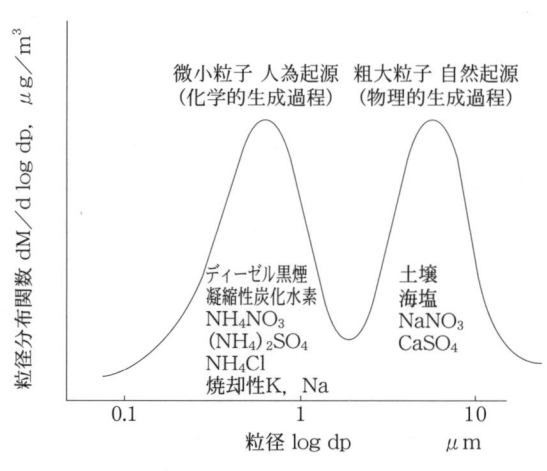

$$M = \int F(dp) \, ddp \tag{8}$$

図 2.11 粒子状物質の粒径分布と成分・発生源の関係（芳住, 1998, 許可を得て転載）

実験的にこの粒径分布関数を求めうるのがアンダーセンサンプラーであり，極めて有用な装置といえる．

　粒子状物質のうち粒径の小さいものは，空気と同様の挙動を示し，呼吸器系の深部にまで到達して健康障害を引き起こす．より大きなものは，慣性力および重力の作用により空気中より除去される．前者は，Einstein-Stokesの式より求められる拡散係数（早川・芳住，1983）に示されように，粒径が小さいほど熱運動が著しくなり衝突による除去の確率が高くなる．一方，粒径が大きくなるほど，慣性力が増大し空気の挙動と乖離して衝突による除去が見込まれる．これら二つの効果の谷間として直径 $0.3\,\mu m$ 程度の粒子は，フィルターによる除去が最も困難となっている．また，大きな粒子では，重力による沈降の影響も無視できなくなる．

　わが国では，空気の運動との乖離が著しくなる限界を粒子直径 $10\,\mu m$ とみなし，これ以下の粒子を浮遊粒子状物質と呼び，環境基準の対象としている．さらにこれを $10\sim2\,\mu m$ の範囲を粗大粒子（coarse particle），$2\,\mu m$ 以下の微小粒子（fine particle）とに分けて考察することが多い．前者は物理的な生成過程により発生し，自然起源に由来する．土壌および道路舗装の崩壊，舞上りの過程，海水が飛沫となり乾燥して生じる海塩粒子の生成過程，さらには海塩粒子とガス状硝酸が反応して硝酸ナトリウムが生成する過程も含まれる．一方，後者は化学的な生成過程により生成し，人為起源に由来するとみられる．内燃機関での燃焼由来のうち特に，ディーゼル黒煙（芳住ら，1982）の比率が高く，また，酸性分子が大気環境中のアンモニアで中和された生成物が主要な化学種である．さらに，凝縮性の炭化水素もこの領域に含まれる．

　粒子状物質の評価において留意すべき重要な要素に粒子の捕集特性による影響が大なることが挙げられる．ガス状物質においては，それぞれの分析精度には課題が残されているとしても，大気環境からの捕集効率が，ほぼ100％に近いことには一般的に疑念はない．

　しかし，粒子物質では前述のとおり粒径分布が存在するので，使用する捕集装置によって吟味する対象が異なってしまうのが現実である．従来より多

く用いられ，現在でも国設の常時監視で使われているハイボリュームサンプラーでは，100 μm 以下，研究に使われることの多いアンダーセンサンプラーでは，30 μm 以下，わが国の常時監視局では，10 μm 以下の粒子をそれぞれ捕集している．また，PM 2.5 と称して，図 2.11 における微小粒子に相当する 2.5 μm 以下を測定評価の対象としようとする動きもある．

さらに問題となるのは，上述の限界の粒径を定めても，カットオフの特性がその粒径でクリアカットというわけにはいかず，その粒径付近のある範囲でブロードになることである．粒子性質上のいわば必然として，捕集原理ごとあるいは，装置メーカーごとに捕集対象が異なる可能性は残り，測定結果の評価に際して十分留意しなければならない．

(2) 粒子状物質の生成

粒子状物質はその生成する過程の相違に応じて，一次粒子と二次生成粒子とに分類されている．

① 一次粒子

一次粒子は，燃料およびその他の物質の燃焼に伴って発生する粒子や物の破砕，選別その他の機械的処理，または，堆積に伴って発生，飛散する粒子等が挙げられ，図 2.11 に示したように粒径の違いから，前者はばいじんやディーゼル黒煙，後者は粉じんなどに区分されている．

ア) 人為起源

人為起源からの一次粒子は，大きく分けて固定発生源と移動発生源とから発生・排出される粒子に分類される．固定発生源には，工場のばい煙発生施設や粉じん発生施設のほか家庭等群小発生源がある．移動発生源は，人や車，物の移動に伴って発生するもので，自動車や船舶，航空機などが代表的なものである．

イ) 自然起源

自然起源として重要なものには，海塩粒子と土壌粒子がある．特に，四方を海に囲まれたわが国では，海岸線に沿って都市が発達していることから，季節特有の風系により飛散する海塩粒子の影響を多分に受けている．

② 二次生成粒子

二次生成粒子は，ガス状物質として大気中に放出された物質が，大気中において光化学反応や中和反応を経て粒子に変化したもので，硫酸塩（SO_4^{2-} 化合物），硝酸塩（NO_3^- 化合物），塩酸塩（Cl^- 化合物）などがこれに相当する（Yoshizumi and Okita, 1983）．塩化水素ガスは，大気中に放出された後にアンモニアガスにより中和され，生成した塩化アンモニウムは，温度に応じて粒子化する．この過程は変質過程を伴わない単なる中和反応であるが，gas-to-particle conversion であり，二次生成過程に含めることにする．

二次生成粒子は，人為起源，自然起源などの種類に依らずガス状物質が前駆物質であり，いずれの由来においても硫黄化合物，窒素化合物，塩素化合物，炭化水素化合物が主要な物質となっている．また，ガス濃度は，空気体積に対する体積比を ppb などとして通常表示されるが，粒子状物質濃度は，空気体積に対する質量比として $\mu g/m^3$ で示される．したがって，ガス状物質が粒子化した場合の寄与は数値上大きなものとなり，環境濃度値を押し上げることになる．すなわち，大気汚染のレベルを質量基準で考えると，現状ではガス状物質は粒子状物質に比較して非常に高い．

(3) 浮遊粒子状物質の環境濃度

1996年度を例として都道府県別の年平均値の分布を示したのが図2.12である．関東，東海，近畿，瀬戸内，北九州にかけて高濃度となっていることがわかる．一

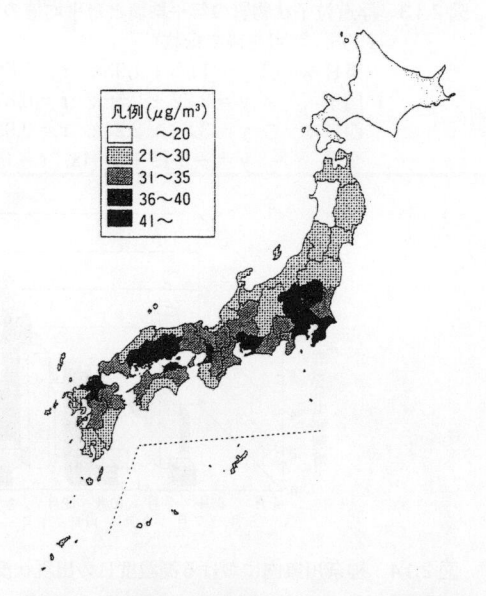

図2.12　浮遊粒子状物質の年平均値の地域分布（平成8年度）（芳住，1998，許可を得て転載）

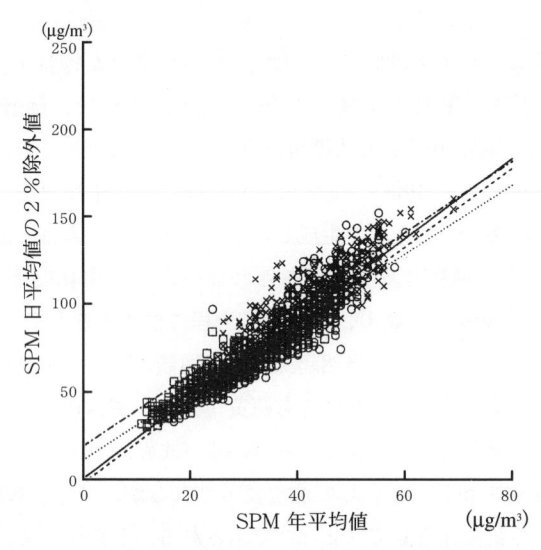

図 2.13 浮遊粒子状物質の年平均値と日平均値の2%除外値との関係（1996）（芳住，1998，許可を得て転載）

東日本　□　y = 11.5 + 1.95x,　r = 0.896,　n = 195,
関東　　×　y = 8.82 + 2.56x,　r = 0.874,　n = 350
西日本　○　y = 3.33 + 2.24x,　r = 0.930,　n = 917
全国　　−　y = − 5.49 + 2.64x,　r = 0.921,　n = 1441

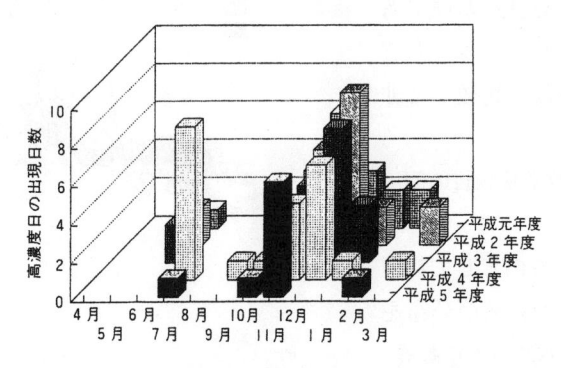

図 2.14 神奈川県内における高濃度日の出現状況（芳住，1998，許可を得て転載）

方では，都市ないし工業地域の集中度の低い地域では，必ずしも高い濃度ではなく，年平均値で $30\,\mu\mathrm{g/m^3}$ に達しないところも少なくない．

ところで，わが国の環境基準には，表2.2のように長期的評価と短期的評価がある．前者の評価にあたっては，図2.13に示す関係により年平均値を以って評価することが通例である．この図からは，関東地域でいえば回帰式からは年平均値 $36\,\mu g/m^3$ であれば長期的評価をクリアすることがわかる．しかし，この相関図に見られるようにバラツキの幅の存在は無視できない．

図2.14は，神奈川県全域にある一般環境大気測定局の過半数において1日平均値 $100\,\mu g/m^3$ を超過した日の月別の日数を1989年度から1993年度において表示したものである．各年とも11月および12月に高濃度現象が生じていることがわかる．これは移動性高気圧の背後や局地的な前線に伴い発生した逆転層のもとで風の弱い条件下で生じることが多い．また，広域的な現象でもある．

一方，夏期の7月にも高濃度現象が生じることがあり，この場合には大都市中心部よりも郊外において高濃度となり，光化学反応により起因するものと思われる．

3）硫酸塩および硝酸塩

浮遊粒子状物質および酸性雨における硫酸塩および硝酸塩の役割は大きなものがある．これらは，一次汚染物質として排出される SO_2 および NO_x が大気環境中の酸化過程により生成する．すなわち，SO_2 の酸化過程は，光化学的酸化である

$$SO_2 + OH + M \rightarrow HSO_3 + M \tag{9}$$

液相における O_2，O_3 および H_2O_2 による酸化（Yoshizumi et al., 1984），さらには，粒子表面における接触酸化などが考えられている．

さらに，硝酸ガスは，次のような NO_x の光化学的酸化過程によって生じるものと考えられている．

$$NO_2 + OH + M \rightarrow HNO_3 + M \tag{10}$$

硝酸生成速度は，硫酸生成速度に比較して1オーダー大きいと見込まれている（Pandis and Seinfeld, 1989；Paraskevopoulos et al., 1983；Yoshizumi et al., 1985）．また，水和反応により，硝酸が生じる．

$$N_2O_5 + H_2O \rightarrow 2\,HNO_3 \tag{11}$$

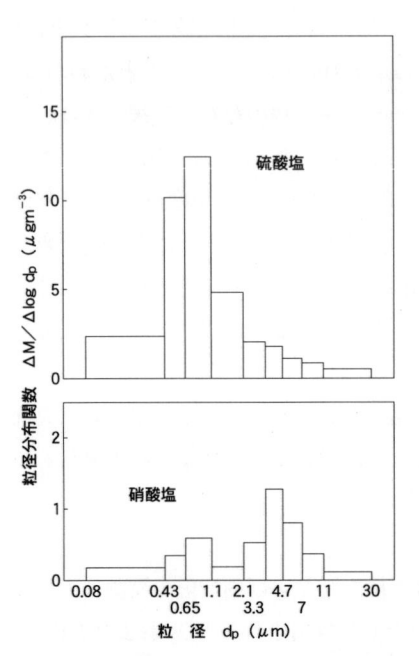

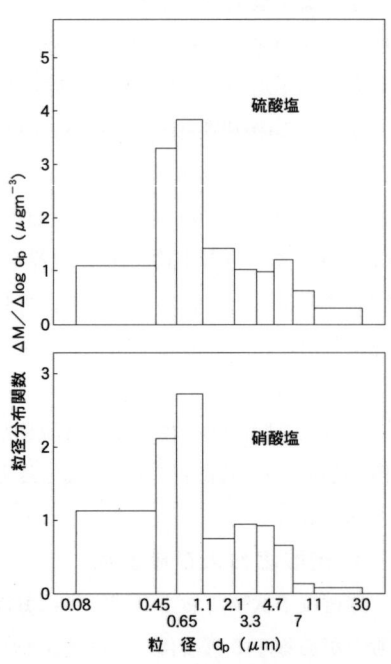

図 2.15 夏期における硫酸塩および硝酸塩の粒径分布（Yoshizumi, 1986, 許可を得て転載）

図 2.16 冬期における硫酸塩および硫酸塩の粒径分布（Yoshizumi, 1986, 許可を得て転載）

　生成した硫酸および硝酸は，カウターイオンとの反応を経て粒子化しそれぞれ特徴的な粒径分布を示すことが知られている（Yoshizumi et al., 1996）．図 2.15 および図 2.16 には，東京都郊外地域で測定した硫酸塩および硝酸塩の粒径分布を示した．

　粒子状物質は，既に述べたように通常その生成起源との関連から直径 2 μm 以下の微小粒子と直径 2 μm 以上の粗大粒子とに分けて考察されることが多く，前者は人工起源，後者は自然起源に由来すると考えられている．夏期の図 2.15 では硫酸塩は微小粒子に大きなピークを有し，粗大粒子には小さなピークないしはショルダーが認められるにすぎない．前述の発生起源と

の関係でいえば，硫酸塩の微小粒子は人工起源に由来し，粗大粒子は自然起源と係わりの深いことになる．従来，指摘されているように微小粒子中の硫酸塩は，大気中の SO_2 ガスから粒子への変換（gas-to-particle conversion）によるもので，そのカウンターイオンとしては NH_4^+ あるいは一部残されている H^+ が考えられる．粗大粒子側の硫酸塩は，図2.17に示した小笠原での測定結果に明瞭に認められるように自然起源の海塩粒子あるいは道路粉塵中の硫酸カルシウム等によると考えられる．冬期の図2.16では，微小粒子の硫酸塩レベルは低下している．

一方，硝酸塩は粗大粒子側に小さなピークの bimodal 粒径分布を示している．硝酸塩については，微小粒子は気相中の硝酸ガスとアンモニアとの反応により生成した NH_4NO_3 よりなり，粗大粒子は硝酸ガスと海塩粒子との反応による $NaNO_3$ よりなる．これらの直接的な定量は，Yoshizumi and Hoshi (1985) により報告されている．なお，粗大粒子の $NaNO_3$ については，NO_2 と海塩粒子の反応によっても生成することが知られている

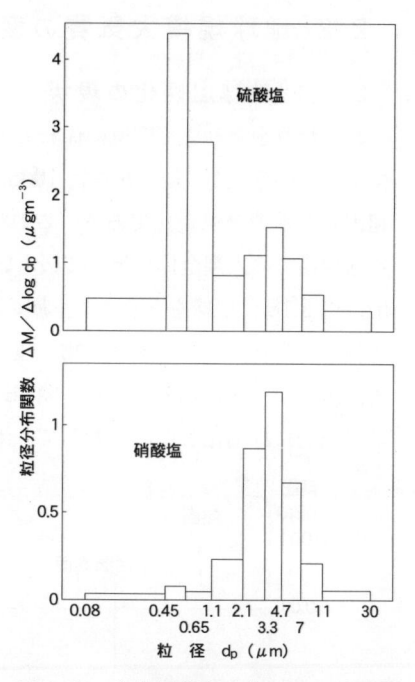

図2.17 小笠原諸島父島における硫酸塩および硝酸塩の粒径分布（Yoshizumi and Asakuno, 1986, 許可を得て転載）

さらに，NH_4NO_3 から構成される硝酸塩が，冬期には，高濃度レベルとなっていることが認められる．NH_4NO_3 は常温でも高い蒸気圧を有し，その温度依存性は顕著である．すなわち，$NH_4NO_3 = NH_3 + HNO_3$ の平衡が夏期には右側に偏り，NH_4NO_3 はガス化するため粒子として存在する量が減少

し，冬期には左側に偏り，粒子として多く存在することになる．

2.2 地球規模大気質の変動

2.2.1 地球温暖化の現状

われわれをとりまく環境に係わる多くの課題のうちでも，近時，注目を特に集めているのが，地表から約 10 km の範囲に存在する対流圏の汚染物質に起因する地球の温暖化である．これは，成層圏でのオゾン層破壊とともに，地球規模での人類全体にとって最も緊要な環境問題といえる（気象庁，1999b）．図 2.18 に地球をとりまく上層の概要を示した．1960 年代以降，硫黄酸化物，一酸化炭素，窒素酸化物，粒子状物質あるいは光化学スモッグなどの大気汚染が，先進国のみならず開発途上国においても都市地域を中心にいわば局地的に深刻化したのに対して，地球全体にあまねく影響を与えようとし

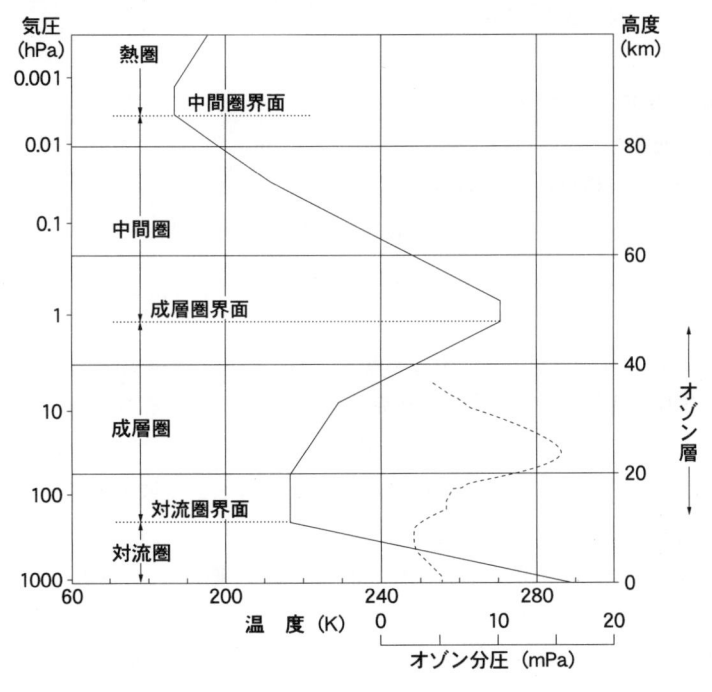

図 2.18 気温とオゾン分圧の高度分布（気象庁，1999a）

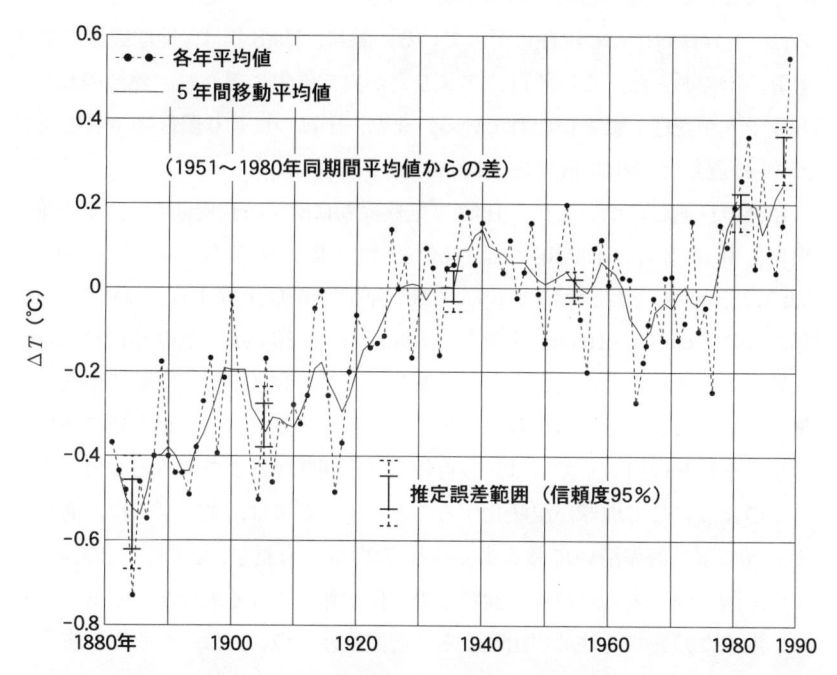

図 2.19 過去100年間における地球規模での平均地上気温の推移（田中，1989，許可を得て転載）

ている問題である．

過去 100 年間にわたる地球の地上における気温の平均値の経年的推移を示したが，図 2.19 である．一方，実線は，その年の前後 2 年を含めた都合 5 年間の移動平均である．また，この図では，1951 年から 1980 年までの平均値を零とし，これからの偏差を縦軸にとってある．年次的変動は，少なくないにもかかわらず，最近 100 年間を通しての長期的な変化としては，地球の気温はしだいに上昇していると見ることができる．すなわち，この 100 年間に全体として，0.5〜0.6 ℃ 上昇していると見うけられる．しかし，その間には大きなうねりも存在している．1940 年ごろまでの 50 年間は，温度は明らかに上昇傾向にあったといえる．だがその後 1960 年代にかけて，温度の低下傾向が認められる．この時期には，地球はこれから再び，氷河期に向かう

のではないかともいわれたのも事実である．さらに1960年代の終りころからは，上昇傾向に転じ現在に至っている．特に，1988年は，地球観測史上最も暑い年であった．この年は，アメリカが異常気象に覆われ，熱波のため1万5千人が死亡したといわれている．また，干ばつにより農作物の収穫減が25％に達した（**NHK取材班**，1989）．

今後の見通しについては，IPCC（気候変動に関する政府間パネル）の第2次報告書（気象庁，1999b）によれば，平均気温は10年あたり0.3℃（0.2〜0.5℃）上昇し，2025年には1℃，2100年には3℃上昇する．海水面は10年あたり6 cm（3〜10 cm）上昇し，2030年には20 cm，2100年には65 cm上昇するとされている．さらに，地域差があり，北米中部，南欧で平均より気温上昇が大きいと見込まれている．しかし，一方では，気温上昇で南極や北極の氷が解け出すまでには，数百年の反応期間が必要であるとしている．

このようにして地球が温暖化することによる影響は，まず第一に，海水面の上昇により海岸沿いにある多くの都市が水没の危機に瀕することである．また，雨の降り方も変わり，飲料水の確保が難しくなる地域が生じる一方では，洪水が頻発する地域が出現する．農業生産については，今までの穀倉地帯では乾燥化が進行し収穫が減少するとみられ，また，新たに農業適地となるところでも灌漑設備の整備が必要となる．その結果，世界の穀物市場に異変が生じ，外国に食糧を頼るわが国にとって深刻な問題が生じる恐れがある．

2.2.2 地球規模の熱収支

地球の温度を決めるものは，図2.20に示すように太陽から受けるエネルギーである．そのエネルギーの程度は，太陽に直角に面した1 m^{2}当たり1.37 kWである．この値に地球の断面積を乗じれば，地球全体にそそがれる太陽エネルギーの総量となる．実際には，地球の半分は常に日陰となっているので，球としての表面積で除すると地球の受ける平均のエネルギーが計算できる．さらに，そのエネルギーの3割程度は地球の大気，雲，地球表面により反射されて宇宙の彼方へ消えていくので，68.8％が地球によって吸収されるとすると，太陽から地球が受け取るエネルギーは，次式のとおりとな

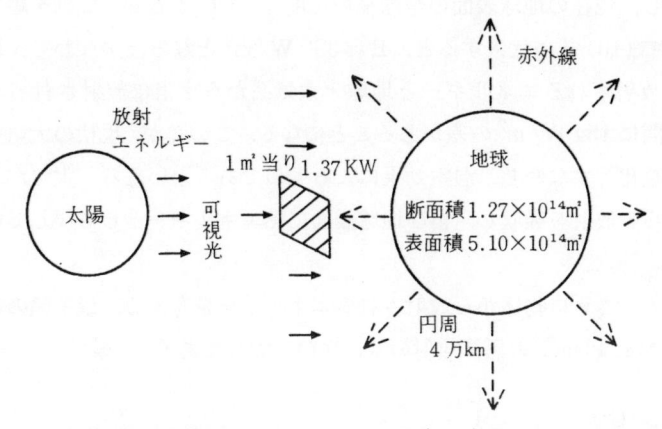

図 2.20 太陽および地球の放射エネルギーの放射と吸収（芳住・小林，1991，許可を得て転載）

る.

$$1370 \text{ W/m}^2 \times 1.27 \times 10^{14} \text{ m}^2 \div 5.10 \times 10^{14} \text{ m}^2 \times 0.688 = 236 \text{ W/m}^2 \tag{12}$$

一方，地球は，このようなエネルギーを太陽から受けているだけでなく，地球自体も大量のエネルギーを宇宙に向かって放出している．もし，そうでなければ，太陽からのエネルギーにより1日ごとに温度が上昇していくはずである．さらに，地球の温度が，一定であることは，吸収しているエネルギーと放出しているエネルギーの量が等しくなっていることに相当する．

絶対温度 T (K) の物体表面から放射されるエネルギーは，次式で表わされる．

$$E = \sigma \cdot T^4 \tag{13}$$

ここに，σ は Stefan-Boltzmann 定数 5.67×10^{-8} W/m^{2}K^4 である．前述の議論で示したように地球から放射されるエネルギーは，太陽から受け取るエネルギーと同量であるから，これを (6) 式の E に代入して T を求めると，

$$T = 254 \text{ K} = -19.1 \text{ }℃ \tag{14}$$

となる．すなわち，黒体の放射平衡を仮定すると，地球の本来の平衡温度は -19 ℃ となる．

しかし，現在の地球表面の全球平均温度は 15 ℃ である．これを絶対温度に直して (13) 式に代入すると，$E = 390 \ W/m^2$ となる．すなわち，地球表面から放射されるエネルギーと地球・大気系から宇宙に放射されるエネルギーの間に $154 \ W/m^2$ の差があることになる．この差が，現状の大気成分による温暖化，すなわち，温室効果によるものであるといえる．大気が，地球表面からの放射を吸収し，再び地球表面に熱エネルギーとして戻しているのである．

ここで，さらに物体から放射されるエネルギーを考える．量子論の端緒となった Max Planck の黒体放射の式は次のとおりである．

$$E_\lambda = \frac{2\pi C^2 h}{\lambda^5} \cdot \frac{1}{\exp\left(\frac{ch}{k\lambda T}\right)^{-1}} \tag{15}$$

これは，波長 λ と絶対温度 T の関数として放射エネルギー密度を示している．この h は，Planck 定数である．c は光速，k は Boltzmann 定数であり，いずれも既知の物理定数であるから，絶対温度をある値に設定すれば，波長

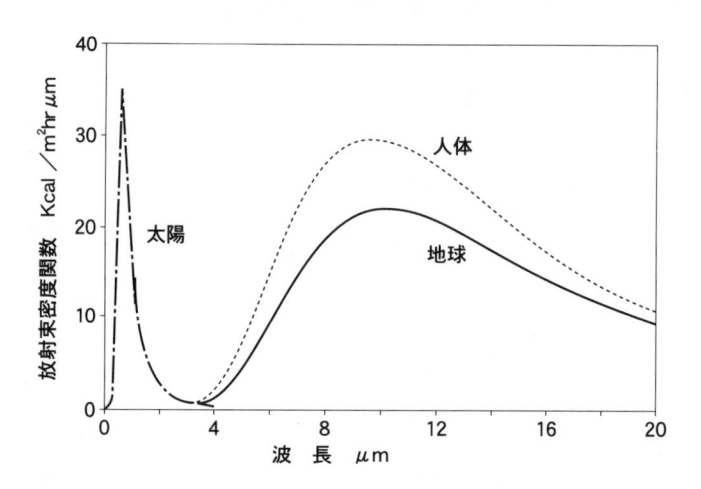

図2.21 太陽,地球および人体から放射される可視光および赤外線の波長分布特性（太陽は 1/2,000,000 に縮尺）（芳住・小林，1991，許可を得て転載）

ごとの E_λ は容易に計算できる.

その結果が，図2.21である．太陽の温度を5,500℃，地球の温度を15℃，人体の皮膚温を33℃とした際の各物体の表面における放射エネルギーの放出密度関数である．太陽についての値は，縮尺して示してあり，実際は，この2,000,000倍である．これに，波長領域の幅を乗ずれば，面積当たりの放射エネルギーが求められる．すなわち，このグラフの下側面積が，各物体の面積当たりの放射エネルギーである．前述の Stefan-Boltzmann の式との関係でいえば，E_λ を全波長域で積分したものがEである．図2.21では，横軸に波長をとってあるが，太陽からは可視光が，地球からは赤外線が主として発せられていることがわかる．可視光と赤外線とは本質的な区別はなく，いずれも電磁波である．

2.2.3 温室効果ガス

これまで述べてきたように地球の表面からは，赤外線が放射されるが，これの一部は，地球をとりまく大気中のいくつかの特定成分に吸収され，宇宙へ放出されることなく温室効果を示すことになる．こうした機構を考察するには，二，三の基礎知識が必要となる．第一には，温度という尺度が何であるかである．分子レベルでは，高温ということは，分子自体の空間内での並進運動，分子の振動・回転が活発になることである．第二には，可視光および赤外線などの電磁波のエネルギーは，波長の関数であり，次式で表わせる．

$$エネルギー = h \times \frac{c}{\lambda} \quad (16)$$

ここに，h, c, λ は前述のとおりである．式の意味するところは，電磁波の

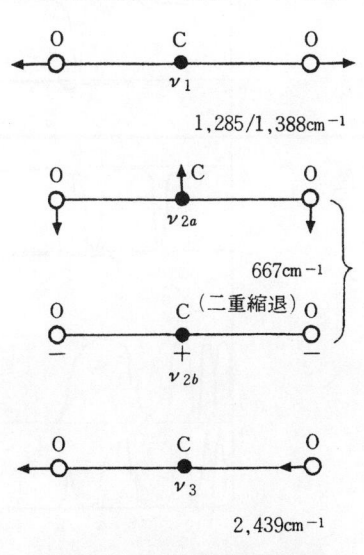

図2.22 CO_2 分子の基準振動
（芳住・小林, 1991, 許可を得て転載）

エネルギーは，波長の長いほど小さく，短いほど大きいということである．第三には，分子の振動・回転エネルギーは，量子論が適用される対象であり，任意の連続した値ではなく，物質ごとに特定されたエネルギーのみをとりうるということである．

図2.22にCO_2の例を示したが，二つの炭素と一つの酸素から構成されているCO_2分子は，左右およびこの紙面の前後への伸縮振動を行うが，そのエネルギーレベルは特定の値であり，地球の表面から放出される赤外線の波長領域と重なりあっている．すなわち，地球からの赤外線エネルギーを吸収しうるということである．CO_2を含めて地球からの赤外線領域に吸収を有する

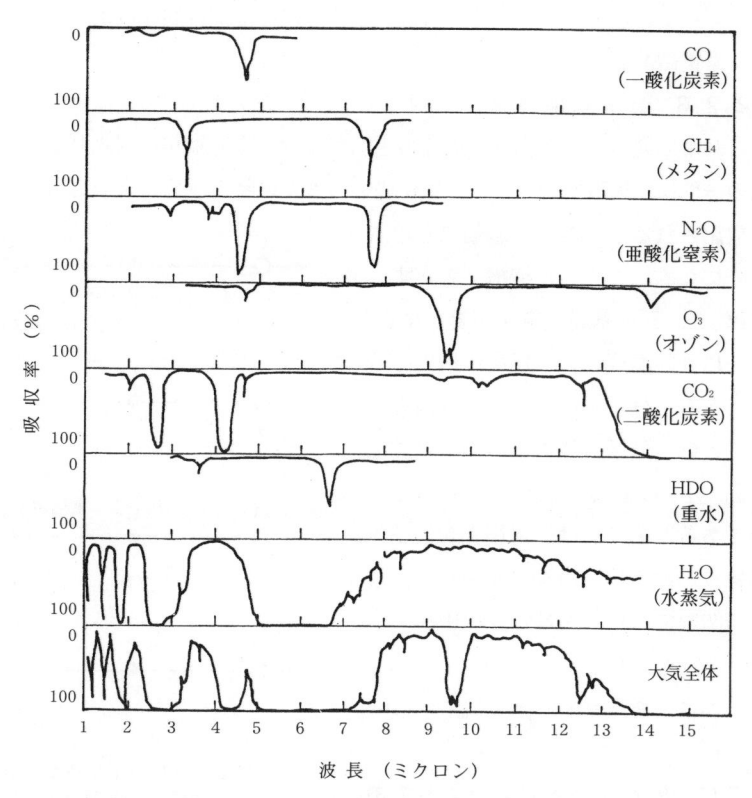

図2.23 大気中の温室効果ガスの赤外線吸収率の波長依存性（田中，1989，許可を得て転載）

物質の特性を示したのが，図 2.23 である．これらの物質は，温室効果ガスと呼ばれている．赤外線を吸収すると，これらの物質の温度は上昇する．分子内部では，それぞれの波長に対応して振動が活発になることになる．温度が上昇すると，(13) 式で示されるように絶対温度の 4 乗に比例して全方向に放射エネルギーを放出し，分子自体は冷却化する．放射エネルギーの多くは宇宙の彼方へ向けて，一部は地表へ向かって放射される．それを受けて，地

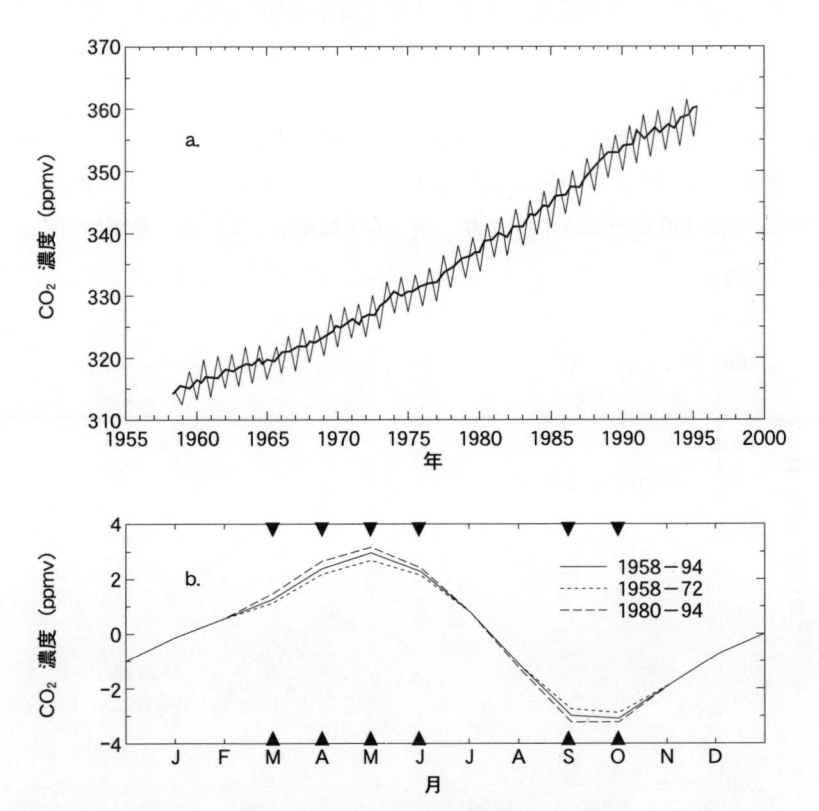

図 2.24 ハワイ・マウナロアにおける CO_2 濃度の変化（Dettinger and Ghil, 1998, 許可を得て転載）
　　　　上段 a は，細線が実測値，太線が季節変化を除去した濃度値
　　　　下段 b は年次区分ごとの CO_2 の年平均に対する偏差の季節変化

球の温度は上昇する．同時に，地球からの放射エネルギーも増加し，また，大気中の温室効果ガスの温度を上昇させる．こうしたやりとりを繰返すうちに，地球の地表温度は，前述の $-19\,°C$ から $15\,°C$ にまで上昇し，平衡状態に達することになる．大気中の温室効果ガスがさらに増加すれば，地球表面が大気から受ける放射エネルギーは増加し，また，地球からの放射量も若干増加して，現状の $15\,°C$ より高い新たな平衡温度に到達するわけである．以上が，地球の温暖化として現在危惧されている機構である．

では，こうした温暖化を引き起こすガス成分の濃度の実態はどうであろうか．

(1) CO_2

図 2.24 には，CO_2 の経年変化を示した．ハワイ島のマウナ・ロアでの測定結果であり，1958 年当初は 315 ppm，すなわち，0.0315 % であったのが，1995 年は 360 ppm に達しており，年々着実に増加している．年間の月ごと

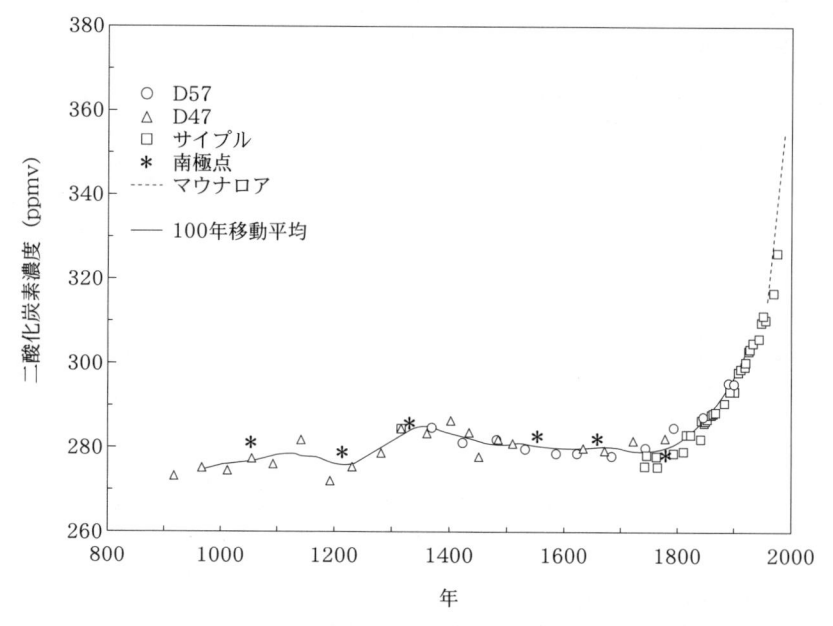

図 2.25　南極氷床コアの分析から得られた過去約 1000 年間の二酸化炭素濃度の経年変化（気象庁，1999a）

2.2 地球規模大気質の変動 (49)

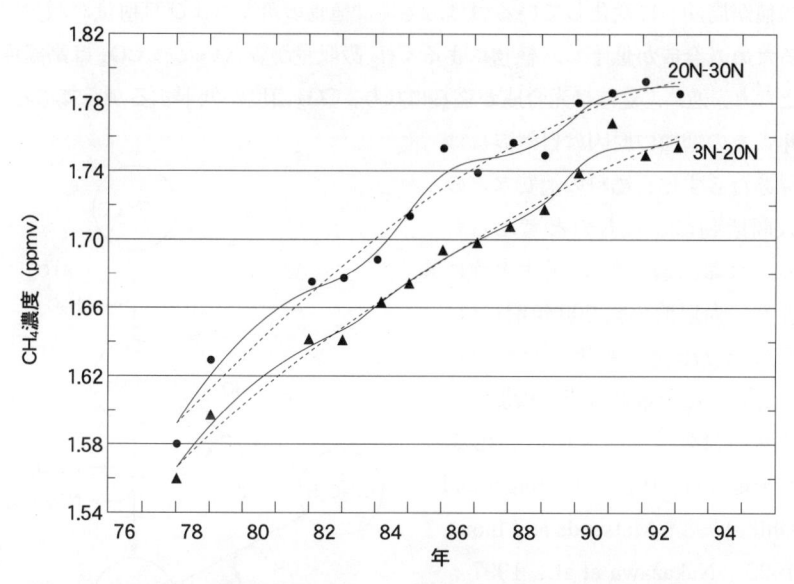

図 2.26 中緯度（北緯 20～30 度）および低緯度（北緯 3～20 度）におけるメタン濃度の経年変化（Matsueda et al., 1996, 許可を得て転載）東経 137 度の西太平洋で 1978 年から 1993 年に観測

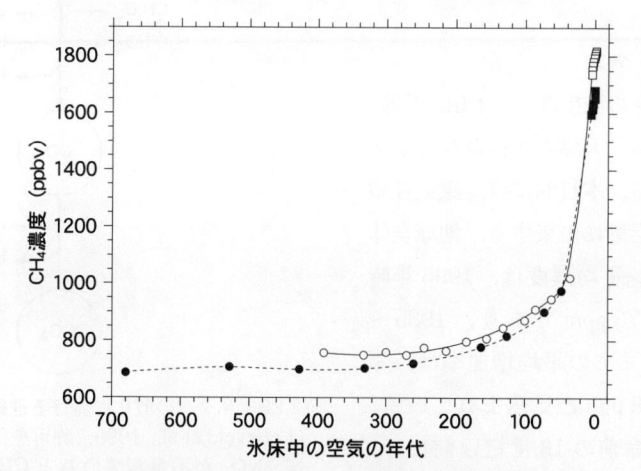

図 2.27 過去数世紀にわたるメタン濃度の経年変化．グリーンランド（白丸）および南極みずほ基地（黒丸）における氷床コア分析結果（Nakazawa et al., 1993, 許可を得て転載）

の値が周期的に変化しているのは，冬には植物の落葉および日射量が減少するため光合成が低下し，植物による CO_2 吸収量が少ないため CO_2 は高濃度となり，逆に，夏には光合成が盛んになり，CO_2 濃度が低下するからである．

年ごとの増加の原因は自然界には見あたらず化石燃料の消費などの人間活動によるものと考えられる．なお，図 2.25 に示すように産業革命以前の約 200 年前には，CO_2 は 275 ppm 程度と見積られており，産業革命以降の増加量の大きさは驚くべきものといえる（Ciais et al., 1995 ; Dettinger and Ghil, 1998 ; Matsueda and Inoue, 1996 ; Nakazawa et al., 1997 ; Dlugokencky et al., 1996 ; Francey et al., 1982 ; Keeling et al., 1995）．

(2) メタン

メタンの発生源は，水田，湿地，腸内発酵，天然ガス採取などが挙げられる．本質的には，嫌気性微生物の活動に由来する．地球全体のメタン平均濃度は，1996 年時点で 1.73 ppm であり，1985～1996 年までの平均増加率は，年当たり 8 ppb と見込まれている．産業革命前の 18 世紀以前には，0.7～0.8 ppm であったが，CO_2 と同様に近年急増している．

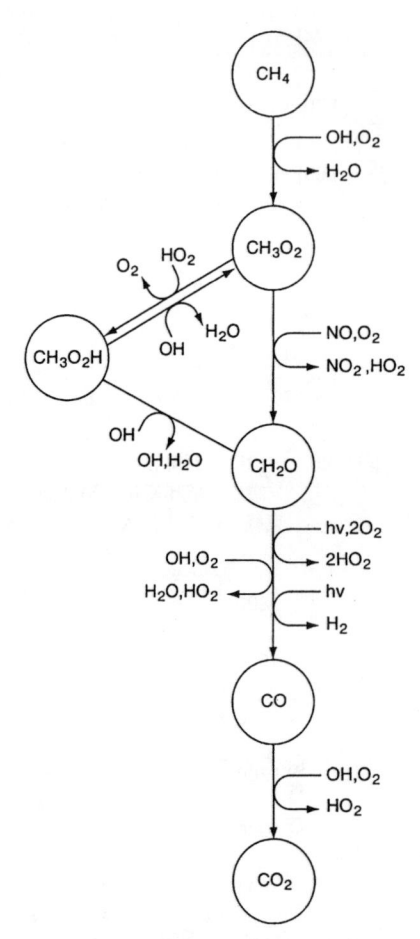

図 2.28 メタンの酸化における連鎖過程
（Lelieveld et al., 1998, 許可を得て転載）
NO_x が不足していると CH_3O_2H 生成系を経由し，NO_x が充分あれば，直接 CH_2O を生成する系で進行

2.2 地球規模大気質の変動

図2.26および図2.27にメタンの経年的変化を示した．大気中のOHラジカルと反応してメタンは酸化されて最終的にはCO_2とH_2Oになる．その反応過程を図2.28に示した（Matsueda et al., 1996；Dlugokencky et al., 1998；Karl and Tilbrook, 1994；Lelieveld et al., 1998；Lowe et al., 1997；伊藤ら, 1998；Bekki et al., 1994）．

メタンの季節変化は，冬に濃度が高く，夏には濃度が低くなるという季節変化を持っている．これは，水蒸気濃度が高く，紫外線照射量が増加する夏に，OHラジカル濃度が高くなるためである（Prinn et al., 1995）．

(3) N_2O

N_2Oは笑気ガスとも呼ばれるが，赤外線に対する分子吸光係数が大きく，分子当たりの温暖化効果は，CO_2の約200倍と見積られている．また，対流圏での滞留時間は約120年と長い．

その発生には，土壌，海洋など自然起源が少なくないが，化石燃料の燃焼や窒素肥料の使用に伴って発生する人為起源も多いと考えられている．産業革命以前は約275 ppbであったが，1997年時点での地球全体の平均濃度は，314 ppbであり，年間5 ppb程度増加する傾向にある（Lelieveld et al., 1998）．

表2.4 大気環境中の二酸化炭素，亜酸化窒素およびフロン濃度の経年変化
(Lelieveld et al., 1998より作表)

	CO_2 ppm	CH_4 ppm	N_2O ppb	フロン-11 ppt	フロン-12 ppt
氷河期	195	0.35	244	0	0
1850	280	0.75	260	0	0
1900	296	0.97	292	0	0
1960	316	1.27	296	18	30
1970	325	1.42	299	70	121
1980	337	1.57	303	158	273
1990	354	1.72	310	258	484
1995	360	1.73	312	258	532
年増加量	1.6	0.008	0.5	－0.6	0
（年増加率）	(0.45 %)	(0.45 %)	(0.25 %)	(－0.2 %)	(0.45 %)
大気中での寿命（年）	50 – 200	7.9	120	50	102

表2.4にフロンを含めた温室効果を有する物質の濃度レベルの推移を示した.また,図2.29には各物質の地球温暖化の寄与の割合を示した.

なお,水蒸気は対流圏における最大の温室効果ガスであるが,降水過程により液相に戻されることから現状では,一定濃度に維持されていると考えている.しかし,地球の温暖化により気温が上昇すれば水蒸気圧も上昇するため温暖化を加速する重要な要因である.

図2.29 温室結果ガスによる地球温暖化への寄与割合(Lelieveld et al., 1998, 許可を得て転載)
1992年の組成に基づいた計算結果(総放射量を2.60 W/m^2と推定)

2.2.4 成層圏オゾン層の破壊

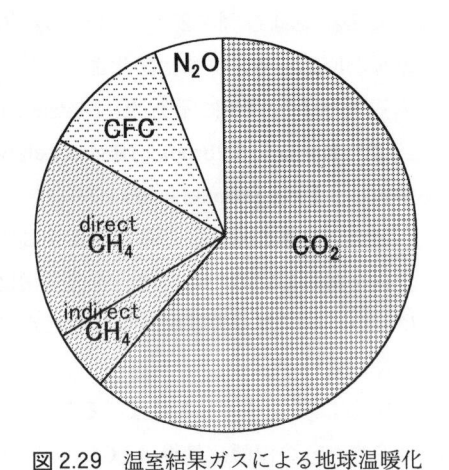

対流圏のさらに上方に位置する成層圏に地上20～25 kmを中心として幅約20 kmにわたってオゾン層が存在する.その量は,0℃,1気圧の標準状態に換算すると,地球表面での厚みで3 mm程度となる.これを,標記するのに,300 m atm・cm(ミリ・アトム・センチメートル)あるいは300 DU(ドブソン単位)が用いられる.

成層圏に存在するO_2分子は,太陽光中の240 nm以下の紫外線により解離してOラジカルを生成し,これはO_2と反応してO_3を生成する.O_3は,300 nm付近の紫外線を吸収して,分解する.下記に示すこうしたO_3の生成・消滅過程は通常では,平衡状態にあり,上述のオゾン層が形成されてきた.

【生成過程】　　$O_2 + h\nu \rightarrow O + O$ (17)

$O + O_2 \rightarrow O_3$ (18)

【消滅過程】　　$O_3 + h\nu \rightarrow O + O_2$ (19)

$O + O_3 \rightarrow O_2 + O_2$ (20)

しかるに近年,人工的な化学物質であるフロンが成層圏に到達して次の反応によりこの平衡を乱しはじめた.

$$CFCl_3 + h\nu \rightarrow CFCl_2 + Cl \quad \text{<光解離>} \quad (21)$$
$$CF_2Cl_2 + h\nu \rightarrow CF_2Cl + Cl \quad \text{<光解離>} \quad (22)$$
$$O_3 + Cl \rightarrow ClO + O_2 \quad \text{<触媒反応>} \quad (23)$$
$$ClO + O \rightarrow Cl + O_2 \quad \text{<触媒反応>} \quad (24)$$
$$CH_4 + Cl \rightarrow HCl + CH_3 \quad \text{<最終反応>} \quad (25)$$

すなわち，フロンの分解によって生じたClラジカルがO_3と反応して消滅させると共に，ClOとなり連鎖反応を引き起こしている．Clラジカルの除去反応が起こらない限り，O_3の消滅は進行することになる．Clラジカルのターミネーションとしては，メタンとの反応による塩化水素の生成などが考えられている．

これらの反応は，成層圏のいたるところで進行するが，南極では，極地特有の気象条件とあいまって，南極の春に相当する時期に，急激に進行する．成層圏のClOは，NO_2と結合して$ClONO_2$を生成する．南極では，極成層圏エアロゾルの表面で次の反応を起こす．

$$ClONO_2 + HCl \rightarrow HNO_3 + Cl_2 \quad (26)$$
$$ClONO_2 + H_2O \rightarrow HOCl + HNO_3 \quad (27)$$

Cl_2およびHOClは，南極の春に紫外線によりClラジカルを急激に解離

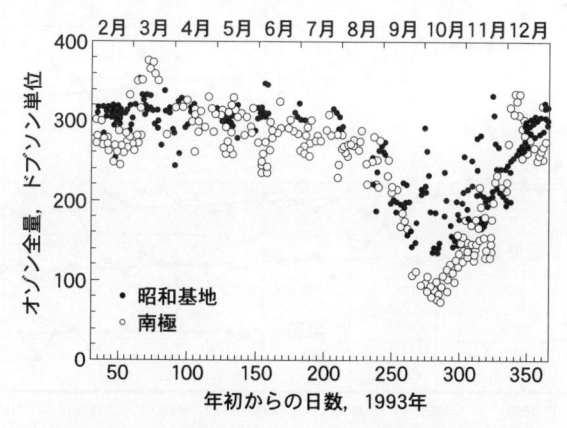

図 2.30 昭和基地および南極におけるオゾン全量の1993年2月から12月までの日変化（Chubachi., 1997，許可を得て転載）

第2章　大気汚染物質と大気質の変化

し，オゾン層を破壊することになる．

その結果，オゾン濃度が通常の半分以下の150ドブソンユニット程度になりオゾンホールと呼ばれている（Dutton et al., 1994）．図2.30にその状況を示した．

フロンは，低級炭化水素の水素の一部を塩素およびフッ素で置換えたところの無色，無臭，不燃，不活性で人体影響のない理想的な化学物質とされた．圧力操作によって液化，気化が容易であることから冷媒あるいはスプレー噴射剤として広く用いられてきた．また，表面張力が小さいことから半導体の洗浄液としての用途も重要であった．

しかし，オゾン層の破壊因子であることが指摘されるに至ってモントリオール議定書により1995年末を以って製造および消費が全廃された．なお，ハロゲンとして塩素の替わりに臭素を用いたものは，ハロンと呼ばれ消火剤に用いられていた．四塩化炭素，クロロホルム等を含めてハロカーボン類と称する．ハロカーボンに対する規制強化に伴って，環境中の臭素濃度は，横ばいないしは減少する傾向が認められている．

気象庁の札幌，つくば，鹿児島，那覇でのオゾン観測によれば，図2.31に

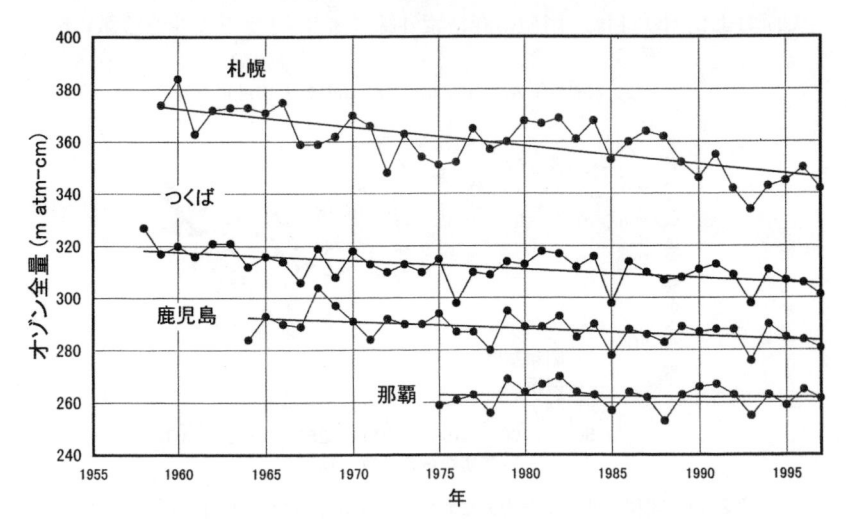

図2.31　日本上空のオゾン全量の年平均値の経年変化（気象庁，1999a）

示すように日本上空における 1978～1997 年の 20 年間のトレンドは，北に位置する観測地点ほどオゾン全量の減少傾向が大きく，冬から春にかけて強くなっている．札幌での減少率は，冬に 5.0 %/10 年，春に 4.6 %/10 年，通年で 3.3 %/10 年となっている．

2.2.5 太陽光紫外線照射量

成層圏のオゾン層は，紫外線を吸収し，そのエネルギーを熱として放出している．その一方では，地表から見ればフィルターとして作用し有害紫外線の地表への到達を防ぐ有用な役割を果たしている．オゾン層の破壊より地表における紫外線照射量の増加することが危惧される．

紫外線は波長により次のように分類されている．

　　　UV-A：波長 380～320 nm
　　　UV-B：波長 320～280 nm

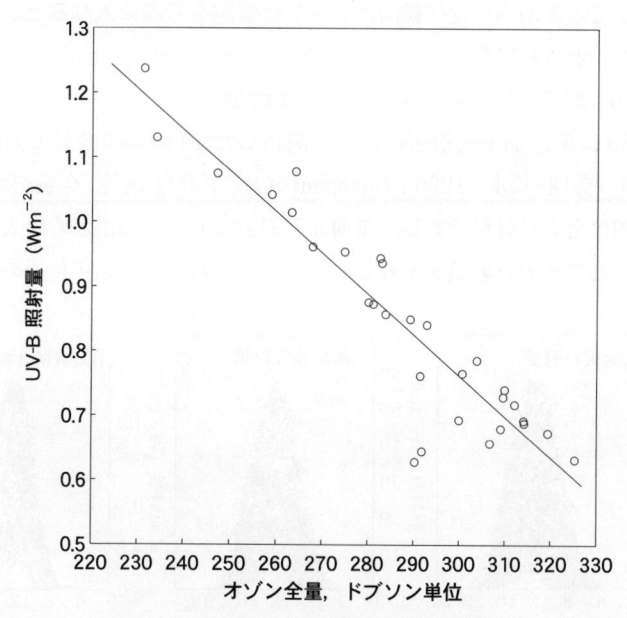

図 2.32　ドブソン単位でのオゾン全量と UV-B 照射量との関係
　　　　（Estupinan et al., 1996, 許可を得て転載）
　　　　晴天の朝における太陽仰角 60°での測定結果．

UV-C：波長 280〜200 nm

UV-Aはオゾンによりほとんど吸収されずオゾン層の破壊による照射量への影響は無視できる．

UV-Bはオゾンにより吸収されるものの，一部は地上に到着している．図2.32に成層圏オゾン量によるUV-B照射量が変動する特性を示した．現状においても地表での太陽光に含まれており，皮膚障害の原因となっている．オゾン層の破壊によって最も増加が危惧されている波長領域である．

また，UV-Cは，オゾンおよびO_2分子に強く吸収されて地上には到達しないと考えてよいレベルにある．気象庁によるUV-Bの測定結果（気象庁，1999 a，2000）によれば，日最大値の年間変化では，明瞭な季節変化があり，低緯度で変化が大きい傾向にある．地表上の紫外線日射量の変動要因は，オゾン全量，雲，太陽高度，地表面反射，大気混濁度等が挙げられる．観測時間を通じての長期的な変化傾向はこうした要因を考慮に入れると，現状では明確でないとされている．

2.2.6 都市域による紫外線量の動態

図2.33に東京都千代田区において測定した1998年の8月の太陽光放射量を示す（芳住・松本，1996；Imaizumi et al., 1999；芳住・今泉，2000）．図中の左側は全天日射量である．午前4時過ぎより，日の出からの太陽高度の上昇につれて全天日射量が上昇していくことがわかる．正午付近の南中時に

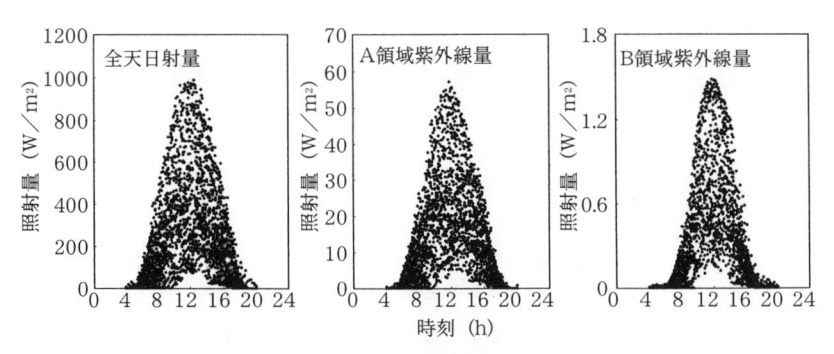

図2.33 東京都千代田区における夏期太陽光放射量（1998年8月）
（芳住・今泉，2000，許可を得て転載）

最大値の 1,000 W/m^2 程度となる．午後になると午前の上昇パターンと対称的な時間経過をたどりながら減少していくことが認められる．日没の午後7時ごろには，全天日射量は零に戻る．時間変化の最大値の曲線の下側にも多くの測定点がみられるのは，雲の移動，降雨，大気中の粉塵，大気汚染物質による吸収・散乱が生じるためと考えられる．

図中の中央は，同時期に測定された A 領域紫外線（UV-A）量を示す．A 領域紫外線も全天日射量と同様，午前4時過ぎの日の出から，太陽高度の上昇につれて放射量が増加していくことが認められ，正午付近の南中時に最大値の 55 W/m^2 程度となる．午後になると午前の上昇パターンと対照的な時間経過をたどりながら減少していく．午前8時から午後4時においては，ベースラインにプロットされている測定点は少なく，降雨時にさえ，ある程度の A 領域紫外線は地表に達しているということを示しているといえる．

図中の右側は，同時期に測定された B 領域紫外線（UV-B）量を示す．A 領域紫外線量と比較すると，太陽高度の低い午前5時から6時，午後6時から7時は極めて低い値となっていることがわかる．これは，短波長側の B 領

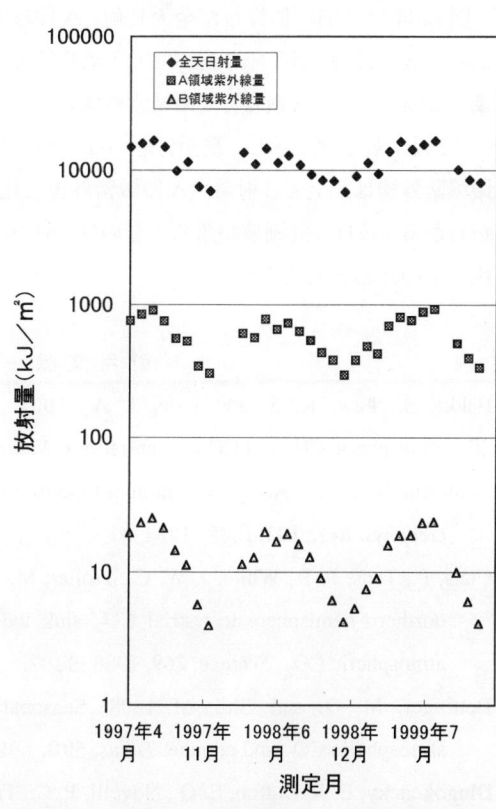

図 2.34 太陽光中の全天照射量，A 領域紫外線量および B 領域紫外線量の年次変化（芳住・今泉，2000，許可を得て転載）

域紫外線は，地球上の大気により吸収されやすく，かつ，太陽高度の低いときほどその影響を受けやすいためと説明できる．南中時の最大値は1.5 W/m^2 程度である．B領域紫外線の日変化は前述の大気による吸収の影響をうけて，A領域紫外線量に比較して，シャープなつりがね型となっているのが特徴的である．

A領域紫外線は全天日射量に5～6％と比較的一定の割合で含まれている．一方，B領域紫外線はそれの0.15％前後と少なく，かつ変動幅が大きい．

図2.34は月別に積算した全天日射，A領域紫外線およびB領域紫外線の太陽光放射量の1997年4月～1999年8月までの年次変化である（芳住・今泉，2000）．全天日射量，A領域紫外線およびB領域紫外線量ともに，冬至の12月に最小値を示し，夏至付近の5月から7月に最大値を示している．B領域紫外線は，全天日射量・A領域紫外線と比較して季節変動が大きいことがわかる．6月に計測値が落ちこむのは，梅雨により雨・曇りの日が他の月に比べ多いためと考えられる．

引用文献

Bekki, S., Law, K. S. and Pyle, J. A., 1994: Effects of ozone depletion on atmospheric CH_4 and CO concentrations. *Nature*, **371**, 595-597.

Chubachi, S., 1997 : Annual variation of total ozone at Syowa Station, Antarctica. *J. Geophys. Res.*, **102**, 1349-1354.

Ciais, P., Tans, P. P., White, J. W. C., Trolier, M. and Francey, R., 1995 : A large northern hemisphere terrestrial CO_2 sink indicated by the 13C/12C ratio of atmospheric CO_2, *Science*, **269**, 1098-1102.

Dettinger, M. D. and Ghil, M., 1998: Seasonal and interannual variations of atmospheric CO_2 and climate. *Tellus*, **50B**, 1-24.

Dlugokencky, E. J., Dutton, E. G., Novelli, P. C., Tans, P. P., Masarie, K. A., Lantz, K. O. and Mardronich, S., 1996: Changes in CH_4 and CO growth rates after the eruption of Mt. Pinatubo and their link with changes in tropical tropospheric

UV flux. *Geophys. Res. Lett.*, **23**, 2761-2764.

Dlugokencky, E. J., Masarie, K. A., Lang, P. M. and Tans, P.P., 1998 : Continuing decline in the growth rate of the atmospheric methane burden. *Nature*, **393**, 447-450.

Dutton, E. G., Reddy, P., Ryan, S. and DeLuisi, J. J., 1994 : Features and effects of aerosol optical depth observed at Mauna Loa, Hawaii: 1982-1992. *J. Geophys. Res.*, **99**, 8295-8306.

Estupinan, J. G., Raman, S., Crescenti, G. H., Streicher, J. J. and Barnard, W. F., 1996 : Effects of clouds and haze on UV-B radiation. *J. Geophys. Res.*, **101**, 16807-16816.

Francey, R. J., Tans, P. P., Allison, C. E., Enting, I. G., White, J. W. C. and Trolier, M., 1995 : Changes in oceanic and terrestrial carbon uptake since 1982. *Nature*, **373**, 326-330.

早川一也・芳住邦雄, 1983 : エアロゾルの科学, pp. 30-32, 産業図書.

Hordijk, L., 1986 : Toward a targetted emission reduction in Europe. *Atmos. Environ.*, **20**, 2053-2058.

市川陽一, 1998 : 酸性物質の長距離輸送. 大気環境学会誌, **33**, A9-A18.

Imaizumi, A., Yoshizumi, K., Kashino, E. and Ishibashi, Y., 1999 : Dose-Response Evaluation of Fading of Dyed Silk Fabrics by Solar Radiation. *Proceedings of the 10th Biennial International Congress of Asian Regional Association for Home Economics*, 126-127.

石川百合子・大野卓也・大山準一・小川　完・原　宏, 1998 : 綾里における1976〜1994年の降水の酸性化. 天気, **45**, 13-22.

伊藤彰記・冨田道夫・高橋一郎・永田陽子・藍川昌秀・猿渡英之・原口　紘, 1998 : 名古屋市における都市大気中メタン濃度の動態解析. 環境科学会誌, **11**, 289-296.

神成陽容・山本宗一, 1998 : 東京における休日の大気環境の特性. 大気環境学会誌, **33**, 384-390.

環境庁大気保全局・環境庁水質保全局・農林水産省林野庁, 1986 : 昭和60年度関東地

域におけるスギ衰退と酸性降下物の影響に関する実態報告書．72p.

環境庁，1999：浮遊粒子状物質総合対策に係る調査・検討結果．

Karl, D. M. and Tilbrook, B. D., 1994 : Production and transport of methane in oceanic particulate organic matter. *Nature*, **368**, 732-734.

川上智規，1998：乗鞍岳鶴々池における酸性雨の影響モデル．環境科学会誌，**11**, 65-76.

Keeling, C. D., Whorf, T.P., Wahlen, M. and Plicht, J. van der, 1995 : Interannual extremes in the rate of rise of atmospheric carbon dioxide since 1980. *Nature*, **375**, 666-670.

気象庁，1999a：異常気象レポート'99（各論）．

気象庁，1999b：IPCC第2次評価報告書

気象庁，2000：オゾン層観測報告：1999. 52p.

古明地啓人，1983：酸性雨の現状．現代化学，**12**, 28-36.

古明地啓人・小山　功・林朋春・門井守夫，1986：降水中化学成分濃度の長期的推移とその特性，東京都環境科学研究所年報 1986, 13-19.

Lelieveld, J., Crutzen, P. J. and Dentener, F. J., 1998 : Changing concentration, life time and climate forcing of atmospheric methane. *Tellus*, **50B**, 128-150.

Li, Y. and Kasahara, M., 1998 : Analysis of acid rain 1991-1995 and regional climate in south China. 大気環境学会誌，**33**, 50-59.

Lowe, D. C., Manning, M. R., Brailsford, G. W. and Bromley, A. M., 1997 : The 1991-1992 atmospheric methane anomaly : Southern hemisphere 13C decrease and growth rate fluctuations. *Geophys. Res. Lett.*, **24**, 857-860.

Matsueda, H. and Inoue, H.Y., 1996 : Measurements of atmospheric CO_2 and CH_4 using a commercial airliner from 1993 to 1994. *Atmospheric Environment*, **30**, 1647-1655.

Matsueda, H., Inoue, H., Ishii, M. and Nogi, Y., 1996 : Atmospheric methane over the North Pacific from 1987 to 1993. *Geochem. J.*, **30**, 1-15.

松本陽介・丸山　温・森川　靖，1992：スギの水分生理特性と関東平野における近年の気候変動－樹林の衰退現象に関連して－．森林立地，**34**, 2-13.

三浦定俊, 1983: 神々の遺跡を守る化学者たち パルデノン神殿彫刻の強化保存処置. 化学と工業, **36**, 162-164.

Nakazawa, T., Machida, T., Tanaka, T., Fujii, Y., Aoki, S. and Watanabe, O., 1993: Differences of the atmospheric CH_4 concentration between the arctic and antarctic regions in pre-industrial/pre-agricultural era. *Geophys. Res. Lett.*, **20**, 943-946.

Nakazawa, T., Morimoto, S., Aoki, S. and Tanaka, M., 1997: Temporal and spatial variations of the carbon isotopic ratio of atmospheric carbon dioxide in the western Pacific region. *J. Geophys. Res.*, **102**, 1271-1285.

梨本 真・高橋啓二, 1990: 関東・甲信・瀬戸内地方におけるスギ衰退現象. 森林立地, **32**, 70-78.

NHK取材班, 1989: NHK地球汚染(1)大気に異常が起きている, pp.156-20, 日本放送出版協会.

Pandis, S. N., and Seinfeld, J. H., 1989: Sensitivity analysis of a chemical mechanism for aqueous-phase atmospheric chemistry. *J. Geophys. Res.*, **94**, 1105-1126.

Paraskevopoulos. G., Singleton, D. L., and Irwin, R. S., 1983: Rates of radical reactions. The reaction $OH + SO_2 + N_2$. *Chem. Phys. Lett.*, **100**, 83-87.

Prinn, R. G., Weiss, R. F., Miller, B. R., Huang, J., Alyea, F. N., Cunnold, D. M., Fraser, P. J., Hartley, D. E. and Simmonds, P. G., 1995: Atmospheric trends and lifetime of CH_3CCl_3 and global OH concentrations. *Science*, **269**, 187-192.

佐竹研一, 1999: 酸性降下物と生態系影響酸性雨研究の現状と展望. 環境科学会誌, **12**, 217-225.

関口恭一・狩野和夫・氏家淳雄, 1983: 関東地方において観測された酸性降水. 大気汚染学会誌, **18**, 1-10.

Swedish Ministry of Agriculture Environment '82 Committee, 1982: Acidification Today and Tomorrow. pp. 108-109, Swedish Ministry of Agriculture Environment '82 Committee.

玉置元則, 2000: 日本の酸性雨調査研究の現状と今後の課題. 大気環境学会誌, **35**,

A1-A11.

田中正之, 1989: 温暖化する地球. 読売新聞社, p.23, 148p.

東京都環境保全局, 1999: 平成10年度大気汚染の測定結果.

東京都, 2000: 東京都環境白書2000.

内野 修・梶原良一・赤木万哲・林基生・佐藤尚志・宮内正厚, 1997: ADEOS/TOMS と地上観測データの比較及び解析, 日本リモートセンシング学会誌, **17**, 132-137.

山本浩平・星野順至・吉田知央・笹原三紀夫, 1999: 東アジア地域における人為起源硫黄酸化物排出量地図の作成. 大気環境学会誌, **34**, 435-444.

Yocom, J. E., 1979: Air pollution damage to buildings on the Acropolis. *J. Air Pollut. Control Assoc.*, **29**, 333-345.

Yoshizumi, K., 1986: Regional size distributions of sulfate and nitrate in the Tokyo metropolitan area in summer. *Atmospheric Environment*, **20**, 763-766.

Yoshizumi, K., 1991: Source apportionment of aerosols in the Tokyo metropolitan area by chemical element balances. *Energy and Building*, **15-16**, 711-717.

Yoshizumi, K., Aoki, K., Matsuoka, T. and Asakura S., 1985: Determination of nitrate by a flow system with a chemiluminescent NO_x analyzer. *Analytical Chemistry*, **57**, 737-740.

Yoshizumi, K., Aoki, K., Nouchi, I., Okita, T., Kobayashi, T., Kamakura, S. and Tajima, M., 1984: Measurements of the concentration in rainwater and of the Henry's law constant of hydrogen peroxide. *Atmospheric Environment*, **18**, 395-401.

Yoshizumi, K. and Asakuno, K., 1986: Characterization of atmospheric aerosols in Chichi of the Ogasawara (Bonin) Islands. *Atmospheric Environment*, **20**, 151-155.

Yoshizumi, K. and Hoshi, T., 1985: Size distribution of ammonium nitrate and sodium nitrate in atmospheric aerosols. *Environmental Science and Technology*, **19**, 285-261.

Yoshizumi, K., Ishibashi, Y., Garivait, H., Paranamara, M., Suksomsank, K.and

Tabucanon, M. S., 1996: Size distributions and chemical composition of atmospheric aerosols in a Suburb of Bangkok, Thailand. *Environmental Technology*, **17**, 777-782.

芳住邦雄, 1987: 雨水酸性化の要因と現状, *PETROTECH*, **10**, 529-533.

芳住邦雄, 1998: 大気環境中の粒子状物質の生成と動態, 環境資源対策, **34**, 811-821.

芳住邦雄・今泉 麗, 2000: 太陽光の分光放射動態と布帛の変退色特性の検討. 共立女子大学家政学部紀要, 第**46**号, 75-81.

芳住邦雄・小林有紀子, 1991: 地球温暖化の現状と機構-被服に係わる熱放射の理解のために-. 衣生活, **34**(4), 53-59.

芳住邦雄・松本宗久, 1996: 蘇芳による染色物の光退色に対する太陽光紫外線のDose-Response特性および媒染剤の影響. 文化財保存修復学会誌, **40**, 63-71.

芳住邦雄・持塚多久男・石黒辰吉・田島守隆, 1982: ディーゼル機関による硫酸塩. 大気汚染学会誌, **17**, 144-148.

Yoshizumi, K., Nakamura, N., Inoue, K. and Ishiguro, T., 1980: Automotive exhaust emissions in an urban area. *Society of Automotive Engineers Paper 800326*.

Yoshizumi, K., Nakamura, N., Inoue, K. and Miyoshi, K., 1982: Diesel emission characteristics on urban driving cycles. *Environmental Pollution* (Series B), **4**, 165-179.

Yoshizumi, K. and Okita, T., 1983: Quantitative estimation of sodium and ammonium nitrate, ammonium chloride and ammonium sulfate in ambient particulate matter, *J. Air Pollution Control Association*, **33**, 224-226.

芳住邦雄・斉藤昌子・柏木希介・門倉武夫, 1990: 文化財の保存・展示環境におけるNO_2濃度と染織布の変退色へのその影響. 環境科学会誌, **3**, 111-120.

Yoshizumi, K., Yoshino, N. and Kaku, H., 1990: Characterization of Atmospheric Aerosols in the Tokyo Metropolitan Area by a Dispersion Model. *Aerosol Science, Industry, Health and Environment*, Vol.II, 954-957.

第3章　二酸化イオウによる植物被害

　二酸化イオウ（SO_2）は，人と生態系に対し有害なものとして認識された最初の大気汚染物質の一つである．わが国では江戸時代から明治時代に至るまで鉱山，特に足尾，日立，別子などの銅山，精錬場周辺でイオウ酸化物による植物被害が発生した．金属鉱石を精製する間に生成される SO_2 は，森林樹木の枯損を生じ，あるいは金属精製所の近くで農作物の収量減少をもたらした．欧米ではさらに大規模な事件が発生し，カナダのTrail精錬所（1894年操業）では，カナダ国家研究協会（The National Research Council of Canada, 1939）が，Trail精錬所の周辺の植物に対する溶鉱炉排気ガスの影響に関する詳細かつ長期にわたる研究の報告をしている．最近の20～30年の間に，先進国では法規制により，工業的な SO_2 の排出は劇的に減少しつつある．しかしながら，世界的に見ると大気中の SO_2 汚染は広範囲にいまだ継続している．特に中国では石炭使用により，多量の SO_2 が放出され，激しい大気汚染状況である重慶市では環境大気中の SO_2 濃度の年平均値が95 ppbと極めて高く（ECCEY, 1998），樹木衰退が認められている．

図3.1　ポプラの SO_2 被害症状
自然光型の人工気象室内で，450 ppbの SO_2 に1日あたり6時間，2日間曝露したときに発生した褐色の壊死斑症状（1973年7月）．

3.1 被害症状

 SO_2 による高等植物の可視被害は,葉のネクロシス(図3.1), 脱色,クロロシス,早期落葉,生長阻害,収量減少や老化促進などである.葉に生じる可視被害には,通常,急性障害と慢性障害の2つのタイプがある.急性被害は短期間に高濃度の SO_2 に曝露されたときに生じ,葉の表面から裏面におよぶ漂白あるいは褐色の両表面壊死斑を呈する(図3.1).一方,慢性被害は低濃度の SO_2 に繰り返し曝露されることによって引き起こされ,一般にクロロシスをもたらす.

3.2 被害の発生と SO_2 濃度

 植物葉は SO_2, オゾン(O_3), 二酸化窒素(NO_2), パーオキシアセチルナイトレート(PAN)やフッ化水素(HF)のような大気汚染ガスを,主として気孔から吸収する.植物葉による SO_2 の吸収速度は早いが,その理由は細胞水溶液への SO_2 の溶解度が大きいためである.急性障害は 50～500 ppb の SO_2 に 8 時間曝露されると,ホウレンソウ,キュウリやカラスムギのような感受性の高い植物に生じる(Mudd, 1975a).また,30 分の短時間の曝露では 1～4 ppm となる(Mudd, 1975a).一方,慢性被害では,30～40 ppb 程度で生育阻害が起こることが報告されている.Bell(1982)は飼料用牧草の生長と生産力に対する低濃度 SO_2 の影響について,さまざまな研究の結果をまとめ,生長阻害と早期老化が 38 ppb 以下の濃度でも観察されると述べている.また,樹木種では,乾物重の減少や収量の低下など生育阻害が, 低 SO_2 濃度(75 ppb 以下)によっても観察されている.例えば,Shaw et al. (1993) はイギリスで野外の曝露実験装置を用いた長期曝露で,ヨーロッパアカマツ(*Pinus sylvestris* L.)の可視被害発生の閾値が,平均 SO_2 濃度で 6～8 ppb であることを報告した(針葉が拡大する重要な期間の測定値).一方,Heagle et al. (1983) はオープントップ・フィールド・チャンバーを用いて,毎日 26 ppb の SO_2 に 4 時間曝露(101 日)されたダイズには,収量の低下がないと結論している. SO_2 感受性には種間あるいは種内に大きな変動が観察されて

いるが (Taylor, 1978)，これは SO_2 の植物毒性が環境条件に強く依存し，SO_2 濃度と曝露時間，さらには植物体内のイオウの蓄積状態によって影響を受けるからである (Bell, 1980). 低濃度の SO_2 長期曝露が植物のバイオマス生産の減少，植物形態の変化や早期落葉をもたらすことは確かであろう.

3.3 SO_2 の作用メカニズム

SO_2 が正常な植物の機能を阻害するメカニズムは，ある程度明らかになりつつあるが，その本質的なメカニズムはいまだ明らかではない．SO_2 は細胞溶液に溶けると，亜硫酸イオン (Sulfite : SO_3^{2-}) と重亜硫酸イオン (bisulfite : HSO_3^-) を生成する．これらは多くの生理生化学的なプロセスを阻害する．また，SO_2 が SO_3^{2-} と HSO_3^- に解離する際，生成するプロトン (H^+) も細胞内の pH を変化させ，影響を与える．SO_3^{2-} と HSO_3^- は植物細胞中で酵素的あるいは非酵素的プロセスの両者によって酸化され，硫酸イオン

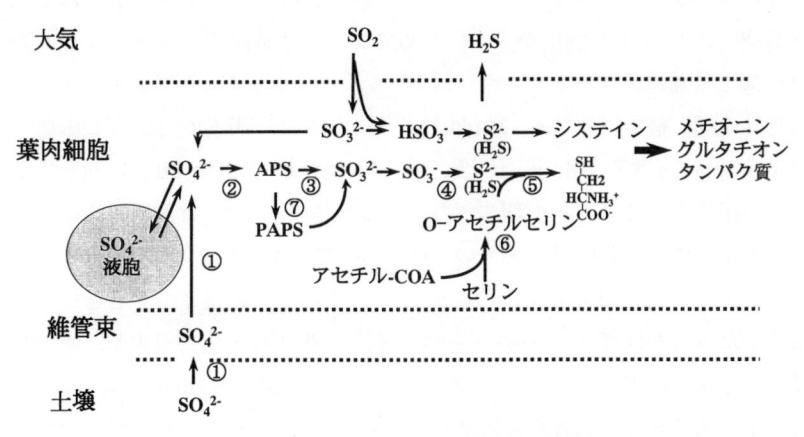

図 3.2 大気から植物組織への SO_2 の吸収と代謝経路（近藤・佐治，1992 を許可を得て改変）
APS：アデノシン 5-ホスフェイト，PAPS：3'-ホスホアデノシン 5'-ホスホサルフェイト，
① 硫酸イオン輸送担体，② ATP サルフリラーゼ，③ APS レダクターゼ，④ サルフェイト・レダクターゼ，⑤ システイン・レダクターゼ，⑥ セリン・アセチルトランスフェラーゼ

3.3 SO_2の作用メカニズム

(sulfate：SO_4^{2-}) を生成・蓄積する．SO_3^{2-}はSO_4^{2-}よりも30倍も有毒であるので，SO_3^{2-}からSO_4^{2-}への酸化は細胞内の解毒代謝経路であるのかもしれない（図3.2）．SO_3^{2-}は酸化されるばかりでなく，還元され代謝産物であるシステイン(cysteine：$COOHCHNH_2CH_2SH$) を生成する．このプロセス中で，H_2Sが生成され，葉外に放出される (Rennenberg, 1984；Ghisi et al., 1990)．維管束植物では，この放出は葉内に過剰に蓄積したイオウに対する植物の防御反応であると見られている (Rennenberg, 1984)．

同化箱を用いて測定される光合成速度と蒸散速度から，気孔の開閉の程度を知ることができる．この同時測定から，1.5 ppm の SO_2 に曝露されたヒマワリ葉では，純光合成速度の急激な低下とわずかな気孔閉鎖が見いだされた（図3.3）．このことは，SO_2攻撃の主要な標的が葉緑体であることを示唆している．このように，葉緑体の光合成の全反応系は初期光化学反応(電子伝達系により還元力である$NADPH^+$を生成)，光リン酸化反応(電子伝達反応に共役してエネルギーであるATPを生成)とCO_2固定反応(ATPと$NADPH^+$を用いてCO_2を固定して，炭水化物を合成)から成り立っているが，SO_2の攻撃標的はどこであろうか．Shimazaki and Sugahara (1979) は SO_2 曝露葉から葉緑体を単離して，SO_2による電子伝達系の阻害について調べた．その結果，SO_2は光化学系 I (PS I) を阻害するのでは

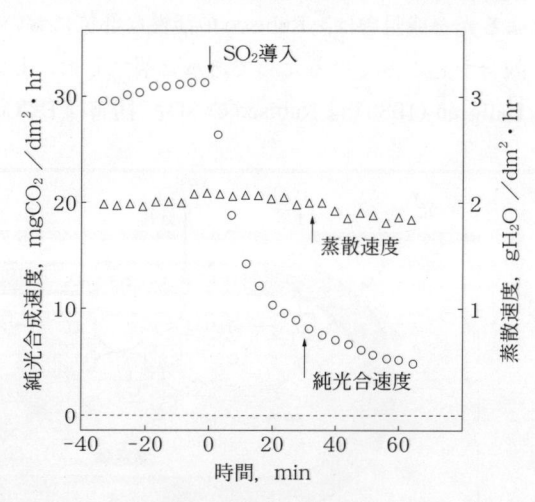

図3.3 SO_2曝露 (1.5 ppm, 1時間) をしたヒマワリの純光合成速度と蒸散速度 (Furukawa, 1980, 許可を得て転載)
SO_2 2ガスを導入する (↓) と即座に光合成速度が低下するが，蒸散速度には変化が起こらない(気孔の閉鎖が起こらない)

なくて，光化学系II（PS II）を特異的に阻害していることを見いだした．また，電子伝達に共役して光リン酸化（ATPの生成）が起こるが，非環状の光リン酸化反応のみがほぼ光化学系IIの阻害に比例して阻害され，光化学系Iに共役した環状の光リン酸化は影響されなかった．このことから，SO_2は光リン酸化反応を直接には阻害していないことがわかった．しかしながら，電子伝達系の阻害は可視被害が現れる直前かあるいは可視被害が現われたとき起こっており，電子伝達系はSO_2の初期標的ではないようである．

SO_2は曝露開始直後から光合成速度を低下させており，SO_2による気孔閉鎖や電子伝達系の阻害だけではそのことを説明できていない．光合成のC_3とC_4代謝経路のそれぞれCO_2固定の第1ステップであるribulose-1, 5-bisphosphate carboxylase/ oxygenase（Rubisco）と phosphoenol pyruvate carboxylase（PEPカルボキシラーゼ）は，SO_2によって影響されるかもしれない酵素である．Ziegler (1972) は単離したホウレンソウ葉緑体におけるSO_2による光合成阻害は，Rubiscoの活性な部位においてHCO_3^-とSO_3^{2-}の間で競合が起こっているためであると報告した．しかしながら，Gezeilus and Hallgren (1980) は Rubisco の SO_3^{2-} 阻害は HCO_3^- に関する競合ではないと

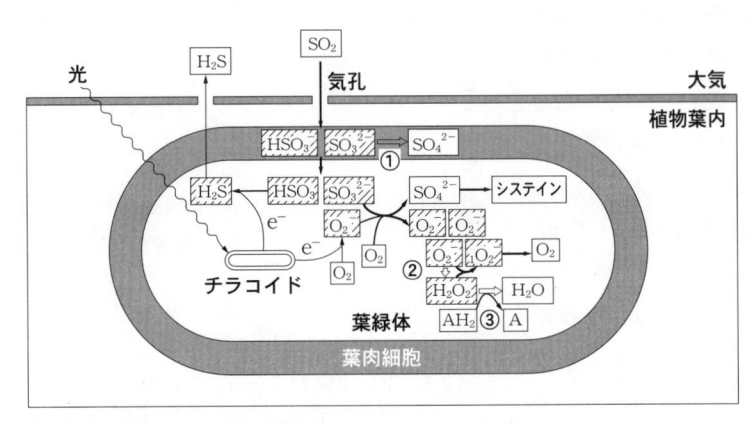

図3.4 植物葉におけるSO_2代謝過程での毒物の生成と解毒反応（近藤, 1993, 許可を得て転載）
① 亜硫酸酸化酵素，② スーパーオキシドデスムターゼ（SOD），③ アスコルビン酸パーオキシダーゼ，四角内の斜線は毒性物質を表わしている

している．Rubisco が高い活性を維持するためには，ストロマ内の pH が pH 7.5 から pH 9.0 までの範囲内の変化を必要としているので，SO_2 による pH の低下が Rubisco 阻害の原因であるかもしれない．

一方，SO_3^{2-} と HSO_3^- の存在下で，葉緑体中ではフリーラジカルの連鎖反応によりスーパーオキシド（O_2^-）が生成される（図 3.4）．この O_2^- はスーパーオキシドデスムターゼ（SOD）により代謝され，過酸化水素（H_2O_2）と O_2 を生じる（Asada, 1980）．ここで新たに生成した H_2O_2 は，酵素の sulf-hydryl（SH）基を不活性化したり（Tanaka et al., 1982；Hossain and Asada, 1984），あるいは非酵素的に O_2^- と反応して OH ラジカルを生成する．この OH ラジカルも毒性が強く，脂質の過酸化をもたらす（Thompson et al., 1987）．生細胞の中で活性酸素種が蓄積することは，タンパク質の分解，膜脂質の過酸化と DNA の開裂を導く（Thompson et al., 1987）．植物はこれらの活性酸素種の有害な影響から自分自身を守るために，消去手段を持っており，通常は障害を受けることはない（Asada, 1980）．多くの研究者は SO_2 感受性と SOD 活性との間に相関があることを指摘している（Asada and Kiso, 1973；Tanaka and Sugahara, 1980）．Tanaka et al. (1982) は 2 ppm の SO_2 を曝露したホウレンソウの生葉と，その葉から単離した葉緑体中に H_2O_2 が蓄積することを見いだした．さらに，彼らは SO_2 を曝露するとすぐに還元型ペントースリン酸サイクルの SH 酵素が不活性化し，その結果，光合成の CO_2 吸収が阻害されることを示している．このことは，葉緑体の中で SO_3^{2-} 酸化に関わって生成する活性酸素種とフリーラジカルが，この光合成阻害に関与していることを示唆している．しかし，現実的な大気中の SO_2 濃度で，活性酸素種が生成するかについては，疑問が投げかけられている（De Kok and Stulen, 1993）．

引 用 文 献

Asada, K., 1980：Formation and scavenging of superoxide in chloroplasts with relation to injury by sulfur oxides. In：Studies on the effects of air pollutants on plants and mechanisms of phytotoxicity. Research Report Nat. Inst. Environ.

Studies Japan, No. 11, pp. 165-179.

Asada, K, and Kiso, K., 1973: Initiation of aerobic oxidation of sulphite by illuminated spinach chloroplasts. *Eur. J. Biochem.*, **33**, 253-257.

Bell, J. N. B., 1980: Response of plants to sulphur dioxide. Nature, **284**, 399-400.

Bell, J. N. B., 1982: Sulphur dioxide and growth of grasses. In : *Effects of Gaseous Air Pollution in Agriculture and Horticulture* (ed. by Unsworth, M. H., Ormrod, D. P.), pp. 225-246, Butterworths, London.

De Kok, L. J. and Stulen, I., 1993: Role of glutathione in plants under oxidative stress. In: *Sulfur Nutrition and Sulfur Assimilation in Higher Plants* (ed. by De Kok, L. I., Rennenberg, H., Brunold, C. and Rauser, W. E.), pp. 295-313, SPB Academic Publishing, The Hague.

Editting Committee of China Environmental Year Book, 1998: China Environmental Year Book (1998). China Environmental Yearbook Press, Beijing.

Furukawa. A., Natori, T. and Totsuka, T., 1980: The effect of SO_2 on net photosynthesis in sunflower leaf. In: Studies on the Effects of Air Pollutants on Plants and Mechanisms of Phytotoxicity. Research Report Natl. Inst. Environ. Studies Japan, No11, pp. 1-8.

Gezeilus, K. and Hallgren, J. E., 1980: Effect of SO_3^{2-} on the activity of ribulose biphosphate carboxylase from seedlings of *Pinus sylvestris*. *Physiol. Plant.*, **49**, 354-358.

Ghisi, R., Dittrich, A. P. M. and Herber, U., 1990: Oxidation versus reductive detoxification of SO_2 by chloroplasts. *Plant Physiol.*, **92**, 842-849.

Heagle, A. S., Heck, W. W., Rawlings, J. O. and Philbeck, R. B., 1983: Effects of chronic doses of ozone and sulfur dioxide on injury and yield of soybeans in open-top chambers. *Crop Sci.*, **23**, 1184-1191.

Hossain, M. A. and Asada, K., 1984: Inactivation of ascorbate peroxidase in spinach chloroplasts on dark addition of hydrogen peroxide: Its protection by ascorbate. *Plant Cell Physiol.*, **25**, 1285-1295.

近藤矩朗, 1993: 植物の大気汚染耐性の仕組み. 植物細胞工学, **5**, 281-290

近藤矩朗・佐治 光, 1992: 植物の大気汚染耐性. 大気汚染学会誌, **27**, 273-288.

Mudd, J. B., 1975a: Sulfur dioxide. In: *Responses of Plants to Air Pollution* (ed. by Mudd, J. B. and Kozlowski, T. T.), pp. 9-22, Academic Press, New York.

The National Research Council of Canada (1939) Effect of sulphur dioxide on vegetation. The National Research Council of Canada publication 815.

Rennenberg, H., 1984: The fate of excess sulfur in higher plants. *Annu. Review Plant Physiol.*, **35**, 121-153.

Shaw, P. J. A., Holland, M. R., Darrall, N. M. and McLead, A. R., 1993: The occurrence of SO_2-related foliar symptoms on Scots pine (*Pinus sylvestris* L.) in an open-air forest fumigation experiment. *New Phytol.*, **123**, 143-152.

Shimazaki, K. and Sugahara, K., 1979: Specific inhibition of photosystem II activity in chloroplasts by fumigation of spinach leaves with SO_2. *Plant Cell Physiol.*, **20**, 26-35.

Tanaka, K., Kondo, N. and Sugahara, K., 1982: Accumulation of hydrogen peroxide in chloroplasts of SO_2-fumigated spinach leaves. *Plant Cell Physiol.*, **23**, 999-1007.

Tanaka, K. and Sugahara, K., 1980: Role of superoxide dismutase in defense against SO_2 toxicity and an increase in superoxide dismutase activity with SO_2 fumigation. *Plant Cell Physiol.*, **21**, 601-611.

Taylor, G. E., 1978: Genetic analysis of ecotypic differentiation within annual plant species, *Geranium carolinianum* L., in response to sulfur dioxide. *Bot. Gaz.*, **139**, 362-368.

Thompson, J. E., Legge, R. L. and Barber, R. F., 1987: The role of free radicals in senescence and wounding. *New Phytol.*, **105**, 317-344.

Ziegler, I., 1972: The effects of SO_3^{2-} on the activity of ribulose-1,5-diphosphate carboxylase in isolated spinach chloroplasts. *Planta*, **103**, 155-163.

第4章　光化学オキシダントによる植物被害

　光化学スモッグはわが国では，1970年の夏に初めて東京で発生したことが確認された．その後，北は東北地方の仙台湾地域から南は九州の宮崎県の沿岸地域に至るまで，主な都市やその隣接地域で毎年，夏期を中心に発生している．一方，アメリカのロサンゼルス地域では，すでに1940年代に人の眼や咽喉を刺激し，視程を悪化させ，植物に障害を与える新種の大気汚染物質として知られていた．光化学スモッグの指標としてよく用いられている光化学オキシダントは，窒素酸化物と炭化水素などの一次汚染質が，太陽の紫外線を吸収して光化学反応を起こして生成されたオゾン（O_3），パーオキシアセチルナイトレート（PAN：$CH_3COOONO_2$）などの酸化性物質の総称である．オキシダントのうち，オゾンが90％以上を占めており，オゾンとPANは植物毒性が強い．オゾンは現在，世界の広い地域でさまざまな植物に可視的な被害を発生させているばかりでなく，農作物の生育や収量を減少させたり，樹木の生育悪化を引き起こしている．

4.1　オゾン

　成層圏のオゾン（O_3）は，太陽紫外線の有害な影響を守るための自然のバリヤーである．この成層圏のオゾンは人間が作り出したフロンなどにより破壊され減少しつつあるが，一方，対流圏における地表付近のオゾン濃度は一定の濃度を維持したり，あるいは増加している（Oltmas et al., 1998）．地表付近のオゾンは，農作物と森林樹木の生長や生産性を低下させる（Guderian, 1985；Lefohn, 1991；Sandermann et al., 1997）．このように，成層圏のオゾンは有害なUV-B放射量を減らすバリヤーとして有益な役割を担っているが，一方，地表付近のオゾンは世界の商業・工業化地域において植物被害をもたらす大気汚染物質である（Lefohn, 1991）．

4.1.1　被害症状

　オゾンによる被害は植物の成熟葉とやや古い葉に生じやすく，かつ，葉の

上表面側に発生する．オゾンによる可視被害症状はアサガオ，ホウレンソウ，ハツカダイコンやタバコなどの草本植物では，葉脈間に無数の漂白された微細な斑点（fleck），やや大きな漂白斑や大型の両表面ネクロシス斑である（口絵写真 1，口絵写真 2）．それに対してイネ科とマメ科植物およびケヤキ（*Zelkova serrata*）やプラタナス（*Plantanus acerifolia*）のような広葉樹では，赤褐色の斑点（stipple）である．オゾンは柵状組織細胞を主に攻撃し，アサガオ，ホウレンソウやハツカダイコンでは，細胞壁が変形し，細胞が崩壊して，その部分に空気が充満するために，白色斑点や漂白斑を生じる．イネ科とマメ科および広葉樹では，柵状組織の壊死した細胞に赤褐色などの色素が蓄積し，細胞内が着色して，赤褐色の斑点を生じる．また，マツの針葉のように，葉に柵状組織と海面状組織の区別のないものでは，葉の上下面に黄褐色の輪状斑点を生じる．

4.1.2. 被害の発生とオゾン濃度
1）葉被害

日本の関東周辺の調査では，ホウレンソウ，サトイモやアサガオのようなオゾンに感受性の高い植物は，日最高のオキシダント濃度が 60〜90 ppb を記録したときに，しばしば被害の発生が観察されている．人工気象室における曝露実験では，ホウレンソウとハツカダイコンの葉被害は 70〜90 ppb のオゾンに 3 時間の曝露で発生する（野内，1979）．なお，葉被害が発生しても生長が低下するとは限らず，また逆に，生長の低下があったとしても常に可視症状を伴うとは限らない．

2）生長・収量減少

農作物生産へのオゾンの影響については，アメリカ合衆国，ヨーロッパや日本などで国家的スケールや地域的スケールで定量的な評価が試みられている．アメリカ合衆国の国家作物収量減少評価ネットワーク（National Crop Loss Assessment Network；NCLAN）は，1980 年から 1987 年まで行われたプロジェクトで，オープントップチャンバー（OTC，図 4.1）を用いて合計 15 種の農作物についてオゾン添加実験を行い，その結果をワイブルモデルにより解析している（Heck et al., 1988）．ヨーロッパでも NCLAN とほぼ同様

第4章 光化学オキシダントによる植物被害

図 4.1 米国で使われている円筒形のオープントップチャンバー（メリーランド州ベルツビル，米国農業研究センター，1992年4月）
下半分のビニール二重膜内にファンでオゾンを含む空気を押し込み，二重膜内側にある無数の穴から勢いよく吹き出して，オゾン曝露を行う．吹き出された空気はエアースクリーンとなり，屋根のない上部からの外気の侵入を防ぐ．

なプロジェクト（European Open-top Chamber Network ; EOTC）が1986年から1991年まで行われた（Unsworth and Geisser, 1993）．スイス，スウェーデン，ドイツやイギリスなどの8カ国が参加し，OTCを用いて，特に，春コムギについての実験が行われた．日本では環境庁の予算による「長期・低濃度広域大気汚染が主要農作物に及ぼす影響の解明と評価法の開発に関する研究」プロジェクトで行われた（農林水産省農林水産技術会議事務局，1993）．このプロジェクトでは，特にイネの減収を評価するためのOTC実験とモデリングが行われた．

日本の実験を例にすると，水田にビニールハウス型の5棟のOTCを設置し（図4.2），チャンバー内部のオゾン濃度を外気のオゾン濃度の一定比率に制御するオゾン曝露システムを開発し（Kobayashi et al., 1994），圃場に近い条件で3年間イネに対する5段階（外気オゾン濃度の0.5, 1.0, 1.5, 2.0および2.75倍）のオゾン濃度の影響を調べた．その結果，オゾンはイネの個体乾物重を減少させ，特に，出穂後の乾物重の減少が著しく，玄米収量はオゾン濃度の増加につれて減少した．平均オゾン濃度と相対的な収量との関係は，

図 4.2　水田圃場のフィールドチャンバー（茨城県つくば市，農業環境技術研究所，1987 年 6 月）．
5 棟のビニールハウス型チャンバーの両側には，活性炭浄化装置の送風ダクトが取り付けられており，真ん中にある小屋でオゾン発生器により生成されたオゾンが，テフロンパイプで送風ダクトに送られ，希釈されてチャンバー内に導入される．送風ファンによりチャンバー内に導入されたオゾンを含む空気は，水稲群落上に拡散するとともに，その多くはチャンバーの屋根に設けられた幅 30 cm の隙間から排出される．チャンバー内のオゾン濃度を測定するとともに，設定のオゾン濃度になるようにオゾン発生器をコンピュータ制御する．

Y を玄米収量（$g\,m^{-2}$），Oc を日中 7 時間（9：00〜16：00）の平均オゾン濃度（ppb），Ob をバックグラウンドのオゾン濃度（ppb）で 20 ppb と設定，Yb を Ob の時の玄米収量とすると，次式で表せた（Kobayashi et al., 1995）．

$$Y/Yb = \exp[-0.0235(Oc - Ob)]$$

アメリカ，ヨーロッパと日本で得られた主な農作物のオゾン濃度と収量減少とのドース・レスポンス関係を小林（1999）がまとめたのが図 4.3 である．イネ，トウモロコシとアメリカの冬コムギはオゾンの影響がほぼ同じ程度で，しかも影響が比較的少ない．一方，ダイズとワタは単子葉種よりもオゾンの影響が大きいようである．なお，ヨーロッパの春コムギがアメリカの冬コムギよりも減収が大きくなる理由はわかっていない．10 % の収量減少を生じる濃度は，ダイズとワタのような感受性の高い農作物では 40 ppb であ

第4章 光化学オキシダントによる植物被害

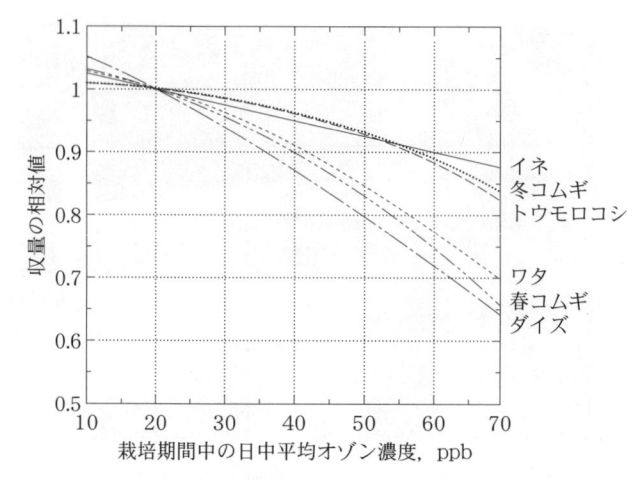

図4.3 オゾン濃度と農作物の収量減少率とのドース・レスポンス関係（小林, 1999, 許可を得て転載）
オゾン濃度 20 ppb（バックグラウンド濃度）の収量を 100 % とした時の相対的な減収率を示す．オゾン濃度は日中 7 時間（イネ, 冬コムギ）, 8 時間（春コムギ）および 12 時間（トウモロコシ, ワタ, ダイズ）の季節平均濃度である．出典：イネ（Kobayashi et al., 1995）, 春コムギ（Skarby et al., 1993）, その他の農作物（Lesser et al., 1990）．

り，抵抗性のトウモロコシや冬コムギなどの農作物では 75 ppb である．

　NCLAN の目的は，大気汚染による農作物の経済的影響を評価することであり，NCLAN の結果であるドース・レスポンス関係式を用いて，現在のオゾン濃度レベルによる農作物減収額は合衆国全体で年間およそ 30 億ドルに達すると見積もられている（Adams et al., 1988）．一方，Kobayashi（1992）は NCLAN とは異なり，オゾンと水稲収量とのドース・レスポンス関係を直接には用いず，気温と日射をドライビングフォースとした水稲生育モデルに，オゾンの影響を組み込んだ水稲影響モデルを用いて，1981 年から 1985 年までの日本の関東地方におけるオゾンによるイネの収量減少を評価した．水稲影響モデルはオゾン濃度が光利用効率（あるいは光-乾物変換率）に影響するというモデルであり，その光利用効率がオゾンによって減少する．特に生殖ステージにおいては光利用効率は影響を強く受ける（Kobayashi and

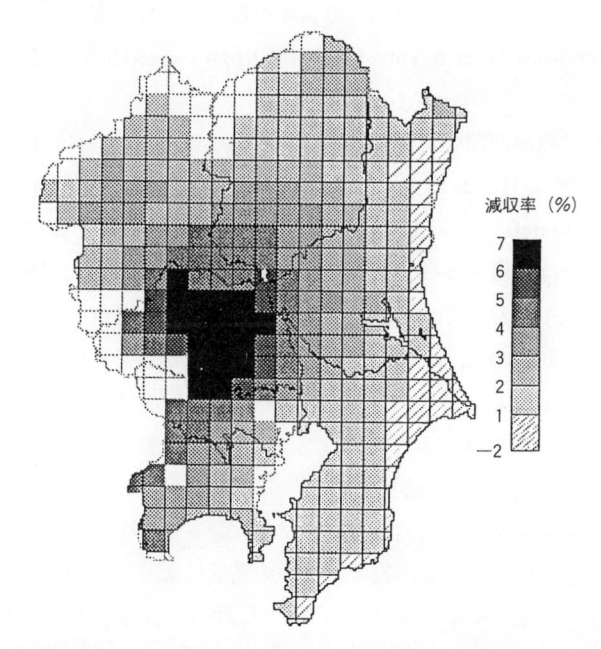

図 4.4 関東地方におけるオゾンによるイネの減収率（1981年から1985年の5年間平均値）の推定分布図（野内・小林，1994，許可を得て転載）

Okada, 1995). 図 4.4 に 1981 年から 1985 年までの 5 年間平均の関東地方におけるイネの減収率を示す．環境大気のオゾンによるイネの減収は，千葉県と茨城県太平洋沿岸部の 0 ％から関東地方中央部（埼玉県東部）の 7 ％の範囲にある．関東地方全体のオゾンによるイネの減収は，汚染の軽かった 1981 年の 16,000 t から汚染の激しかった 1985 年の 78,500 t に及び，これらの値は総収穫量の 1.1 ％（1981 年）と 4.6 ％（1985 年）に相当している．

3）クリティカルレベル

ヨーロッパでは，農作物収量の減収量の評価よりも，植物をオゾンの影響から保護するための基準の設定を目的として，可視被害が発生しないか，あるいはバイオマスや収量の低下を示さない限界値である「被害閾値（クリティカルレベル）」の設定を目指している．欧州連合によって採用されている現在のオゾンのクリティカルレベルは，悪影響が発生すると考えられる

AOT 40（日中の 1 時間平均値が 40 ppb を越えた濃度を積算した値：Accumulated exposure Over a Threshold of 40 ppb）で評価される（UN-ECE, 1994）．

　農作物などの短期間の可視被害に関するクリティカルレベルは，日射量が 50 W/m^2 以上の日において，日中（9：30〜16：30）の平均飽差（saturation vapor pressure deficit；VPD）が 1.5 kPa 以下の時，5 日間で 200 ppb・h，1.5 kPa 以上の時は 500 ppb・h と設定されている（Benton et al., 1996）．なお，飽差とは大気中において，その温度に対応した飽和水蒸気圧から実際の水蒸気圧を引いた値であり，大気の乾燥度を表す指標として利用されている．短期間のクリティカルレベルに VPD が用いれているのは，気孔を介した植物体内へのオゾンの取り込みを考慮しており，VPD が大きいと気孔コンダクタンス（オゾンの気孔の通りやすさ）が低下するからである．さらに，農作物の収量に関するクリティカルレベルは，収量を 10 ％ 低下させる AOT 40 とされ，オゾンに対する農作物の感受性の高低によって 3 つに分類されている（伊豆田・松村，1997）．最もオゾンに感受性が高い農作物（例えば，コムギ，オオムギ，トマトなど）に適用される Class I は，AOT 10,000 ppb・h 以下である．オゾン感受性が中程度のクローバーなどの Class II は，AOT 40 が 10,000〜20,000 ppb・h であり，オゾン感受性が最も低いマメ類などの Class III は，AOT 40 が 20,000 ppb・h 以上である（伊豆田・松村，1997）．

　一方，森林樹木のクリティカルレベルに関しては研究が始まったばかりであり，データが少ないため，オゾンに対し感受性が高く，苗木実験の多いヨーロッパブナが対象となっている．その AOT 40 は，日中の 6 カ月間（4 〜9 月）で 10,000 ppb・h とされている（伊豆田・松村，1997）．

4.1.3　オゾンの作用メカニズム

　低濃度のオゾンに長期間曝露された場合，オゾンは可視被害を生じないが，主に生理的プロセスと代謝に影響を与えるが，高濃度のオゾンに短時間曝露された場合には可視被害が生じる．これら両者のオゾンは純光合成速度を低下させ，早期老化を促進し，農作物の収量の減少や樹木の生育低下を引き起こす．

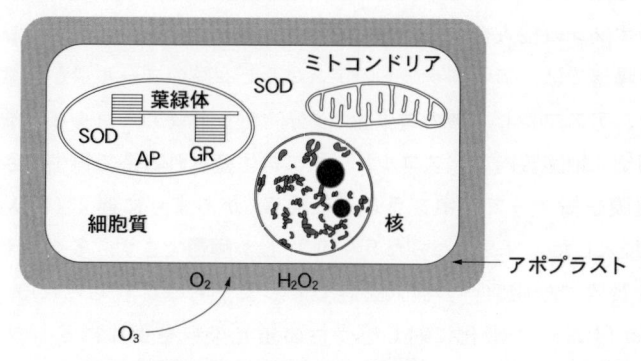

図 4.5 オゾンに曝露された植物細胞の酸素ラジカル生成 (Kangasjärvi et al., 1994 を基に作図)
オゾンはアポスラストで反応し，活性酸素種と過酸化水素を生成する．細胞質や細胞内微細器官の葉緑体やミトコンドリアでは，生成した活性酸素種はスーパーオキシドデスムターゼ (SOD)，アスコルベートパーオキシダーゼ (AP) やグルタチオンレダクターゼ (GR) などの活性酸素消去酵素によって除去される．

1) アポプラスト (細胞外空間) のアスコルビン酸

オゾンは気孔から植物葉内に入り，細胞壁などのアポプラスト (細胞外空間) 水溶液に溶ける．このアポプラスト溶液中で，いくつかのオゾン分子は O_2^-，H_2O_2 や OH ラジカルのような活性酸素種を生成する (図 4.5)．このように，アポプラストの組成物はオゾンや活性酸素種の攻撃を受ける最初の空間である．アスコルビン酸はアポプラスト溶液中の主要な抗酸化物質であり，オゾンとは反応速度定数が pH 6～7 で，$4.6 \times 10^7 \mathrm{M}^{-1}\mathrm{s}^{-1}$ と極めて大きい (Kanofsky and Sima, 1995)．オゾンはアスコルビン酸の他，アポプラスト中の酸化されやすい物質 (フェノール酸やトコフェロールなど) と反応するが，もしアポプラストで遮られない場合には原形質膜や細胞質の成分と反応することになる．実験的にオゾンはアポプラストのアスコルビン酸を，デヒドロアスコルビン酸に急速に酸化することが知られている (Castillo and Greppin, 1988 ; Luwe et al., 1993)．また，化学反応に伴う物質移動の数学

的な解析を用いて，Chameides (1989) は細胞壁中のアスコルビン酸が原形質膜へのオゾンの侵入を十分防いでいると提案した．しかし，ホウレンソウのオゾン曝露では，アポプラストのアスコルビン酸のプール量が急激に減少しており，アスコルビン酸の再生産（多分，デヒドロアスコルビン酸が原形質膜を横切り細胞質内でアスコルビン酸に再生産される系で再生産され，再び原形質膜を横切ってアポプラストに戻る）があまりに遅く（Luwe et al., 1993)，侵入したオゾンのたった5〜10％しか解毒できず，多くのオゾン分子の原形質膜や細胞質への流入を許してしまうものと考えられる．Jakob and Heber (1998) も酸化に対し感受性の蛍光染料を葉片にインフィルトレートして，オゾンによる酸化を調べ，アポプラストのアスコルビン酸がオゾンを防御できていないこと証明している．

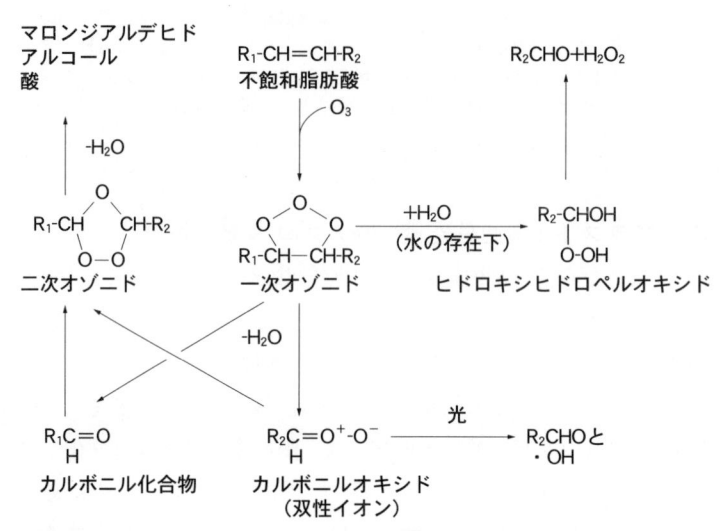

図4.6 オゾノリシスの反応機構（Wellburn, 1994に一部加筆）
不飽和脂肪酸などの二重結合を持つ化合物とオゾンが反応すると，一次オゾニドが生成する．この化合物は不安定で容易に分解し，カルボニル化合物とカルボニルオキシドを生成する．このカルボニルオキシドはカルボニル化合物と反応して二次オゾニドになったりして，さらにアルコールやアルデヒド（例えば，マロンジアルデヒド）などに分解する．しかし，水溶液中ではヒドロキシヒドロペルオキシドを与える．なお，水溶液中ではフリーラジカルは生成しない．

2) 脂　質

　オゾンあるいは活性酸素種は，スルフヒドリル（SH）基，アミノ酸や不飽和脂肪酸のような種々の細胞組成物を酸化する（Heath, 1980 ; Kangasjarvi et al., 1994）．オゾン傷害の最初の部位は原形質膜と考えられ，脂質はオゾノリシス（図4.6）あるいは脂質過酸化（図4.7）反応により分解される（Mudd, 1996）．なお，この両反応はともに分解産物としてマロンジアルデヒドを生成する．原形質膜脂質の分解の結果，膜の完全性が攪乱され，膜の半透膜性や膜のイオンポンプ，ATPase反応を介したK^+-交換およびCa^{2+}排除のような膜の機能が急速に失われる（Heath and Taylor, 1997）．この結果，細胞内部のイオン濃度の変化，特にCa^{2+}の変化が細胞の正常な代謝のさ

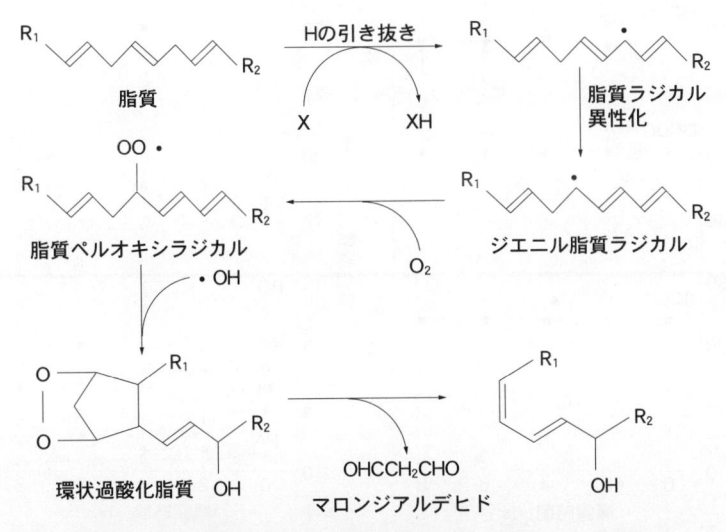

図4.7　脂質過酸化の反応機構（Wellburn, 1994に一部加筆）

何らかの引き金X（遊離の活性酸素（・OHと・O_2H），脂質ラジカルなど）によって脂質（二重結合にはさまれたC-H結合の位置で）から水素が引き抜かれ，脂質ラジカルが生成する．生成した脂質ラジカルは直ちに異性化し，より安定なジエニル脂質ラジカルとなる．このジエニル脂質ラジカルは速やかに酸素分子と反応して，脂質ペルオキシラジカルとなり，さらに・OHラジカルにより環状過酸化脂質となり，マロンジアルデヒドを生成する．このようにフリーラジカルは反応の開始とさまざまな反応の両者の中に含まれる．

らなる破壊を導き (Heath and Taylor, 1997), 最終的に細胞の死を導き, 葉に斑点やネクロシス斑を生じる.

オゾンと不飽和脂肪酸との反応については, 単細胞藻あるいは単離された葉緑体やミクロソームの懸濁液がオゾンに曝気された時, あるいは植物個体が極端な高濃度のオゾン (500 ppb 以上) に曝露された時, 不飽和脂肪酸の破壊が起こる (Frederick and Heath, 1975；Pauls and Thompson, 1981). しかし, 植物葉の脂質が大気濃度程度のオゾンにより攻撃を受けるという報告はほとんどない. 例えば, 150 ppb のオゾンに 8 時間曝露されたインゲンマメとアサガオの不飽和脂肪酸と糖脂質は, アサガオの場合 6 時間曝露で明白な

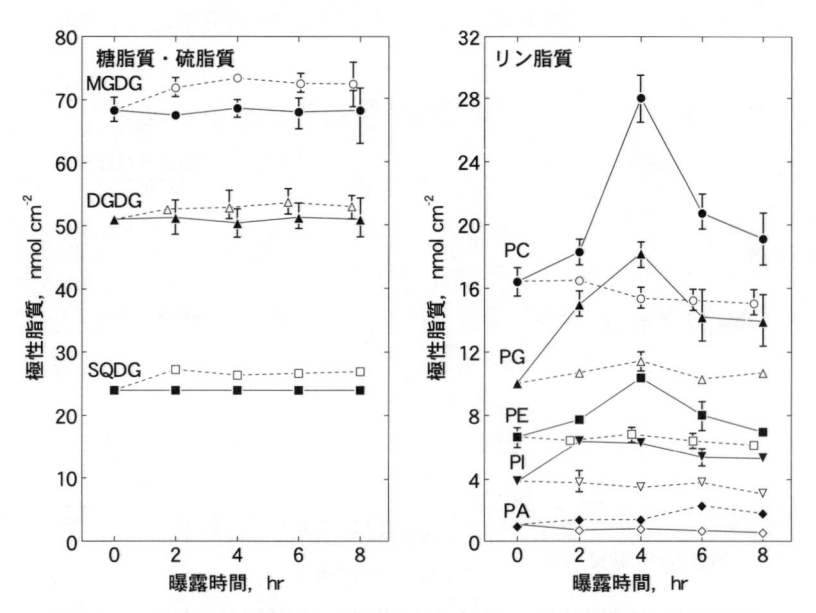

図 4.8 オゾン曝露 (150 ppb, 8 時間) 中におけるアサガオ葉中の極性脂質の変化 (Nouchi and Toyama, 1988, 許可を得て転載)

図中の白抜きのシンボルと波線はコントロールで, 塗りつぶしのシンボルと実線はオゾン処理を表している. MGDG：モノガラクトシルジグリセリド, DGDG：ジガラクトシルジグリセリド, SQDG：スルフォキノボシルジグリセリド, PG：ホスファチジルグリセロール, PC：ホスファチジルコリン, PE：ホスファチジルエタノールアミン, PI：ホスファチジルイノシトール, PA：ホスファチジン酸

水浸状症状が現れたが（典型的な傷害徴候は1日後に認められた），その曝露期間中にはほとんど変化していない（Nouchi and Toyama, 1988）．その一方，細胞膜の主要構成脂質であるリン脂質は，曝露開始後4時間以内に増加した（図4.8）．このことは，オゾン曝露によって脂肪酸が直接分解されるのではなく，オゾンが脂質代謝系に作用して，脂質から脂肪酸を遊離させ，その脂肪酸を用いてリン脂質の正味の生合成を増加させたと考えられる．

さらに，Sakaki et al. (1985, 1990a, 1990b, 1990c)はオゾンによる脂質代謝系への影響をホウレンソウを用いて詳細に調べている．オゾンによって糖脂質のモノガラクトシルジアチルグリセリド（MGDG）が分解するとともに，1,2-ジアシルグリセリド（1,2-DG）とトリグリセリド（TG）が著しく増加しており（図4.9），Sakaki (1989)はオゾンによる脂質分解のスキームを次のように考えている（図4.10）．すなわち，まず，オゾンの初期反応はガラクトリパーゼを活性化して葉緑体グラナ脂質のMGDGから脂肪酸を遊離

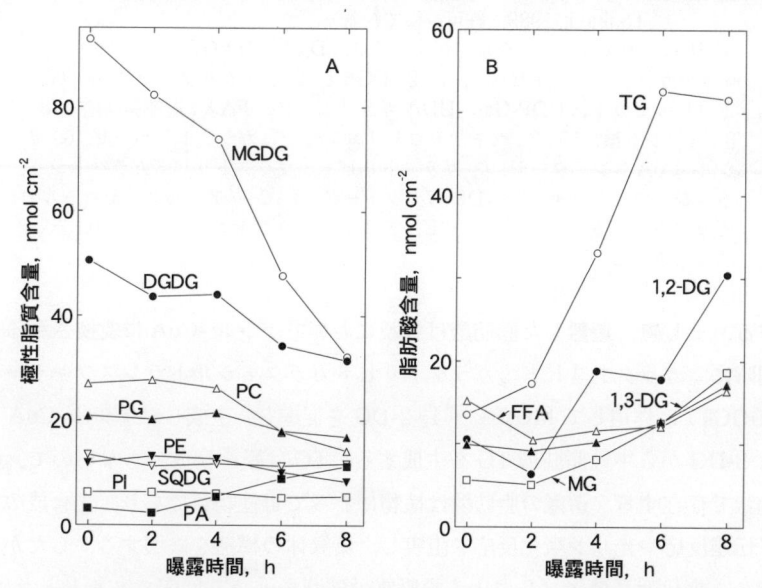

図4.9 オゾン曝露（500 ppb，8時間）中におけるホウレンソウ葉中の極性脂質と中性脂質含量の変化（Sakaki et al., 1985, 許可を得て転載）
FFA：遊離脂肪酸, MG：モノグリセリド, DG：ジグリセリド, TG：トリグリセリド

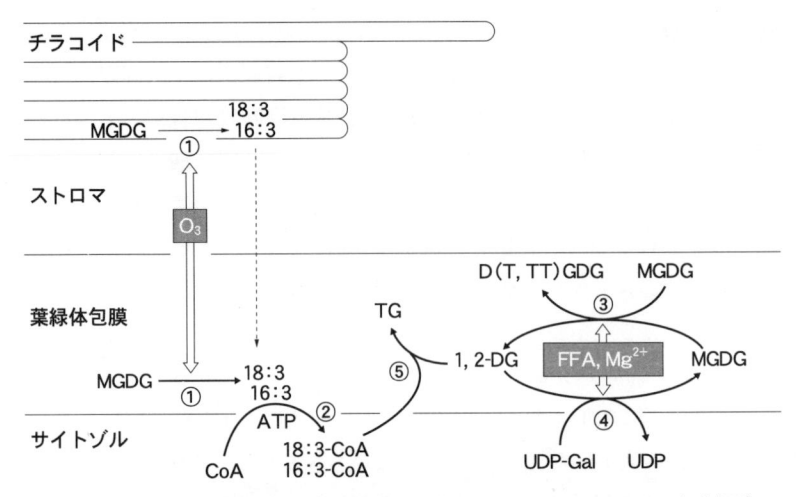

図 4.10 オゾン曝露における糖脂質の分解からトリグリセリドの生成経路 (Sakaki, 1989, 許可を得て転載)
MGDG：モノガラクトシルジグリセリド，D (T, TT) GDG：ジ (トリ，テトラ) ガラクトジグリセリド，1, 2-DG：1, 2-ジアシルグリセリド，TG：トリグリセリド，UDP-Gal：UDP-ガラクトース，FAA：遊離脂肪酸，18：3：リノレン酸，16：3：ヘキサデカトリエン酸，① ガラクトリパーゼ，② アシル-CoA シンテターゼ，③ ガラクトリピド：ガラクトリピドガラクトシルトランスフェラーゼ，④ UDP-ガラクトース：1, 2-ジアシルグリセロール・ガラクトシルトランスフェラーゼ，⑤ ジアシルグリセロール・アシルトランスフェラーゼ

する．そして，遊離した脂肪酸は包膜においてアシル-CoA に変換されると同時に，ガラクトリピド：ガラクトリピドガラクトシルトランスフェラーゼ (GGGT) に作用して MGDG→ 1, 2-DG を促進し，生成したアシル-CoA と 1, 2-DG から中性脂肪の TG を生成する．TG は膜を構成できないので，油滴状で存在する．遊離の脂肪酸は植物にとって毒性物質であり，光合成の電子伝達反応や光リン酸化反応を阻害し，葉緑体の構造を破壊する．したがって，この代謝系はオゾンによる膜脂質の破壊を進める反応であるとともに，葉緑体における遊離の脂肪酸の傷害を除く解毒系であるともいえる．

3）タンパク質

最近，水溶液環境の中で反応性の高い SH 基と環状アミノ酸が，オゾンの標的であると指摘されている (Mudd, 1996)．Heath グループは原形質膜上の K^+ 依存性の ATPase の SH 基がオゾンに反応しやすいこと (Dominy and Heath, 1985)，そして原形質膜の Ca^{2+} 依存輸送系がオゾンによって変化することを証明した (Castillo and Heath, 1990)．さらに，Heath and Taylor (1997) は細胞中のイオン性の変化が代謝物の広範囲なロスを増加させ，酵素の活性化を誘導し，正常な遺伝子転写を変えてしまうということを提案している．すなわち，オゾンは膜のタンパク質を変化させ，その結果として膜の性質が変わってしまうというものである（すなわち，タンパク質はオゾンに対して脂質よりも感受性が高い）．

4）光合成

植物の生長と収量は光合成による炭素の固定，次にその光合成産物の分配と連携している．オゾンに曝露された植物で観察される初期反応の一つは，純光合成速度の低下である (Reich and Amudson, 1985)．例えば，高濃度のオゾン（280 ppb）に 5 時間曝露されたインゲンマメでは，90 分頃より光合成速度が低下し始め，150 分には初期値の 88％ となった（図 4.11）．蒸散速度の変化も光合成速度の変化パターンと類似し，CO_2 ガス拡散抵抗も 90 分頃より増加し，150 分曝露で初期値の 1.5 倍に増加した．このことは，気孔抵抗の増加（気孔

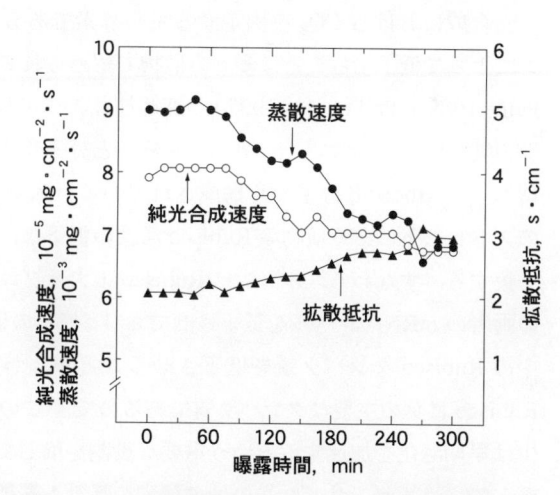

図 4.11　6〜7 日齢のインゲンマメの純光合成速度，蒸散速度および CO_2 拡散抵抗へのオゾンの影響（野内，1988, 許可を得て転載）

の閉鎖)により,光合成速度が減少したことを示している(野内,1988).一方,古川(1984)は気相(大気から気孔底)と液相(気孔底から葉緑体)の拡散抵抗を調べ,オゾン濃度が高まるにつれて気相抵抗と液相抵抗が指数関数的に増大することを見いだし,オゾンによる光合成速度の低下は気孔閉鎖ばかりでなく,葉緑体における光合成系そのものの損傷の結果であると報告している.

光合成系の損傷として,電子伝達系の阻害(Coulson and Heath, 1974)やクロロフィル量の減少およびRubiscoの酵素活性の低下(Dann and Pell, 1989 ; Nie et al., 1993)などが知られている.例えば,電子伝達系の阻害では,Schreiber et al. (1978)はクロロフィル誘導期蛍光を使って,オゾンの初期障害はPSII(水を分割する酵素系)の電子供与側部位であり,PSIIの反応中心の直接の障害ではないことを明らかにしている.このことは,光化学系IIの阻害はエネルギーであるATPと還元力であるNADPHの生成の阻害を導き,その結果として,ストロマ内の暗反応であるカルビンサイクルに影響するものと考えられる.

光合成におけるCO_2を固定するキー酵素であるRubiscoの活性が,オゾンによって低下することは多くの植物で認められている(例えば,Dann and Pell, 1989 ; Pell et al., 1992).高等植物のRubiscoは,分子量53,000〜55,000の大サブユニット(rbcL)8分子と分子量12,000〜15,000の小サブユニット(rbcS)8分子から構成されている巨大タンパク質である.オゾンのストレス下にある植物のRubisco活性の低下は,通常Rubisco量の減少と一致する.すなわち,オゾンはRubiscoの大サブユニットと小サブユニットの両者のmRNAレベルを低下させており(転写の低下を意味する),葉緑体中のRubiscoタンパク量を低下させることがわかった(Pell et al., 1994).Rubiscoは葉の主要なタンパク質であるので,このRubiscoタンパク質の減少は早期老化を加速するという重要な役割を演じている(Pell et al., 1994).そして,カルビンサイクルの他の酵素の活性も影響を受け(阻害あるいは活性化),葉緑体中の炭水化物代謝の攪乱を導いている.

5）光合成産物の各器官への分配

オゾンに曝露された植物は，たとえ葉面に可視被害が現れないような比較的低い濃度（150 ppb 以下）であっても，生長が阻害されることがある．これは光合成能力や物質代謝の乱れが原因と考えられる．栄養生長期の個体としての生長阻害は，植物体を構成する器官で異なり，地上部（茎葉）に比べて地下部（根）の生長が著しく阻害される（Cooley and Manning, 1987）．その結果，茎葉に対する根の重量比（root/ shoot ratio）は低下する．これはオゾンが葉で生産された光合成産物の各器官への分配に変化を与え，結果として根の生長を阻害するためと考えられる．例えば，Nouchi et al. (1991) は水耕栽培の水稲を 50 ppb と 100 ppb のオゾンに 8 週間曝露（発芽後 1 カ月後の幼苗から出穂期まで）したところ，50 ppb の曝露では個体乾物重にあまり大きな変化はないが，100 ppb では個体乾物重が大きく低下し，5 週間および 6 週間で 50 % にまで低下することを見ているが（図 4.12），この時，根と茎葉の比率（root/ shoot ratio）は 50 ppb と 100 ppb とも 8 週間の曝露期間中，

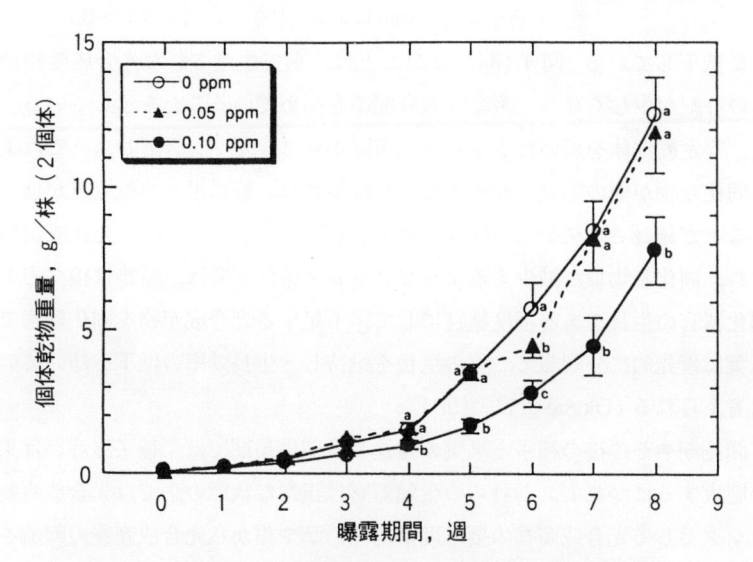

図 4.12　オゾンに 8 週間曝露された水稲の個体乾物重の経時変化（Nouchi et al., 1991，許可を得て転載）

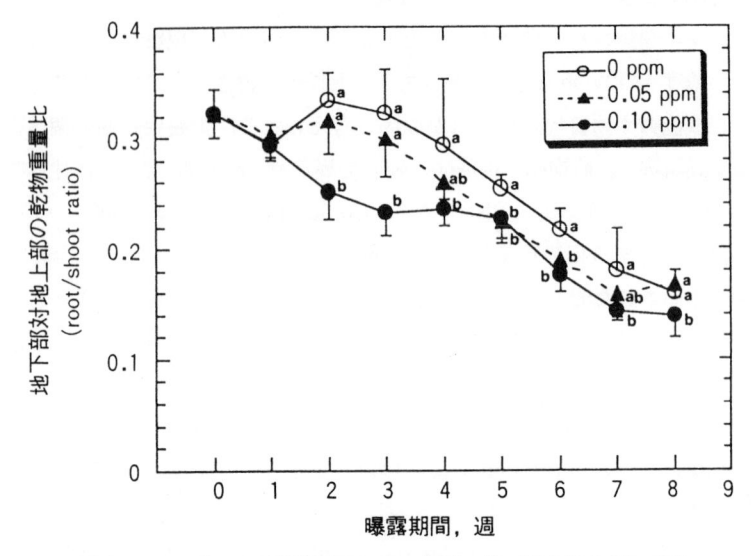

図4.13 オゾンに8週間曝露された水稲の地下部と地上部の乾物重比の経時変化（Nouchi et al., 1991, 許可を得て転載）

常に低下している（図4.13）．このことは，葉で生産された光合成産物の根への分配が少なくなり，茎葉への分配率を高めていることを示している．事実，安定同位体を用いたトレーサー実験からは，オゾンストレス下では葉から同化産物が他の器官へ転流するのが抑制され，特に根への転流量が低下することが確認されている（Okano et al., 1984）．このように，光合成が抑圧され，同化産物量が減少するようなストレス条件下では，植物は根などの非同化器官の生長をある程度犠牲にして，不足する光合成産物を同化器官である葉に優先的に分配して，葉の生長を維持し，生長効率の低下を防いでいると考えられる（Okano et al., 1984）．

　開花期やその後の種子と果実の発達の生殖生長期では，種子あるいは果物が肥大するにつれて，これらの生殖器官は正常な状態の下では光合成産物のシンクとして光合成産物の要求度が高く，葉や根から光合成産物の転流を増やす（Cooley and Manning, 1987）．オゾンは植物個体のバイオマスを低下させるとともに，花，果物あるいは種子の数を減らすが，いったん種子や果

実の実がつけば，光合成産物の転流が促進され，種子の形成と生長が維持される（Nouchi et al., 1995）．オゾンによってバイオマスが低下する中で，栄養生長期には光合成産物の葉への転流を増加して葉の生長を維持し，生殖生長期では種子への転流を促進して最大限の種子を形成することは，オゾンストレスに対する植物の適応反応であると考えられる．

6）エチレン生成の増加

オゾンや SO_2 に曝露された植物は，エチレン（C_2H_4）やエタン（C_2H_6）を発生することがよく知られている（Tingey et al., 1976；Peiser and Yang, 1979；Langebartels et al., 1991）．これは傷害や被害の結果として現れる典

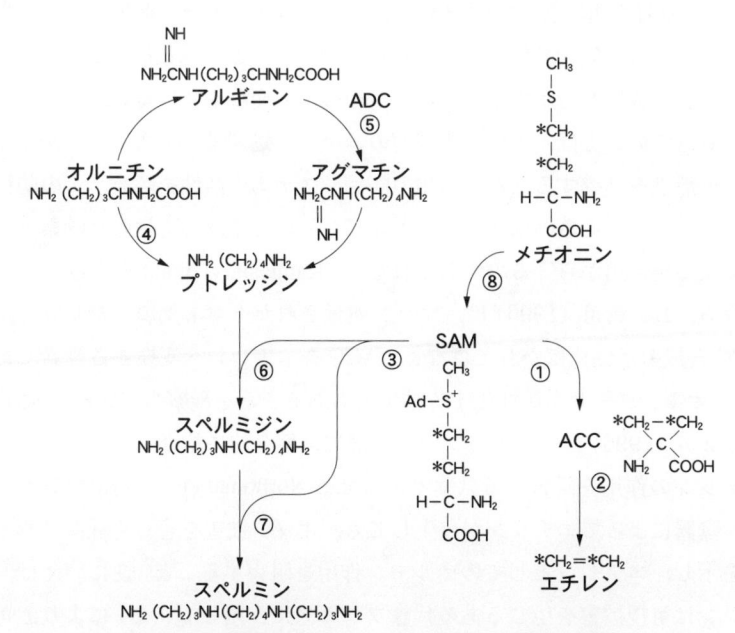

図4.14 植物のエチレンとポリアミンの生合成経路
オゾンはエチレンの生合成を誘導し，ACC合成酵素遺伝子の転写の誘導，ポリアミン含量の変化やアルギニン脱炭酸酵素活性の誘導を生じる．SAM：S-アデノシルメチオニン，ACC：1-アミノシクロプロパン-1-カルボキシ酸，① ACC合成酵素，② ACC酸化酵素，③ SAM脱炭酸酵素，④ オルニチン脱炭酸酵素，⑤ アルギニン脱炭酸酵素，⑥ スペルミジン合成酵素，⑦ スペルミン合成酵素，⑧ SAM合成酵素

型的な反応であると考えられている．エタンの発生は可視傷害を生じた葉から生成されるようであるが，エチレン発生はオゾン曝露開始後のごく短時間のうちに観察される．植物は L-methionine から S-adenosyl-L-methionine (SAM) と 1-aminocyclopropane-1-carboxylic acid (ACC) を介してエチレンを生成する（図4.14）．一方，エタンはフリーラジカルによる脂質の過酸化の結果として放出されると考えられる (Bae et al., 1996)．メチオニンからのエチレン合成は ACC 合成酵素によって遺伝子レベルで制御されている．Mehlhorn and Wellburn (1987) はオゾンの刺激により発生するエチレンの生成速度が，ACC 合成の特異的な阻害剤である aminoethoxyvinylglycine (AVG) の前処理によって減少するとともに，通常オゾン曝露によって生じる可視的な被害症状もほとんど起こらなかったことを示した．これらの結果はエチレン放出を阻止することが，可視被害の発現を妨げることを示すものである．このことは，オゾン曝露前のエチレン処理は，例えば，ペルオキシダーゼ活性を誘導するなど，植物の防御システムの活性を高め，この防御システムがオゾンあるいはエチレンとオゾンとの化学反応で生じた酸素ラジカルによる害作用から守るのかもしれない (Kangasjarvi et al., 1994)．

　一方，Bae et al. (1996) は，オゾン処理されたトマト葉のエチレン発生が ACC 合成の活性化ばかりではなく，ACC をエチレンへ変換する酵素である ACC オキシダーゼを活性化する結果でもあることを観察している．さらに Bae et al. (1996) は，エチレンの結合部位に競合的に結合することによってエチレンの作用を阻害する試薬である 2,5-Norbonadiene を施用すると，オゾン曝露によってエチレンが発生しても，オゾン被害を著しく軽減できることを示し，エチレンとしてのホルモン作用を阻害すること（逆にいえば，エチレンは可視被害を生じるある代謝プロセスに作用している）により，可視被害が抑えられると提案している．

7）ポリアミン合成の誘導

　エチレン合成に加えて，エチレン代謝経路の中間代謝物である S-アデノシルメチオニンを共有しているポリアミン代謝経路もオゾンに対する感受性を決定するものの一つであるかもしれない．ストレスによるポリアミン合成の

キー酵素であるアルギニン脱炭酸酵素（ADC）の活性の誘導とオゾン曝露の間には強い正の相関があり，植物のポリアミン含量，例えば，オオムギではスペルミジン（Rowland-Bamford et al., 1989），オゾン抵抗性のタバコ Bel B（Langebartels et al., 1991）とジャガイモ（Nagi Reddy et al., 1993）ではプトレッシンが増加する．ADC の特異的阻害剤であるジフルオロメチルアルギニンをオオムギの葉に塗布すると，オゾン曝露後に可視被害が増加することが見られており（Rowland-Bamford et al., 1989），ポリアミンの蓄積はオゾン障害に対する防御と関連があると考えられる．

一方，ポリアミンによるオゾン障害を阻むメカニズムの一つとして，ポリアミンによってエチレンが生成するのを抑えることが考えられている（Apelbaum, 1990 ; Langebartels et al., 1991）．高濃度のポリアミンは ACC 合成酵素と ACC 酸化酵素の活性を低下させるので（Apelbaum, 1990），オゾン曝露によって生じるエチレンの生成を低下させることができる．

4.1.4 活性酸素種の解毒

植物の酸化的ストレスはオゾンや他の大気汚染物質によって生じ，SO_2 やオゾンに関連した O_2^-，H_2O_2，OH ラジカルや $^1O_2$（一重項酸素）のようなの活性酸素の毒性はよく知られている（Runeckles and Chevone, 1991）．これらの活性酸素種は細胞水溶液の中でオゾン分解によって直接に（Heath, 1987），あるいは葉緑体やミトコンドリアの電子伝達鎖における酸素還元によって，O_2^- や H_2O_2 のような毒性の強い活性酸素種を生成する（Scandalios, 1994 ; 浅田, 1999）．生細胞におけるこれら活性酸素種の蓄積は，色素の分解，タンパク質の分解，膜脂質の過酸化や DNA の開裂を導く（Sakaki et al., 1983 ; Thompson et al., 1987）．しかし，植物は毒性の強い活性酸素種を除去するペルオキシダーゼ，カタラーゼやスーパーオキシドデスムターデ（SOD）のような酵素をもっており，通常は，これらの活性酸素を毒性のない程度に消去している．SOD はスーパーオキシド（O_2^-）を不均化反応により，H_2O_2 と O_2 に分解する．生じた H_2O_2 はアスコルビン酸ペルオキシダーゼ（AP）により，電子供与体として還元型のアスコルビン酸を用いて水に還元する（図4.15）．酸化型となったアスコルビン酸は電子供与体としてグルタ

チオン（GSH）を用いて還元型アスコルビン酸に戻し，生成された GSSG はグルタチオンレダクターゼによって GSH に戻される．この過酸化水素代謝系はアスコルビン酸/グルタチオン・サイクルと呼ばれ，有毒な活性酸素種に対して効果的な保護システムである．

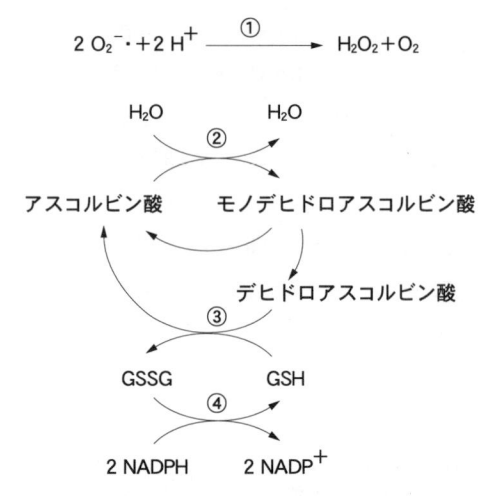

$$2\,O_2^- \cdot + 2\,H^+ \xrightarrow{①} H_2O_2 + O_2$$

図4.15 活性酸素を消去するアスコルビン酸－グルタチオンサイクル
GSH：還元型グルタチオン，GSSG：酸化型グルタチオン，① スーパーオキシドデスムターゼ（SOD），② アスコルビン酸ペルオキシダーゼ（AP），③ デヒドロアスコルビン酸レダクターゼ，④ グルタチオンレダクターゼ（GR）

活性酸素種がオゾン障害と関連していることを示す証拠が増えつつある．オゾン（500 ppb，5 時間）曝露したホウレンソウから葉ディスクを打ち抜き，その葉ディスクを O_2^- の消去剤であるタイロンやアスコルビン酸を含むバッファー溶液に浸漬すると，クロロフィルの分解が抑制された（Sakaki et al., 1983）．スピントラップ法を用いて，オゾン曝露（70～300 ppb，4 時間）されたインゲンマメとエンドウマメ葉内にフリーラジカルの生成が観察された（Mehlhorn et al., 1990）．しかし，このラジカルの本質はわかっていない（Mehlhorn et al., 1990）．さらに，ブルーグラス，ライグラスとハツカダイコンに 120 ppb のオゾンを曝露すると，インタクトな葉中で O_2^- の典型的な特徴をもつ電子常磁性共鳴シグナルの出現が認められた（Runeckles and Vaartnou, 1997）．

　高等植物における抗酸化剤の含量とそれに関連した酵素活性が，オキシダントのストレスに応じて増加することは多数報告されている．例えば，Mehlhorn et al. (1986) は，SO_2 を冬に 12 ppb，夏に 4 ppb とし，そこにオゾ

ン 37 ppb を加えた複合ガスに長期間曝露されたモミとトウヒ葉中のアスコルビン酸，グルタチオンとα-トコフェノール含量の増加を報告した．Tanaka et al. (1985, 1988) もまた，70 ppb あるいは 100 ppb のオゾンに曝露されたホウレンソウ葉の AP と GR の活性の増加を報告している．高濃度（500 ppb）と低濃度（50 および 100 ppb）のオゾンに曝露されたイネの葉のアスコルビン酸とグルタチオンのような抗酸化性物質の濃度とそれに関与する酵素の活性が変化することも報告されている（Nouchi, 1993）．Nouchi (1993) は高濃度のオゾン曝露（500 ppb，8 時間）では，還元型アスコルビン

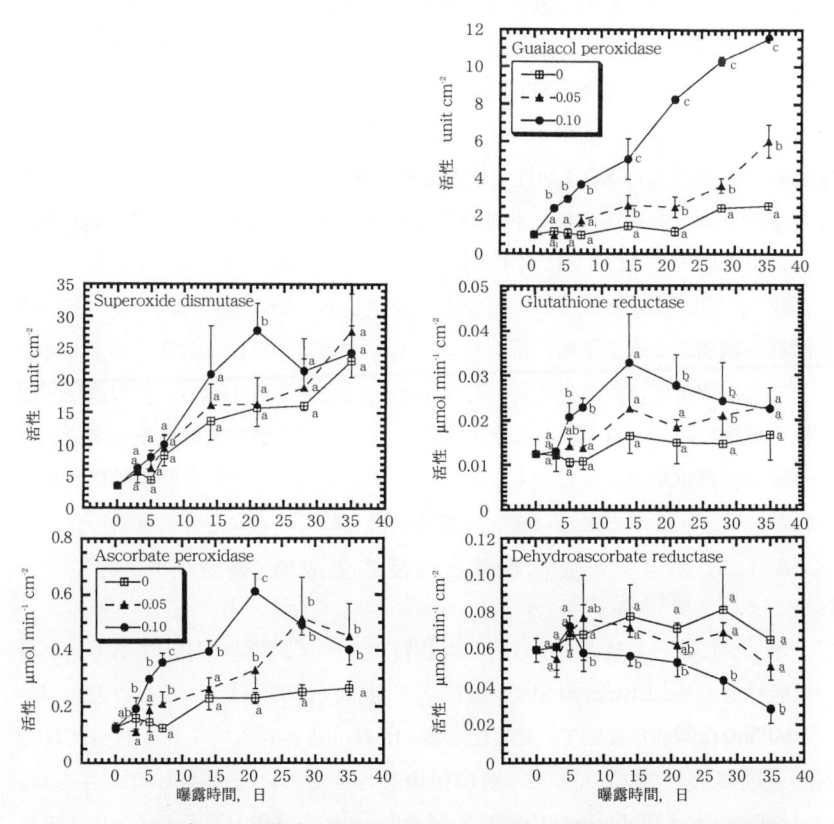

図 4.16　低濃度オゾン曝露（50 ppb および 100 ppb，8 週間）中における水稲葉の活性酸素防御系酵素の活性変化（Nouchi, 1993, 許可を得て転載）

酸から酸化型アスコルビン酸への酸化が起こり、全グルタチオンレベルの増加とAPやSODのような酵素活性の急激な低下をもたらすことを見いだしており、オゾンストレスに対する固有の防御システムがオゾンの高濃度曝露によってダメージを受け、急激な可視障害の発生をもたらせたと考えている。一方、低濃度（50 ppb）か、あるいは比較的低い濃度（100 ppb）のオゾンの5週間曝露では、アスコルビン酸含量とAP、GRとSODのような活性酸素防御系酵素の活性はともに増加していることから（図4.16）、多分、マイルドなオゾンストレス下では活性酸素防御系が活発に働いて、生長を維持する適応機構が働いたものであろうと推論している。

　抗酸化酵素の中でも、特にオゾン障害から植物を防御するSODの役割に注目が集まっているが、SOD活性が増加する場合とほとんど変化がない場合の両者が観察されており、その解釈は混乱している（Bowler et al., 1992）。さらに、葉緑体のSOD活性を増強させた遺伝子組換え植物は、O_2^-を発生する除草剤であるパラコート処理による細胞被害を低下させるが（Sen Gupta et al., 1993）、オゾンに対する抵抗性には増加が見られない（Pitcher et al., 1991）。同様なことはGRにもいえ、細胞質あるいは葉緑体ストロマのGR活性を増加した遺伝子組換えタバコでも、パラコートには耐性を示すがオゾンによる障害には差が見られない（Aono et al., 1991, 1993）。この遺伝子組換え植物では、パラコートによって引き起こされる障害の部位とオゾンによる障害の部位が異なるのかもしれない。あるいは、1種類の酵素活性を高めただけでは、必ずしも高いオゾン耐性が得られないのかもしれない。

4.1.5　オゾンと炭化水素との反応生成物（過酸化物）の植物毒性

　オゾンによって誘導・生成された物質が、オゾン障害の原因であるという可能性もある。Elstner et al. (1985) とElstner (1987) は、エチレンとオゾンとの間の化学的な反応で、過酸化水素（H_2O_2）とホルムアルデヒド（HCHO）が生成され、葉のワックス層に損傷を与えることを提案した。さらに、Mehlhorn and Wellburn (1987) とMehlhorn et al. (1991) はオゾンによる被害が気孔の孔辺細胞あるいは副気孔室の中で、大気からきたオゾンと植物細

胞からストレスで生成したエチレンとが反応して，フリーラジカルを生成し，それがオゾン障害の原因であるとする仮説を提案している．しかしながら，これらの仮説は実証されていない．

さらに，最近，植物から放出される揮発性の炭化水素（例えば，イソプレンやテルペンなど）とオゾンとの反応によって，大気中で過酸化水素や hydroxymethyl hydroperoxide (HMHP : $HOCH_2OOH$) のような毒性の有機過酸化物が生じることが報告されている (Hellpointner and Gab, 1989 ; Simonaitis et al., 1991 ; Hewitt and Kok, 1991). 大気中の H_2O_2 の濃度は 0.02～6 ppb 程度 (Sakugawa et al., 1990) であり，HMHP は 0.2～3 ppb の濃度が見いだされている (Lee et al., 1993 ; Fels and Junkermann, 1994). そして，さらに Hewitt et al. (1990) は，120 ppb のオゾンに 12 時間曝露されたカリフォルニア・ポピー（ハナビシソウ）の葉内でも HMHP を検出した．彼らはさらに，トビカズラ (velvet bean) に 120 ppb のオゾンを 1 日当たり 10 時間，数日間曝露し，イソプレンの発生が少ない若い葉 ($0.06\,\mu g\,g^{-1}\,h^{-1}$) では HMHP を検出できなかったが，イソプレンを多量に発生する古い葉 ($8.1\,\mu g\,g^{-1}\,h^{-1}$) では HMHP を検出し，イソプレンを発生する葉で葉内に HMHP が蓄積することを証明している．

これら H_2O_2 や有機過酸化物は，世界で生じている森林衰退に対し，新たな原因物質である可能性が提案されている (Möller, 1989 ; Becker et al., 1990 ; Hewitt et al., 1990). しかしながら，ガス状 H_2O_2 の森林衰退への寄与は少なくともトウヒではありそうもないようである．すなわち，針葉内には，大気から針葉内へ沈着する H_2O_2 の沈着速度の 10^6 倍もの解毒速度を持つ解毒系があるため，H_2O_2 は植物への重要な脅威をもたらさないと推定されている (Polle and Junkermann, 1994a). それに対して，環境的には低い HMHP 濃度でも（環境大気の 0.8 ppb は水溶液中で 400 μM の平衡濃度となる），HMHP は in vitro で酸性環境の細胞壁に局在するパーオキシダーゼ（葉外のオキシダントから葉を保護する）活性を阻害する (Polle and Junkermann, 1994b). 現地の森林調査でも，アポプラストのパーオキシダーゼ活性の日変化は，HMHP の大気濃度が高くなると著しく低下しており，環境大気

濃度のHMHPが植物の持つ抗酸化防御系を破壊するかもしれないことを示している (Junkermann and Polle, 1997). このように, 植物の生育阻害や森林衰退に関して, オゾン反応から誘導される他の二次的な毒性物質の存在は無視できないかもしれない. HMHPのような有機過酸化物の森林衰退の係わりについては, 今後の研究の進展を待ちたい.

　以上のようなオゾン障害の作用機構をまとめると, おおよそ次のようになろう. 高濃度のオゾンは急性被害をもたらし可視被害を生じる場合は, まず, 高濃度のオゾンによる障害的な初期反応は原形質膜のタンパク質あるいは脂質で起こり, その結果, プロトン, K^+やCa^{2+}に対する膜透過性が変化し, さまざまな代謝変化が開始される. そして, この早い時期に, オゾンによって活性酸素防御系酵素の不活性化やアスコルビン酸の酸化が起こり, さらには膜脂質の組成変化も生じる. その後しばらくの後, 活性酸素防御系の失活によって大量に蓄積した活性酸素により, 急激なクロロフィルの分解や脂質の破壊が起こり, 究極的な可視被害が発現する. 一方, 低濃度のオゾンに長時間曝露されて生長の低下が生じる場合では, この生長低下は, 光合成の直接あるいは間接的な阻害や細胞内の代謝障害を修復するために余分なエネルギーを消費することによるものであろう (Miller, 1987 ; Runeckles and Chevone, 1991). 収量減少は長い生育期間にわたって慢性的な毎日のオゾン曝露の累積的な影響によって引き起こされる. オゾンによって引き起こされる早期老化は, 植物葉の光合成活性を低下させ, その結果, 生長速度が低下し, 最終的に収量を減少させる.

　しかしながら, 被害プロセスの詳細なメカニズムとオゾンに対する植物の防御システムに関する知識は未だ十分ではない. すなわち, オゾンと原形質膜の初期反応はタンパク質であるのか脂質であるのか, オゾンによる活性酸素防御系の不活性化のメカニズムなど基本的な部分では不明な点が多く, さらなる研究の進展が必要である.

4.2 パーオキシアセチルナイトレート（PAN）

　光化学スモッグによる植物被害が初めて観察されたのは，1944年ロサンゼルス地域でレタス，フダンソウやホウレンソウなどの数種の野菜の葉裏面が光沢化，ブロンズ化や銀白色化のPAN型症状であった（Middleton et al., 1950）．この被害を起こす原因物質の究明が精力的に行われたが，光化学スモッグの複雑さもあり，PANであることが証明されたのは1960年のことであった（Taylor et al., 1960）．PANは大気中における濃度は低いが，植物には極めて毒性の強い大気汚染物質である．

4.2.1　被害症状

　PANは若い葉の裏面に光沢化（garazing），青銅色化（bronzing）や銀白化（silvering）という極めて特徴的な被害症状を生じる（口絵写真3）．PANが葉の裏面に被害を生じる理由は，葉組織の海面状組織細胞を選択的に攻撃するためである．PANは海綿状組織の細胞を赤褐色に着色して，連続的に崩壊させるとともに，この連続的な細胞の崩壊に伴って海綿状細胞の細胞間の空隙が拡大する特徴がある．PAN被害の特徴的な光沢化，青銅色化や銀白化症状は，健全な下表皮細胞とその内側の海綿状組織細胞の着色した壊死細胞との間にできた大きな空隙により，光がさまざまに散乱をした結果であると考えられている．なお，オゾンが柵状組織細胞を，PANが海綿状組織細胞を特異的に攻撃する理由は今もってわかっていない．

4.2.2　被害の発生とPAN濃度

　PANの世界的な濃度分布とその影響はまだよくわかっていないが，南カリフォルニアにおけるPAN濃度はアメリカ東部，西ヨーロッパあるいは日本で報告されているよりも5倍から10倍も高いようである（Temple and Taylor, 1983）．カリフォルニア州リバーサイドでは，1980年の夏から秋の平均PAN濃度は，8〜9 ppbである（Temple and Taylor, 1983）．PANによって生じた植物被害は，アメリカ合衆国，オランダや日本で報告されている（Temple and Taylor, 1983）．ロサンゼルス地域では，レタスとフダンソウのような感受性植物の野外におけるPAN被害発現閾値は，およそ15 ppbの4

時間曝露であり、激しい被害は 25〜30 ppb の 4 時間曝露で観察されている (Temple and Taylor, 1983). 日本での野外調査においては、PAN に対して最も敏感なペチュニア種の葉被害は、5 ppb の 2〜3 時間曝露で観察されている (野内ら, 1984). PAN 曝露実験によると、ペチュニア (PAN に最も感受性の高い白花種) の葉被害発生の閾値濃度は、1 時間、3 時間および 8 時間曝露でそれぞれ 32 ppb、14 ppb および 7 ppb である (野内, 1979).

4.2.3　PAN の作用メカニズム

PAN の生理生化学的な作用メカニズムは、アメリカで 1960 年代に精力的に研究された. しかしながら、1970 年代初め頃より、野外におけるオゾン被害が頻発するとともに、PAN 被害の発生が少なくなり、PAN の重要性が相対的に低下し、PAN を対象とした研究は少なくなってきた. そのため、PAN が障害を引き起こすメカニズムについては未解明のままである. PAN とオゾンはともにオキシダントでありながら、光合成、脂質や酵素への PAN の生理生化学的な影響は、オゾンによって引き起こされる影響とは非常に異なっている.

1) 光合成

生理生化学的な反応の中では、光合成が PAN に最も影響を受けやすいと見られている. 600 ppb の PAN に 30 分曝露された植物から単離された葉緑体は、酸素発生が阻害されるが光リン酸化は影響を受けていない (Dugger et al., 1965). さらに、単離されたホウレンソウの葉緑体は、PAN によ

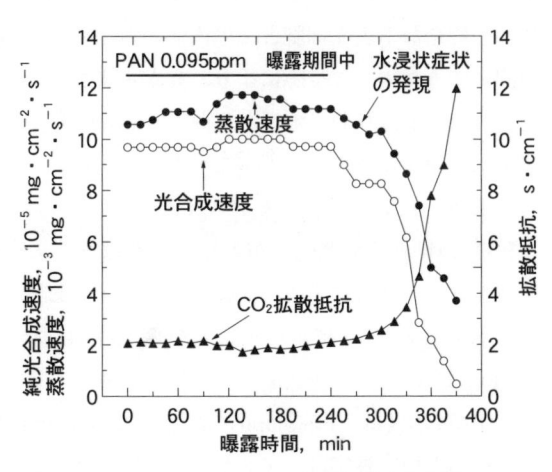

図 4.17　インゲンマメの光合成速度、蒸散速度およびガス拡散抵抗に及ぼす PAN 曝露 (95 ppb, 4 時間) の影響 (野内, 1988, 許可を得て転載)

ってPSIとPSIIの両方の電子伝達系が阻害される（Coulson and Heath, 1975）．一方，同化箱を用いて光合成（CO_2吸収速度）への影響を調べてみると，オゾンとはいくらか異なった結果である．野内（1988）はインゲンマメに95 ppbのPANを4時間曝露した．その曝露期間中，可視被害が発生しない間は，光合成速度と蒸散速度はともにほとんど正常なレベルを保っているが，葉に水浸状症状が拡大すると同時に，急激に光合成速度と蒸散速度が大きく減少した（図4.17）．これらの結果は，PANが可視被害症状を発現しない間は気孔開度に影響しないこと，そして曝露を終了した後でも，葉緑体のストロマと膜構造を強く破壊することを示唆している．

2）脂　質

PANはオレフィンの2重結合と反応し，エポキサイドを生成し，脂質の生合成に影響を与える（Mudd, 1975b）．

$$PAN + R_1C=CR_2 \rightarrow R_1C\overset{O}{\frown}CR_2 + MeONO + MeNO_2$$

また，PANはアミンと反応してアミドを生成する．

$$PAN + RNH_2 \rightarrow CH_3CO \cdot NHR + O_2 + HNO_2$$

このような反応は膜のタンパク質と脂質の両者に影響を与える可能がある．また，PANはNADPHを酸化することができるため，長鎖の脂肪酸へのアセテートの結合を阻害する（Mudd and Dugger, 1963）．そのため，PANは葉組織の膜脂質を変化させる可能性がある．Nouchi and Toyama（1988）は脂肪酸と脂質へのPANの影響を調べた．インゲンマメが100 ppbのPANに8時間曝露されたとき，可視被害が発生しなかった曝露開始から4時間までは，リン脂質，糖脂質と全脂肪酸含量はほとんど変化しないが，曝露開始後6時間目に葉に水浸状症状と萎れ症状が現れ始めるにつれて，リン脂質と糖脂質が減少し（図4.18），全脂肪酸含量の減少とともにMDA含量が急激に増加した（図4.19）．この結果，PANは直接に葉緑体のチラコイド膜の脂質を強く攻撃し，膜構造の突然の崩壊と細胞の究極的な死を導いているものと推定される．

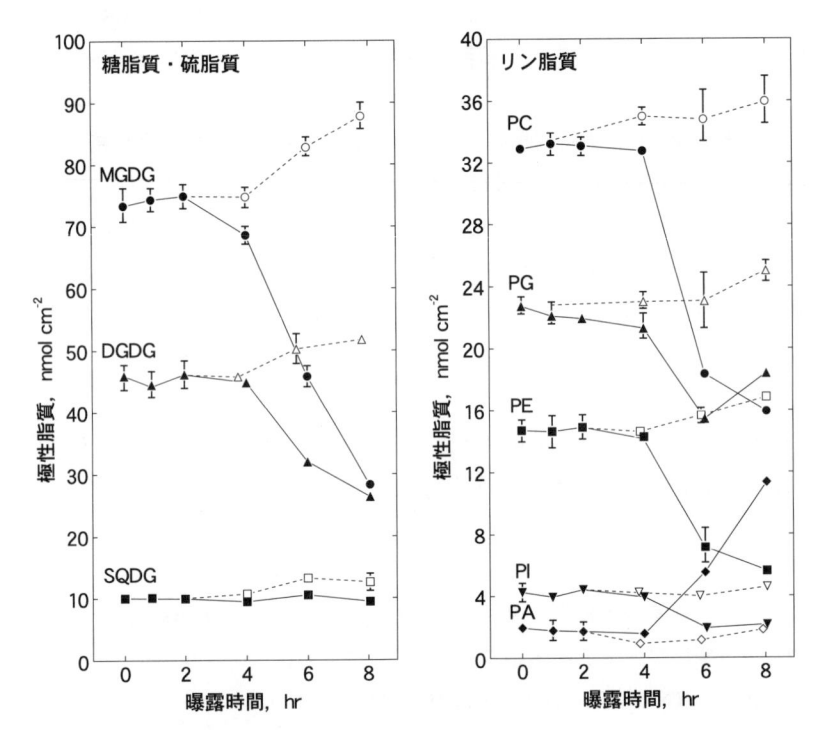

図 4.18 PAN 曝露（100 ppb，8 時間）中におけるインゲンマメ葉中の極性脂質の変化（Nouchi and Toyama, 1988, 許可を得て転載）
略号およびシンボルは図 4.8 を参照

さらに，野内（1988）は PAN の作用として，細胞溶液中で PAN の直接的あるいは間接的な分解により生成されるかもしれない活性酸素の影響を調べた．PAN に曝露された葉から直径 1 cm の葉ディスクを打ち抜き，さまざまな活性酸素の消去剤（例えば，O_2^-：アスコルビン酸，チロンとヒドロキノン，$^1O_2$：1, 4-ジアザビシクロ -(2, 2, 2)-オクタン（DABCO）とメチオニン，OH ラジカル：ソルビトールと安息香酸）の溶液に浸して，クロロフィル，脂肪酸と極性脂質の分解を見たものである．コントロールである水に浸した葉ディスクではクロロフィル，MGDG および PC 含量が著しく減少し，MDA 含量が増加する．しかし，O_2^- の消去剤であるアスコルビン酸やチロンに浸

した葉ディスクの場合は，クロロフィルと脂肪酸含量がほとんど変化しない．このことは，PANによるクロロフィルと脂肪酸の分解およびMDAの生成がO_2^-に起因していることを示している．一方，O_2^-，$^1O_2$およびOHラジカルの消去剤はすべてPANによるMGDGとPCの分解に対する保護作用がない

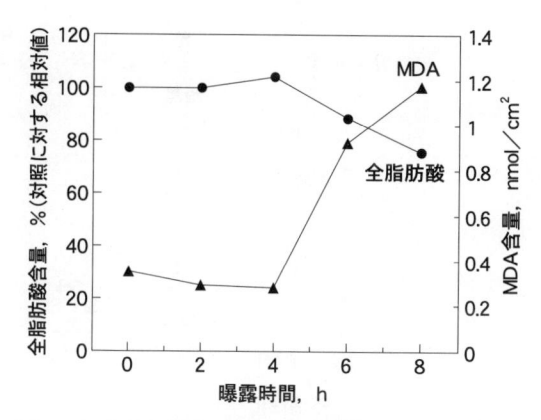

図4.19 PAN曝露（100 ppb，8時間）中におけるインゲンマメ葉中の脂肪酸とマロンジアルデヒド（MDA）含量の変化（野内，1988から作図）

ことから，極性脂質の分解には活性酸素が関与していないことがわかった．この結果はPANの酸化的作用が少なくとも2つの経路で進行していることを示している．すなわち，初期ステージでは，極性脂質に対する酸化剤としてのPANの作用であり，後期ステージでは，クロロフィルと脂肪酸に対する酸化剤としてのO_2^-の作用である．

3）SH基

PANは酵素のSH基やアミノ酸のようなイオウを含む低分子の化合物と強く反応し，S-S結合やS-acetyl基を生成する．酵素が活性を発揮するためにSH基を持つ酵素（SH酵素という）は，多くの場合PANによって阻害される（Taylor, 1969 ; Mudd, 1975）．一方，SH基を持たない酵素はPANの影響を受けない（Mudd, 1963）．PANとSH試薬（タンパク質，特に酵素のSH基に特異的に反応する特異的阻害剤）は，SH酵素に対して同じように作用をし，SH酵素の活性を失活させる．PANとSH試薬によるこの阻害の密接な関係は，PANによる阻害の一つのポイントが酵素のSH基であるという強力な証拠でもある（Mudd, 1963）．また，植物がPAN被害を発現するためには，PAN曝露の前，曝露中および曝露後に光に照射される必要があ

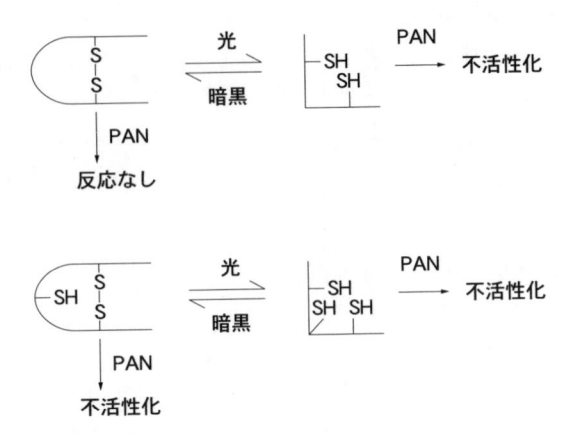

図 4.20 SH酵素の光および PAN による活性阻害（Mudd, 1975 より作図）
光は酸化型の不活性な -S-S-型を，活性を有する還元型の -SH 型にする．フリーな SH 基がないと，酵素は PAN の作用を受けない．しかし，フリーな SH 基をもつと PAN が作用し，酵素活性が阻害される．

ることはよく知られており，これらのどこかを暗黒にすると可視被害が抑制される（Mudd, 1975）．同様に，光合成でもその阻害が見られるためには，曝露中と曝露後に光が必要である（Koukol et al., 1967）．これらの事実は，PAN が植物における光化学プロセスの代謝経路にある何らかの組成物との反応を介して，植物に障害を与えている可能性を示している（Dugger et al., 1963）．あるいは，図 4.20 のように，光の必要性は光に還元されやすいタンパク質の SH 基の酸化と関連しているのかもしれないことを示唆している．このように PAN による可視被害発現に関して，光が必要である理由は明らかではないが，光が抗酸化防御機構を破壊するフリーラジカルの生成の開始剤となっている可能性も指摘されている（Wellburn, 1994）．

引用文献

Adams, R. M., Glyer, J. D. and McCarl, R. A., 1988: The NCLAN economic assessment: Approach, findings and implications. In: *Assessment of Crop Loss from Air Pollutants* (ed. by Heck, W. W., Taylor, O. C. and Tingey, D. T.), pp.473-504, Elsevier Applied Science, London.

Aono, M., Kubo, A., Saji, H., Natori, T., Tanaka, K. and Kondo, N., 1991 : Resistance to active oxygen toxicity of transgenic *Nicotiana tabacum* that expresses the gene for glutathione reductase from *Escherichia* coli. *Plant Cell Physiol.*, **32**, 691-697.

Aono, M., Kubo, A., Saji, H., Tanaka, K. and Kondo, N., 1993 : Enhanced tolerance to photooxidative stress of transgenic *Nicotiana tabacum* with high chloroplastic glutathione reductase activity. *Plant Cell Physiol.*, **34**, 129-135.

Apelbaum, A., 1990 : Interrelationship between polyamine and ethylene and its implication for plant growth and fruit ripening. In : *Polyamine and Ethylene : Biochemistry, Physiology and Interactions* (ed. by Flores, H. E., Arteca, R. N. and Shanron, J. C.), pp. 278-294, American Society of Plant Physiologists, Rockville.

浅田浩二, 1999 : 活性酸素の生物学. 化学と生物, **37**, 251-259.

Bae, G. Y., Najkajima, N., Ishizuka, K. and Kondo, N., 1996 : The role in ozone phytotoxicity of the evolution of ethylene upon induction of 1-aminocyclopropane-1-carboxylic acid synthase by ozone fumigation in tomato plants. *Plant Cell Physiol.*, **37**, 129-134.

Becker, K. H., Brockmann, K. J. and Bechara, J., 1990 : Production of hydrogen peroxide in forest air by reaction of ozone with terpens. *Nature*, **346**, 256-258.

Benton, J., Fuhrer, J., Gimeno, B. S., Sharby, L., Palmer-Brown, D., Ball, G., Roadknight, C., Sanders-Mills, G. E., 1996 : The critical level of ozone for visible injury on crops and natural vegetation (ICP-Crops). In : *Critical Levels for Ozone in Europe : Testing and Finalising the Concepts* (ed. by Karenlampi, L. and Sharby, L.), UN-CEC Worlshop Report, pp. 44-57, University of Kuopio, Department of Ecology and Environmental Sciences.

Bowler, C., van Montagu, M. and Inze, D., 1992 : Superoxide dismutaze and stress tolerance. *Annu. Rev. Plant Physiol. Plant Molecular Biol.*, **43**, 83-116.

Castillo, F. J. and Greppin, H., 1988 : Extracellular ascorbic acid and enzyme activities related to ascorbic acid metabolism in *Sedum album* L. leaves after ozone exposure. *Environ. Exp. Bot.*, **28**, 231-238.

Castillo, F. J. and Heath, R. L., 1990: Ca^{2+} Transport in membrane vesicles from pinto bean leaves and its alteration after ozone exposure. *Plant Physiol.*, **94**, 788-795.

Chameides, W. L., 1989: The chemistry of ozone deposition to plant leaves: Role of ascorbic acid. *Environ. Sci. Technol.*, **19**, 1206-1213.

Cooley, D. R. and Manning, W. J., 1987: The impact of ozone on assimilate partitioning in plants: A review. *Environ. Pollut.*, **47**, 95-113.

Coulson, C. L. and Heath, R. L., 1974: Inhibition of the photosynthetic capacity of isolated chloroplasts by ozone. *Plant Physiol.*, **53**, 32-38.

Coulson, C. L. and Heath, R. L., 1975: The interaction of peroxyacetyl nitrate (PAN) with the electron flow of isolated chloroplasts. *Atmos. Environ.*, **9**, 231-238.

Dann, M. S. and Pell, E. J., 1989: Decline of activity and quantity of ribulose bisphosphate carboxylase/oxygenase in ozone-treated potato foliage. *Plant Physiol.*, **91**, 427-432.

Dorminy, P. J. and Heath, R. L., 1985: Inhibition of the K^+-stimulated ATPase of the plasmalemma of pinto bean leaves by ozone. *Plant Physiol.*, **77**, 43-45.

Dugger, W. M., Jr, Mudd, J. B. and Koukol, J., 1965: Effect of PAN on certain photosynthetic reactions. *Arch. Environ. Health*, **10**, 195-200.

Dugger, W. M., Jr, Taylor, O. C., Klein, W. M. and Shropshire, W., 1963: Action spectrum of peroxyacetyl nitrate damage to bean plants. *Nature*, **198**, 75-76.

Elstner, E. F., 1987: Ozone and ethylene stress. *Nature*, **328**, 482.

Elstner, E. F., Osswald, W. and Youngman, R. J., 1985: Basic mechanisms of pigment bleaching and loss of structural resistance in spruce (*Picea abies*) needles: advances in phytomedical diagnostics. *Experientia*, **41**, 591-597.

Fels, M. and Junkermann, W., 1994: The occurrence of organic peroxides in air at a moutain site. *Geophys. Res. Letter*, **21**, 341-344.

引 用 文 献

Fredrick, P. and Heath, R. L., 1975 : Ozone-induced fatty acid and viability changes in Chlorella. *Plant Physiol.*, **55**, 15-19.

古川昭雄, 1984 : 種々の大気汚染による高等植物の光合成阻害. 複合大気汚染の植物影響に関する研究. 国立公害研究所研究報告第64号, 131-139.

Guderian, R., 1985 : Effects of pollutant combination. In : *Air Pollution by Photochemical Oxidants.* (ed. by Guderian, R.), pp. 246-275, Springer-Verlag, Berlin.

Heath, R. L., 1980 : Initial events in injury to plants by air pollutants. *Annu. Rev. Plant Physiol.*, **31**, 395-431.

Heath, R. L., 1987 : The biochemistry of ozone attack on the plasma membrane of plant cells. *Rec. Adv. Photochem.*, **21**, 29-54.

Heath, R. L. and Taylor, G. E., 1997 : Physiological processes and plant responses to ozone exposure. In : *Forest Decline and Ozone* (ed. by Sandermann, H., Wellburn, A. R. and Heath, R.L.), pp. 317-368, Springer-Verlag, Berlin.

Heck, W. W., Taylor, O. C. and Tingey, D. T., 1988 : *Assessment of Crop Loss from Air Pollutants*. Elsevier Applied Science, London.

Hellpointner, E. and Gab, S., 1989 : Detection of methyl, hydroxymethyl and hydroxyethyl hydroperoxide in air and precipitation. *Nature*, **337**, 631-634.

Hewitt, C. N., Kok, G. L. and Fall, R., 1990 : Hydroperoxides in plants exposed to ozone mediate air pollution damage to alkene emitters. *Nature*, **344**, 56-58.

伊豆田 猛・松村秀幸, 1997 : 植物保護のための対流圏オゾンのクリティカルレベル. 大気環境学会誌, **32**, A73-A81.

Jacob, B. and Herber, U., 1998 : Apoplastic ascorbate does not prevent the oxidation on fluorescent amphiphilic dyes by ambient and elevated concentrations of ozone in leaves. *Plant Cell Physiol.*, **39**, 313-322.

Junkermann, W. and Polle, A., 1997 : Diurnal fluctuations of secondary photooxidants in air and of detoxication system in the foliage of mediterranean forest. *Atmos. Environ.*, **31** (No.SI), 61-65.

Kangasjärvi, J., Talvien, J., Utriainen, M. and Karjalainen, R., 1994 : Plant defense system induced by ozone. *Plant, Cell Environ.*, **17**, 783-794.

Kanofsky, J. R. and Sima, P. D., 1995: Reactive absorption of ozone by aqueous biomolecule solutions: implications for the role of sulfhydryl compounds as targets for ozone. *Arch. Biochem. Biophys.*, **316**, 52-62.

Kobayashi, K., 1992: Modeling and assessing the impact of ozone on rice growth and yield. In: *Tropospheric Ozone and the Environment II: Effects, Modeling and Control* (ed. by Bergland, R.,L.), pp. 537-551, Air and Waste Management Association, Pittsburgh.

小林和彦, 1999: 対流圏オゾンが農作物生産に及ぼす影響の評価. 大気環境学会誌, **34**, 162-175.

Kobayashi, K. and Okada, M., 1995: Effects of ozone on the light use of rice (*Oryza sativa* L.) plants. *Agric. Ecosys. Environ.*, **53**, 1-12.

Kobayashi, K., Okada, M. and Nouchi, I., 1994: A chamber system for exposing rice (*Oryza sativa* L.) to ozone in a paddy field. *New Phytol.*, **126**, 317-325.

Kobayashi, K., Okada, M. and Nouchi, I., 1995: Effects of ozone on dry matter partitioning and yield of Japanese cultivars of rice (*Oryza sativa* L.). *Agric. Ecosyst. Environ.*, **53**, 109-122.

Koukol, J., Dugger, W. M., Jr. and Palmer, R. L., 1967: Inhibitory effect of peroxyacetyl nitrate on cyclic photophosphorylation by chloroplasts from black valentine bean leaves. *Plant Physiol.*, **42**, 1419-1422.

Langebartels, C., Kerner, K., Leonardi, S., Schraudner, M., Trost, M., Heller, W. and Sandermann, H., Jr., 1991: Biochemical plant responses to ozone. I. Differential induction of polyamine and ethylene biosynthesis in tobacco. *Plant Physiol.*, **95**, 882-889.

Lee, J. H., Leahy, D. F., Tang, I. N. and Newman, L., 1993: Measurement and speciation of gas phase peroxides in the atmosphere. *J. Geophys. Res.*, **98**, 2911-2915.

Lefohn, A. S., 1991: *Surface-level Ozone Exposures and Their Effects on Vegetation*. Lewis Publishers, Chelsea.

Lesser, V. M., Rawlings, J. O., Spruill, S. E. and Somerville, M. C., 1990 : Ozone effects on agricultural crops: statistical methodologies and estimated dose-response relationships. *Crop Sci.*, **30**, 148-155.

Luwe, M. W. F., Takahama, U. and Heber, U., 1993 : Role of ascorbate in detoxifying ozone in the apoplast of spinach (*Spinacia oleracea* L.) leaves. *Plant Physiol.*, **101**, 969-976.

Mehlhorn, H., O'shea, J. M. and Wellburn, A. R., 1991 : Atmospheric ozone interacts with stress ethylene formation by plants to cause visible plant injury. *J. Exp. Bot.*, **42**, 17-24.

Mehlhorn, H., Seufert, G., Schmidt, A. and Kunert, K. J., 1986 : Effects of SO_2 and O_3 on production of antioxidants in conifers. *Plant Physiol.*, **82**, 336-338.

Mehlhorn, H., Tabner, B. and Wellburn, A. R., 1990 : Electron spin resonance evidence for the formation of free radicals in plants exposed to ozone. *Physiol. Plant.*, **79**, 377-383.

Mehlhorn, H. and Wellburn, A. R., 1987 : Stress ethylene formation determines plant sensitivity to ozone. *Nature*, **327**, 417-418.

Middleton, J. R., Kendrick, J. B., Jr. and Schwalm, H. W., 1950 : Injury to herbaceous plants by smog or air pollution. *Plant Disease Rept.*, **34**, 245-252.

Miller, J. E., 1987 : Effects of ozone and sulfur dioxide stress on growth and carbon allocation in plants. *Rec. Adv. Phytochem.*, **21**, 55-100.

Möller, D., 1989 : The possible role of H_2O_2 in new-type forest decline. *Atmos. Environ.*, **23**, 1625-1627.

Mudd, J. B., 1963 : Enzyme inactivation by peroxyacetyl nitrate. *Arch. Biochem. Biophys.*, **102**, 59-65.

Mudd, J. B., 1975 : Peroxyacyl nitrates. In : *Responses of Plants to Air Pollution* (ed. by Mudd, J. B. and Kozlowski, T. T.), pp. 97-119, Academic Press, New York.

Mudd, J. B., 1996 : Biochemical basis for the toxicity of ozone. In : *Plant Responses to Air Pollution* (ed. by Iqbal, M. and Yunus, M.), pp. 267-283, John

Willy, Chichester.

Mudd, J. B. and Dugger, W. M.,. Jr., 1963: The oxidation of pyridine nucleotides by peroxyacyl nitrates. *Arch. Biochem. Biophys.*, **102**, 52-58.

Nagi Reddy, G., Arteca, R. N., Dai, Y.-R., Flores, H. E., Negm, F. B. and Pell, E. J., 1993: Changes in ethylene and polyamines in relation to mRNA levels of the large and small subunits of riblose bisphosphate carboxylase/oxygenase in ozone-stressd potato foliage. *Plant, Cell Environment*, **16**, 819-826.

Nie, G. Y., Tomasevic, M. and Baker, N. R., 1993: Effects of ozone on the photosynthetic apparatus and leaf proteins during leaf deveopment in wheat. *Plant, Cell Environment*, **16**, 643-651.

農林水産省農林水産技術会議事務局編, 1993: 長期・低濃度広域大気汚染が主要農作物に及ぼす影響の解明と評価法に関する研究, 農林水産技術会議事務局, 135 p.

野内　勇, 1979: オゾン, PAN の濃度および暴露時間と植物被害, 大気汚染学会誌, **14**, 489-496.

野内　勇, 1988: 光化学オキシダント（オゾンおよびパーオキシアセチルナイトレート）による植物葉被害および被害発現機構, 農業環境技術研究所報告, **5**, 1-121.

Nouchi, I., 1993: Changes in antioxidant levels and activities of related enzymes in rice leaves exposed to ozone. *Soil Sci. Plant Nutr.*, **39**, 309-320.

Nouchi, I., Ito, O., Harazono, Y. and Kobayashi, K., 1991: Effects of chronic ozone exposure on growth, root respiration and nutrient uptake of rice plants. *Environ. Pollut.*, **74**, 149-164.

野内　勇・小林和彦, 1994: 成層圏オゾンおよび対流圏オゾンとわが国の農業. 農業と環境（久馬一剛・祖田　修編）, pp. 172-180, 富民協会.

Nouchi, I., Ito, O., Harazono, Y. and Kouchi, H., 1995: Acceralation of ^{13}C-labelled photosynthate partitioning from leaves to panicles in rice plants exposed to chronic ozone at the reproductive stage. *Environ. Pollut.*, **88**, 253-260.

Nouchi, I. and Toyama, S., 1988: Effects of ozone and peroxyacetyl nitrate on polar lipids and fatty acids in leaves of morning glory and kidney bean. *Plant Physiol.*, **87**, 638-646.

Okano, K., Ito, O., Takeba, G., Shimizu, A. and Totsuka, T., 1984: Alteration of ^{13}C-acclimate partitioning in plants of *Phaseolus vurgaris* exposed to ozone. *New Phytol.*, **97**, 155-163.

Oltmans, D. J., Lefohn, A. S,, Scheel, H. E., Harris, J. M., Levy, II. H., Galbally, I. E., Brunke, E. G., Meyer, C. P., Lathrop, J. A., Johnson, B. J., Shadwick, D, S., Cuevas, E., Schmidlin, F. J., Tarasick, D. W., Claude, H., Kerr, J. B., Uchino, O. and Mohnen, V., 1998: Trends of ozone in the troposphere. *Geophys. Res. Letters*, **25**, 139-142.

Pauls, K. P. and Thompson, J. E., 1981: Effects of in vitro treatment with ozone on physical and chemical properties of membranes. *Physiol. Plant.*, **53**, 255-262.

Peiser, G. D. and Yang, S. F., 1979: Ethylene and ethane production from sulfur dioxide-injured plants. *Plant Physiol.*, **63**, 142-145.

Pell, E. J., Eckardt, N. A. and Enyedi, A. J., 1992: Timing of ozone stress and resulting status of ribulose bisphosphate carboxylase/oxygenase and associated net photosynthesis. *New Phytol.*, **120**, 387-405.

Pell, E. J., Landry, L. G., Eckardt, N. A. and Glick, R. E., 1994: Air pollution and Rubisco: effects and implications. In: *Plant Responses to the Gaseous Environment* (ed. by Alscher, R. G. and Wellburn, A. R.), pp. 239-253, Chapmann & Hall, London.

Pitcher, L. H., Brennan, E., Hurley, A., Dunsmuir, P., Tepperman, J. M. and Zilinskas, B. A., 1991: Overproduction of petunia chloroplastic copper/zinc superoxide dismutase does not confer ozone tolerance in trasngenic tobacco. *Plant Physiol.*, **97**, 452-455.

Polle, A. and Junkermann, W., 1994a: Does atmospheric hydrogen peroxide contribute to damage to forest tree? *Environ. Sci. Technol.*, **28**, 812-815.

Polle, A. and Junkermann, W., 1994b: Inhibition of apoplastic and symplastic peroxidase activity from Norway spruce by the photooxidant hydroxymethyl hydroperoxide. *Plant Physiol.*, **104**, 617-621.

Reich, P. B. and Amudson, R. G., 1985: Ambient levels of ozone reduce net photosynthesis in tree and crop species. *Science*, **230**, 566-570.

Rowland-Bamford, A. J., Borland, A. M., Lea, P. J. and Mansfield, T. A., 1989 : The role of arginine decarboxylase in modulating the sensitivity of barley to ozone. *Environ. Pollut.*, **61**, 95-106.

Runeckles, V. C. and Chevone, B. I ., 1991 : Crop responses to ozone. In : *Surface Level Ozone Exposures and Their Effects on Vegetation* (ed. by Lefohn, A. S.), pp. 157-270, Lewis Publisher, Chelsea.

Runeckles, V. C. and Vaartnou, M., 1997 : EPR evidence for superoxide anion formation in leaves during exposure to low levels of ozone. *Plant, Cell Environ.*, **20**, 306-314.

Sakali, T., 1989 : Initial events in injury of plants by fumigation with ozone and the alteration of membrane lipid metabolism. University of Tokyo, PhD Thesis, 157p.

Sakaki, T., Kondo, N. and Sugahara, K., 1983 : Breakdown of photosynthetic pigments and lipids in spinach leaves with ozone fumigation : Role of active oxygens. *Physiol. Plant.*, **59**, 28-34.

Sakaki, T., Ohnishi, J., Kondo, N. and Yamada, M., 1985 : Polar and neutral lipid changes in spinach leaves with ozone fumigation : triacylglycerol synthesis from polar lipids. *Plant Cell Physiol.*, **26**, 253-262.

Sakaki, T., Saito, K., Kawaguchi, A., Kondo, N. and Yamada, M., 1990a : Conversion of monogalacosyldiacylglycerols to triacylglycerols in ozone-fumigated spinach leaves. *Plant Physiol.*, **94**, 766-772.

Sakaki, T., Kondo, N. and Yamada, M., 1990b : Pathway for the synthesis of triacylglycerols from monogalactosyldiacylglycerols in ozone-fumigated spinach leaves. *Plant Physiol.*, **94**, 773-780.

Sakaki, T., Kondo, N. and Yamada, M., 1990c : Free fatty acids regulate two galactosyltransferases in chloroplast envelope membranes isolated from spinach leaves. *Plant Physiol.*, **94**, 781-787.

Sandermann, H., Wellburn, A. R. and Heath, R. L., 1997 : *Forest Decline and*

Ozone. Springer-Verlag, Berlin, 400p.

Sakugawa, H., Kaplan, I., Tsai, W. and Cohen, Y., 1990: Atmospheric hydrogen peroxide. Does it share a role with ozone in degrading air quality? *Environ. Sci. Technol.*, **24**, 1452-1462.

Scandalios, J. G., 1994: Molecular biology of superoxide dismutase. In: *Plant Responses to the Gaseous Environment* (ed. by Alscher, R. G. and Wellburn, A. R.), pp. 147-164, Chapman & Hall, London.

Schreiber, U., Vidave, W., Runeckles, V. C. and Rosen, P., 1978: Chlorophyll fluorescence assay for ozone injury in intact plants. *Plant Physiol.*, **61**, 80-84.

Sen Gupta, A., Heinen, J. L., Holady, A. S., Burke, J. J. and Allen, R. D., 1993: Increased resistance to oxidative stress in transgenic plants that overexpress chloroplastic Cu/Zn superoxide dismutase. *Proceedings of the National Academy of Science*, USA, **90**, 1629-1633.

Simonaitis, R., Olszyna, K. J. and Meagher, J. F., 1991: Production of hydrogen peroxide and organic peroxides in the gas phase reactions of ozone with natural alkenes. *Geophys. Res. Letter*, **18**, 9-12.

Skärby, L., Sellden, G., Mortensen, L., Bender, J., Jones, M., Trappeniers, M., Wenzel, A. and Fuhrer, J., 1993: Responses of cereals exposed in open-top chambers to air pollutants. In: *Effects of Air Pollution on Agricultural Crops in Europe* (ed. by Jager, H. J., Unsworth, M. H., De Temmerman, L. and Mathy, P.), pp. 241-259, Commission of the European Communities, Brussels.

Tanaka, K., Saji, H. and Kondo, N., 1988: Immunological properties of spinach glutathione reductase and inductive biosynthesis of enzyme with ozone. *Plant Cell Physiol.*, **29**, 637-642.

Tanaka, K., Suda, Y., Kondo, N. and Sugahara, K., 1985: O_3 tolerance and the ascorbate-dependent H_2O_2 decomposing system in chloroplasts. *Plant Cell Physiol.*, **26**, 1425-1431.

Taylor, O. C., 1969: Importance of peroxyacetyl nitrate (PAN) as a phytotoxic air pollutant. *J. Air Pollut. Control Assoc.*, **19**, 347-351.

Taylor, O. C., Stephens, E. R., Darley, E. F. and Cardiff, E. A., 1960: Effect of airborne oxidants on leaves of pinto bean and petunia. *Amer. Soc. Hort. Sci.*, **75**, 435-444.

Temple, P. J. and Taylor, O. C., 1983: World-wide ambient measurements of peroxyacetyl nitrate (PAN) and implications for plant injury. *Atmos. Environ.*, **17**, 1583-1587.

Tingey, D. T., Standley, C. and Field, R. W., 1976: Stress ethylene evolution: a measure of ozone effects on plants. *Atmos. Environ.*, **10**, 969-974.

Thompson, J. E., Legge, R. L. and Barber, R. F., 1987: The role of free radicals in senescence and wounding. *New Phytol.*, **105**, 317-344

UN-ECE, 1994: *Workshop report 16, ECE Critical Levels Workshop* (ed. by Fuher, J.), March 1988. Bad Harzburg, Germany.

Unsworth, M. H. and Geissler, P., 1993: Results and achievments of the European Open-top Chamber Network. In *Effects of Air Pollution on Agricultural Crops in Europe* (ed. by Jager, H. J., Unsworth, M. H., De Temmerman, L. and Mathy, P.), pp. 5-22, Commission of the European Communities, Brussels.

Wellburn, A. R., 1994: Ozone, PAN and photochemical smog. In: *Air pollution and Climate Change* (ed. by Wellburn, A. R., Second edition), pp 123-144, Longman Scientific & Techical, Essex.

第5章 窒素酸化物による植物被害

　大気中に見いだされる窒素酸化物には，一酸化窒素（NO），二酸化窒素（NO_2），亜酸化窒素（N_2O），三酸化二窒素（N_2O_3）および五酸化二窒素（N_2O_5）などがあるが，植物に毒性を持つのは NO_2 と NO である．N_2O は温室効果ガスの一つであり，成層圏オゾン層の破壊にも関わっていると考えられているため，生物地球化学の分野では N_2O に焦点があてられているが，植物にはほとんど影響を及ぼさない．NO_x（NO および NO_2 などの総称）は主に燃焼によって生じるが，化石燃料などが高温で燃焼すると，大気中の窒素と酸素が直接結合して生成する（$N_2 + O_2 \rightarrow 2NO$）．大気中での NO と酸素との反応で NO_2 を生成する反応（$2NO + O_2 \rightarrow 2NO_2$）は非常に遅いが，炭化水素やオゾンとの共存下における光化学反応によって，NO は急速に NO_2 に酸化される．NO_2 は水と急速に反応するが，NO はほとんど水に溶けないので（Malhotra and Khan, 1984），植物は NO より NO_2 をより速く吸収する（Bennett and Hill, 1975）．両ガスが同じ濃度で存在するとき，単位葉面積当たりの NO_2 の吸収速度は，NO のそれのほぼ3倍であり（Law and Mansfield, 1982），NO_2 は NO より毒性が強い（Bennett and Hill, 1973；Ormrod, 1978）．

5.1 被害症状，被害の発生と NO_2 濃度

　NO_2 の植物毒性は SO_2 やオゾンに比べてかなり弱く，ハツカダイコンやアルファルファのような感受性植物でも，急性の葉被害は 3 ppm NO_2 で 4～8時間程度の曝露で生じる．NO_2 による葉被害症状は，比較的大きな白あるいは褐色の壊死斑である（図 5.1）．NO_2 による可視被害は野外ではほとんど観察されていない．しかし，非常にまれであるが，温室の中のナス，キュウリやトマトに，施肥した窒素肥料から土壌バクテリアの活動によって生成した NO_2（およそ 20 ppm）によって，障害が発生したとの報告がある（橋田，1965）．また，コショウの可視被害あるいは不可視被害は，温室内の CO_2 濃

度を増加するために灯油バーナーやプロパンバーナーが取り付けられた温室内で観察されている（Law and Mansfield, 1982）．これらバーナーは，温室内におよそ 1,000 ppm の CO_2 を提供すると同時に，比較的高いレベルの NO_x（50～500 ppb NO_2 と 400～2,000 ppb NO）を生成する．

NO_2 の生長への影響は，低濃度（100 ppb 以下）では生長を促進する場合が多く，高濃度（1 ppm 以上）になると

図 5.1 ムクゲの NO_2 被害症状
自然光型人工気象室内で，12 ppm の NO_2 に 6 時間曝露された時に発生した褐色壊死斑症状（1974 年 9 月）

成長を阻害するようである．特に，植物に対する 100 ppb 以下の現実的な濃度の NO_2 の長期曝露は，よくわかっていない．例えば，Wright（1987）は 1 週間平均 62 ppb の NO_2 濃度を 1 年間曝露したカバノキで，生長の促進と阻害の両者を見いだしている．さらに，Ashenden et al.（1990）も，60 ppb の NO_2 に 37 週間曝露した数種のシダで，枝葉の乾物重に変化のないもの，低下するものや増加するものなど異なった反応を示したことを報告している．

5.2　NO_2 の作用メカニズム

5.2.1　亜硝酸イオン（NO_2^-）の蓄積

葉の細胞壁の溶液中に NO と NO_2 が溶け込む時，硝酸イオン（NO_3^-）と亜硝酸イオン（NO_2^-）が等量生成されるとともに，プロトン（H^+）を放出する．植物は窒素源として根から NO_3^- を吸収し，その NO_3^- からアミノ酸やタンパク質を合成する窒素代謝系を持っている（図 5.2）．大気中の NO_2 から生成した NO_3^- と NO_2^- も窒素代謝系の基質として用いられるので，これらは

5.2 NO_2 の作用メカニズム

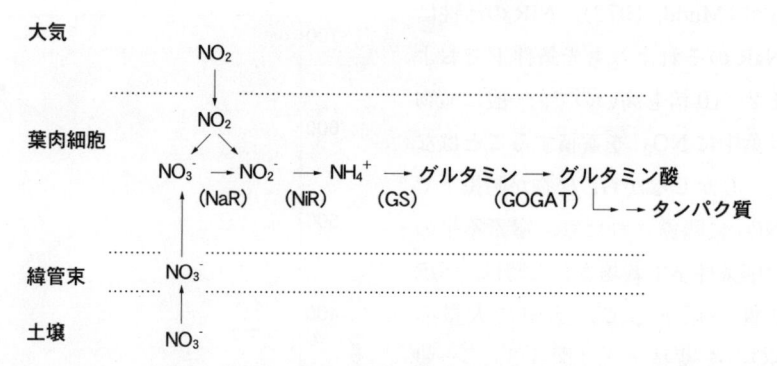

```
大気          NO₂
              ↓
葉肉細胞       NO₂
              ↓
         NO₃⁻ → NO₂⁻ → NH₄⁺ → グルタミン → グルタミン酸
         (NaR)  (NiR)   (GS)           (GOGAT) └→ タンパク質
          ↑
緯管束    NO₃⁻
          ↑
土壌     NO₃⁻
```

図5.2 大気から植物葉への窒素酸化物の吸収と代謝経路（近藤・佐治，1992を許可を得て一部改変）
NaR：硝酸還元酵素，NiR：亜硝酸還元酵素，GS：グルタミン合成酵素，GOGAT：グルタミン酸合成酵素，グルタミン：$COOHCHNH_2(CH_2)_2COOH$，グルタミン酸：$CONH_2(CH_2)_2CHNH_3^+COO^-$

アミノ酸とタンパク質の合成に利用される（Yoneyama and Sasakawa, 1979）．それゆえ，低濃度の NO_2 は植物の栄養物として生長を促進する．特に，生長促進効果は窒素不足の土壌で栽培された植物でしばしば見いだされる．一方，高濃度の NO_2 に曝露された植物は，可視被害と生長低下を起こす可能性がある．

大気の NO_2 から生成した NO_3^- は，まず細胞質に局在する硝酸還元酵素（nitrate reductase：NaR）によって NO_2^- に還元され，次に葉緑体に局在する亜硝酸還元酵素（nitrite reductase：NiR）によってアンモニウムイオン（NH_4^+）に還元される．さらに，NH_4^+ は葉緑体中のグルタミン合成酵素（glutamine synthetase：GS）とグルタミン酸合成酵素（glutamate synthase：GOGAT）の両者の作用により，グルタミン酸（glutamate）に取り込まれ，他のアミノ酸に変換される（Yoneyama et al., 1979；Lea et al., 1990；Wellburn, 1990）．これらの酵素の活性は暗黒下よりも光条件下でより高い．特に，NiR による NO_2^- から NH_4^+ への還元には，光合成によって供給される還元型フェレドキシンと ATP のエネルギーを必要としている（Malhotra and Khan, 1984）．NO_2^- の方が NO_3^- より毒性が強いことはよく知られてい

るが (Mudd, 1973), NiR の活性は NaR のそれよりも光条件下でおよそ 2～10 倍も高いので, 一般に植物は葉中に NO_2^- を蓄積することはない. しかしながら, 植物が暗黒下で NO_2 に曝露されたり, 窒素不足の土壌条件下で栽培された時は, NiR 活性が低下して, 葉中に大量の NO_2^- を蓄積する (図 5.3). 一般に, 植物が大気レベル程度の NO_2 濃度に曝露されたときは, 葉中の NO_2^- 含量はほとんど上昇しないが (Srivastava and Ormrod, 1984), 高濃度になると NO_2^- の蓄積が起こる.

NO_2 の曝露によって何が葉の細胞傷害と細胞死を引き起こすのであろうか? NO_3^- は葉の細胞内では通常でおよそ 10 mM 存在しているが, NO_3^- 濃度は NO_2 の曝露によってはほとんど変化しない. そのため, NO_3^- が傷害を引き起こす原因物質とは考えられない. 一方, NO_2^- は通常細胞内では 1 mM という低い濃度に維持されている. しかし, 暗黒下で NO_2 を曝露すると, 曝露開始直後から急激に NO_2^- 濃度が増加する (図 5.3). この NO_2^- の蓄積と可視被害との間には密接な関係がある. 例えば, NO_2 に対して感受性が高いインゲンマメは, 大量に NO_2^- を蓄積し可視被害を発現する. 一方, NO_2 に対して耐性の強いトウモロコシは, NO_2^- の蓄積が少なく可視被害も発生しない (Yoneyama et al., 1979). Shimazaki et al.

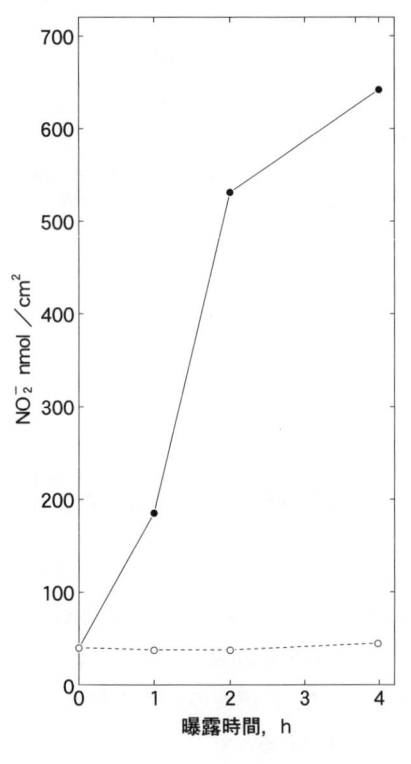

図 5.3 暗黒下 (●) と光照射下 (○) で NO_2 曝露期間 (8 ppm, 4 時間) 中におけるホウレンソウ葉中の硝酸イオン (NO_3^-) の蓄積 (Shimazaki et al., 1992, 許可を得て転載)

5.2 NO_2 の作用メカニズム （117）

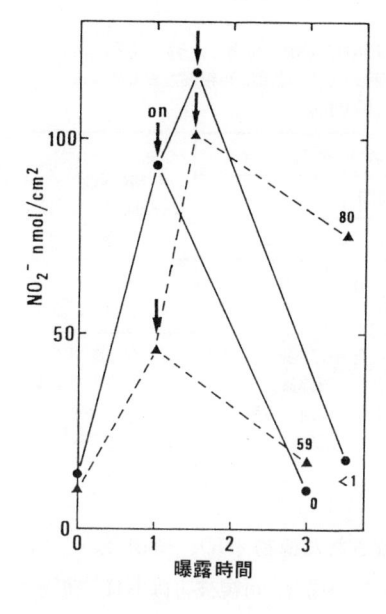

図 5.4 暗黒下での NO_2 曝露期間中におけるホウレンソウとインゲンマメ葉中の亜硝酸イオンの蓄積と曝露終了後に光照射下における亜硝酸イオンの消去（Shimazaki et al., 1992, 許可を得て転載）

ホウレンソウ（●）とインゲンマメ（▲）は 3.5 ppm の NO_2 に暗黒下で，ともに 1 時間と 1.5 時間曝露され（特にインゲンマメでは，1.5 時間曝露の方が著しく NO_2^- を蓄積），その後 NO_2 のない空気中で光下に 14 時間静置された．葉中の NO_2^- は暗黒中の曝露前と曝露終了時および光下の曝露後 2 時間に測定した．下向きの矢印（↓）は照射開始を表している．シンボル近くの数字は，光下 14 時間後の可視被害の全葉面積に対する面積率である（例えば，インゲンマメの 1 時間曝露と 1.5 時間曝露は，それぞれ可視被害 59 % と 80 % である）．

(1992) はインゲンマメとホウレンソウを暗黒中で NO_2 に曝露した（3.5 ppm に 1.5 時間）ところ，両種ともに NO_2^- を葉内に大量に蓄積した（1 cm^2 当たり 100 nmol 以上）．しかし，両種とも光条件下に移された時，インゲンマメは葉中にかなりの量の NO_2^- を蓄積しており（図 5.4），激しい可視被害症状を発現した．一方，耐性の強いホウレンソウは，曝露後光条件下に移されて 2 時間以内にほぼ完全に NO_2^- が消失し（図 5.4），可視害の発生は見られない（Shimazaki et al., 1992）．このことから，NO_2^- の生成と消去との間のバランスが，葉中の NO_2^- 濃度を制御しているものと思われる．Shimazaki et al. (1992) は葉の細胞中で NO_2^- を消去する能力が高い植物種は NO_2 に対して高い耐性をもつとし，例えば，葉中の NO_2^- 濃度を急激に減らすことができるホウレンソウは，それができないインゲンマメよりも耐性であると結論している．

NaR 活性は光と同様に，栄養源としての NO_3^- によって誘導される（Solomoson and Barber, 1990）．暗黒中で 0.2 ppm の NO_2 に曝露されたインゲンマメでは，NH_4^+ を施肥された土壌で育成された植物（NH_4^+ 植物という）の

表5.1 窒素源としてNO_3^-（NO_3^-植物という）とNH_4^+（NH_4^+植物という）を施肥されたインゲンマメへのNO_2曝露による第一複葉のNO_2^-の蓄積，可視被害および NaR 活性との関係（Shimazaki et al., 1992, 許可を得て転載）

栽培条件	NO_2^- の蓄積（nmol cm^{-2}）			NR 活性 (nmol disk^{-1} h^{-1})
	暴露時間			
	0.5	1.5	2.5	
NO_3^- 植物	79 (0)	138 (<10)	209 (25)	125
NH_4^+ 植物	69 (0)	76 (0)	78 (0)	36

インゲンマメは窒素肥料として，それぞれNO_3^-とNH_4^+を与えられて生育した．暗黒下で2.2 ppmのNO_2に 0.5, 1.5 および 2.5 時間曝露され，曝露後光下（30,000ルクス）に 14時間置かれた．（ ）内の数値は可視被害であり，葉面積に対する被害面積のパーセントとして表した．NaR 活性はリーフディスク（直径 10 mm）を使って曝露前に測定した値であり，NO_3^- 施用によって活性が高まる．

葉よりも，NO_3^-を施肥された土壌で育成された植物（NO_3^-植物という）の葉に高濃度のNO_2^-が蓄積する（表5.1）．この場合，可視被害はNH_4^+植物よりもNO_3^-植物でより顕著であった．これらの結果は，NaR 活性が高くなると葉中により多量のNO_2^-の蓄積を招くため，NO_3^-植物がNO_2曝露に対してより感受性になることを示している．このように，NO_2の急性被害は，葉中へのNO_2^-の蓄積の程度に依存していることは広く受け入れられているが（Zeevaart, 1976 ; Shimazaki et al., 1992），NO_2の植物毒性のメカニズムはまだ完全に解明されたわけではない．

5.2.2 光合成への影響

SO_2とオゾンは葉緑体の光化学系と同様に，気孔閉鎖によって光合成速度を低下させるが，NO_2は気孔の閉鎖なくして，光合成速度を低下させる（古川, 1984）．なお，NO_2による光合成速度の低下は，植物がかなり高濃度のNO_2（500〜700 ppb かそれ以上）に短時間（8時間以下）曝露された時や，250 ppb のNO_2に 20 時間以上の長時間曝露された時に明瞭になる（Darrall, 1989）．それゆえ，NO_2の毒性はSO_2とオゾンよりはるかに低いと考えられる．古川（1984）は Shimazaki et al. (1992) と同様に，ヒマワリがNO_2（2〜4 ppm）に曝露されている間，葉中にNO_2^-が蓄積されるが，曝露を停止する

と蓄積されていた NO_2^- が急激に減少することを報告しており，この NO_2^- の含量変化と光合成速度の阻害および回復の変化が一致することを見いだしている．このことは，光合成速度の低下が大気中の NO_2 を葉中に NO_2^- として蓄積して引き起こされる結果であることを示している．NO_2^- がカルボニックアンヒドラーゼ活性を阻害することはよく知られており（Bamberger and Avron, 1975），これが NO_2 による光合成阻害のメカニズムの一つであるとも考えられる．すなわち，カルボニックアンヒドラーゼは $H_2CO_3 \rightleftharpoons CO_2 + H_2O$ を触媒する脱炭酸酵素であり，Rubisco の直接の基質である CO_2 を供給する．カルボニックアンヒドラーゼが NO_2^- によって阻害されると，炭素固定系の中で Rubisco への CO_2 の供給が抑制されるからである．

一方，Shimazaki et al. (1992) は NO_2 曝露後の可視被害の発現に，光が2つの異なった役割を持っていることを見いだしている．光は葉中の NO_2^- 濃度を下げることによりクロロフィルの破壊を抑制する一方で，逆に，活性酸素種を生成することによって，クロロフィルの破壊を促進するという相矛盾した働きをもっている．彼らは NO_2^- が光合成を阻害し，$NADP^+$ の生理的受容体が不足する結果として，光化学系Iの還元サイトで O_2 の一電子還元を促進してしまうので，光条件下では活性酸素種の生成が NO_2^- の存在中で増加するかもしれないと指摘している．この結果は活性酸素種が NO_2 による可視被害と関係している可能性を示している．

引用文献

Ashenden, T. W., Bell, S. A. and Rafarel, C. R., 1990: Effects of nitrogen dioxide pollution on the growth of three fern species. *Environ. Pollut.*, **66**, 301-308.

Bamberger, E. S. and Avron, M., 1975: Site of action of inhibitors of carbon dioxide assimilation by whole lettuce chloroplasts. *Plant Physiol.*, **56**, 481-485.

Bennett, J. H. and Hill, A. C., 1973: Inhibition of apparent photosynthesis by air pollutants. *J. Environ. Qual.*, **2**, 526-530.

Bennett, J. H. and Hill, A. C., 1975: Interaction of air pollutants with canopies of vegetation. In: *Responses of Plants to Air Pollution* (ed. by Mudd, K. B. and

Kozlowski, T. T.), pp. 273-306, Academic Press, New York.

Darrall, N. M., 1989 : The effect of air pollutants on physiological processes in plants. *Plant, Cell Environ.*, **12**, 1-30.

古川昭雄 (1984) 種々の大気汚染質による高等植物の光合成阻害. 国立公害研究所研究報告 No. 64 : pp. 131-139.

橋田茂樹, 1965 : ビニールハウス栽培の土壌肥料学的問題点. 土肥誌, **36**, 274-284.

近藤矩朗・佐治 光, 1992 : 植物の大気汚染耐性. 大気汚染学会誌, **27**, 273-288.

Law, R. M. and Mansfield, T. A., 1982 : Oxides of nitrogen and the greenhouse atmosphere. In : *Effects of Gaseous Air Pollution in Agriculture and Horticulture* (ed. by Unsworth, M. H. and Ormrod, D. P), pp. 93-112, Butterworths, London.

Lea, P. J., Robinson, S. A. and Stewart, G. R., 1990 : The enzymology and metabolism of glutamine, glutamate and asperagines. In : *The Biochemistry of Plants* (ed. by Miflin, B. J. and Lea, P. J.), pp. 121-159, Butterworths, London.

Malhotra, S. S. and Khan, A. A., 1984 : Biochemical and physiological impact of major pollutants. In *Air Pollution and Plant Life* (ed. by Treshow, M.), pp. 113-157, John Wiley & Sons, Chichester.

Mudd, J. B., 1973 : Biochemical effects of some air pollutants on plants. *Adv. Chem. Ser.*, **122**. 31-47.

Ormrod, D. P., 1978 : *Pollution in Horticulture*. Elsevier, New York, 260p

Shimazaki, K., Yu, S. W., Sakaki, T. and Tanaka, K., 1992 : Differences between spinach and kidney bean plants in terms of sensitivity to fumigation with NO_2. *Plant Cell Physiol.*, **33**, 267-273.

Solomonson, L. P. and Barber, M. J., 1990 : Assimilatory nitrate reductase : functional properties and regulation. *Annu. Rev. Plant Physiol.*, **41**, 225-253.

Srivastava, H. S. and Ormrod, D. P., 1984 : Effects of nitrogen dioxide and nitrate nutrition on growth and nitrite assimilation in bean leaves. *Plant Physiol.*, **76**, 418-423.

Wellburn, A. R., 1990 : Why are atmospheric oxides of nitrogen usually phytotoxic and not alternative fertilizers? *New Phytol.*, **115**, 395-429.

Wright, E. A., 1987: Effects of SO_2 and NO_2, singly or in mixture, on the macroscopic growth of three birch clones. *Environ. Pollut.*, **46**, 209-221.

Yoneyama, T. and Sasakawa, H., 1979: Transformation of atmospheric NO_2 absorbed in spinach leaves. *Plant Cell Physiol.*, **20**, 263-266.

Yoneyama, T., Sasakawa, H. and Ishizuka, S., 1979: Absorption of atmospheric NO_2 by plants and soils, II : Nitrite accumulation, nitrite reductase activity, and diurnal change of NO_2 absorption in leaves. *Soil Sci. Plant Nutr.*, **25**, 267-275.

Zeevaart, A. J., 1976: Some effects of fumigating plants for short periods with NO_2. *Environ. Pollut.*, **11**, 97-108.

第6章 大気環境の悪化を警告する指標植物

植物は動物のように自らの生息場所を選択することや動くことができず，自身を取り巻く環境に反応しながらその生活を送っている．温度，土壌水分，養分や大気汚染物質のような植物を取り巻く環境に植物が順応できる限界を超えると，植物は可視症状や異常な生長を示す．大気環境変化によって生じる異常な症状や生長は，われわれ人間にとって大気環境が汚染していることを知らせる指標となる．イオウ酸化物，窒素酸化物，オゾン，パーオキシルアセチルナイトレート（有機過酸化硝酸塩）やハロゲンのような多くの大気汚染物質は，その濃度が高くなれば植物に障害を与えうる．そのため，植物の可視被害症状や生長異常は，これらの大気汚染物質の過剰な存在を知らせる警報であり，大気が汚染されていることを証明するものでもある．植物の反応，特に特徴的な葉被害症状は大気汚染物質の指標として長いこと用いられてきている．さらに，植物体内への重金属の蓄積量もまた生物指標として用いることができる．本章では，これまでになされてきた国内外の指標植物調査の実例を紹介する．

6.1 二酸化イオウの指標植物

二酸化イオウ（SO_2）によって多くの植物が障害を受けることはよく知られている．100〜300 ppb の SO_2 に数時間曝露されると，アルファルファ，ソバやポプラのような SO_2 に感受性が高い植物では，可視的な被害症状が発現する．オランダの大気汚染調査の全国モニタリングネットワークにおいて，SO_2 の影響をモニタリングするために使われた指標植物と金属蓄積植物は，赤クローバーとエンドウマメであった（Posthumus, 1984）．さらに，地衣類と蘚苔類のような下等植物もまた SO_2 には敏感であり，いくつかの種が環境大気の SO_2 汚染を知る優れた指標植物でもある（LeBlanc and DeSloover, 1970; Taoda, 1972）．一方，葉中では大気から吸収された SO_2 の大部分は無機態の硫酸塩として蓄積されるので，SO_2 被害を葉組織の化学分析に

よって同定することができるとともに，体内S含量をSO_2汚染の指標とすることもできる (Linzon et al., 1979). イオウ (S) は植物組織中に自然に存在する構成成分であり，SO_2の影響がない健全な植物でもSを含んでいるが，汚染されていない地域 (非汚染地域) から同じ植物種の葉を採取し，S含量を比較することにより，SO_2被害を診断することは可能である．一般に，非汚染地域で生育している健全な植物の葉中のS含量は，乾燥重量ベースでおよそ1,500～3,000 ppmである (高崎ら，1974；Linzon et al., 1979).

6.1.1 高等植物

SO_2の指標植物として有用な植物として，草本植物ではソバ，スズメノカタビラ，アルファルファ，オオムギやカボチャ，木本植物ではストローブマツ，ヨーロッパトウヒ，アメリカトネリコやヨーロッパシラカンバなどがあげられている (Manning and Feder, 1980). SO_2は多数の発生源から放出されて広域汚染となる面発生源の場合と点発生源として特定の地域が汚染される場合がある．点発生源の場合は，植物被害の発生と生育量が発生源と推定される所からの距離と関係があることなどから特定可能であり，カナダではストローブマツを用いて実証された報告がある (Linzon, 1971). わが国では，谷山・沢中 (1975) が1960年代後半から1970年代前半の，四日市石油

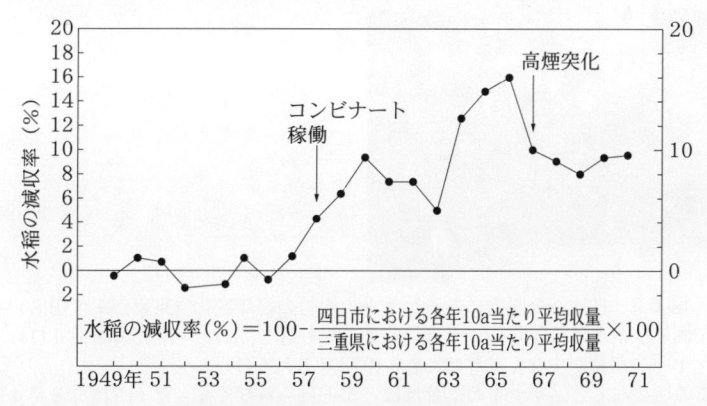

図6.1 四日市における水稲の減収率の推移 (谷山・沢中, 1975, 許可を得て改変)
1958年のコンビナートの稼働開始とともに，四日市では三重県全体に比べて収量が激減し，1966年の高煙突化により収量減少はやや緩和された．

コンビナート地域の SO_2 汚染の水稲への影響を調べ，可視被害がないものの水稲収量が非汚染地域の水稲に比べ，著しく低下したことを明らかにするとともに，過去の水稲収量の農林統計からコンビナート操業開始の 1958 年から四日市の水稲収量が大きく減少することを見いだしている（図 6.1）.

図 6.2　日比谷公園内にあるケヤキの樹勢の経年変化（東京都千代田区）
a：左側のケヤキは毎年夏期に大量の落葉を繰り返していた（1969 年 8 月 4 日）．
b：ケヤキの落葉が少なくなり始めた（1973 年 8 月 4 日）
c：この頃になると，ケヤキの落葉はほとんど見られなくなった（1976 年 8 月 4 日）
d：ケヤキの樹勢は回復したように見える（1981 年 8 月 22 日）
e：樹勢が回復したケヤキであったが，その後 10 年して葉量が著しく少なくなっている（2000 年 8 月 1 日）

今日，都市における大気中の SO_2 濃度が低下し，SO_2 により葉に可視被害が発生するようなことはみられない．しかし，現在でも樹木の衰退が進行している事が報告されており，樹木は SO_2 を含めた大気・都市環境の総合的な指標になると考えられている．そこで，ケヤキ，アカマツ，シイ，シラカシ，スギなどの樹木活力から大気汚染度の地域的，経年的変化を把握する調査がいくつか実施されている．樹勢，樹形，枝の伸長量，梢端の枯損，枝葉の密度，葉形，葉の大きさ，葉色，ネクロシス，萌芽期，落葉状況，黄紅状況，開花状況などの各項目を4段階の評価基準（1：正常，2：都市部では普通，3：不健全，4：極めて不健全）に従って評価し，全項目の合計値を項目数で割った値を活力度として表すものである（科学技術庁資源調査会，1972）．樹木活力指数の4段階判定基準では2.0以下が健全で，3.0以上が不健全に分類される．東京都内全域の都立公園の調査（古明地ら，1972）では，1971〜1972年にはアカマツ，クロマツ，シイ，シラカシの常緑樹および落葉樹のケヤキは，都心部を中心として樹木活力指数が2.20〜2.89であり，樹木の活力が低下し，樹木の衰退が認められた（図6.2 a，6.2 b）．なお，この時すでに23区内にはほとんどスギが生育していなかった．その後，SO_2 による大気汚染が改善されるとともに，ケヤキの樹木活力が回復（図6.2 c，6.2 d）してきた（大橋ら，1989；大橋・菅，1995）．しかし，スギの衰退は西部丘陵地帯から山間部へとさらに拡大しており（小山，1991），樹木の活力の変化は SO_2 ばかりでなく，都市化という観点から捉える必要がある（図6.2 e）．

6.1.2 コケ類

植物の樹皮や器物などの表面で生活するコケ類（蘚苔類と地衣類をまとめてコケ類という）は，着生物から栄養物を吸収せずに必要な養分を雨水や大気から得ている着生植物である．蘚苔類の大部分は通導組織をもたない茎と，ほとんど一細胞層からなる葉で構成され，水分と養分の吸収，光合成や呼吸のためのガス交換は裸出した葉細胞によって直接行われている．一方，地衣類は葉と茎の分化がなく，糸状菌と藻類（緑藻，藍藻）がいわゆる共生体をなしている複合植物で，正式のコケである蘚苔類とは無縁の生物群で，ウメノキゴケやハナゴケなど多くが白っぽい色をしている（垰田，1974）．着

生植物である蘚苔類や地衣類が大気汚染に対してきわめて敏感であることは古くから知られ，Nylander (1866) がパリ市内の着生地衣類が郊外に比べて少なく，その原因が大気汚染にあるとしたのが最初の報告である．その後，特に1956年以降，ヨーロッパやカナダの都市において本格的に研究が進められた．着生植物の衰退は初めのうちは都市の乾燥化が原因と考えられたが，その後，大気汚染が主要因と考えられるようになった（黒川，1975）．

都市における着生地衣・蘚苔類の植生調査の結果は，次の3段階に分けられることが多い（垰田，1979）．(1) 着生砂漠：樹皮上の蘚苔類や地衣類が見られない地域をいうが，寄生藻類や固着地衣類のいくつかの種（レプラゴケ属，チャシブゴケ属）が少量生育している地域も含められることが多い．岩上には若干の蘚苔・地衣類の生育が認められる．(2) 移行帯：着生砂漠と正常地帯の中間帯で，正常帯に比べて着生蘚苔・地衣類の減少（種類と生育量）が認められる地域，(3) 正常地帯：その地域の正常な着生植生が見られる地域．大都市における着生砂漠はかなり普遍的な現象であり，着生砂漠は年平均SO_2濃度が50〜60 ppb以上になると生じ，正常地帯は5 ppb以下の地域であるという（LeBlanc et al., 1972 ; LeBlanc and Rao, 1975）．

1）蘚苔類

中部ヨーロッパや北部ヨーロッパでは，樹皮上に生育する着生植物のほとんどが地衣類であり，蘚苔類はごく少数である．一方，日本の場合，暖温帯地域の着生植物の大半は蘚苔類であり，蘚苔類は温帯地域の都市では地衣類よりも優先している．Taoda (1972) は SO_2 などの大気汚染が激しかった1970年代初頭に，東京都内の樹木に着生した蘚苔類の分布を調査した．その結果によれば，蘚苔類の種数の分布が東京の SO_2 の濃度分布とよく一致した．すなわち，年平均 SO_2 濃度が50 ppb以上の都心部の上野公園，日比谷公園，浜離宮庭園などには，樹皮上には蘚苔類がまったくみられない着生砂漠であった（図6.3）．一方，武蔵野市から国立市にかけての地域では，街路樹にコモチイトゴケとサヤゴケがごく普通に見られた．さらに西の三鷹市の井の頭公園，府中市のケヤキ並木と高尾のケヤキ並木では，種数がさらに増えてイワイトゴケモドキやカラヤスデゴケなどが生育するようになり，1カ

所で種類数にして 5〜10 種類に達し，生育量も多くなった．すなわち，蘚苔類は SO_2 濃度の高い東京都心では見ることができないが，東京都心から離れるに従って増加していた．

激しい大気汚染を改善するために，その後の工場に対する排出規制や燃料

図 6.3　1969〜1970 年の東京都内の樹木着生蘚苔類の出現種数
（菅・大橋，1992，許可を得て転載）
日比谷公園，上野公園，清澄庭園などの都心部の主な緑地は，着生砂漠となっている（Taoda，1972 の結果を改変）

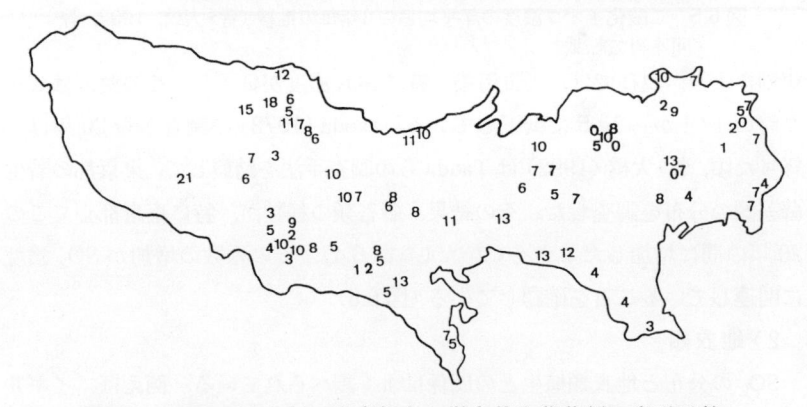

図 6.4　1989〜1990 年の東京都内の樹木着生蘚苔類の出現種数
（菅・大橋，1992，許可を得て転載）
図 6.3 の 20 年前に比べ，東部から山手線以内の地域にかけて種数が増加している．

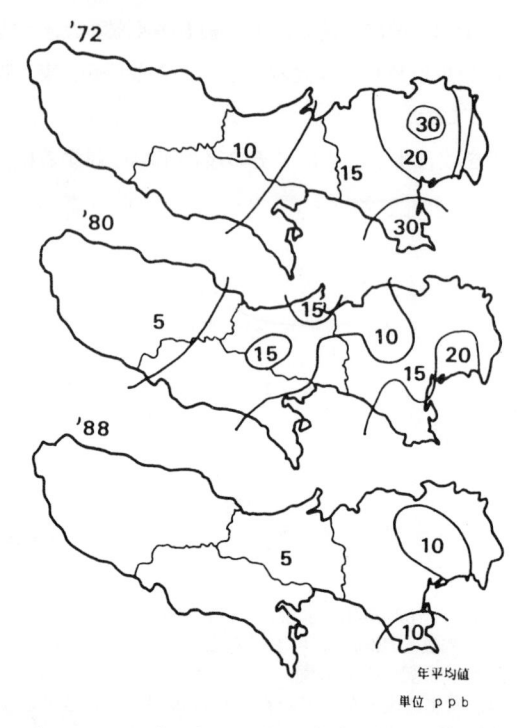

図6.5 二酸化イオウ濃度の年平均値の8年毎の推移（菅・大橋，1992，許可を得て転載）

規制により，現在では，大気汚染，特に SO_2 濃度が低下し，その濃度はピーク時の1/4から1/5に低下している．Taoda (1972) の調査から20年ほど経った頃，菅・大橋 (1992) は Taoda らの調査手法を踏襲して，東京都の着生蘚苔類の分布を調査した．その結果，蘚苔類の種数が，特に東京都心でこの20年の間に増加したことを見いだし（図6.4），その種数の増加が SO_2 濃度に関連していることを確認している（図6.5）．

2）地衣類

SO_2 の分布と地衣類植生との関係はよく調べられている．例えば，イギリスの Hawksworth and Rose (1970) はイングランドとウェールズ両地方の着生地衣類と大気汚染との関係を調べ，地衣類の生育状況を10段階に分けて，それぞれに対応する SO_2 濃度（5～60 ppb の範囲で）を示し，あわせてこの

地方の大気汚染地図を描いた．このような各種の地衣類の分布調査から SO_2 汚染の指標となる地衣類を選び出すことができる．SO_2 に対して感受性が高く，広い分布範囲をもち，種の同定が容易な地衣類としてウメノキゴケ類があげられた．

ウメノキゴケ類は，樹木の幹や岩に着生する大型の葉状の地衣類で，ヨーロッパの諸都市では都心部から消失し，その原因が乾燥化や SO_2 であることは古くから知られている．日本でも 1970 年代にウメノキゴケの分布調査があり，その生育分布が SO_2 濃度分布と一致している（黒川，1973；Sugiyama et al., 1976；中川・小林，1990）．黒川ら（1973）は東京都の中央線と京王線に挟まれた南北約 5 km の地域を東西に延長し，東は都心部，西は日野市の西端までの平坦な土地の墓石（古い墓石で，大正期以後の研磨された御影石には地衣の着生はないので除外）上の地衣類を調べ，ウメノキゴケが見られた地域は SO_2 の年平均濃度が 20 ppb 以下の地域（環状 8 号線以西）と合致することを見いだした．それから 20 年あまり経って，大橋・菅（1994）は東京都内について，樹木と墓石上の地衣類の調査を行った．その結果，樹木着生のウメノキゴケは標高 200 m 以上の山間周辺地点のごく少数の地点に生育するのみで，また，墓石上でウメノキゴケを確認できたのは奥多摩に近い八王子，羽村や五日市などの数カ所のみであり，20 年前の調査に比べ分布域がさらに縮小しているという．

東京都内の SO_2 濃度の低下にともなって，蘚苔類はかつての着生砂漠であった地域に戻ったが，地衣類であるウメノキゴケはさらに姿を消しつつある．ウメノキゴケの生育には SO_2 以外にも，窒素酸化物，都市化による乾燥化や高温化などさまざまな要因が複雑に関わっていると考えられる．こうして見ると，ウメノキゴケは都市化の指標植物として優れているのかもしれない．

3）大気質評価のための大気清浄指数（IAP）

カナダの DeSloover and LeBlanc（1968）は，蘚苔植物と地衣植物の両植物を調査対象とし，それらの生育分布をもとに大気汚染地図として表す大気清浄度指数（IAP）を提案し，モントリオール市の大気汚染地図を作成した．

IAPは次式により計算される.

$$IAP = [\sum_{i}^{n}(Qi \times fi)]/10$$

ここで，nはその地点の着生植物の種数，Qiは生態指数といわれ，一定の地域内の各地点において特定の種類とともに出現する地衣類・蘚苔類の種数の算術平均値，fiは調査対象として選んだ地点（station）におけるその種の優先度（被度）で5段階で表し，優先度の高い方から5, 4, 3, 2, 1とし，その数字をfの値としている．10で割るのは数値を扱いやすい大きさとするためである．これによれば，ある地域における特定の種のQiの値は一定であるが，大気汚染の進んだ地点でのfiの値は低くなるためQi×fiは小さくなる．さらに，このような地点では，出現する着生植物の種類数（nの値）が小さくなるので，$\sum_{i}^{n}(Qi \times fi)$ の値は低下する（黒川，1975）．すなわち，IAPの値が小さくなるとその地点の大気質が悪くなることを示す．

表6.1 着生コケ類の"Ti値"と生長限界のSO₂濃度（中川・小林，1990，許可を得て転載）

種		Ti値	生長のためのSO$_2$限界濃度 (ppb)
Lepraria sp.	レプラゴケ	0.5	?
Dirinaria applanata	コフキヂリナリア	1	20
Parmelia tinctorum	ウメノキゴケ		
Parmelia caperata	キウメノキゴケ		
Parmelia clavulifera	マツゲゴケ	2	15
Parmelia leucotyliza			
Parmelia rudecta	トゲハクテンゴケ		
Genus Ramalina	カラタチゴケ属		
—— *Lobaria*	カブトゴケ属		
—— *Usnea*	サルオガセ属	3	10
—— *Cladonia*	ハナゴケ属		
—— *Collema*	イワノリ属		
—— *Ochrolechia*	イボゴケ属		

"Ti値"は調査地域内に生存する特定種の着生コケ類の出現頻度とその種と共存する種類の種数から評価される．

IAPは有用な大気汚染度評価方法であるけれども，大気汚染ばかりでなく，他の環境要因の影響も受けるため，調査地域が非常に広い場合には注意が必要であることや，生態指数（Qi）は調査地の選定方法に依存することが知られ，異なったエリアのIAP値は直接比較することができないことが欠点として指摘されている．そこで，異なったエリアでIAPとSO_2汚染を関連づけるために，日本の研究者はいくつかの改良IAP法を提案している（例えば，中川・小林, 1990）．中川らは生態指数に代わるものとして，種ごとに一定の評価点（Ti）を与えることで（表6.1），調査地域のとり方により生態指数が変動するという問題点の解決をはかることを考え，そのTi(0.5〜3)として特定種の出現頻度とその種と共存する種類と種数の組み合わせをもとに，イオウ酸化物に対する生育限界濃度を総合的に判断して決めている（改良 IAP $= \sum_{i}^{n}(Ti \times fi)$）．

光木ら（1978）は兵庫県で着生の蘚苔類と地衣類を調べIAP値を計算した．彼らはIAP値が大気中のSO_2濃度と雨水中の可溶性物質濃度と関連があることを実証した．小村・村田（1984）は福岡県の主要工業地域である大牟田および北九州地区の着生地衣・蘚苔植生を調査した．彼らは両地区におけるIAP値（一部改良）はSO_2濃度と良く一致していること，また，第1回調査（1978-1979年）と第2回調査（1982年）を比較し，1982年におけるSO_2濃度の低下（大気環境の好転）と着生地衣・蘚苔植生の回復を認めている．同様な結果は中川・小林（1990）により兵庫県で改良IAPを用いて得られている．

4）ブリオメーター

コケ類は大気汚染に感受性が高く，植物体が小さいため，小型の空気浄化チャンバー法が利用できる．空気浄化チャンバー法とは，同じ大きさの二対の透明な箱（チャンバー）の中に，空気ポンプで一方は外気の大気をそのまま取り入れ，もう一方は活性炭を詰めたフィルターを通した空気を取り入れて，そのチャンバーに入れた植物の生育などを調査するものである．活性炭は様々な物質を吸着する性質があり，大部分の大気汚染物質を吸着除去することができる．垰田（1973）は2つのチャンバー内の脱脂綿上にコケを植

第6章　大気環境の悪化を警告する指標植物

え，さらに脱脂綿が乾燥しないように毛細管現象により水を供給するための水溜めをつけた蘚苔類用の小さな空気浄化チャンバーを作成し，植物計という意味でブリオメーターと名付けた．

埣田(1973)はこのブリオメーターを東京都目黒区に2週間ほど戸外に置いたところ，浄化していないチャンバーのコケはすべて枯れたが，浄化したチャンバーのものは正常であったことを見いだした．横堀(1980)はゼニゴケ(*Marchantia gemma*)をブリオメーターを用いて茨城県内を調べ，浄化チャンバーのゼニゴケに対する非浄化チャンバーの生長の比率が調査地の大気汚染に密接に関連していることを報告した．光木ら(1985)はブリオメーターを改良し，浄化したチャンバーの中で育成したものと比べて，非浄化チャンバーの大気汚染に敏感な数種の着生蘚苔類の胞子の発芽と原糸体の生長の減少を見いだしている．

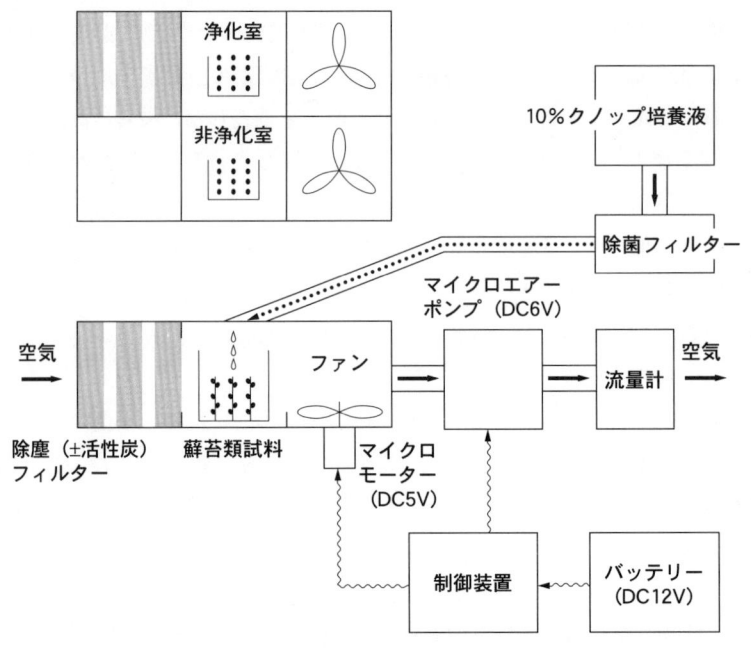

図6.6　ブリオメータの概念図（清水，1992，許可を得て転載）

近年，SO$_2$ 濃度は低下してきており，ブリオメーターを用いた方法ではSO$_2$ の影響を検出することが難しくなってきた．そこで，供試コケ類の選抜とブリオメーター装置の改良が加えられてきた（光木ら，1985；清水，1987）．清水 (1987) は環境大気を評価するために蘚苔類のオオバチョウチンゴケ (*Plagiomnium vesicatum*) を選抜した．さらに，清水 (1992) はブリオメーターの改良として，従来の空気を押し込む方式から，空気を吸引する方式に変え，ポンプによる外気中の大気汚染物質の分解を少なくしたり，チャンバー内にファンを入れチャンバー内の空気を撹拌することにより，コケ類と外気空気との接触頻度を増大することや，ポンプの通気量とファンの回転数を制御するための調節器を取り付けて省エネルギー型とし，駆動させる電源を 12 V のバッテリー電源とし，野外で 1〜2 週間連続使用できるようにするなど改良を加えている（図 6.6）．

6.2 フッ化水素の指標植物

フッ化水素（HF）は強い植物毒性を持つ大気汚染物質の一つである．チューリップやグラジオラスのような単子葉の園芸植物と，プラムやアプリコットのような果樹は特に HF に対して感受性が高い．F イオンは葉の先端や葉縁に蓄積しやすいため，それらの部位に壊死斑を引き起こす．このようにF イオンは葉中に蓄積するので，SO$_2$ と同様にフッ素被害は化学分析によって診断することが可能である．一般に，健全な植物の葉中のフッ素含量は 20 ppm 以下である．

フッ化物の指標植物としてグラジオラスが実際に最も広く使われている (Manning and Feder, 1980)．大気中のフッ化物によって汚染された野外調査から，グラジオラスの葉に蓄積したフッ素濃度と環境大気中のフッ化物濃度との間には相関があること（山本ら，1975）や，葉被害面積と葉中のフッ素濃度との間にも相関があることが報告されている (Vasiloff and Smith, 1974)．

6.3 エチレンの指標植物

エチレン（C_2H_4）は植物ホルモンの一つであるが，植物毒性を持つ大気汚染物質でもある．自動車排気ガスのような発生源から放出されたエチレンは，外生的なエチレンとして植物に影響し，茎伸長と葉拡大の阻害，老化と落葉の促進，上偏生長の誘導と花や果実の生成の減少などを引き起こす．ペチュニア，キュウリ，ダイズ，インゲンマメやコムギでは，25 ppb のエチレンに曝露された時に，花と果実の生成が減少する（Abeles and Heggestad, 1973）．エチレンの多様な影響が認められる中で，トマトの上偏生長（図6.7）が環境大気のエチレンの指標植物として最も優れているとされている（Abeles and Heggestad, 1973）．一方，ペチュニアはエチレンにより花の大きさが小さくなったり，花のつぼみの発育不全が増加することが見いだされており，Posthumus (1983) はオランダにおいてエチレンの指標植物としてペチュニアを使用することを提案している．

図6.7　トマトのエチレン曝露（6.5 ppm, 24時間）による枝葉の上偏生長（枝葉の下垂）（1976年6月）

　Pleijel et al. (1994) はエチレンの指標植物としてペチュニアを用いて，1989年にスエーデンにおいておよそ1日当たり30,000台の自動車が通る道路帯で，道路から10, 20, 40, 80 および 120 m の距離にポット栽培のペチュニアを配置する調査を行った．その結果，ペチュニアの花は自動車道路に

近づくにつれて小さくなることや，花のつぼみの発育不全が自動車道路の近くでより頻繁に起こるとともに，実の成熟速度は早くなることを観察し，自動車道路に近い所ではペチュニアの生殖過程に影響を与えるのに十分なほどエチレン濃度が高いと結論している．

6.4 オゾンの指標植物

オゾン（O_3）は広い範囲にわたって植物被害を発現させる植物毒性の強い大気汚染物質である．オゾンの存在を検知したり，そのおおよその濃度を評価するためにいくつかの指標植物がよく用いられており，特にタバコは全世界でオゾンの指標植物として最もよく使われている．一方，日本ではアサガオ（Matsunaka, 1977 ; Nouchi and Aoki, 1979），スウェーデンではクローバー（Karlsson et al., 1995）もオゾンの指標植物として広く用いられている．さらに，ハツカダイコンの生長低下を指標とする方法も，日本（Izuta et al., 1991, 1993）とエジプト（Hassan et al., 1995）で研究されている．

6.4.1 タバコ

タバコの葉の「Wether fleck：気象的斑点」と呼ばれていたそれまで長く原因不明であった症状が，大気中のオゾンによるものであることがわかった

図6.8 タバコ Bel-W_3 の光化学オキシダントによる被害症状
（東京都立川市，1973年7月）

のは1959年であった (Heggestad and Middleton, 1959). タバコの中でもBel-W$_3$と呼ばれる品種は, 特にオゾンに感受性が高く, 100 ppb のオゾンに2時間曝露されると被害症状 (図 6.8) が発現し (Menser et al., 1963), 低濃度のオゾンでもその存在を検出する優れた品種として推奨されている (Heggestad and Menser, 1962). Larsen and Heck (1976) はオゾン曝露実験に基づいた経験的なドース・レスポンス (量-反応) 関係式を用いて, Bel-W$_3$の葉被害発生の閾値濃度が8時間曝露では 30 ppb であり, 供試されたすべての植物種で最も低い濃度であったことを報告している. それと対照的に, Wel-B という品種は葉被害の発生に2時間曝露で 220 ppb という高濃度を必要としている (Menser et al., 1963).

　大気中のオゾンを調べるためには, オゾンに感受性の高い Bel-W$_3$ と耐性の Bel-B の両品種をセットにする方法がとられている (Manning and Feder, 1980). ポーランドでは森林地域においてオゾンの存在を検出するための研究が行われており, そこでも Bel-W$_3$ と Bel-B の両品種が用いられている (Bytnerowicz et al., 1993). 世界の 14 カ国 (オーストラリア, デンマーク, ドイツ, オランダ, インド, イスラエル, イタリア, 日本, メキシコ, スウェーデン, 台湾, イギリスとアメリカ合衆国など) で行われた, タバコを用いた指標植物の調査結果が Heggestad (1991) によりまとめている.

　1) オランダにおける大気汚染調査のための全国モニタリングネットワーク

　1973 年から 1988 年までオランダでは, 指標植物を用いて大気汚染影響をモニター (監視) するための全国的なネットワークが構築され, 指標植物としてHF ではグラジオラスとチューリップ, SO$_2$ ではクローバー, オゾンではタバコ, PAN では *Urtica urens* L., エチレンではペチュニアが用いられた (Posthumus, 1983 ; Tonneijck and Posthumus, 1987 ; Tonneijck and Bugter, 1991). この生物的なネットワークは, 全国的な自動化された大気汚染濃度監視ネットワークに統合され, 大気汚染物質の急性影響と慢性影響の両者の影響が, 約 40 地点の実験サイトで指標植物によりモニターされた. 環境大気の SO$_2$, NO$_x$ と O$_3$ 濃度はそれぞれの特定な分析機器で連続的に測

定され，生物的な影響のモニタリングは指標植物の生育期間の間だけ（4月から11月まで）行われた．植物は標準的な土壌をつめ，自動的なセラミックフィルター灌水装置が設備されているプラスチック容器で育成された．急性的な葉被害の評価は，毎週，指標植物の葉に生じた被害から算定される．

オゾンによって生じたBel-W_3の被害結果から，葉被害は国の西側半分よりも東側半分でより激しいことが見いだされた．1983年の野外実験データは，実験室的に得られたドース－レスポンス関数と良い一致を示し，24時間平均で31～36 ppbを超えたオゾン濃度のときは，常にタバコに可視被害を発生していた．Bel-W_3を他の指標植物種の代表として用いることについての妥当性を検討するため，Bel-W_3とクローバーのオゾン被害と環境大気のオゾン濃度との関係を1988年のデータセットを使って解析した（Tonneijck and Bugter, 1991）．その結果，Bel-W_3の被害の程度とさまざまなオゾン曝露量インデックスとの間には有意な関係があったが，葉被害量と大気オゾン濃度との間の相関の程度はあまり高くはなかった．さらに，大気オゾンに対するBel-W_3の葉被害反応とクローバーの葉被害の反応は同じではなく，その関連は低かった．これらのことから，オランダの研究者はタバコBel-W_3のオゾン被害が，環境大気のオゾン濃度を知るための最適な指標ではなく，タバコは全植物種へのオゾン障害のリスクを示す代表性のある指標植物ではないと結論した．しかし，この結論にもかかわらず，オランダの研究者はオゾンによって引き起こされる生物的な影響を調査することは，影響の空間的分布と時系列分布を調べる上では非常に有用であるとも述べている．

6.4.2 アサガオ

オゾンによる植物被害を調査するために，欧米ではタバコが広範囲に使われていた．しかし，日本では1985年までは専売法により，一般の人がタバコを栽培することは禁止されていた．そのため，日本ではタバコに代わる指標植物が検索された結果，アサガオが選抜された（沢田ら，1974）．アサガオは指標植物として次のような優れた特徴を持っている．(1) オゾンに対して非常に感受性が高い，(2) 病虫害に強く，栽培が容易である，(3) 生育期間が長く，新しい葉を次から次に展開し，毎回のオキシダント（オゾン）汚染をと

第6章　大気環境の悪化を警告する指標植物

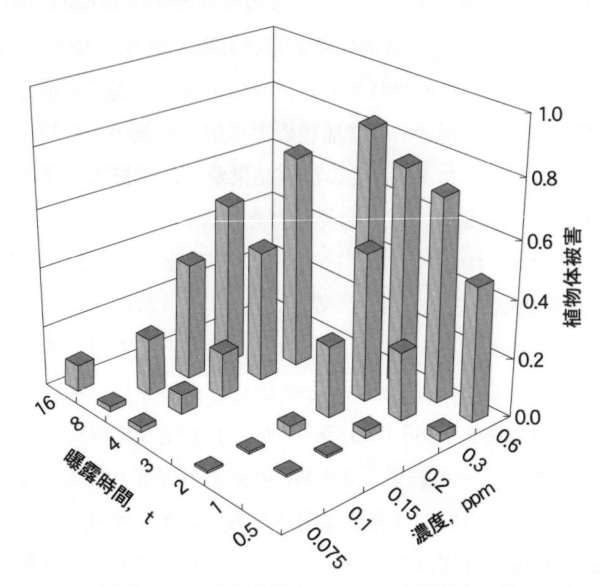

図6.9　オゾン濃度および曝露時間とアサガオの葉被害面積（野内原図）

らえることができる，(4)その生育期間が光化学オキシダントの発生時期と一致している，(5)被害症状は特徴的であり（口絵写真2），識別しやすい．

1) 被害症状およびオゾン濃度と葉被害の関係

オキシダントによるアサガオ葉の被害症状は，通常，葉の表側の葉脈間に微細な白色の斑点を生じるが，激しい被害の場合には褐色の壊死斑となる（口絵2）．Nouchi and Aoki (1979) はさまざまなオゾン濃度と曝露時間を組み合わせた実験結果（図6.9）に基づいて，ドース・レスポンス関係を解析し，オゾンによるアサガオ（品種：スカーレットオハラ）の葉被害面積を対数関数の次式で表わした．

$$S = 0.278 \ln C^{2.2} \times t + 0.999$$

ここで，S はアサガオの植物個体の葉被害面積率（0：0％～1.0：100％），C はオゾン濃度（ppm），t は曝露時間（時間）である．この式は同じドース（濃度（C）×時間（t））でも，植物個体の葉被害面積率は異なり，濃度が高い方が被害が大きくなる（濃度のほぼ2乗）ことを示している．この式より，アサ

ガオの葉被害発生の閾値濃度は，1時間曝露で0.196 ppm (196 ppb)，3時間曝露で0.119 ppm (119 ppb)，そして8時間曝露で0.076 ppm (76 ppb) と計算される．なお，関東地域の野外調査によると，日最高濃度が30〜50 ppb程度でもアサガオに葉被害が発生することが観察されており，人工気象室内の実験より，野外の方が被害を発生しやすいと考えられる．

Nouchi and Aoki (1979) は1974年と1975年の2年間，野外のアサガオ被害の発生およびその葉被害面積とオキシダント濃度との関係を詳細に解析し，アサガオ被害は当日のオキシダントの他に前日までの累積的な影響があること，さらにオゾンの曝露実験結果などを考慮して経験的な次式を作成した．

$$S = 0.278 \ln D_j + 0.041 (\ln D_{j-1} + \ln D_{j-2} + \ln D_{j-3}) + 1.873$$

ここで，オキシダントドースとしては単純なドース $(C \times t)$ ではなく，$D = \Sigma a C_i^{2.2}$ なるべき乗化ドース（C_i は8時から18時の間の各時間のオキシダント1時間平均値濃度，$a = 1.0$ なる定数）を使用する．D_j は当日，D_{j-1} は前日，D_{j-2} は2日前，D_{j-3} は3日前のべき乗化ドースである．この式は野外のアサガオ被害をよく説明できるとし，アサガオはオキシダント（オゾン）の指標植物として優れた植物であると結論している．

2）アサガオ全国調査

オキシダントに感受性の高い品種であるスカーレットオハラを用いて，1974年から1976年の3年間，全国規模での光化学オキシダントモニタリング調査が47都道府県と読売新聞社の主催のもと，全国中学校理科教育研究会，環境庁，文部省，農林省および自治省の後援で行われた（全国都道府県・読売新聞社, 1975, 1976, 1977）．この全国調査の主役は，全国の120以上の中学校の生物クラブあるいは科学クラブの生徒と先生であり，アサガオ（品種：スカーレットオハラ）の葉の観察を行った．なお，各都道府県には少なくとも2校の中学校が入るように選定された．アサガオ観察は1974年では7月のみ毎日，1975年と1976年では7月と8月の毎週火曜日と金曜日に，被害の有無，そしてもし被害があればその被害があった葉の被害面積率を目測で評価した．

(140)　第6章　大気環境の悪化を警告する指標植物

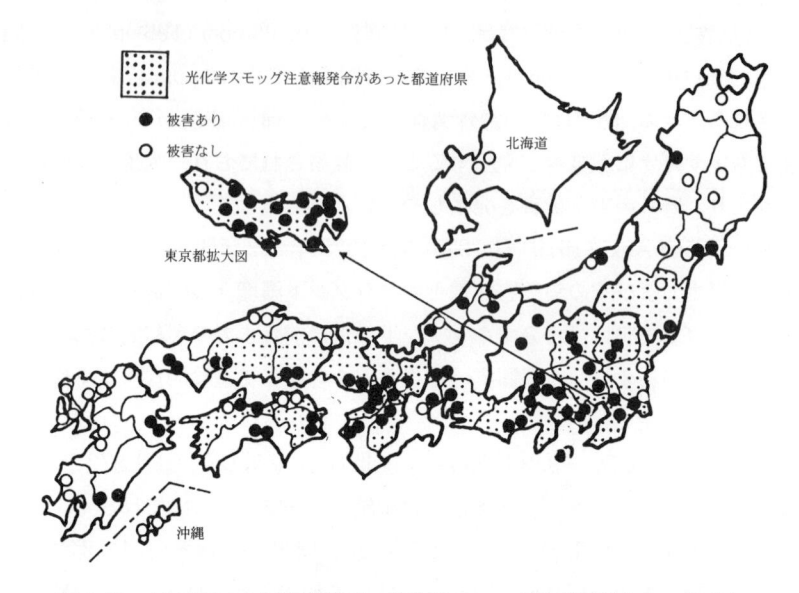

図6.10　1975年の全国都道府県の光化学スモッグ注意報発令とアサガオ葉被害の発生との関係（Matsunaka, 1977, 許可を得て転載）. 大きな黒丸はアサガオに被害が発生した中学校で, 都道府県にあるハッチは光化学スモッグ注意報が発令された都道府県である.

　1975年のアサガオに被害が発生した全国分布を図6.10に示した. 北海道と沖縄などの10県を除いて, 被害が全国的に発生している. 1975年では, 光化学スモッグ注意報が発令された都道府県は多いが, そのうちでは2県だけにアサガオ被害の発生がない. 一方, 光化学スモッグ注意報が発令されなかった15の都道府県でも, アサガオ被害の発生が認められる. 葉被害の発生と観察地点に近い大気汚染監視ステーションのオキシダント濃度との関係では, 葉被害は日最高濃度が72 ppb あるいは 400〜480 ppb・h（日中9時〜17時の積算ドース）を越えた時にしばしば発生することがわかった（1977年にオキシダント測定法が変更されたため, 当時の値に0.8を乗じて表示した）. この調査は光化学オキシダント汚染が全国的に広がっていることを初めて明らかにしたものであり, 当時としては画期的な調査であった.

3) 関東地方およびその隣接地域における長期の継続的なフィールド調査

光化学オキシダントによる植物被害の拡がりを調べるために，1974年に茨城，栃木，群馬，埼玉，千葉，東京と神奈川の一都六県の知事会の下部機関である「関東地方公害対策推進本部大気汚染部会」において，都県の公害研究所や農業試験場の研究者で構成された「一都六県大気汚染植物影響調査グループ」が設立された．このグループでは，毎年7月末に関東地方全域にわたって各県10カ所程度の調査地において，光化学オキシダントによる植物被害の調査を実施している．この調査には1987年に長野県，1988年に山梨県，そして1989年に静岡県が加わり，10都県の研究者がアサガオとサトイモを用いて，長期にわたる植物被害の分布とその経年変化を調べるため，毎年およそ100の観察地点において野外調査を実施している．

毎年，アサガオ（品種：スカーレットオハラ）の種子を5月中旬に播種し，芽が出た後，大気汚染物質を除去する活性炭フィルターを通した浄化空気の

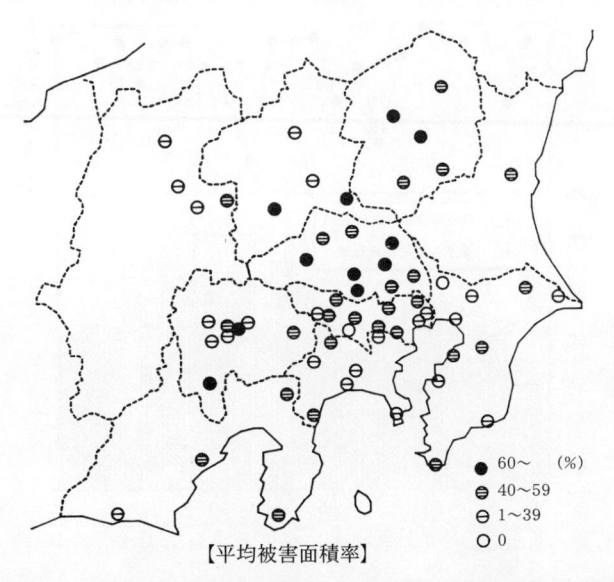

【平均被害面積率】
60〜 (%)
40〜59
1〜39
0

図6.11 関東およびその隣接県におけるアサガオの被害分布（関東地方公害対策本部大気汚染部会，1998，許可を得て転載）

(142) 第6章 大気環境の悪化を警告する指標植物

温室で育成，6月下旬に5本の苗木を各調査地点の現地土壌に移植する．7月末に，標準的な生長をしている3本のアサガオを用いて，各葉の被害面積率を10％区切りで目測で評価する．図6.11は1996年の関東およびその隣接県（69調査地点）におけるアサガオ被害（1本のアサガオ全葉に対する被害を受けた葉の割合：被害葉率）である（関東地方公害対策推進本部大気汚染部会，1998）．アサガオ被害は関東地方およびその隣接県のほとんどすべての地域で発生していることがわかり，また，その累積的な葉被害の分布は光化学オキシダントの汚染分布とある程度一致している．しかしながら，いくつかの地点では，葉被害の程度とオキシダント濃度との間に相関が見られない場合もある．図6.12は，1974年から1997年までの全調査地点におけるに被害発生率の変化を示している（関東地方公害対策推進本部大気汚染部会，1998）．この期間，全調査地点における被害発生率はほとんど変化がみられないことがわかる．このことは，関東地方およびその隣接県において，

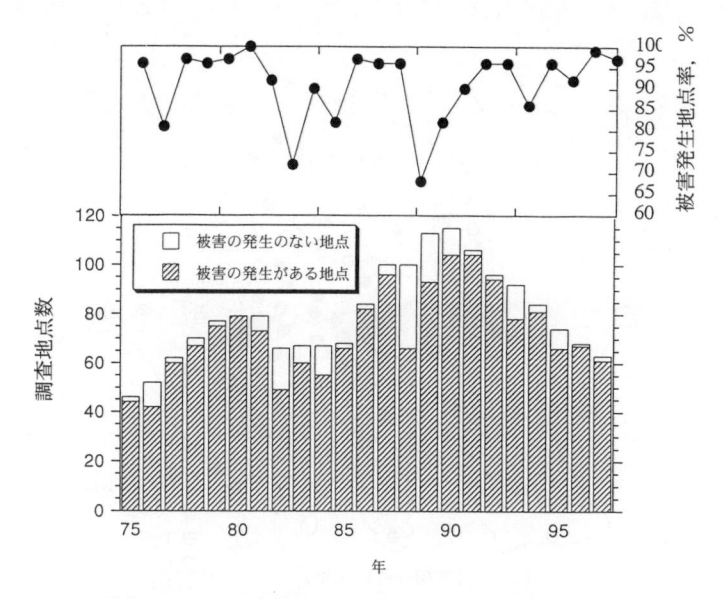

図6.12　関東およびその隣接県におけるアサガオの被害発生状況の経年推移（関東地方公害対策本部大気汚染部会，1998，許可を得て転載）

光化学オキシダント汚染が改善されていないことを示している．

6.4.3 ハツカダイコン

ハツカダイコンもまたオゾンに対する感受性が高く，生長が早く，適度な大きさのため，オゾンの指標植物として利用法が検討されている．Izuta et al. (1993) は小型オープントップチャンバー（OTC）の中で育成したハツカダイコンの生長反応を用いて，オゾンによる大気環境汚染を評価する試みを行っている．彼らは外気を活性炭で浄化した空気を取り入れた浄化処理区（CF区）と，活性炭なしで外気をそのまま取り入れた非浄化処理区（NF区）で育成したハツカダイコンの生長量を比較することによって，オゾンの影響を評価した．OTCシステムは市販土壌を入れた木製ボックスの上に，それぞれ天井に16個の穴をあけたアクリル製チャンバーを2つ載せたものである（図6.13）．CF区とNF区のそれぞれは，外気空気を取り入れる小さなファンの後に活性炭フィルターとダストフィルターを入れたものと，ダストフィルターだけを入れたもののセットである．OTC内のオゾン濃度はCF区では大気濃度の25％以下であり，NF区では大気のそれとほぼ同じであった．

ハツカダイコンの種子を栽培土壌の上にまいてから3日目に，2つのチャンバーをセットした．播種後，3日目から7日目までの5日間，すべての苗は活性炭で浄化した空気で栽培し，8日目に均一に生長した苗を選んで，1処

図6.13 小型オープントップチャンバーを用いたハツカダイコンの生長量比較実験（東京都奥多摩町，1988年，農工大 伊豆田氏提供）

理当たり 24 本の苗となるように間引いた．間引き後，それぞれの OTC から 8 本の苗をサンプリングし，個体当たりの葉面積と乾物重を初期値として測定した（初期サンプリング）．8 日目から 14 日目の 7 日間，苗を CF 区と NF 区で育成し，播種後 15 日目に，CF と NF から各 16 個体のハツカダイコンをサンプリングし，葉面積と植物各器官に分割して乾物重を測定した（最終サンプリング）．

このようなフィールド実験を，光化学オキシダント濃度が非常に高い東京都府中市で (Izuta et al., 1993)，1987 年から 1989 年の 3 年間に 17 回行った．非浄化である NF 区における個体乾物重が，浄化の CF 区のそれに比べて明らかに低下したのは 5 回だけであった．しかし，17 回の実験データのうちから平均日積算日射量が 5 MJ m^{-2} day^{-1} 以上で，かつ，平均日気温が 20 ℃ 以上のデータのみを用いて解析すると，NF 区で育成したハツカダイコンの個体乾物重の相対的な値（Rt ＝（NF における個体乾物重の平均値/ CF における個体乾物重）× 100）と，7 日間の評価期間の間の大気オゾン濃度の日中 8 時間（8 時から 16 時）の平均ドースとの間には直線関係があることが見いだされた（図 6.14）．OTC を利用してハツカダイコンの生長を見ること

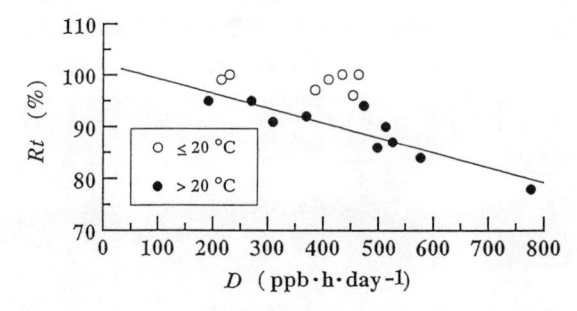

図 6.14　日中（8：00～16：00）8 時間の日オゾンドース（ppb・h day^{-1}）とオープントップチャンバー内のハツカダイコンの個体乾物重の関係 (Izuta et al., 1993，許可を得て改変)
活性炭空気の浄化室の個体乾物重に対する環境大気の非浄化室の個体乾物重の相対値（Rt, %）として表わした．白丸は午前 9 時の気温が 20 ℃ 以下のデータであり，黒丸は 20 ℃ 以上のデータである．回帰線は午前 9 時の気温が 20 ℃ 以上のデータのみを用い，Rt ＝ 0.029 D ＋ 102.1（r ＝ − 0.894***）である．

により，オゾンに注目した大気環境評価が可能であると結論している．

6.4.4 クローバー

タバコは低温に弱く，風にも敏感であるため，北ヨーロッパでは，タバコはオゾンの指標植物として利用するには問題があり，タバコに代わる指標植物として，クローバーが用いられている．例えば，スイスでは，オゾンの大気濃度が白クローバーの葉に特徴的な壊死斑点を生じるのに十分な高い濃度であることや (Becker et al., 1989)，赤クローバーの壊死斑点の発生とオゾン濃度との間に関連があることが見いだされている (Luthy-Krause et al., 1989)．クローバーの研究を進めるうちに，クローバー種間でオゾンに対する感受性が異なることが知られ，Karlsson et al. (1995) は南西スウェーデンで栽培された3つの重要なクローバー種 (*Trifolium repens*, *Trifolium pratense*, *Trifolium subterraneum*) のオゾン感受性を調査した．その結果，オゾンに対して3種の間では，白クローバー (*Trifolium subterraneum*) が最も感受性であり，赤クローバー (*Trifolium pratense*) が最も耐性であることや，白クローバーに対するオゾンの閾値レベルは 20 ppb と 30 ppb の間であることが見いだされた．

欧州連合の「農作物と非樹木への大気汚染とその他のストレスの影響のヨーロッパ国際共同プログラムのための経済委員会」(UN/ECE ICP-Vegetation) は，1995年と1996年にヨーロッパ全土でクローバー，ダイズ，トマトやスイカなどを用いて，計29地点でオゾン被害の観測を行った (Benton et al., 2000)．ポットに植栽されたクローバーなどは毎日可視被害の発生を観察されるとともに，個体重量の測定も行われた．白クローバーとサブテラニアンクローバーの可視被害は両年ともオゾン濃度の低い (日最高オゾン濃度の期間平均値 35 ppb) フィンランドを除いて，ヨーロッパ全土で観察された．特に，オーストリア，ベルギー，オランダ，ポーランド，スウェーデンとスイスで被害が大きかった．なお，中央ヨーロッパでは日最高オゾン濃度の期間平均値は 50～60 ppb 程度であった．

6.5 PANの指標植物

1940年代初期のロサンゼルス地域では,レタス,フダンソウやブルーグラスのような植物がPANの指標植物として有用であることが見いだされていたが,わが国では,ペチュニアがPANの指標植物として選抜されている.ペチュニアはPANに対して感受性が高く,かつ,感受性の持続期間が長いこと,また害虫と病気に対しても抵抗性であるなど,PANの指標植物として優れた性質を有している.PANに対するペチュニアの感受性には品種や系統間で大きな差違があり,一般に,白花系の品種・系統が青花や赤花系のものよりも感受性が高いことが知られている.

6.5.1 ペチュニアの被害症状および葉被害とPAN濃度との関係

PANによる典型的なペチュニアの被害症状は,被害が軽い場合は葉の裏面が光沢を帯びた白色(口絵写真3)あるいは褐色を帯びたブロンズ化であり,被害が激しい場合には葉の表面にまでその被害が及ぶ.PANに対して最も感受性が高いのは,未成熟な若い葉(ペチュニア株の先端から第2葉位〜第6葉位)である.アサガオと同様にPAN曝露実験から,ペチュニア葉被害の程度とPAN濃度および曝露時間との関係式が得られ,白花系のペチュニアの被害発現閾値は1時間曝露で32 ppb,3時間曝露で14 ppb,8時間曝露で7 ppbであるとされている(野内,1979).

寺門・服田(1984)は東京都立川市で1974〜1977年の4年間,年間を通して白花系のホワイトエンサインを用いて,PAN被害の発生と大気PAN濃度の関係を調べた.その結果,PAN濃度2 ppb未満の濃度の場合は被害発生率が20%以下であるが,3 ppb以上になると80%以上となることを見ており,ホワイトエンサインの被害発生限界濃度は3 ppb前後であると報告している.なお,1974年には年間で28回もの被害の発生を観察している.

野内ら(1984)は,東京都千代田区有楽町で5年間(1976, 1977, 1978, 1982, 1983年),PAN濃度と葉被害との関係を明らかにするために野外調査を行った.PANに感受性の高い白花系のホワイトエンサインの可視被害と

PAN 濃度を5月初めから11月末日まで観察と測定を行った．ペチュニアの葉被害は1976年には15回発生したが，その他の年では4〜6回と少なくなった．ペチュニアの被害発生とPAN日ドース（8〜18時の11時間の積算値）との関係では，被害発生率はPAN日ドースが21〜30 ppb・hでは10%程度と低いが，PAN日ドースの増加とともに被害発生率が増加し，60 ppb・h以上ではほぼ確実に被害が発生することを観察している．また，PAN日最高濃度と被害発生の関係では，日最高濃度が3 ppb以下では被害の発生はなく，7 ppbでも被害発生率は14%程度であるが，8 ppbを越えると被害発生率は42%と増大する．これらのことより，野外においてペチュニアに被害が発生する可能性がある濃度は，日最高PAN濃度4 ppb日やPANドース20 ppb・h程度であるとした．

寺門・服田（1984）の調査結果では，ペチュニアは非常に低いPAN濃度で被害の発生が見られるが，野内ら（1984）の結果はそれよりも，やや高いPAN濃度にならないと被害が観察されない．この差違の理由は明らかではない．

6.5.2 ペチニア被害から見た関東地方およびその隣接県における大気中のPAN汚染の分布

関東地方およびその隣接県ではアサガオ調査と同様に共同して，白花，青花と赤花の3種のペチュニア（1983〜1987年）および白花と青花の2種のペチュニア（1988〜1997年）を用いて，1983〜1997年まで毎年7月末に調査を行った．ペチュニアの種子を5月初めにポットの土壌に播種，その後に移植し，さらに6月下旬までに1ポット当たり1株になるまで間引きを行いながら育成し，6月下旬に各観測地点（1983〜1984年：11カ所，1985年：24カ所，1986〜1987年：31〜32カ所，1988年：44カ所，そして1989〜1997年：50〜60カ所）の大型のプランターに各3株ずつ定植する．

関東地方およびその隣接県における白花と青花のペチュニアの被害分布の一例（1997年）を図6.15に示した（関東地方公害対策推進本部大気汚染部会，1998）．ペチュニア被害の分布は，1985年から1997年まで観測地点の増加につれて広がる傾向にある．全観測地点に対するペチュニア被害の発生

第6章 大気環境の悪化を警告する指標植物

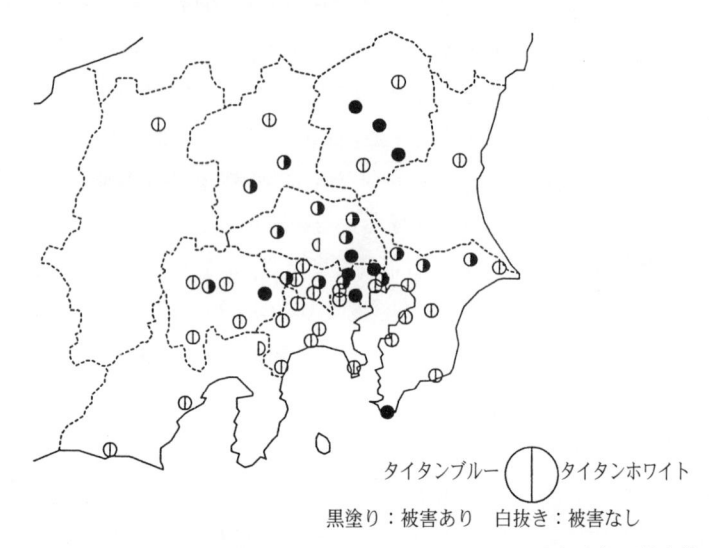

図 6.15 関東およびその隣接県におけるペチュニアの被害分布(関東地方公害対策本部大気汚染部会,1998,許可を得て転載)

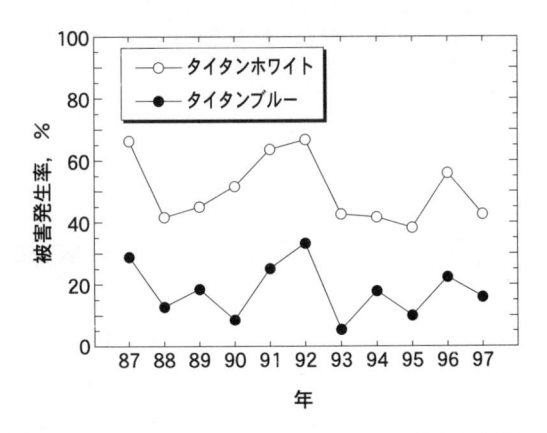

図 6.16 関東およびその隣接県におけるペチュニアの被害発生状況の経年推移(関東地方公害対策本部大気汚染部会,1998,許可を得て転載)

地点の発生率は,1985〜1997年までの13年間を平均すると,白花系では53%,青花系では18%であった(図6.16).白花および青花のペチュニア

の両方に被害の発生が多く認められる観測地点は，光化学オキシダント濃度が高い東京都心と埼玉県である．

6.6 指標植物法が目指すもの

　大気環境監視としての指標植物法は，物理化学的な測定法の数字で表示される監視法と異なり，もし大気汚染物質の濃度が植物に有害な濃度以上に存在すると，植物はそれに応じた反応を示すことを利用している．そのため，そのような植物の反応，特に特徴的な葉被害の発生は，人間とその環境に対する汚染物質の潜在的に有害な影響として，感覚的で理解しやすい形で表してくれ，警報装置としての役割をはたすことができる．理想的な指標植物としては，特定な大気汚染物質に敏感であり，そして大気汚染物質濃度あるいはドースに比例して反応すること，そして調べるその地域に土着しているかあるいは栽培可能なものであり，かつ，病害虫に対して抵抗性をもつことが望ましい．

　指標植物法は物理的あるいは化学的な監視方法と比較して，環境監視の手段としては安価であり，かつ調査が容易であるが，指標植物法による結果は汚染物質の物理化学的な測定と同じ感覚で理解すべきものではなく，また，物理化学的な測定法にとってかわるものでもないことを理解する必要がある．物理化学的な測定法は汚染質の濃度を正確に時々刻々に測定するという使命があり，指標植物法はある汚染物質の生物的な影響を累積的に捕捉し，環境汚染を植物の体という総体で表現するものである．さらに，ある汚染物質のドースに対する植物の反応は気温，土壌水分や日射などのような他の環境要素によって大きく変わることがあるので，大気中の汚染物質の量を必ずしも直接的には測定できるものではないことも理解し，この手法の限界も知る必要がある．

　このことから，物理化学的な計測手法と生物指標的な方法とを組み合わせた大気環境監視が，人間の生活環境保全および生態系保全のための環境監視として適していると考えられる．世界的に環境の危機が認識されつつある中で，われわれは自らの生活環境の状態を理解することが重要である．大気汚

染の脅威を明らかに可視化してくれる指標植物は，大気汚染に抗して戦う貴重な武器でもある．

引用文献

Abeles, F. B. and Heggestad, H. E., 1973 : Ethylene : an urban air pollutant. *J. Air Pollut. Control Assoc.*, **23**, 517-521.

Becker, K., Saurer, M., Egger, A. and Fuhrer, J., 1989 : Sensitivity of white clover to ambient ozone in Switzerland. *New Phytol.*, **112**, 235-243.

Benton, J., Fuhrer, J., Gimeno, B. S., Skarby, L., Palmer-Brown, D., Ball, G., Roadknight, C. and Mills, G., 2000 : An international cooperative programme indictes the widespread occurrence of ozone injury on crop. *Agric. Ecosys. Environ.*, **78**, 19-30.

Bytnerowicz, A., Manning, W. J., Grosjean, D., Chmielewski, W., Dmuchowski, W., Grodzinska, K. and Godzik, B., 1993 : Detecting ozone and demonstrating its phytotoxicity in forested areas of Poland : a pilot study. *Environ. Pollut.*, **80**, 301-305.

DeSloover, J. and LeBlanc, F., 1968 : Mapping of atmospheric pollution on the basis of lichen sensitivity. In : *Proceedings of the Symposium on Recent Advances in Tropical Ecology* (ed. by Misra, R. and Gopal, B.), pp. 42-56, Varanasi, India.

Hassan, I. A., Ashmore, M. R. and Bell, J. N.B., 1995 : Effect of ozone on radish and turnip under Egyptian field conditions. *Environ. Pollut.*, **89**, 107-114.

Hawksworth, D. L. and Rose, F., 1970 : Qualitative scale for estimating sulphur dioxide air pollution in England and Wales using epiphytic lichens. *Nature*, **227**, 145-148.

Heggestad, H. E., 1991 : Origin of Bel-W_3, Bel-C and Bel-B tobacco varieties and their use as indicators of ozone. *Environ. Pollut.*, **74**, 264-291.

Heggestad, H. E. and Menser, H. A., 1962 : Leaf spot-sensitive tobacco strain Bel-W_3, a biological indicator of the air pollutant ozone. Phytopathology, **52**, 735 (abstract).

Heggestad, H. E. and Middeleton, J. T., 1959: Ozone in high concentrations as cause of tobacco leaf injury. *Science*, **129**, 208-210.

Izuta, T., Funada, S., Ohashi, T., Miyake, H. and Totsuka, T., 1991: Effects of low concentrations of ozone on the growth of radish plants under different light intensities. *Environmental Sciences*, **1**, 21-33.

Izuta, T., Miyake, H. and Totsuka, T., 1993: Evaluation of air-polluted environment based on the growth of radish plants cultivated in small-sized open-top chambers. *Environmental Sciences*, **2**, 25-37.

科学技術庁資源調査会, 1972: 科学技術庁資源調査会勧告第26号「高密度地域における資源利用と環境保全の解明に関する勧告」, 192p.

関東地方公害対策推進本部大気汚染部会・一都三県公害防止協議会, 1998: 光化学スモッグによる植物影響調査報告書. 68p.

Karlsson, G. P., Sellden, G., Skarby, L. and Pleijel, H., 1995: Clover as an indicator plant for phytotoxic ozone concentrations: visible injury in relation to species, leaf age and exposure dynamics. *New Phytol.*, **129**, 355-365.

黒川 逍, 1973: 都市における地衣類の分布. 都市生態系の特性に関する研究 (沼田真編), pp. 87-97.

黒川 逍, 1975: 都市における地衣類の分布. 環境と生物指標1-陸上編-(日本生態学会環境問題専門委員会編), pp. 233-241, 共立出版.

古明地哲人・沢田 正・野内 勇, 1972: 毎木調査による被害状況. 東京スモッグ生成機序・植物被害に関する調査研究部会中間報告. pp. 374-397, 東京都公害研究所.

小山 功, 1991: スギ衰退の地域的特徴. 東京都環境科学研究所年報, 52-60.

Larsen, R. I. and Heck, W. W., 1976: An air quality data analysis system interrelating effects, standards and needed source reductions. Part 3, Vegetation injury. *J. Air Pollut. Control Assoc.*, **26**, 325-333

LeBlanc, F. and De Sloover, J., 1970: Relation between industrialization and the distribution and growth of epiphytic lichens and mosses in Montreal. *Can. J. Bot.*, **48**, 1485-1496.

LeBlanc, F., Rao, D. N. and Comeau, G., 1972: The epiphytic study of Populus balsamifera and its significance as air pollution indicator in Sudburry, Ontario. *Can. J. Bot.*, **50**, 519-528.

LeBlanc, F. and Rao, D. N., 1975: Effects of air pollutants on lichens and bryophytes. In: *Responses of Plants to Air Pollution* (ed. by Mudd, J. B. and Kozlowski, T. T.), pp. 237-272, Academic Press, New York.

Linzon, S. N., 1971: Economic effects of sulphur dioxide on forest growth. *J. Air Pollut. Control Assoc.*, **21**, 81-86.

Linzon, S. N., Temple, P. J. and Pearson, G. G., 1979: Sulphur concentrations in plant foliage and related effects. *J. Air Pollut. Control Assoc.*, **29**, 520-525.

Luthy-Krause, B., Bleuler, P. and Landolt, W., 1989: Black poplar and red clover as bioindicators for ozone at a forest site. *Angew. Botanik*, **63**, 111-118.

Manning, W. J. and Feder, W. A., 1980: *Biomonitoring Air Pollutants with Plants*. Applied Science Publishers Ltd, London, 142p.

Matsunaka, S., 1977: Utilization of morning glory as an indicator plant for photochemical oxidants in Japan. In *Proceedings of the Fourth International Clean Air Congress* (ed. by Kasuga, S., Suzuki, N., Yamada, T., Kimura, G., Inagaki, K. and Onoe, K.), pp. 91-94, The Japan Union of Air Pollution Prevention Association, Tokyo.

Menser, H. A., Heggestad, H. E. and Street, O. E., 1963: Response of plants to air pollutants. II. Effects of ozone concentration and leaf maturity on injury to *Nicotiana tabacum*. *Phytopathology*, **53**, 1304-1308.

光木偉勝,中川吉弘,高田亘啓,1978:着生植物の大気汚染指標性について-汚染物質とIAP値との相関性-.大気汚染学会誌,**13**, 26-32.

光木偉勝,中川吉弘,渡辺 弘,1985:セン類胞子の発芽・生長に及ぼす二酸化硫黄,二酸化窒素の単独および複合影響.大気汚染学会誌,**20**, 198-204.

中川吉弘・小林禧樹,1990:着生地衣植物を用いた改良IAP法による大気汚染の評価.大気汚染学会誌,**25**: 233-241.

Nouchi, I. and Aoki, K., 1979: Morning glory as a photochemical oxidant indicator. *Environ. Pollut.*, **18**, 289-303.

野内 勇, 1979: オゾン, PAN の濃度および暴露時間と植物被害. 大気汚染学会誌, **14**, 489-495.

野内 勇・大橋 毅・早福正孝, 1984: 東京都内における環境大気 PAN 濃度とその指標植物としてのペチュニアの葉被害. 大気汚染学会誌, **19**, 392-402.

小村 精・村田敦子, 1984: 大気汚染指標としての着生地衣・蘚苔植生－福岡県内工業地域における近年の推移－. 大気汚染学会誌, **19**, 462-472.

大橋 毅・小山 功・古明地哲人, 1989: ケヤキの樹木活力調査. 東京都環境科学研究所年報, 86-88.

大橋 毅・菅 邦子, 1994: 地衣類（ウメノキゴケ等）の生育状況について. 東京都環境科学研究所年報, 228-234.

大橋 毅・菅 邦子, 1995: 都内のスギ, ケヤキ生育調査. 東京都環境科学研究所年報, 338-346.

Pleijel, H., Ahlfors, A., Skarby, L., Pihl, G., Sellden, G. and Sjodin, A., 1994: Effects of air pollutant emissions from a rural motorway on Petunia and *Trifolium*. *Sci. Total. Environ.*, **146/147**, 117-123.

Posthumus, A. C., 1983: Higher plants as indicators and accumulators of gaseous air pollution. *Environ. Monitoring Assessment*, **3**, 263-272.

Posthumus, A. C., 1984: Monitoring levels and effects of air pollutants. In: *Air Pollution and Plant Life* (ed. by Treshow, M.), pp. 73-95, John Wiley & Sons, Chichester.

沢田 正・大橋 毅・野内 勇・大平俊男, 1974: アサガオのオキシダント指標性について. 東京スモッグ生成機序・植物被害に関する調査研究報告. pp. 640-654, 東京都公害研究所.

菅 邦子・大橋 毅, 1992: 東京都における樹幹着生蘚苔類の分布状況. 日本蘚苔類学会会報, **5**, 173-179.

清水英幸, 1987: 蘚苔類による大気環境評価法の検討. 国立公害研究所研究報告, 第108号, 103-121.

清水英幸, 1992: 蘚苔類による野外大気環境評価の検討. 国立環境研究所特別報告 SR-8-1992「バイオテクノロジーによる大気環境指標植物の開発に関する研究」,

pp. 52-55.

Sugiyama, K., Kurokawa, S. and Okada, G., 1976: Studies of lichens as a bioindicator of air pollution. I. Correlation of distribution of *Parmelia tinctorum* with SO_2 air pollution. *Jap. J. Ecol.*, **26**, 209-212.

Taoda, H., 1972: Mapping of atmospheric pollution in Tokyo based upon epiphytic bryophytes. *Japan J. Ecol.*, **22**, 125-133.

高崎　剛・松岡義浩・森川昌記・白鳥孝治, 1974: 葉分析法による大気汚染状況の推測. 千葉県農試報告, **14**, 119-124.

垰田　宏, 1973: 大気汚染物質が蘚苔類に与える影響, 1. 亜硫酸ガスに対する耐性. ヒコビア, **6**, 238-250.

垰田　宏, 1974: 環境汚染と指標植物, 共立出版, 170p.

垰田　宏, 1979: 蘚苔類. 図説環境汚染と指標植物 (松中昭一編), pp. 66-73, 朝倉書店.

谷山鉄郎・沢中和雄, 1975: 作物のガス障害に関する研究 (12), 大気汚染地域 (四日市) における水稲の生育・収量の特徴と大気汚染に対する指標植物としての意義について, 日作紀, **44**, 74-85.

寺門和也・服田春子, 1984: PAN発生動向とペチュニア被害. 東京都農業試験場研究報告, **17**, 1-11.

Tonneijck, A. E. G. and Bugter, R. J. F., 1991: Biological monitoring of ozone effects on indicator plants in the Netherlands: Initial research on exposure-response functions. *VDI-Berichte*, **901**, 613-624.

Tonneijck, A. E. G. and Posthumus, A. C., 1987: Use of indicator plants for biological monitoring of effects of air pollution: The Dutch approach. *VDI-Berichte*, **609**, 205-216

Vasiloff, G. N. and Smith, M. L., 1974: A photocopy technique to evaluate fluoride injury on gladiolus in Ontario. *Plant Dis. Reptr.*, **58**, 1091-1094.

山本丈夫・祐田泰延・三上栄一・佐藤善己, 1975: 植物指標による気中フッ化物汚染の環境評価. 農芸化学, **49**: 347-352.

横堀　誠, 1978: 蘚苔類を利用した空気浄化法による大気汚染の測定. 日本生態学会

誌, **28**, 17-23.

全国都道府県・読売新聞社, 1975 : アサガオによる光化学スモッグ観察全国調査結果報告, 68p.

全国都道府県・読売新聞社, 1976 : 1975年度アサガオによる光化学スモッグ観察全国調査結果報告, 72p.

全国都道府県・読売新聞社, 1977 : 1976年度アサガオによる光化学スモッグ観察全国調査結果報告, 86p.

第7章　酸性雨による農作物被害

　金属精製所，発電所や自動車などから大気中に排出されたイオウ酸化物と窒素酸化物は，局地的な大気汚染を生じる．しかしながら，今日，これらの排出の増加が発生源から数千kmも離れた地域に影響し，大気の酸性化をもたらし，世界の多くの地域で生態系にさまざまな悪影響を与えていることが知られるようになってきた．それゆえ，近年，酸性降下物（湿性降下物と乾性降下物を含む）は，地球環境変化として重要な関心事となってきた．この酸性降下物は主に高度に工業化したヨーロッパや北アメリカ東部で発生し，1970年代では湖沼の酸性化と魚の減少，1980年代では森林樹木の衰退として社会の注目を集めてきた．例えば，チェコ，スロバキア，ポーランド，旧東ドイツにまたがる国境地帯の通称「黒い三角地帯」の一面に枯れた針葉樹林帯（樹木の墓場），カナダ国境に近いアメリカのアディロンダック山岳公園の魚や水生昆虫のまったくいない死の湖，酸性化した井戸水による銅製水道管の腐食のため洗髪した金髪北欧女性の「緑の髪」への変色などさまざまな現象が酸性雨との係わりで紹介されている（石，1992）．社会的な酸性雨現象の認識の広まりは，環境の酸性化が広まっていることを正に反映しているが，特に，森林衰退の原因がすべて酸性雨であるとする通説にはかなりの誤解や論理の飛躍もあるであろう．森林衰退とその原因については，第8章で詳しく考察しているが，まだ明快な結論を得るにはいたっていない．酸性雨と森林衰退の係わりは第8章に譲るため，本章では酸性雨の農作物への影響について概説する．

7.1　被害症状

　酸性雨あるいは酸性ミストは，葉では白色あるいは褐色の壊死斑を，花では漂白斑点の可視症状を生じる．人工酸性雨の実験によると，可視葉被害の発生は多くの場合，草本植物ではpH 3.5以下，木本植物では3.0以下である（Lee et al., 1981）．一方，アサガオの花弁の脱白斑点の場合は，pH 4.3以下

で発生することが観察されている（野内ら，1984）．

酸性雨による葉被害発生のメカニズムは次のように考えられる（野内，1990）．葉面上に滞留した酸性の雨滴は，細胞内から葉表面に分泌されバッファー系に寄与している無機イオン，アミノ酸，タンパク質や炭水化物などのリーチング（溶脱）を増加させる一方で，自身は中和化される．しかし，pHの低い酸性雨では水素イオンを多量に含むので，そのバッファー系で中和しきれない水素イオンがクチクラワックス（特に，クチクラの最外層にあるエピクチクラワックス）を侵食したり，クチクラに存在するといわれている穴を通って浸透する．そして，表皮細胞の原形質膜と反応したり，さらには細胞質内に侵入する．細胞質内では酵素の立体構造や反応性を維持するために，細胞内のpHは狭い範囲で維持されているが，細胞内のバッファー系の能力を超えた水素イオンの侵入のために細胞が酸性化し，さまざまな酸性障害が生じる．なお，エピクチクラワックスは，葉の表面の性質を決めている重要な物質であり，一般に，エピクチクラワックスが葉に沈着すればするほど，葉表面は疎水性となり，葉が濡れにくくなる．また，葉からの体内成分のリーチングを少なくし，酸性雨に対する抵抗性を増加させるとともに，病虫害による食害や病原菌の侵入を抑制する．

7.2 農作物の生長・収量への影響

現在まで火山起源の酸性雨による植物被害を除いて，自然の酸性雨が植物の葉に可視被害を発現させたり，農作物の収量を減収させたという事例は国内外を通じてほとんどない．そのため，農作物の生長と収量への酸性雨の影響に関するほとんどの研究は，人工酸性雨を用いて実施されている．人工酸性雨を農作物に散水する実験を行うと，一般に，葉被害や生育阻害は温室や人工気象室などの室内実験の方が野外での散水実験に比べ，発生しやすいことが知られている（Irving, 1983）．したがって，酸性雨の農作物の生長と収量への影響は，温室実験と野外実験とに分けて考える必要がある．

7.2.1 温室における人工酸性雨実験による生長・収量への影響

植物の生長は人工酸性雨の曝露によって，生長阻害や生長増加，あるいは

ほとんど影響を受けないという3つのパターンを示す．酸性雨散水実験の先駆的研究者として知られている米国のLee et al. (1981)は両サイドをオープンにしたハウス内でポット栽培した28種の農作物に，pH 5.6, 4.0, 3.5, 3.0の人工酸性雨を散水し，葉被害の発生と市場流通部分の収量を調査した．収量は酸性雨の散布により，ハツカダイコン，テンサイ，ニンジン，カラシナ，ブロッコリの5種で減少し，トマト，コショウ，イチゴ，アルファルファー，オーチャドグラス，チモシーの6種で増加した．他の16種では酸性雨の影響はほとんどなかった．収量低下はなかったもののフダンソウ，カラシナやホウレンソウなどの葉菜類では，葉の可視被害は市場価格の低下をもたらす．このように，葉被害が発生しても収量に変化がないものや，あるいはかえって収量が増加するものなどがあり，葉被害の発生と収量との間に直接の関連は認められていない．米国に遅れること10数年，わが国でも人工酸性雨散水装置を用いた本格的な実験が行われるようになったが，その実験はガラス温室やビニールハウスの温室実験に限られている (Kohno and Kobayashi, 1989；小林ら，1991；細野・野内，1992, 1994)．なお，人工酸性雨散水実験は，そのほとんどが農作物の種子発芽後1週間程度から収穫時まで，常にある一定に調整したpH値の酸性雨を1週間に2〜3回散水する方式をとっている．

　小林ら (1991) は開放式のガラス温室内で，ダイズにpH 5.6, 4.0, 3.0および2.0の人工酸性雨を注射針の穴より落下させるが，このとき針を振動移動させることにより雨量分布が均一になる降雨装置を用いて人工酸性雨を降らせた結果，ダイズの生育と子実収量がpH 2.0でのみ阻害され，pH 3.0以上では影響がないことを見いだしている．このpH 2.0の人工酸性雨はダイズの1さや当たりの子実数の減少，すなわち，しいな（空のさや）数を増やしてしまい，個体当たりの総子実数を減少させる (Kohno and Kobayashi, 1989)．そして，このしいな数増加の原因は，直接的には酸性雨によってダイズの葉面積生長が低下し，それにともなって子実への同化産物供給量が減少したためと考えられる（小林ら，1991）．

　細野・野内 (1992, 1994) は8種（ハツカダイコン，ホウレンソウ，インゲ

7.2 農作物の生長・収量への影響 （ 159 ）

図7.1 人工酸性雨散水チャンバー（ビニールハウス）内のスプリンクラーからの散水状況（農業環境技術研究所，1990年5月）
植物を大型バットで育成し，高さ2mのスプリンクラーノズルから人工酸性雨をミスト状に噴霧する．

図7.2 人工酸性雨（pH 2.7）によるインゲンマメ葉に生じた可視被害（1990年6月）
人工酸性雨を3回散水した被害症状で，初生葉表面は白色のネクロシス斑となり，第1本葉にわずかに白色小斑点が見える．

(160)　第7章　酸性雨による農作物被害

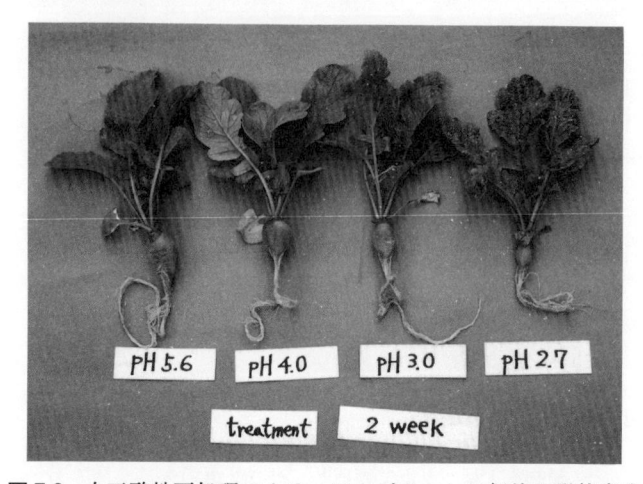

図7.3　人工酸性雨処理によるハツカダイコンの個体の形状変化
（1990年6月）
人工酸性雨を2週間散水した後の写真で，pH 2.7 処理では葉に可視被害が見られ，下胚軸（肥大根）の大きさが著しく小さくなっている．

ンマメ，カブ，チンゲンサイ，レタス，ニンジン，イネ）の農作物に，4棟の側面をオープンにした（散水時のみ閉じる）ビニールハウス内でスプリンクラーノズルより霧状にした pH 5.6, 4.0, 3.0, 2.7（あるいは2.5）の人工酸性雨を全生育期間にわたって散水する実験を行った（図7.1）．pH 3.0 以下の酸性雨処理は，全供試植物で葉被害が発生したが（図7.2），多くの植物で可視葉被害は生育後期よりも生育初期に顕著である．なお，pH 3.0 以上の処理は，全供試植物とも個体乾物重と収量には有意な影響を与えていない．一方，pH 2.5 あるいは 2.7 の酸性雨では，ハツカダイコン，ホウレンソウ，チンゲンサイ，カブ，ニンジン，レタスとインゲンマメの個体乾物重は，pH 5.6 の対照と比べて有意に低下している．特にハツカダイコンの個体乾物重の低下は大きく（図7.3），次いで，カブ，ホウレンソウ，チンゲンサイおよびニンジンであり，インゲンマメとレタスの低下は小さかった（図7.4）．なお，ハツカダイコンは葉茎，下胚軸（いわゆる肥大根）と細根を合計した個体乾物重が低下しているが，そのうち，特に肥大根が著しく低下している．この

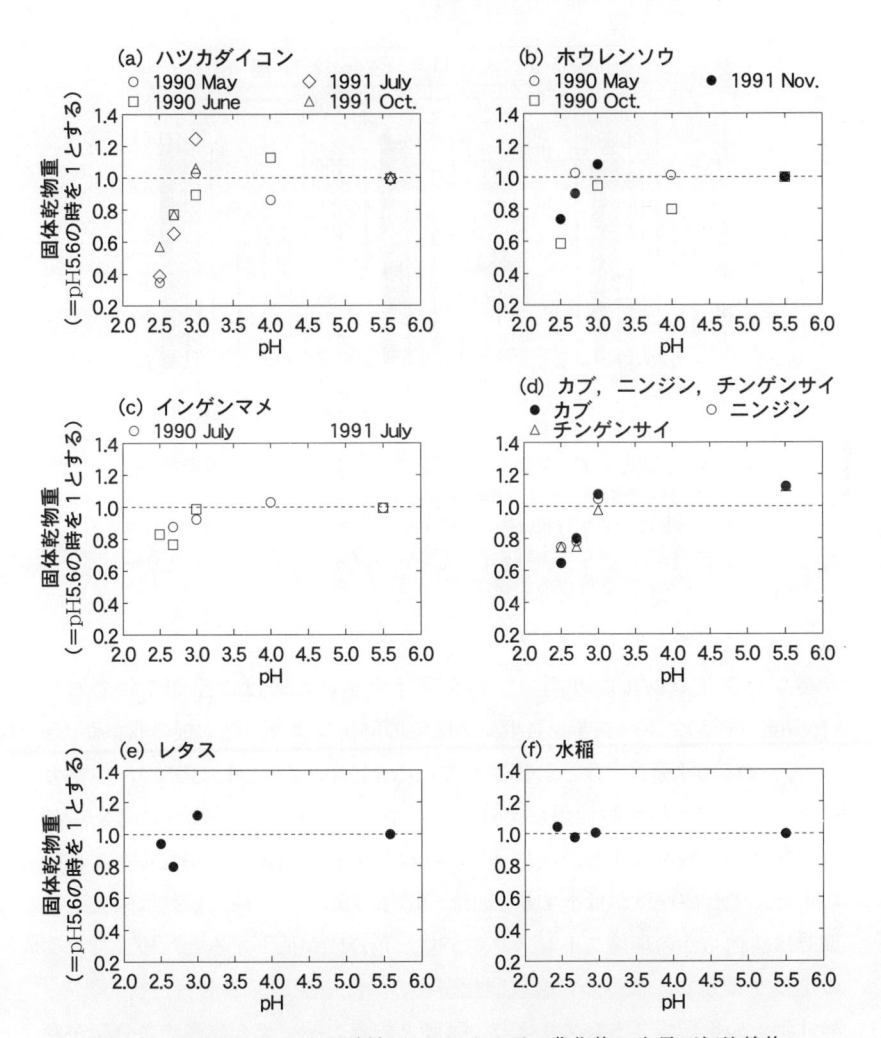

図7.4 温室における人工酸性雨のpHと8種の農作物の生長（個体乾物重）変化との関係（細野・野内，1994を許可を得て改変）

ように，ハツカダイコン，カブとニンジンのような根菜類は，酸性雨の影響を受けやすい．一方，pH 3.0以下の人工酸性雨を散水したイネの個体乾物重は，生育初期にはpH 5.6に比べて減少したが，生育中期と後期ではまったく差がなくなっており（図7.5），さらに，イネの収量（モミ重あるいは玄米

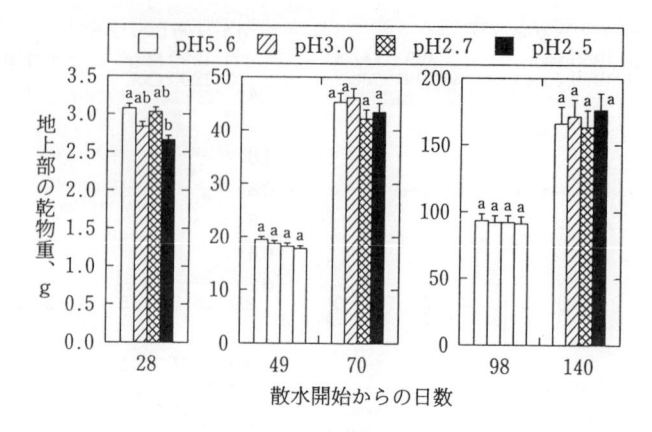

図 7.5 水稲地上部（茎葉重および穂重）への人工酸性雨の影響（細野・野内，1994，許可を得て転載）
生育初期（5月8日の散水開始から28日）には，pH 2.5 処理区で有意な地上部乾物重の減少が認められたが，生長するにつれて酸性雨の影響が認められなくなった．

重）は pH 2.5 でも低下していない．

ハツカダイコンは酸性雨の影響を受けやすいことはよく知られており（Irving, 1985），ドース・レスポンス関係の解析により，肥大根の収量が10％低下する pH 値は 3.3 と計算されている（Jacobson et al., 1988）．ハツカダイコンの肥大根が酸性雨により低下しやすい理由は次のように考えられる．酸性雨の散水により，ハツィカダイコンの葉に可視被害が生じるようになると，光合成速度が低下する（細野・野内，1994）．一般に植物は栄養生長期では，何らかの環境ストレスがかかり，光合成が低下すると，根より枝葉の生長を優先し，根への光合成同化産物の分配を少なくさせる性質がある．酸性雨という環境ストレスにより，茎葉と根との間で光合成産物の分配が変化し，根への光合成産物の分配が少なくなり，根の生長がより抑えられて，肥大根の生長低下がより増大する．

国内の酸性雨散水実験では，人工酸性雨の pH が 3.0 を下回らなければ生長や収量に影響が現れないが，国外では pH 3.0 以上でも生長や収量低下が認められている．例えば，Ashenden and Bell（1987, 1989）は通常の環境大

気中で見られる pH の範囲内 (3.5～4.5) の人工酸性雨が, 数種の農作物の生長と収量に減少を生じることを見いだした. 彼らは英国の土壌で育成した冬コムギの収量が pH 3.5～4.5 で 9～17 % も減少することを示した (Ashenden and Bell, 1987). さらに, マメ科植物の一つの *Vicia faba* L. が pH 4.5 の処理でコントロールの pH 5.6 処理に比較して, 全重で 18 % の減少も見いだしている (Ashenden and Bell, 1989).

このような差違は農作物の栽培管理法, 実験場所による気象環境, 人工酸性雨の散水量やそのイオン組成, 散水手法などの違いとも考えられる.

7.2.2 野外実験における酸性雨の農作物の生長・収量への影響

上記のように, ハツカダイコンの肥大根は, 温室内の酸性雨散水実験では減少している. しかし, 野外で生育しているハツカダイコンに人工酸性雨を散水すると, 収量には変化がないか (Evans et al., 1982), あるいはかえって増加する (Troiano et al., 1982) という相矛盾した報告もある. この理由は明らかではないが, 温室と野外では, 日射, 温度, 風などの環境条件が非常に異なり, その環境条件の変化により植物葉上のクチクラワックスの形態と沈着度合いが変化し, 酸性雨への感受性に差違が生じる可能性が考えられる. そのため, 実際の野外状態下で生育している農作物の生長や収量への影響を明らかにする必要があり, アメリカでは雨水排除可動フィールドシェルター装置が使われている. 雨水排除可動フィールドシェルター装置は, 通常はオープンなフィールドの圃場であるが, 降水があった場合には感雨センサーによりその降水を感知し, 即座にその圃場の上に巨大なシェルターが移動して屋根がかかり, 自然の降水を排除するというものであり, その降水時の降雨量に見合った人工酸性雨をスプリンクラーノズルから噴霧するという装置である. この装置では降水時以外は自然な圃場と同じであるので, ほぼ自然な状態で人工酸性雨の影響を調べることができる (Banwart, 1988).

この雨水排除可動フィールドシェルター装置を用いてアメリカで行われたトウモロコシ, ダイズ, コムギ, チモシーとクロバーの混合播種の牧草, タバコ, ジャガイモ, エンバクとインゲンマメの 8 種の作物の実験結果が, National Acid Precipitation Assessment Program (NAPAP : アメリカ国家酸

性降下物評価プログラム）によりまとめられた（Irving, 1987）．それによると，通常の酸性雨のpHレベルの範囲（pH4.1〜5.1）では，pH5.6の対照の降水に比較して収量の減少はまったくなく，かなりpHが低い酸性雨（pH3.0〜4.0）でも収量減少はほとんどない（図7.6）．NAPAPは酸性雨により農作物の収量減少は，降水のpH値が3.0以下にならなければ生じないと結論したが，Evans et al.（1984, 1986）はダイズのような野外生育の農作物で，pH3.0〜4.0で収量が減少するとし，NAPAPの結論に意義を唱えている．

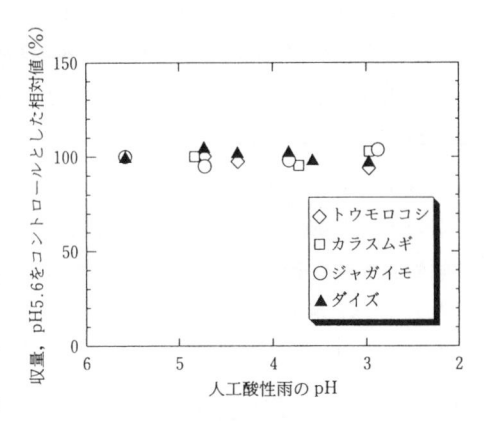

図7.6 野外における農作物の収量に及ぼす人工酸性雨の影響（NAPAP, 1987より作図）
降水排除可動フィールドシェルター装置を用い，農作物の全生育期間が人工酸性雨処理された．pH5.6の収量を100とし，各処理における収量を相対値として表わしている．

　これまで報告のある多数の農作物への酸性雨散水実験をまとめると，わずかな例外を除けば（Evans et al., 1984, 1986 ; Ashenden and Bell, 1987, 1989），pH3.0以上の酸性雨は農作物の生育や収量には大きな影響を及ぼさないと結論される．

7.3 酸性雨による土壌の酸性化と炭酸カルシウムによる中和

　わが国のように温暖多雨な気象条件下では，土壌中の遊離の塩基，土壌コロイドに吸着されている塩基は，雨水中の水素イオン（H^+）と交換し，交換性塩基（Ca^{2+}, Mg^{2+}, K^+, Na^+ など）が徐々に流亡し，塩基不飽和の状態に

なって酸性土壌になる．土壌が酸性になると，作物に有害なアルミニウムイオン（Al^{3+}）やマンガンが遊離し溶出する．特に，Al^{3+} は根の細胞分裂や根による Ca とリンの吸収や植物体内の転流を阻害する．さらに，酸性土壌では養分の欠乏，特にリン酸，カルシウムやマグネシウムなどが欠乏しがちになり，農作物の生育を阻害する．また，酸性土壌では，一般に微生物，特に細菌の活動が抑制され，その結果，有機物の分解，アンモニア，硝酸化成作用，空気中の窒素固定作用が弱くなり，農作物の生育に不利な状態となる．加えるに，酸性土壌では，根粒菌の働きが抑えられるので，マメ科作物の生育が悪くなる．

通常の雨水でも土壌を酸性化させるが，酸性雨は土壌に多量の H^+ を負荷するため，土壌の酸性化を促進する．一方，酸性の化学肥料の多量な施肥もまた，土壌を著しく酸性化している．特に，酸性化の影響を受けやすい畑作農業は，昔からアルカリ成分であるカルシウムを施用し（酸性土壌ではカルシウムも不足しているため），土壌の酸性化を防ぐことによって成り立ってきた．カルシウム資材（石灰質資材）としては，炭酸カルシウム（石灰石を粉砕したもの：$CaCO_3$），生石灰（石灰石を粗砕後，1,000〜1,200 ℃ で焼成し，酸化カルシウムとしたもの：CaO），消石灰（生石灰に水を加えて消化したもの：$Ca(OH)_2$）などが用いられている．

ここでは，農耕地土壌に酸性雨によって負荷された水素イオンを中和するための炭酸カウシウム施用量を試算してみる．例えば，1 m^2 の土地に pH 3.0 の酸性雨が降ったとすると，pH は $\log(1/H^+)$ であるので，$H^+ = 1.0 \times 10^{-3} M = 1.0 \times 10^{-3}$ mol/L $= 1.0 \times 10^{-6}$ mol/ml，また，H^+ は 1 mol が 1 当量であるので，1.0×10^{-6} g/ml $= 1.0 \times 10^{-6}$ eq/ml である．ここで，pH 3.0 の酸性雨が年間 2,000 mm 降ったと仮定すると，降雨量は 2.0×10^6 cm^3（= 100 cm × 100 cm × 200 cm）であり，土壌に負荷される H^+ の量は，年間 2 eq（= 1.0×10^6 eq/ml $\times 2 \times 10^6$ ml）となる．したがって，pH 3.0 の 2,000 mm の雨を中和するのに必要な Ca^{2+}（Ca^{2+} は原子量 40 g で 1 mol が 2 当量であるので，20 g/eq）の量は，2 eq × 20 g/eq = 40 g となり，炭酸カルシウム（$CaCO_3$，分子量 100）では，100 g（= 40 g × 100/40）である．なお，10 a

(＝1,000 m^2) 当たりでは，炭酸カルシウムは 100 kg となる.

　土壌の中和に要する石灰量は土壌の緩衝能の大小によって異なるが，おおよそ土壌の種類毎に pH 1.0 を上げるための炭酸カルシウム必要量は，土壌の深さ 10 cm で 10 a (＝1,000 m^2) 当たり，沖積砂質壌土壌で 60～100 kg，三紀粘質土壌で 110～145 kg，沖積壌土・埴土で 125～155 kg，黒ボク土：230～265 kg である．このように，pH 3.0 という極めて酸性の強い雨が降り続いても，農耕地土壌では酸性矯正のための石灰使用量とほぼ同量程度であり，酸性雨を中和するのに必要な石灰施用量はそれほど多量とは考えられない．したがって，現状程度の酸性雨は農業生産には大きな影響を及ぼさないと結論される．

引 用 文 献

Ashenden, T. W. and Bell, S. A., 1987: Yield reductions in winter barley grown on a range of soils and exposed to simulated acid rain. *Plant and Soil*, **98**, 433-437.

Ashenden, T. W. and Bell, S. A., 1989: Growth responses of three legume species exposed to simulated acid rain. *Environ. Pollut.*, **62**, 21-29.

Banwart, W. L., 1988: Field evaluation of an acid rain-drought stress interaction. *Environ. Pollut.*, **53**, 123-133.

Evans, L. S., Lewin, K. F. and Patti, M. J., 1984: Effects of simulated acid rain on yields of field-grown soybeans. *New Phytol.*, **96**, 207-213.

Evans, K. S., Lewin, K. F., Cunningham, E. A. and Patti, M. J., 1982: Effects of simulated acid rain on yields of field-grown crops. *New Phytol.*, **91**, 429-441.

Evans, L. S., Lewin, K. F., Owen, E. L. and Santucci, K. A., 1986: Comparison of yields of several cultivars of field-grown soybeans exposed to simulated acidic rainfalls. *New Phytol.*, **102**, 409-417.

細野達夫・野内　勇，1992：ハツカダイコン，ホウレンソウおよびインゲンマメの生長に及ぼす人工酸性雨の影響．大気汚染学会誌，**27**, 111-121.

細野達夫・野内　勇，1994：人工酸性雨が数種の農作物の生長・収量および光合成速

度に及ぼす影響. 農業気象, **50**, 121-127.

Irving, P. M., 1983: Acidic precipitation effects on crops: a review and analysis of research. *J. Environ. Qual.*, **12**, 442-453.

Irving, P. M., 1985: Modeling the response of greenhouse-grown radish plants to acid rain. *Environ. Exp. Bot.*, **25**, 327-338.

Irving, P. M., 1987: Effects on agricultural crops. In National Acid Precipitation Assessment Program (NAPAP), Interim assessment: the cause and effects of acidic deposition. Washington DC, Vol. IV, pp 6.1-6.50

石 弘之, 1992: 酸性雨. 岩波書店, 242p.

Jacobson, J. S., Irving, P. M., Kuja, A., Lee, J., Sjriner, D. S., Troiano, J., Perrigan, S. and Cullinan, V., 1988: A collaborative effort to model plant response to acidic rain. *J. Air Pollut. Control Assoc.*, **38**, 777-783.

小林卓也・河野吉久・中山敬一, 1991: ダイズの生育・収量に及ぼす人工酸性雨の影響. 農業気象, **47**, 83-90.

Kohno, Y. and Kobayashi, T., 1989: Effects of simulated acid rain on the yield of soybean. *Water, Air, and Soil Pollut.*, **45**, 173-181.

National Acid Precipitation Assessment Program (NAPAP), 1987: Interim Assessment: the Cause and Effects of Acidic Deposition. Vol. I, Executive summary, Washington DC.

Lee, J. J., Neely, G. E., Perrjiean, S. C. and Grothaus, L. C., 1981: Effects of simulated sulfuric acid rain on yield, growth and foliar injury of several crops. *Environ. Exp. Bot.*, **21**, 171-185.

野内 勇, 1990: 酸性雨の農作物および森林木への影響. 大気汚染学会誌, **25**, 295-312.

野内 勇・小山 功・大橋 毅・古明地哲人, 1984: 酸性雨水によるアサガオ花弁の脱色について. 東京都公害研究所年報, 74-78.

Troiano, J., Heller, L. and Jacobson, J. S., 1982: Effects of added water and acidity of simulated rain on growth of field-grown radish. *Environ. Pollut.*, (Ser A), **29**, 1-11.

第8章　森林衰退

　森林は，すべての生物の生命維持装置である．何故ならば，その光合成作用によって生命を維持するために不可欠な酸素を供給し，地球温暖化の主要な原因物質である二酸化炭素やガス状大気汚染物質を吸収・固定し，われわれの生活環境を保全しているからである．したがって，森林を保護することは，人類の存続や地球環境の保全にとって必要不可欠である．しかしながら，われわれの生活や産業活動に由来する大気汚染などの環境ストレスは，少なからず森林に悪影響を及ぼし，樹木を衰退させていることは否定できない．

　一般に，森林衰退とは，『何らかの原因によって，森林を構成している樹木の衰退が進行している過程と，その結果として多数の樹木が枯死し，森林としての構造や機能が保持できない状態』と定義できる．本稿では，まず，森林衰退の現状とその原因仮説を示す．次に，わが国の森林衰退地における調査と樹木に対するガス状大気汚染物質や酸性降下物の影響に関する実験的研究を紹介し，それらの結果に基づき，わが国における森林衰退の原因仮説の検証や将来において森林衰退の原因となりうる環境ストレスの抽出を試みる．

8.1　森林衰退の現状

8.1.1　欧　米

　1970年代初頭から，旧西ドイツにおいては，これまでに見られなかった新しいタイプの森林衰退現象がノルウェースプルースやヨーロッパモミの林で観察されるようになった（Cowling, 1986）．この新しい症状を伴った森林衰退は，neuartige Waldschäden と呼ばれ，同様な現象は1970年代後半から1980年代初頭にかけて中央ヨーロッパのいくつかの国においてさまざまな樹種で観察されるようになった．その後，1990年代においてヨーロッパ各地でさまざまなタイプの森林衰退現象が観察されるようになり，現在では深

図 8.1　ドイツにおけるノルウェースプルースの衰退

刻な環境問題として注目されている.

　ヨーロッパにおける森林衰退の徴候は，可視的被害，成長異常および成長低下に大別できるが，気象要因や地形的条件などのさまざまな要因が関与している (Krause et al., 1986). 衰退している樹木で見られる具体的な徴候としては，葉の黄化，葉量の減少，細根量の減少，年間成長量の低下，古い葉の早期落葉，病原菌に対する抵抗力の低下，分枝特性の変化，不定芽の異常発生，光合成同化産物の分配変化，葉の形態変化，種子の異常生産，植物体内の水分バランスの変化および衰退木の枯死 (図 8.1) などである (Schütt and Cowling, 1985 ; Hinrichsen, 1986). UN-ECE (United Nations Economic Commission for Europe) と EC (European Commission) は，ヨーロッパ 35 カ国の合計 27,798 プロットにおいて，主に 60 年生以上のノルウェースプルース，ヨーロッパアカマツ，ヨーロッパブナなどの樹冠状態を調べた (UN-ECE and EC, 1998). 樹冠の異常落葉と変色に注目した 1997 年に行われた調査の結果によると，何らかの異常落葉が認められた樹木の割合は，針葉樹では約 64 % であり，広葉樹では約 66 % であった. 国別に見ると，針葉樹における樹冠異常の発生率は，チェコ (調査木の 71.9 % が異常)，クロアチア (68.7 %)，ブルガリア (53.5 %)，オランダ (45.3 %)，スロバキア

(170)　第8章　森林衰退

表8.1　1988-1997年の樹冠調査に基づくヨーロッパ35ヵ国における樹木の衰退状況
　　　　(UN/ECE and EC, 1998, 許可を得て転載).

国名	針葉樹と広葉樹で中程度以上の以上落葉を示した樹木の割合（%）									
	1988	1989	1990	1991	1992	1993	1994	1995	1996	1997
Austria		10.8	9.1	7.5	6.9	8.2	7.8	6.6	7.9	7.1
Belarus		67.2	54.0		29.2	29.3	37.4	38.3	39.7	36.3
Belgium		14.6	16.2	17.9	16.9	14.8	16.9	24.5	21.2	17.4
Bulgaria	7.4	24.9	29.1	21.8	23.1	23.2	28.9	38.0	39.2	49.6
Croatia						15.6	19.2	28.8	39.8	30.1	33.1
Czech Republic		針葉樹のみ評価			45.3	56.1	51.8	57.7	58.5	71.9	68.6
Denmark	18.0	26.0	21.2	29.9	25.9	33.4	36.5	36.6	28.0	20.7
Estonia		針葉樹のみ評価			28.5	20.3	15.7	13.6	14.2	11.2
Finland	16.1	18.0	17.3	16.0	14.5	15.2	13.0	13.3	13.2	12.2
France	6.9	5.6	7.3	7.1	8.0	8.3	8.4	12.5	17.8	25.2
Germany	14.9	15.9	15.9	25.2	26.4	24.2	24.4	22.1	20.3	19.8
Greece	17.0	12.0	17.5	16.9	18.1	21.2	23.2	25.1	23.9	23.7
Hungary	7.5	12.7	21.7	19.6	21.5	21.0	21.7	20.0	19.2	19.4
Ireland					針葉樹のみ評価					
Italy		9.1	16.3	16.4	18.2	17.6	19.5	18.9	29.9	35.8
Latvia			36.0		37.0	35.0	30.0	20.0	21.2	19.2
Liechtenstein	17.0	11.8			16.0					
Lithuania	3.0	21.5	20.4	23.9	17.5	27.4	25.4	24.9	12.6	14.5
Luxembourg	10.3	12.3		20.8	20.4	23.8	34.8	38.3	37.5	29.9
Rep. of Moldova						50.8		40.4	41.2	
Netherlands	18.3	16.1	17.8	17.2	33.4	25.0	19.4	32.0	34.1	34.6
Norway		針葉樹のみ評価		17.2	19.7	26.2	24.9	27.5	28.8	29.4	30.7
Poland	20.4	31.9	38.4	45.0	48.8	50.0	54.9	52.6	39.7	36.6
Portugal	1.3	9.1	30.7	29.6	22.5	7.3	5.7	9.1	7.3	8.3
Romania				9.7	16.7	20.5	21.2	16.4	16.9	15.6
Russian Fed.							10.7	12.5		
Slovak Republic	38.8	49.2	41.5	28.5	36.0	37.6	41.8	42.6	34.0	31.0
Slovenia			22.6	18.2	15.9		19.0	16.0	24.7	19.0	25.7
Spain	7.6	4.5	4.7	7.4	12.3	13.0	19.4	23.5	19.4	13.7
Sweden			針葉樹のみ評価					14.2	17.4	14.9
Switzerland	8.7	10.4	15.5	16.1	12.8	15.4	18.2	24.6	20.8	16.9
Turkey										
Ukraine		1.4	2.9	6.4	16.3	21.5	32.4	29.6	46.0	31.4
United Kingdom	25.0	27.0	39.0	56.7	58.3	16.9	13.9	13.6	14.3	19.0
Yugoslabia	10.0			9.8					3.6	7.7

(42.1 %)，ポーランド (36.8 %)，スロベニア (32.5 %)，ノルウェー (28.5 %) などで高かった．また，広葉樹における樹冠異常の発生率は，ブルガリア (43.9 %)，ルクセンブルク (41.8 %)，ノルウェー (38.9 %)，イタリア (38.0 %)，ポーランド (35.8 %)，ギリシャ (34.9 %)，フランス (29.9 %)，ドイツ (28.6 %)，デンマーク (28.4 %) などで高かった．さらに，1988年から1997年の10年間において，ブルガリア，チェコ，フランス，イタリア，オランダ，ノルウェーなどで中程度以上の樹冠異常を示した樹木の割合が増加する傾向にあった (表 8.1)．

北米においては，アメリカ国家酸性降下物評価プログラム (NAPAP) によって10年間にわたる研究がなされ，主に4地域の森林衰退現象が評価されている (McLaughlin, 1985 ; Chevone and Linzon, 1988 ; Cowling, 1989 ; NAPAP, 1990a ; NAPAP, 1990b ; Miller and McBride, 1999)．アメリカにおける森林衰退の特徴は，ある特定の地域で限られた樹種が衰退していることである．例えば，シェラネバダ・サンバナディーノ山脈では，ポンデローサマツやジェフリーマツなどのマツ類が衰退している (図 8.2)．また，アパラチア山脈北部においては，ルーベンストウヒの衰退が観察されている．一方，アメリカ南東部においては，ストローブマツが衰退している．さらに，1970年代後半から，アメリカ北東部やカナダ南東部において，サトウカエデの衰退が観察されて

図 8.2 アメリカのサンバナディーノ山脈におけるマツ類の衰退

いる.

　ヨーロッパと北米における森林衰退の徴候を比較してみると，いくつかの類似点と相違点がある（Johnson and Siccama, 1983；Prinz, 1985；Hinrichsen, 1986；Cowling, 1989）．1970年代までは，森林衰退の徴候に両地域間でほとんど類似点は認められなかったが，北米における調査が進むにつれて両地域間における徴候の類似点や相違点が明らかにされてきた．類似点としては，樹冠の下部から上部へ，また枝の内側から外側へ進行する葉の黄化現象が観察されていることである．また，両地域において針葉樹の肥大成長の低下が認められている．相違点としては，ヨーロッパにおいて緑葉の離脱，不定枝の過剰発生および種子の過剰生産などの成長異常が高頻度で観察されていることである．また，可視的な徴候を伴わない樹木の成長低下は北米において高頻度で発生している.

8.1.2　中　　国

　中国においては，すでに深刻な森林衰退が発生している．例えば，1970年代中頃から四川省の峨眉山一帯においてモミの一種である冷杉の枯死が観察されており，特に海抜2,500 m以上の高地における衰退が著しく，山頂付近の枯死率は90%近くに及んでいる．また，1979年以降，広西省において華

図8.3　中国四川省の南山周辺における馬尾松の衰退

山松の衰退や枯死が観察されている．さらに，四川省重慶市の南山地区においては，1980年代中頃から馬尾松が急速に枯れ始めた（Yu et al., 1990）．南山の馬尾松林は40〜60年生の天然林で，その生育面積は約2,000 haであった（重慶市林業科学研究所，1988）．1970年代から馬尾松の枯死が観察され始め，1983年には枯死による被害面積が41.8％に達した（卞（Bian）ら，1990）．その後も馬尾松の衰退は進行し，現在では健全な個体はほとんど残っていない（図8.3）．

8.1.3 日　本

わが国においては，かつて栃木県足尾銅山周辺地域において，銅製錬所から排出された二酸化イオウ（SO_2）によって周囲の植生が直接的な被害を受け，著しい植生破壊が起こった．銅製錬所では1956年に自溶炉が完成し，二酸化イオウを硫酸として回収する大幅な改善がなされ，1974年には銅鉱石の採掘を終了したが，いまだに周囲の植生は回復していない（伊豆田，1992）．

1960年代の重工業化に伴い，石炭などの化石燃料が大量に消費され，二酸化イオウによる大気汚染が全国各地で深刻な状態になった．この頃から，都内の公園などでは，ケヤキ，アカマツ，ヒノキなどの異常落葉が観察され始めた（山家，1973；森，1990）．また，1960年代後半から，北海道の樽前山東側に広がる火山性未成熟土壌地帯において，ストローブマツの当年葉の異常落葉が観察され，酸性霧に含まれる硫酸イオンの影響が指摘された（吉武，1992）．

東京などの大都市周辺においては，1960年代からスギの枯損や衰退が観察され始めた（小林，1968；川名・相場，1971；山家，1973）．その後，1970年代から1980年代にかけて，関東・甲信地方（横堀，1981；Sekiguchi et al., 1986；高橋ら，1986），関西・瀬戸内地方（高橋ら，1991），北陸地方（安田，1982）などでスギの衰退が報告され，酸性雨，光化学オキシダント，二酸化イオウ，二酸化窒素，乾燥化などのさまざまな原因仮説が出された（Sekiguchi et al., 1986；高橋ら，1986；Nashimoto and Takahashi, 1990；Morikawa et al., 1990；松本ら，1992）．例えば，Morikawa et al. (1990)

は，スギの衰退地は関東地方の中央部から北西方向の平野部であり，衰退地と光化学オキシダント，二酸化窒素（NO_2）および二酸化イオウ（SO_2）などの濃度分布は比較的一致しているが，大気の乾燥化がその衰退に深く関与していることを指摘している．また，Nashimoto and Takahashi (1990) は，関東地方や関西・瀬戸内地方におけるスギの衰退は，生育期間中のオキシダント指数が高く，降水量が少ない地域で発生していることを報告している．

1990年代に入ると，スギ以外の樹木の衰退も注目されるようになり，山岳地帯における森林衰退現象がわが国の新しい環境問題となった．神奈川県の丹沢山地においては，大山（標高1,245 m）の標高700〜1,100 m付近に分布しているモミの大木が衰退している．神奈川県林業試験場による航空写真を用いた解析に基づくと，1954年における枯損木の割合は36 %であり，衰退のピークは1960年代中頃から1970年代中頃で，現時点においては衰退の進行から少なくとも50〜60年は経過しているようである（神奈川県，1994）．大山周辺の航空写真の解析によると，モミの衰退はすでに1961年には認められており，その後も衰退が進行し，1983年には80 %の個体が衰退していた（古川・井上，1990）．古川・井上（1990）は，1988年に行った現地調査においてモミの衰退度と樹高や胸高直径との間には有意な相関が得られなかったことより，モミの大木の衰退は老齢化によるものとは考えにくいと結論付けている．一方，福岡県の宝満山（標高829 m）から三郡山（標高936 m）にかけての尾根沿いの標高600 m以上の地域においてもモミの衰退が観察されている（図8.

図8.4 福岡県の宝満山におけるモミの衰退

4). 宝満山 10 地点と三郡山 2 地点で 1990 年に行われた調査によると, 28 % のモミが著しく衰退または枯死しており, 特に大木における衰退頻度が高かった (須田ら, 1992a).

神奈川県の丹沢山地においては, ブナの衰退や枯死も観察されている (図 8.5). 塔ケ岳では, 1980 年以降にブナの枝葉の欠損や樹形の変型が観察されている (神奈川県, 1992). これに対して, 丹沢山, 蛭ケ岳, 檜洞丸などにおいては, すでに 1954 年にはブナの衰退が認められ, 1990 年には最も衰退程度が著しい蛭ケ岳において 60 % 以上の個体が衰退しており, 現在もなお衰退が進行している (神奈川県, 1992). このような

図 8.5 神奈川県の檜洞丸山頂付近のブナの衰退

図 8.6 広島県におけるアカマツの衰退

ブナの衰退は，静岡県の富士山（角張・原野，1991）や天城山系（静岡大学環境研究会，1989），群馬県の武尊山（玉置，1997），富山県の立山（玉置，1997）などにおいても観察されている．

広島県などの山陽地方においては，アカマツ（図8.6）の衰退が観察されており，主な原因としてマツノザイセンチュウ，二酸化イオウ，フッ化水素などが指摘されているが（垰田，1993），酸性降下物が関与している可能性も考えられている（中根，1992）．また，栃木県の奥日光においてはシラビソ，オオシラビソ（口絵5），ダケカンバ（図8.7）などの衰退が観察されているが，この原因として1983年の春季における異常低温，酸性霧，オゾンなどが指摘されている（長谷川，1989；村野，1994；畠山・村野，1996）．さらに，群馬県の赤城山ではシラカンバ，ダケカンバ，ミズナラなどの衰退が観察されており，それらの衰退に寒風害，ナラタケ菌，酸性霧などが関与している可能性が考えられている（垰田，1993；村野，1993，1994）．近年，石川県，鳥取県，島根県のような日本海側の地域におけるコナラやミズナラなどのナラ類の衰退や枯死も観察されており，菌根菌を介した酸性雪の影響なども懸念されている（小川，1996）．

図8.7　栃木県の奥日光におけるダケカンバの衰退

8.2 森林衰退の原因仮説

8.2.1 欧米における森林衰退の原因仮説

　欧米の森林を構成している樹木はさまざまな環境ストレスの影響を受け，その結果として森林が衰退している可能性がある．現在のところ，欧米における森林衰退の原因は十分には解明されていないが，これまでに行われてきた野外調査や実験的研究の結果に基づいて，表8.2に示したいくつかの原因仮説が出されている（野内，1990；小池ら，1993）．地域別に見ると，北ヨーロッパではオゾン，酸性降下物による土壌酸性化および窒素過剰，西ヨーロッパではオゾン，酸性ミストや酸性霧などの酸性降下物および二酸化イオ

表8.2　欧米における森林衰退を説明する仮説（小池ら，1993，許可を得て転載）

原因仮説	特性	適合する現象	問題点	提唱者
オゾン説	成長低下 光合成低下 クチクラ層の損傷	北米の森林衰退地と高濃度オゾン地域が一致 現状レベルの濃度で障害発現	欧州の被害を説明し難い	Krause et al. (1986)
土壌酸性化説	アルミニウム毒性 根系の損傷	土壌酸性化で必須元素が溶脱 アルミニウムの溶出 根系損傷による水分・養分ストレス	総合的な説明ができない	Ulrich et al. (1979)
窒素過剰説	初期は成長促進 根の成長低下 栄養バランスの崩壊 凍霜害・病虫害	窒素が汚染物質によって過剰供給 他の養分の欠乏 ミコリザの活性低下 成長のバランスを損なう	衰退全般は説明できない	Schütt & Cowling (1985)
土壌塩類欠乏説	マグネシウム欠乏 針葉の黄化	標高が高い地域におけるノルウェースプルースの針葉黄化 酸性雨による針葉からの成分溶出 クチクラ層の損傷	特定地域の説明に限定	Rehfuess (1983)
複合要因説	上記の害の複合タイプ	上記の4仮説が総合されたストレスによる樹木被害	地域によって主要なストレスが異なる	Schulze et al. (1989) Likens (1989)

ウ,東ヨーロッパでは二酸化イオウ,二酸化窒素,オゾンおよび酸性ミストや酸性霧などの酸性降下物などが森林衰退の原因として重要視されている(Schütt and Cowling, 1985 ; Tveite, 1985 ; Cowling, 1986 ; Hinrichsen, 1986). 一方,北米の森林衰退に対してもさまざまな原因仮説が出されているが,最も有力視されているのはオゾンである (Miller and McBride, 1999). それらのストレスの他に,水ストレス,マグネシウム欠乏,病虫害なども欧米における森林衰退の原因として考えられている (McLaughlin, 1985 ; Chevone and Linzon, 1988 ; Cowling, 1989). また,アメリカ南東部で観察されているストローブマツの衰退に樹齢の増加やそれに伴う樹木間の競争の激化などが関与していることも指摘されている. 1970年代後半から観察されているアメリカ北東部やカナダ南東部におけるサトウカエデの衰退の原因として,害虫による異常落葉や植物体内におけるカリウムなどの植物必須元素の欠乏が考えられている. さらに,アメリカ北東部におけるルーベンストウヒの衰退に重金属が関与していることが示唆されている (Gawel et al., 1996). このように森林衰退に関与するさまざまな生物的・非生物的要因が指摘されているが,ここでは欧米の森林衰退の原因仮説として重要視されているオゾン仮説,二酸化イオウ仮説,酸性降下物仮説および窒素過剰仮説を紹介する.

8.2.2 オゾン仮説

窒素酸化物と炭化水素などが大気中で太陽からの紫外線によって光化学反応を起こした結果,光化学オキシダントが発生する. この光化学オキシダントの主成分がオゾン (O_3) である. 欧米の森林衰退地において,すでに存在が明らかになっている大気汚染物質の中でも,オゾンは毒性が比較的高いことが知られている. 過去数十年における大気中のオゾン濃度は上昇傾向にあり,森林衰退が発生している標高が高い地点において比較的高濃度のオゾンが存在することなどが根拠になり,森林衰退の原因物質となりうることが指摘されている (Ashmore et al., 1985 ; Krause et al.,1986 ; Innes, 1987 ; Sandermann et al., 1997 ; Miller and McBride, 1999). 特に,北米で観察されている樹木の枯損や森林衰退にはオゾンが深く関与していることが指摘さ

れており (McLaughlin, 1985；Chevone and Linzon, 1988；Cowling, 1989；Miller and McBride, 1999)，例えば，シェラネバダ・サンバナディーノ山脈におけるポンデローサマツやジェフリーマツの衰退原因として考えられている（図8.2）．また，ルーベンストウヒの衰退が観察されているアパラチア山脈北部においても，比較的高濃度のオゾンが観測されている．一方，アメリカ南東部で観察されているストローブマツの衰退にもオゾンの関与が指摘されている．

8.2.3 二酸化イオウ仮説

東欧諸国における森林衰退の原因として，二酸化イオウ（SO_2）が考えられている．ドイツ南東部やチェコ北西部では，工業地帯から発生した高濃度の二酸化イオウによってノルウェースプルースなどが衰退している可能性が指摘されている（Raben and Andreae, 1995）．なお，ヨーロッパにおける二酸化イオウによる森林衰退は，新しい症状を伴った森林衰退（neuartige Waldschäden）とは区別されている（Krause et al., 1986；Roberts, 1987）．一方，中国においては大気中の二酸化イオウの濃度が極めて高いため，四川省の重慶市などにおける馬尾松の衰退の主要な原因として考えられている（Yu et al., 1990）．

8.2.4 酸性降下物仮説

植物に対する酸性降下物の影響は，直接影響と間接影響に分けることができる．直接影響とは，酸性雨や酸性霧が植物体に直接触れた結果として引き起こされる影響で，具体的には葉面に発現する可視障害，葉におけるクチクラ層の破壊，葉からの塩基溶脱などである．これに対して，間接影響とは，酸性雨などの酸性降下物による土壌酸性化を介して引き起こされる影響である．このような酸性降下物の直接または間接影響は，森林衰退の原因として考えられている．

アパラチア山脈北部においては，標高 1,500～1,600 m 付近の雲底より上に分布するルーベンストウヒの衰退が観察されているが，この衰退に pH 2.8～3.8 の雲水が直接的な影響を及ぼしている可能性がある（Shortle and Smith, 1988）．

主にヨーロッパにおいて，酸性降下物の沈着によって土壌の酸性化が引き起こされ，森林が衰退している可能性が指摘されている（Ulrich et al., 1979; Ulrich, 1989）．酸性降下物による土壌酸性化の比較的初期の段階では，土壌中のカルシウムやマグネシウムなどの植物必須元素が溶脱する（篠崎，1984; 吉田・川畑，1988）．さらに土壌酸性化が進行すると，土壌溶液中にアルミニウム（Al）のような植物毒性の高い金属が溶出し（吉田・川畑，1988），樹木の根に傷害を与える．植物に対するアルミニウムの毒性はカルシウムなどのカチオンの存在によって変化するが（Schaedle et al., 1989），Ulrich（1989）によると土壌溶液における Ca/Al 比が 1.0 以下に低下すると植物に対するアルミニウムの毒性が急激に高くなるとされている．例えば，ドイツのゾーリング地方における樹木の細根量の減少と土壌溶液の Ca/Al 比の低下は一致する傾向を示している（Ulrich, 1989）．アルミニウムは，樹木の根からのカルシウムなどの植物必須元素の吸収を阻害し，さらに根におけるリンの不溶化による植物体地上部におけるリン欠乏を引き起こす（Schaedle et al., 1989）．そのため，酸性降下物の沈着によって酸性化した土壌で生育している樹木においては，カルシウムやリンの欠乏が起こり，成長や生理機能が低下し，最終的には森林衰退が引き起こされる可能性がある．アメリカ北東部のルーベンストウヒの衰退原因として，土壌溶液中に溶出したアルミニウムによって引き起こされたカルシウム欠乏が考えられている（Shortle and Smith, 1988）．すなわち，細根の分布域における土壌溶液中の Ca/Al 比の低下に伴って，ルーベンストウヒの根におけるカルシウムの吸収能力が低下し，植物体内でカルシウム欠乏が誘導され，材形成の低下，樹冠の衰弱および病虫害の発生などの現象が発現したと考えられている．

8.2.5 窒素過剰仮説

近年，大気から森林生態系への窒素の負荷量が増大し，森林生態系は窒素が制限された状態から過剰な状態に移行し，窒素飽和状態になる可能性が指摘されている（Aber et al., 1989; Skeffington, 1990; 大類，1997）．森林生態系における窒素飽和に伴って，さまざまな悪影響が懸念されている．例えば，大気から土壌への窒素降下量の増加に伴って土壌溶液中の硝酸イオンや

アンモニウムイオンが増加した場合，森林を構成している樹木の栄養バランスが崩れ，最終的には森林が衰退する可能性がある（Nihlgård, 1985 ; Skeffington and Wilson, 1988 ; Aber et al., 1989）．樹木にとって有効な窒素が土壌で過剰に存在すると，細根やミコリザの現存量が減少し，窒素以外の養分や水分が植物体内で欠乏するため，栄養アンバランスや水ストレスが助長され，樹木の衰退や枯死が引き起こされる可能性がある．欧米においては，窒素を多量に施用した森林や窒素系降下物の沈着量が多い森林で，樹木の葉におけるリン，カルシウムおよびマグネシウムなどの植物必須元素が窒素に対して少ないことが認められている（Kazda, 1990 ; Hüttl, 1990）．また，葉の窒素濃度が上昇すると耐寒性が低下するため，冬季に樹木が衰退する可能性がある（Nihlgård, 1985 ; Skeffington and Wilson, 1988）．さらに，葉の窒素含量の増加に伴う忌避物質の減少や誘因物質の増加を通して，樹木の病虫害が助長されることも指摘されている（Nihlgård, 1985 ; Skeffington and Wilson, 1988）．

　土壌へ過剰に窒素が供給されると，硝化菌と植物根との間のアンモニウムイオンの競争状態が緩和されるため，硝化菌による硝化作用が促進される（Nilsson et al., 1988 ; McNulty et al., 1990 ; McNulty et al., 1991）．硝化作用においては，硝化細菌と呼ばれる一群の土壌細菌が好気的にアンモニウムイオンを酸化して亜硝酸イオンを，さらに亜硝酸イオンを酸化して硝酸イオンを生成する．また，アンモニウムイオン1モル（mol）が植物に吸収されると，1モルの水素イオンが土壌に放出されるので，酸の生成として働く．一方，植物に吸収されないで残ったアンモニウムイオン1モルが完全に硝化されたと仮定すると，2モルの水素イオンが土壌中で生成される（$NH_4^+ + 2O_2 \rightarrow NO_3^- + H_2O + 2H^+$）．したがって，硝化の過程で生成される水素イオンが土壌酸性化を引き起こす（van Breemen et al., 1982）．このような土壌酸性化に伴う根圏土壌からの植物必須元素の溶脱や土壌溶液中へのアルミニウムの溶出は，樹木の成長や生理機能を低下させる．さらに，森林生態系における過剰な窒素は，N_2Oなどの温室効果ガスの生成を促進するため，地球温暖化を進行させ，森林衰退を引き起こす可能性もある．

8.3 日本における森林衰退に関する野外調査

わが国においては，現在の所，ガス状大気汚染物質などの環境ストレスと森林衰退との関係を明らかにすることを目的とした野外調査は極めて限られている．ここでは，福岡県の宝満山におけるモミの衰退地と神奈川県の檜洞丸におけるブナの衰退地で行われた調査を紹介する．

福岡県の宝満山の10地点と三郡山の2地点で1990年に須田ら（1992a）が行った調査の結果に基づくと，衰退が著しいモミは全体の28％に達しており，特に宝満山の山頂付近で枯損が著しかったが，調査地点によって枯損の程度に違いが見られた．樹齢200年以上に達していると思われる胸高直径60 cmを越えるモミは，それ以下の木に比べると，衰退が著しい傾向にあった．モミ林の林内雨のpHは約3.9であり，林外雨のそれに比べて0.5程度低く，成分濃度も高かった．また，霧のpHは，林内雨や林外雨のpHに比べて低かったが，低くても3.5程度であった．宝満山や三郡山の土壌は花崗岩母材の褐色森林土であり，表層土壌のpHは4.0前後で比較的低かった．しかしながら，調査地点間で降雨や土壌の酸性度には大きな差異が認められなかったことより，地点間によるモミの枯損程度の差異を降雨や土壌の酸性化だけでは説明できなかった．一方，宝満山におけるオゾン濃度は100 ppbを越えるものは観測されていないが，三郡山の山頂にある測定局で1987年5月から9月までの期間で1時間値が60 ppbを越えた合計時間数は661時間であった．このため，オゾンはモミに対してストレスとして働いている可能性は否定できなかった．なお，宝満山においてはアカガシが亜高木層で優占しており，林床ではモミの稚樹がまったく観察されなかったことから，モミ林は常緑広葉樹林への遷移の過程にあり，大径木のモミは老齢化によって枯損している可能性も考えられた．

神奈川県丹沢山地の檜洞丸山頂付近の南斜面においては，ブナの衰退が観察されている．これに対して，同山頂付近の北斜面のブナは比較的健全である．このようなブナの衰退状態やその原因などを調べることを目的として，1994年から2年間にわたって現地調査が行われた（戸塚ら，1997a；戸塚

ら, 1997b；戸塚ら, 1997c；丸田ら, 1999). 南斜面のブナの衰退木は, 北斜面の健全木に比べて, 個葉の面積と生重量が小さかったが, 光飽和時の蒸散速度は大きい値を示した. 気孔コンダクタンスを算出した結果に基づくと, 健全木に比べて, 衰退木の葉の気孔は開いていることが考えられた. また, 衰退木の葉内 CO_2 濃度は健全木のそれに比べて高かったことより, 葉の光合成活性が低下していることが示唆された. さらに, 衰退木の葉の水利用効率（純光合成速度/蒸散速度）やクロロフィル含量も, 健全木のそれらより低いことが明らかになった. 一方, 夜間における葉のガス交換速度を測定した結果, 衰退木の蒸散速度と気孔コンダクタンスは健全木のそれらに比べて高かったことより, 衰退木では夜間でも気孔が閉じにくく, 健全木に比べて水分ストレスを受けやすいと考えられた. なお, 両斜面の土壌を分析した結果, いずれも土壌 pH が 5.4 以上であったため, 酸性降下物によって土壌が酸性化しているとは言えない状態であった. 8月に檜洞丸山頂付近の南斜面（ブナ衰退地）と北斜面（ブナ健全地）の大気汚染状況を調べた結果, 100 ppb 以上のオゾン濃度がしばしば観測された. 南斜面では 140～160 ppb の範囲のオゾン濃度に出現頻度のピークがあり, 北斜面に比べて高濃度域のオゾン

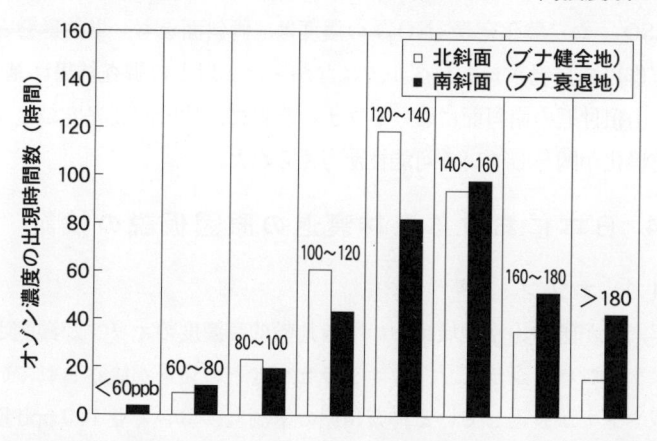

図 8.8 神奈川県の檜洞丸におけるオゾン濃度の出現頻度 (戸塚ら, 1997b, 許可を得て転載)
　　オゾン濃度（単位：ppb）の測定は, ブナが衰退している南斜面（衰退地）と衰退していない北斜面（健全地）で 1995 年 8 月に 14 日間にわたって行った.

(184)　第8章　森林衰退

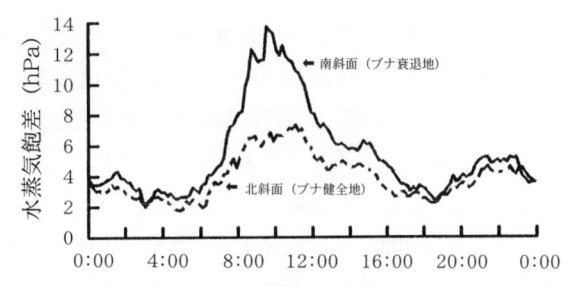

図 8.9　神奈川県の檜洞丸における水蒸気飽差の経時変化（戸塚ら，1997a，許可を得て転載）
　　　　水蒸気飽差の測定は，ブナが衰退している南斜面（衰退地）と衰退していない北斜面（健全地）で1995年8月24～30日に行った．

の出現頻度が高いことが明らかになった（図 8.8）．なお，両斜面ともに，オゾン濃度は10時頃に最低値を示し，18～22時に穏やかなピークを迎えるという日変化を示した．日中における南斜面の気温，地温および大気の水蒸気飽差は北斜面のそれらより高い傾向にあったが，夜間においては両斜面の気温や水蒸気飽差にほとんど差は認められなかった（図 8.9）．なお，二酸化イオウ（SO_2）や二酸化窒素（NO_2）の濃度は，両斜面とも，単独影響として植物に害作用を発現させるレベルではなかった．以上の調査結果に基づくと，檜洞丸山頂付近の南斜面におけるブナの衰退に，比較的高濃度のオゾンと大気の乾燥化が関与している可能性が考えられた．

8.4　日本における森林衰退の原因仮説の検証

8.4.1　オゾン

　近年，わが国の山岳地域においても比較的高濃度のオゾンが観測されている．ダケカンバ，シラビソ，オオシラビソなどの衰退が観察されている奥日光地域やブナが衰退している神奈川県の檜洞丸においても100 ppb以上の比較的高濃度のオゾンが観測されているため，これらの樹木に対する悪影響が懸念されている（戸塚ら，1997b；丸田ら，1999；畠山，1999）．わが国では，1990年代前半より，いくつかの大学や試験研究機関で，樹木に対するオ

ゾンの影響に関する実験的研究が行われてきた (Izuta, 1998). しかしながら，現在のところ，わが国の森林を構成している樹木の成長や生理機能などに対するオゾンの影響に関する研究は限られている．

オゾンによって葉面に発現する可視障害のタイプは樹種によって異なる．したがって，もし衰退している樹木の葉面にオゾンによるその樹種特有の可視障害が観察された場合，その森林衰退にオゾンが深く関与していると考えることができる．しかしながら，現時点において，わが国の森林衰退地でオゾンによる可視障害が衰退木などの葉面で観察されたという報告はない．

多くの樹種で，成長や光合成などの生理機能に基づいたオゾン感受性は，可視障害発現に基づいたオゾン感受性に比べて高いことが知られている．すなわち，葉面に可視障害が発現しなくても，オゾンによって樹木の成長や生理機能は低下する場合がある (Izuta et al., 1996；松村ら，1996). 神奈川県の丹沢山地などで衰退が観察されているブナの苗に，75 または 150 ppb のオゾンを 18 週間にわたって曝露した結果 (Izuta et al., 1996), 葉面に可視障害は発現しなかったが，個体当たりの乾重量が低下し，特に根の乾重量が著しく低下した．また，オゾン曝露によって，葉の純光合成速度やクロロフィル濃度も低下した．戸塚ら (1997b) や丸田ら (1999) の報告によると，神奈川県の檜洞丸山頂付近のブナ衰退地においては夏期のオゾン濃度が高く，100 ppb 以上の濃度が頻繁に観測されている (図 8.8). この檜洞丸におけるオゾン濃度の測定結果とブナ苗を用いた実験的研究 (Izuta et al., 1996) の結果を考慮すると，オゾンによって丹沢山地のブナが悪影響を受けていることが十分に考えられる．

ヨーロッパにおいては，森林生態系の保護のためのオゾンのクリティカルレベル (Critical level) を評価するための実験的研究や野外調査が盛んに行われている (UN-ECE, 1999). オゾンのクリティカルレベルとは，それ以下ならば植生に重大な悪影響を発現しないオゾンドースのことである．植生保護のためのオゾンのクリティカルレベルを評価する際の指標として，40 ppb を越えたオゾンの積算ドースが提案されており，それを AOT 40 と呼んでいる (UN-ECE, 1992；UN-ECE, 1996). 最近，わが国においても，樹木の乾

(186) 第8章 森林衰退

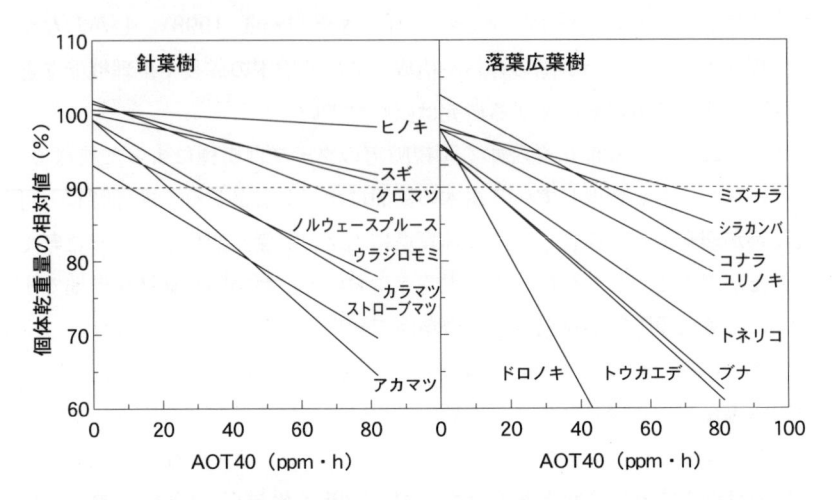

図8.10 樹木の乾物成長とオゾンのAOT40との関係（伊豆田・松村，1997，許可を得て転載）
AOT40は，6カ月（183日）当たりの値に換算した．
個体乾重量の相対値＝［(オゾン曝露した個体の乾重量)／(浄化空気で育成した個体の乾重量)］×100

物成長とAOT40との関係が検討されている（Matsumura and Kohno, 1997；伊豆田・松村，1997；Matsumura and Kohno, 1999）．オープントップチャンバーを用いて，針葉樹8種と落葉広葉樹8種のポット植えの苗木に，4段階のオゾン（浄化大気と外気濃度の1.0, 1.5, 2.0倍）を1〜2年半にわたって曝露し，樹木の成長に対するオゾンの影響を調べた．それらの結果に基づいて，オゾンと成長低下とのドース・レスポンスを求め，6カ月（183日）当たりに換算したAOT40と各樹種の個体乾重量との関係を調べた（図8.10）．実験に供試した16樹種のオゾン感受性をAOT40が20 ppm・hの時の個体乾重量の減少率で比較すると，ドロノキ＞トウカエデ＞ブナ＝ストローブマツ＞トネリコ＞アカマツ＞ウラジロモミ＞ユリノキ＞カラマツ＞シラカンバ＝ミズナラ＞コナラ＞スギ＝ノルウェースプルース＞クロマツ＞ヒノキの順に高かった．また，10％の個体乾重量の低下を導くAOT40は，最もオゾン感受性が高かったドロノキでは約8 ppm・hで，次いでオゾン感受性が高かったアカマツ，ストローブマツ，ブナ，トウカエデ，トネリコで

は12～21 ppm・hであった．したがって，この実験結果に基づくと，わが国の森林を構成している樹木におけるオゾンのクリティカルレベルは，8～21 ppm・hの間であると考えられる．ちなみに，この実験を行った群馬県勢多郡で観測した外気のオゾン濃度から算出した6カ月当たりに換算したAOT 40は，10～24 ppm・hであった．また，神奈川県丹沢山地の犬越路（標高920 m）においては，0.12 ppm（= 120 ppb）以上のオゾン濃度が観測されており（阿相ら，1999），1997年3月から6月までのAOT 40は30 ppm・hであった（阿相，1999）．これらの観測結果と実験的研究の結果などを考慮すると，わが国の森林地帯において実際に観測されているオゾンドースは，ブナなどのオゾン感受性が比較的高い樹種に悪影響を及ぼしている可能性が高い．

8.4.2 酸性雨

樹木に比較的低いpHの酸性雨を処理すると，葉面に可視障害が発現することがある．例えば，スギ，ウラジロモミ，ブナ，シラカンバの苗に，pH 2.0や2.5に調整した人工酸性雨を20週間にわたって地上部から散布すると，それらの樹種の葉に可視障害が発現した（Izuta et al., 1998）．しかし，pHが3.0以上の人工酸性雨を処理しても，いずれの樹種の葉にも可視障害は発現しなかった．46種類の樹木苗に，pH 4.0，3.5，2.5および2.0に調整した人工酸性雨を3～4カ月にわたって処理し，葉面に発現する可視障害を観察した結果（河野ら，1994），pH 3.0の人工酸性雨処理によって常緑広葉樹14種のうち7種に，また落葉広葉樹21種のうち14種に葉面の可視障害が発現した．しかし，すべての樹種において，pH 4.0の人工酸性雨を処理しても可視障害は発現しなかった．河野ら（1994）の実験結果に基づくと，人工酸性雨による可視障害の発現に注目した場合，落葉広葉樹＞常緑広葉樹＞針葉樹の順に酸性雨に対する感受性が高いと考えられる．現在，わが国の森林地帯で観測されている降雨のpHは主に4台であり（図8.11），pH 3以下の降雨はほとんど観測されていない（林野庁，1997）．したがって，これまでに行われた実験的研究の結果から判断すると，わが国の森林を構成している樹木において，酸性雨の急性影響として葉面に可視障害が発現する可能性は極めて

低い．実際に，わが国の森林衰退地においては，酸性雨によって樹木の葉面に発現した可視障害は確認されていない．

わが国の森林を構成している樹木の成長や生理機能に対する人工酸性雨の影響に関する実験的研究は限られている（Izuta, 1998）．スギの2年生苗に，60日間にわたって1週間に2回の割合で，pH 2.0の人工酸性雨を処理すると個体乾重量は減少したが，pH 4.0の人工酸性雨処理ではそのような影響は発現しなかった（伊豆田ら，1990）．また，シラビソ苗の成長，ガス交換速度および栄養状態に対する人工酸性雨の影響を調べた結果（渡邊ら，1999），20週間にわたるpH 3.0および2.5の人工酸性雨の処理によって葉の乾重量は減少したが，根の乾重量は増加したため，結果として個体当たりの乾重量には有意な影響は認められなかった．さらに，pH 4.0の人工酸性雨を処理したシラビソ苗の成長，ガス交換速度および栄養状態は，pH 5.6の降雨を処理した苗のそれらと有意な差はなかった．これまでに行われたわが国の樹木に対する人工酸性雨の影響に関する実験的研究の結果に基づくと，pHが4台の降雨が数カ月から1年程度にわたって樹木に曝露されても，その成長や生理機能に悪影響はほとんど発現しないと考えられる．また，1990～1994年に林野庁によって行われたわが国の森林地帯における降雨の調査によると，多くの地域において酸性雨が観測されたが，そのpHの平均値は4.9～5.2であり（図8.11），降雨の質と樹木の地上部における症状との相関は認められなかった（林野庁，1997）．一方，わが国の森林衰退地における降雨のpHや化学成分などのモニタリング調査は極めて限られているが，神奈川県の檜洞丸のブナ衰退地（丸田ら，1999）や大山のモミ衰退地（神奈川県，1994），福岡県宝満山のモミ衰退地（須田ら，1992a）における降雨の平均pHはいずれも4台であり，pHが4.0以下の降雨が観察されることは稀である．したがって，わが国で現在観察されている森林衰退の原因は酸性雨の急性影響であるとはいい難い．

人工酸性雨に対する感受性には樹種間差異が存在し，スギ，ウラジロモミおよびシラカンバの苗に20週間にわたって人工酸性雨を処理した結果（松村ら，1995），ウラジロモミ苗の乾物成長はpH 3.0以下の人工酸性雨によっ

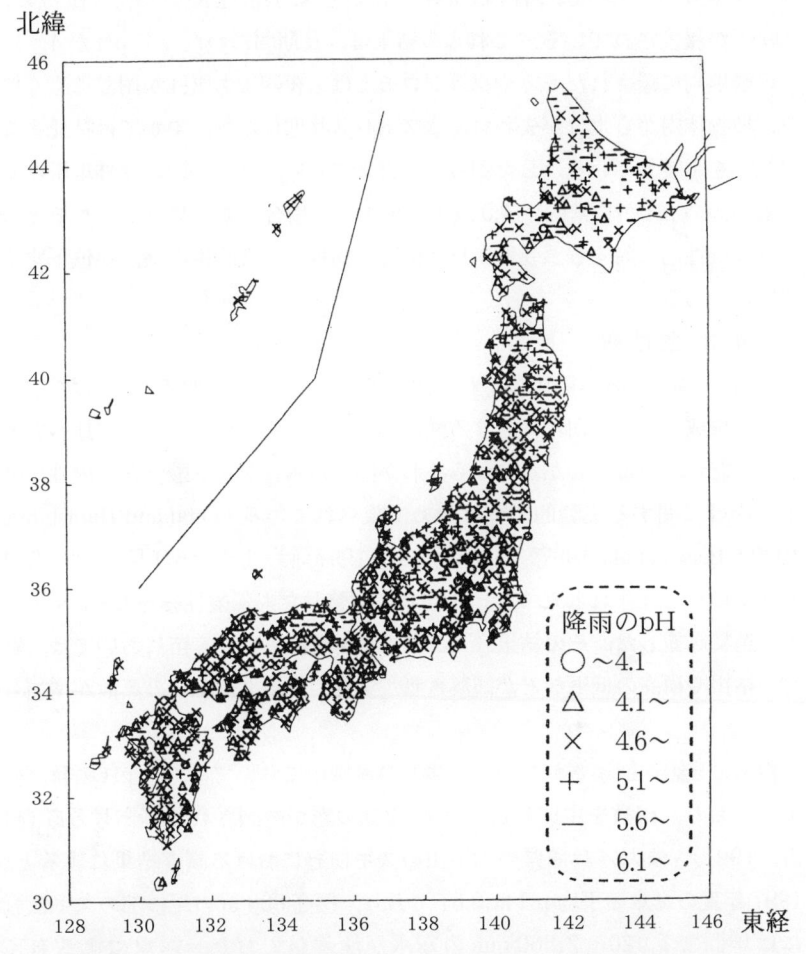

図 8.11 1990〜1994年の6月における日本の降雨のpH（林野庁，1997，許可を得て転載）

て低下したが，スギやシラカンバの乾物成長はpH 2.0の人工酸性雨によって低下した．したがって，スギやシラカンバに比べて，ウラジロモミは人工酸性雨に対する感受性が高いと考えられる．また，pHが4.0以下の人工酸性雨によるモミ苗の落葉促進や個体当たりの生重量の低下（伊豆田ら，

1993)やウラジロモミ苗の暗条件下における蒸散速度の増加(松村ら,1995)が報告されている．これらの結果は，長期間にわたってpHが4.0以下の酸性雨に曝されたモミやウラジロモミは，夜間でも気孔が閉じにくくなり，植物体内から水分が失われ，水ストレス状態になり，やがては枯死する可能性を示唆している．したがって，将来において，わが国の森林地帯における降雨のpHが日常的に4.0以下に低下した場合，モミやウラジロモミのような酸性雨に対する感受性が比較的高い樹種の成長や生理機能が低下する可能性がある．

8.4.3 酸性霧

一般に，霧のpHは降雨のそれに比べて低いといわれている．したがって，森林を構成している樹木に対する酸性霧の影響は，酸性雨の影響に比べて大きい可能性がある．しかしながら，わが国の樹木に対する酸性霧や酸性ミストの影響に関する実験的研究は極めて限られている(Futai and Harashima, 1990; Igawa et al., 1997)．Igawa et al. (1997)は，1992年9月～1995年4月までの約2年半にわたって，pH3.0に調整した人工酸性霧を6～7年生のモミ苗に曝露した．その結果，人工酸性霧を曝露したモミ苗においては，針葉の枯損や樹高の低下などが観察され，気孔やクチクラからの蒸散が増加した．

樹木の衰退が観察されている群馬県の赤城山においては，低pHの霧が発生しており，硝酸を主成分としたpH2.9の霧が観測されたこともある(村野，1991)．また，兵庫県の六甲山のスギ樹冠における調査結果によると，1997年度の霧水の平均pHは3.81であり，標高800 mの尾根部のスギ樹冠には年間で1,420～2,860 mmの霧水が沈着しており，霧水によるH^+，SO_4^{2-}，NO_3^-の沈着量は北米東部の山岳地帯で観測されているそれらの最高値に匹敵する値であった(小林ら，1999)．神奈川県の大山においては，硝酸イオンを主成分としたpH2.62の霧が観測されている(Hosono et al., 1994)．Igawa et al. (1997)は，モミ苗に対する人工酸性霧の影響に関する実験的研究の結果や実際にモミが衰退している神奈川県大山における霧水の分析結果(井川ら，1991; 井川，1992)に基づき，酸性霧がモミの衰退に関

与している可能性を指摘している．

モミが衰退している神奈川県の大山における調査によると，1990～1992年度に採取した霧のサンプル（734試料）のうち，pH 3.0以下が2.7%あり，pH 4.0以下は32.3%であった（神奈川県，1994）．また，大山において1990～1992年度にかけて測定されたオゾン濃度は，年平均値では30 ppbであったが，日最高1時間値の年間平均値は43～54 ppbで，100 ppb以上の高濃度も観測された．このような状況とわが国の樹木に対する人工酸性雨や人工酸性霧の影響に関する実験的研究の結果から推測すると，酸性霧とオゾンの複合影響によってモミなどの成長や生理機能が低下する可能性があるため，今後はわが国の樹木に対する酸性霧とオゾンの複合影響を詳細に調べる必要がある．

8.4.4 酸性降下物による土壌酸性化

わが国の樹木の成長，生理機能および栄養状態に対する土壌酸性化の影響を調べた研究例は極めて限られている（Izuta, 1998）．硫酸溶液で酸性化させた褐色森林土で100日間育成したスギ苗の個体乾重量の相対値〔（土壌酸性化処理区の個体乾重量/対照区の個体乾重量）×100〕と土壌のpH（H_2O）との関係を調べた結果（Izuta et al., 1997），両者の間に正の相関が認められ，土壌pHが4.0以下に低下すると個体乾重量の著しい低下が認められた．また，土壌の水溶性アルミニウム濃度の増加に伴い，スギ苗の個体乾重量の相対値は低下する傾向を示した．さらに，土壌の（Ca＋Mg＋K）/Alモル比の低下に伴ってスギ苗の個体乾重量の相対値が低下した．この時，土壌のCa/Alモル比，Mg/Alモル比，K/Alモル比の低下に伴って，スギ苗の根におけるCa, Mg, K濃度がそれぞれ低下した．以上の実験結果より，酸性降下物によって酸性化した土壌で生育している樹木の成長や栄養状態に，土壌溶液中におけるアルミニウムなどの植物有害金属の濃度のみならず，植物必須元素の濃度も関与していることが考えられる．

アカマツ苗を硫酸溶液によって酸性化させた褐色森林土を詰めたポットに移植し，120日間にわたって温室内で育成した結果（李ら，1997），個体乾重量の相対値〔（土壌酸性化処理区の個体乾重量/対照区の個体乾重量）×100〕

と土壌溶液のpHとの間に正の相関が認められ，pHが4.0以下に低下すると個体乾重量が有意に低下した．また，アカマツ苗の個体乾重量の相対値と土壌溶液のアルミニウム濃度またはマンガン濃度との間には負の相関が認められた．しかしながら，土壌溶液のアルミニウム濃度やマンガン濃度が比較的低い場合，それらの濃度とアカマツ苗の個体乾重量の相対値との相関が低くかった．これに対して，上記のスギ苗の場合と同様に，土壌溶液の(Ca + Mg + K)/Alモル比とアカマツ苗の個体乾重量の相対値との間には高い相関が得られ，同モル比の低下に伴って個体乾重量の相対値が低下した．これらの結果より，土壌溶液におけるカチオンとアルミニウムのモル比は，森林生態系に対する酸性降下物の影響を評価する際のひとつの指標になり得ると考えられる（Sverdrup et al., 1994 ; Cronan and Grigal, 1995）．

ヨーロッパにおいては，トウヒ類などの樹木の成長と水耕液や土壌溶液の(Ca + Mg + K)/Alモル比との関係を検討し，同モル比＝1.0を基準にした

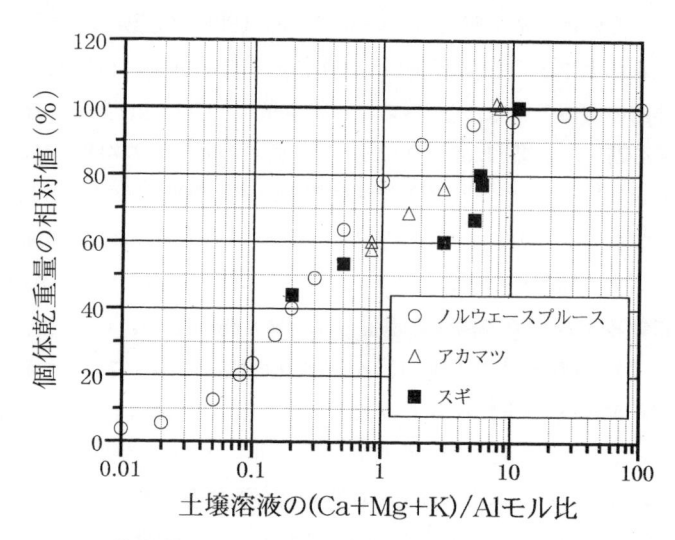

図8.12 土壌溶液の(Ca + Mg + K)/Alモル比とスギおよびアカマツの個体乾重量の相対値との関係（Izuta et al., 1997 ; 李ら, 1997）
図中には，ノルウェースプルースの根におけるバイオマス増加量の相対値も示した（Sverdrup et al., 1994）．

モデル計算によって森林における酸性降下物の臨界負荷量を評価している (Hettelingh et al., 1991 ; Sverdrup and de Vries, 1994 ; Sverdrup et al., 1994). 酸性降下物の臨界負荷量 (Critical load) とは, 生態系が悪影響を受けることのない範囲で受容できる酸性物質の最大負荷量のことであり, 一般に生態系が限界状態を維持しうる1年当たりの酸の負荷量として表される (新藤, 1996). 酸性降下物による土壌酸性化に対する感受性の樹種間差異を検討するために, ノルウェースプルース苗 (Sverdrup et al., 1994), スギ苗 (Izuta et al., 1997) およびアカマツ苗 (李ら, 1997) の乾物成長に対する土壌溶液または水耕液の $(Ca + Mg + K)/Al$ モル比の影響を比較した (図8.12). その結果, $(Ca + Mg + K)/Al$ モル比の低下に対するスギ苗およびアカマツ苗の乾物成長の感受性は, ノルウェースプルース苗に比べて高かった. すなわち, ノルウェースプルース苗の乾物成長は $(Ca + Mg + K)/Al$ モル比 = 1.0 の場合は約 20 % 低下したが, スギ苗の乾物成長は同モル比が 10 以下になると明らかに低下し, 1.0 の場合は約 40 % 低下した. また, アカマツ苗の乾物成長は, $(Ca + Mg + K)/Al$ モル比が 7 以下になると低下し, 1.0 の場合は約 40 % 低下した. これらの結果は, わが国の樹木とヨーロッパの樹木では, 土壌酸性化に対する感受性が異なることを示唆している.

わが国においては, 現在の所, 酸性降下物による土壌酸性化によって引き起こされた森林衰退は確認されていない. 須田ら (1992b) は, 福岡県の山地部 5 地域における森林枯損状況と土壌 pH を調べた結果, 両者に相関は見られなかったことを報告している. また, 1990～1994 年に林野庁によって行われたわが国の森林地帯における土壌と樹木の生育状況に関する調査によると (林野庁, 1997), 土壌は酸性であり (図 8.13), カルシウムやマグネシウムのような交換性塩基量は少ないが, 交換性アルミニウム量は多かった. 一般に, このような森林土壌は酸性雨などの酸性降下物の影響を受けやすい土壌ではあるが, 樹木の地上部に何らかの症状が観察された林分と土壌の状態との関連性は見い出せなかった. したがって, わが国で現在観察されている森林衰退の原因が酸性降下物による土壌酸性化である可能性は低い.

一方, 福岡県宝満山のモミ衰退地においては, モミ周辺の表層土壌の pH

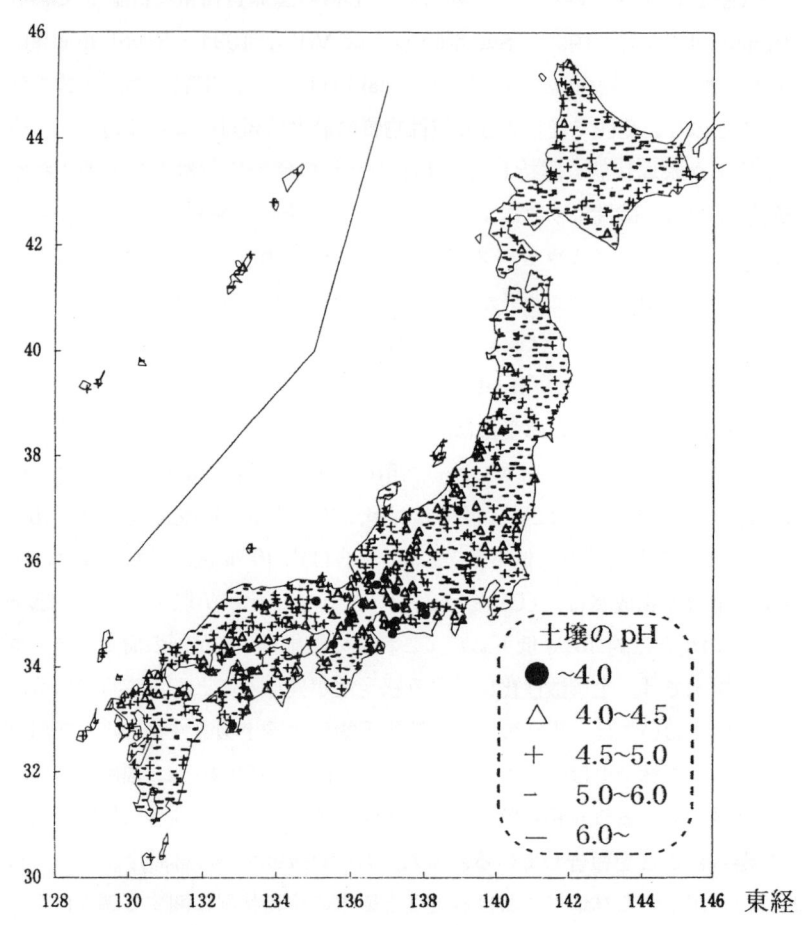

図8.13 1990～1994年における日本の森林土壌のpH(H_2O)(林野庁, 1997, 許可を得て転載)

は4.1前後であり，塩基置換容量に占める置換性アルミニウムの割合が高いため，土壌における酸緩衝能が乏しく，系外からの酸の負荷に弱いと考えられている(宇都宮ら, 1993). また，大石ら(1995)は，福岡県久留米市の高良山の市街地に面した斜面において高樹齢のスギの一部に先枯れ現象が観察されており，スギ周辺のA層土壌のpHは4.39で，塩基飽和度が低く，置換

性アルミニウム濃度が高かったことより，森林土壌として良好な性状ではないことを報告している．したがって，今後，酸性雨などの酸性降下物が数十年から百年レベルの長期間にわたって土壌に沈着し，さらに土壌 pH が低下した場合，土壌溶液中に溶出するアルミニウムによって樹木の成長や生理機能が阻害され，森林が衰退する可能性がある．

8.4.5 窒素過剰

わが国の森林生態系においても窒素飽和現象が起きているようである (Ohrui and Mitchell, 1997；大類, 1997)．群馬県勢多郡にあるスギ・ヒノキ林における渓流水の硝酸イオン濃度 ($100\,\mu\mathrm{eq}\cdot\mathrm{L}^{-1}$) は高く，この森林における窒素の流出量 ($13.2\,\mathrm{kg}\cdot\mathrm{ha}^{-1}\cdot\mathrm{yr}^{-1}$) は，降水 ($10.7\,\mathrm{kg}\cdot\mathrm{ha}^{-1}\cdot\mathrm{yr}^{-1}$) や林内雨 ($12.8\,\mathrm{kg}\cdot\mathrm{ha}^{-1}\cdot\mathrm{yr}^{-1}$) による窒素の流入量に匹敵，あるいはそれらを超えるものであった (Ohrui and Mitchell, 1997；大類, 1997)．この状態は，Ågren and Bosatta (1988) が定義した窒素飽和の条件である『生態系における窒素の流出量が流入量とほぼ等しいか，あるいは流入量を超えた状態』に当てはまっている．

群馬県のスギ・ヒノキ林における降水 ($10.7\,\mathrm{kg}\cdot\mathrm{ha}^{-1}\cdot\mathrm{yr}^{-1}$) と林内雨 ($12.8\,\mathrm{kg}\cdot\mathrm{ha}^{-1}\cdot\mathrm{yr}^{-1}$) による年間の窒素流入量は，ヨーロッパの針葉樹林における降水 ($5.0\,\mathrm{kg}\cdot\mathrm{ha}^{-1}\cdot\mathrm{yr}^{-1}$) と林内雨 ($5.1\,\mathrm{kg}\cdot\mathrm{ha}^{-1}\cdot\mathrm{yr}^{-1}$) による窒素流入量の平均値より高く，ヨーロッパの森林で顕著な窒素流出を引き起こすと考えられている窒素流入量 ($10\,\mathrm{kg}\cdot\mathrm{ha}^{-1}\cdot\mathrm{yr}^{-1}$) を超えている (Grennfelt and Hultberg, 1986；Wright et al., 1995)．大類 (1997) は，このような群馬県のスギ・ヒノキ林からの窒素の多量流出に，大気からの窒素降下物が関与している可能性を指摘している．一方，群馬県のスギ・ヒノキ林における土壌水の硝酸イオン濃度 ($361\,\mu\mathrm{eq}\cdot\mathrm{L}^{-1}$，A層) はヨーロッパの針葉樹林における値 ($0.2\sim128\,\mu\mathrm{eq}\cdot\mathrm{L}^{-1}$，A層) より高く，この現象には森林土壌における活発な窒素の無機化と硝化作用が反映しているようである (大類, 1997)．また，土壌水における高い硝酸イオン濃度は，窒素降下物や土壌の見かけの窒素無機化による多量な窒素の供給が，林木や微生物が必要とする窒素量を超えていることを示唆している．このような状況は，Aber et al. (1989) が示

した窒素飽和の条件に当てはまる．さらに，スギ・ヒノキ林では葉における窒素に対するリンの含有量（P/N比）が少ない傾向にあったが，この現象は窒素飽和状態で見られる樹木の栄養バランスへの悪影響を示している可能性がある（大類，1997）．Ohrui and Mitchell (1997) は，窒素の固定量が大きい20年生程度の森林流域では渓流水の硝酸イオン濃度が低く，逆に窒素の固定量が小さい80年生程度の森林流域で渓流水の硝酸イオン濃度が高いことを報告している．この結果は，森林生態系の窒素保持能力において樹木による窒素吸収が大きな役割を持っていることを示唆している（Johnson, 1992）．したがって，将来において，土壌や植物体内における窒素過剰や大気汚染などの環境ストレスによって樹木の活性が低下すると，森林生態系における窒素飽和がさらに進み，最終的には森林衰退が引き起こされる可能性がある．

8.4.6 複合ストレス

一般に，森林衰退の原因はひとつではなく，いくつかの環境ストレスが複合的に影響を及ぼしている可能性がある．例えば，神奈川県の大山で観察されているモミ林の衰退には，オゾンや二酸化イオウなどのガス状大気汚染物質，酸性霧およびアカハラマイマイによる食害などが複合的に作用している可能性が指摘されている（神奈川県，1994）．したがって，複数の環境ストレスが樹木に及ぼす複合影響を詳細に調べる必要がある．しかしながら，現在のところ，わが国の森林を構成している樹木に対するいくつかの環境ストレスの複合影響を調べた研究例は極めて限られている（Izuta, 1998）．

単独では悪影響を及ぼさない濃度のガス状大気汚染物質でも，それらを複合的に曝露した場合，樹木の成長や生理機能が著しく低下する場合がある．例えば，16樹種の苗木に3成長期にわたってオゾンと二酸化イオウを複合曝露した結果（Matsumura and Kohno, 1997），ウラジロモミとヒノキにおいては比較的高濃度のオゾンと二酸化イオウの複合曝露によって葉面に可視障害が発現し，明らかな相乗作用が認められた．また，クロマツ，ヒノキ，コナラおよびミズナラなどにおいては，現状レベルの1.5倍のオゾンと20 ppb以上の二酸化イオウの複合曝露によって個体乾重量が有意に低下し，相乗作

用が認められた．わが国における二酸化イオウの濃度は，1960年代においては非常に高く，年平均値で60 ppb程度であったが，その後は徐々に低下し，現在は10 ppb以下である（環境庁，1999）．したがって，現時点では，わが国の樹木がオゾンと二酸化イオウの複合影響を受けている可能性は低い．しかしながら，東アジア諸国のエネルギー消費がこのまま増大し続け，イオウ酸化物の発生量がさらに増加し，それらの一部が国境を越えて長距離輸送された場合，将来においてわが国の二酸化イオウの濃度が再び上昇する可能性がある．したがって，将来においてわが国のオゾンと二酸化イオウの濃度が上昇した場合，それらの複合影響によって樹木が衰退する可能性は否定できない（河野，1999）．

スギ苗に，オゾン（100, 200, 300 ppb）と人工酸性雨（pH 4.5, 3.5, 2.5）を12週間にわたって曝露した結果，pH 2.5の人工酸性雨によって根への同化産物の分配率が低下し，地上部乾重量（T）と地下部乾重量（R）の比（T/R比）が増加した（三輪ら，1993）．また，300 ppbのオゾンによって，根への同化産物の分配率の低下，T/R比の増加，葉のクロロフィル濃度の低下などが引き起こされた．しかし，個体当たりの乾重量に対する両ストレスの有意な複合影響は認められなかった．一方，スギ，ウラジロモミおよびシラカンバの苗に，野外で実際に観測されている濃度の0.4倍，1.0倍，2.0倍，3.0倍のオゾンとpH 3.0に調整した人工酸性雨を20週間にわたって曝露した結果，いずれの樹種のT/R比も両ストレスによる有意な複合影響が認められ，オゾン濃度の上昇に伴うT/R比の増加程度が人工酸性雨の処理によって増大した（松村ら，1998）．しかしながら，これらの実験的研究の結果と森林地帯におけるオゾン濃度や降雨のpHの実測結果から判断すると，わが国で現在観察されている森林衰退の原因がオゾンと酸性雨の複合影響である可能性は低い．

スギの先枯れ現象が観察されている福岡県久留米市の高良山では，窒素酸化物やオゾンの濃度が高く，酸性土壌であるため，これらの大気および土壌要因のスギ林への影響が懸念されている（大石ら，1995）．しかしながら，現在のところ，わが国の森林を構成している樹木に対するガス状大気汚染物質

と土壌酸性化の複合影響を調べた実験的研究は Shan et al. (1997) が報告しているにすぎない．硫酸溶液によって酸性化した赤黄色土でアカマツ苗を育成し，150 ppb のオゾンを 16 週間にわたって曝露した結果，オゾンまたは土壌酸性化の単独影響によって葉の乾物成長，純光合成速度およびクロロフィル濃度が低下したが，両ストレスによる有意な複合影響は認められなかった (Shan et al., 1997)．この結果は，オゾンと土壌酸性化は，アカマツ苗の成長や生理機能に対して相加的に作用し，それらを著しく低下させることを示している．したがって，将来においてわが国の森林におけるオゾン濃度がさらに上昇し，酸性降下物による土壌酸性化が進行した場合，オゾンによる葉から根への同化産物の転流阻害と土壌溶液中に溶出したアルミニウムによる根の損傷が引き起こされ，樹木の根の成長や生理機能などが著しく低下し，水分や養分の吸収が阻害され，森林衰退が引き起こされる可能性がある．

8.5 おわりに

欧米で観察されている森林衰退には，オゾン，二酸化イオウ，酸性霧，土壌酸性化および窒素過剰などが関与しているようである．一方，わが国の森林衰退地における原因究明調査や樹木に対するガス状大気汚染物質や酸性降下物などの影響に関する実験的研究から得られている知見は限られているが，それらから判断すると，わが国で現在観察されている森林衰退にオゾンなどの大気汚染物質が関与していることが十分に考えられる．また，いくつかの地域における森林衰退に酸性霧が関与している可能性もある．これに対して，酸性雨や酸性降下物による土壌酸性化が，わが国で現在観察されている森林衰退に関与している可能性は低い．一方，将来においては，オゾンと酸性霧による複合ストレス，大気由来の窒素降下量の増加による窒素過剰，オゾンと二酸化イオウによる複合ストレスなどが，わが国の森林に悪影響をもたらすことも考えられる．また，最近，植物から放出されるテルペンなどの炭化水素とオゾンが反応し，生成される有機過酸化物（例えば，$HOCH_2OOH$) が森林衰退の原因であるとの仮説も提出されている (4 章 4.1.5 参照)．いずれにしても，すでに大気汚染が森林に何らかの悪影響を及ぼし

ていることは否定できないため,まずは大気汚染物質の発生源対策を推進し,森林衰退地における調査や樹木に対する大気汚染物質の影響に関する実験的研究などを精力的に行い,それらの結果に基づいて科学的に森林衰退の原因を明らかにし,森林被害対策を早急に講じる必要がある.

引 用 文 献

Aber, J. D., Nadelhoffer, K. J., Steudler, P. and Melillo, J. M., 1989: Nitrogen saturation in northern forest ecosystems. *BioScience*, **39**, 378-386.

Ågren, G. I. and Bosatta, E., 1988: Nitrogen saturation of terrestrial ecosystems. *Environ. Pollut.*, **54**, 185-197.

Ashmore, M., Bell, N. and Rutter, J., 1985: The role of ozone in forest damage in West Germany. *Ambio*, **14**, 81-87.

阿相敏明, 1999:丹沢,大山における大気汚染の上京と移流拡散過程の解明 西丹沢におけるO$_3$,SO$_2$,NO$_x$汚染状況.神奈川県環境科学センター年報, **31**, 32.

阿相敏明・相原敬次・三井 修, 1999:国設酸性雨測定所維持管理事業 国設丹沢酸性雨測定所に係わる調査.神奈川県環境科学センター年報, **31**, 53.

卞 詠梅・馬 光靖・羅 家菊・余 叙文, 1990:応用生物監測方法初期探討重慶南山馬尾松衰亡和原因.重慶林業科技 第2-3期(総第23期), 19-24.

Chevone, B. I. and Linzon, S. N., 1988: Tree decline in North America. *Environ. Pollut.*, **50**, 87-99.

Cowling, E. B., 1986: Regional declines of forest in Europe and North America: The possible role of air-borne chemicals. In: *Aerosols* (ed. by Lee, S. D. et al.), pp. 855-865, Lewis Publishers, Chelsea, MI.

Cowling, E. B., 1989: Recent changes in chemical climate and related effects on forests in north America and Europe. *AMBIO*, **18**, 167-171.

Cronan, C. S. and Grigal, D. F., 1995: Use of calcium/aluminum ratios as indicators of stress in forest ecosystems. *J. Environ. Qual.*, **24**, 209-226.

古川昭雄・井上敏雄, 1990:丹沢山塊に分布するモミの衰退.第31回大気汚染学会講演要旨集, 176-177.

Futai, K. and Harashima, S., 1990 : Effect of simulated acid mist on pine wilt disease. *J. Jpn. For. Soc.*, **72**, 520-523.

Gawel, J. E., Ahner, B. A., Friedland, A. J. and Morel, F. M. M., 1996 : Role for heavy metals in forest decline indicated by phytochelatin measurements. *Nature*, **381**, 64-65.

Grennfelt, P. and Hultberg, H., 1986 : Effects of nitrogen deposition on the acidification of terrestrial and aquatic ecosystems. *Water Air Soil Pollut.*, **30**, 945-963.

長谷川順一, 1989 : 白根山のダケカンバ林の枯死とその要因. 日本の生物, **3**, 25-28.

畠山史郎, 1999 : 奥日光地方における森林衰退と酸性降下物・酸化性大気汚染物質. 環境科学会誌, **12**, 227-232.

畠山史郎・村野健太郎, 1996 : 奥日光前白根における高濃度オゾンの観測. 大気環境学会誌, **31**, 106-110.

Hettelingh, J. P., Downing, R. J. and de Smet, P. A. M., 1991 : Mapping critical loads for Europe, CCE Technical Report No. 1, RIVM, Bilthoven, The Netherlands.

Hinrichsen, D., 1986 : Multiple pollutants and forest decline. *AMBIO*, **15**, 258-265.

Hosono, T., Okochi, H. and Igawa, M., 1994 : Fogwater chemistry at a mountainside in Japan. *Bull. Chem. Soc. Jpn.*, **67**, 368-374.

Hüttl, R. F., 1990 : Nutrient supply and fertilizer experiments in view of N saturation. *Plant and Soil*, **128**, 45-58.

井川 学・補伽栄一・細野哲也・岩瀬光司・長嶋 律, 1991 : 酸性霧の化学組成と洗浄効果. 日本化学会誌, 698-704.

井川 学, 1992 : 酸性霧とその環境影響. 森林立地, **34**, 36-39.

Igawa M., Kameda, H., Maruyama, F., Okochi, H. and Otsuka, I., 1997 : Effects of simulated acid fog on needles of fir seedlings. *Environ. Exp. Bot.*, **38**, 155-163.

Innes, I. L., 1987 : Air Pollution and Forestry. Forestry Commission Bulletin 70, Her Majestry's Office, London, UK.

伊豆田 猛・三輪 誠・三宅 博・戸塚 績, 1990 : スギ苗の生長に対する人工酸性雨

の影響.人間と環境, **16**, 44-53.

伊豆田　猛, 1992: 足尾銅山被害跡地の土壌汚染.資源環境対策, **28**, 17-23.

伊豆田　猛・大谷知子・横山政昭・堀江勝年・戸塚　績, 1993: モミ苗の成長に対する人工酸性雨の影響.大気汚染学会誌, **28**, 29-37.

Izuta, T., Umemoto, M., Horie, K., Aoki, M. and Totsuka, T., 1996: Effects of ambient levels of ozone on growth, gas exchange rates and chlorophyll contents of *Fagus crenata* seedlings. *J. Jpn. Soc. Atmos. Environ.*, **31**, 95-105.

伊豆田　猛・松村秀幸, 1997: 植物保護のための対流圏オゾンのクリティカルレベル.大気環境学会誌, **32**, A73-A81.

Izuta, T., Ohtani T. and Totsuka, T., 1997: Growth and nutrient status of *Cryptomeria japonica* seedlings grown in brown forest soil acidified with H_2SO_4 solution. *Environmental Sciences*, **5**, 177-189.

Izuta, T., 1998: Ecophysiological responses of Japanese forest tree species to ozone, simulated acid rain and soil acidification. *J. Plant Res.*, **111**, 471-480.

Izuta, T., Kobayashi, T., Matsumura, H., Kohno, Y. and Koike, T., 1998: Visible injuries induced by simulated acid rain in several Japanese forest tree species. *Forest Resources and Environment*, **36**, 12-18.

Johnson, A. H. and Siccama, T. G., 1983: Spruce decline in the northern Appalachians: Evaluating acid deposition as a possible cause. *Proc. Tech. Assoc. Pulp Pap. Ind. Annu. Meet.* **1983**, 301-310.

Johnson, D. W., 1992: Nitrogen retention in forest soils. *J. Environ. Qual.*, **21**, 1-12.

重慶市林業科学研究所, 1988: 重慶南山馬尾松受害林分営林措施試験研究報告.

角張嘉孝・原野美雄, 1991: ブナ林衰退現象の評価とその対策 ブナ林における可視障害の有無と光合成速度.第102回日林論, 443-445.

神奈川県, 1992: 平成3年度樹木衰退度調査報告書.

神奈川県, 1994: 酸性雨に係る調査研究報告書.

環境庁, 1999: 平成11年度版環境白書 各論.

川名　明・相場芳憲, 1971: 都市林における水環境の変化とその影響.森林立地, **8**,

17-21.

Kazda, M., 1990: Indications of unbalanced nitrogen nutrition of Norway spruce stands. *Plant and Soil*, **128**, 97-101.

小林義雄, 1968: 大気汚染と都市樹木. 森林立地, **9**, 6-10.

小林禧樹・中川吉弘・玉置元則・平木隆年・藍川昌秀・正賀　充, 1999: 霧水により森林樹冠にもたらされる酸性沈着の評価 六甲山のスギ樹冠における測定, 環境科学会誌, **12**, 399-411.

河野吉久・松村秀幸・小林卓也, 1994: 樹木の可視害発現におよぼす人工酸性雨の影響. 大気汚染学会誌, **29**, 206-219.

河野吉久, 1999: 森林衰退は酸性物質の影響が原因か？ 水利科学, **43**, 1-26.

小池孝良・真田　勝・太田誠一, 1993: 酸性雨 1. 植物生態系はどのような影響をうけるのか, 森林生態系の現状と研究の取り組み. 日本土壌肥料学雑誌, **64**, 704-710.

Krause, G. H. M., Arndt, U., Brandt, C. J., Bucker, J., Krenk, G., and Matzner, E., 1986: Forest decline in Europe: Development and possible causes. *Water Air Soil Pollut.*, **31**, 647-668.

Likens, G. E., 1989: Some aspects of air pollutants effects on terrestrial ecosystems and prospects for the future. *AMBIO*, **18**, 172-178.

李　忠和・伊豆田　猛・青木正敏・戸塚　績, 1997: 硫酸添加により酸性化させた褐色森林土で育成したアカマツ苗の成長および体内元素含有量. 大気環境学会誌, **32**, 46-57.

丸田恵美子・志磨　克・堀江勝年・青木正敏・土器屋由紀子・伊豆田　猛・戸塚　績・横井洋太・坂田　剛, 1999: 丹沢・檜洞丸におけるブナ林の枯損と酸性降下物. 環境科学会誌, **12**, 241-250.

松本陽介・丸山　温・森川　靖, 1992: スギの水分生理特性と関東平野における近年の気象変動－樹木の衰退現象に関連して－. 森林立地, **34**, 2-13.

松村秀幸・小林卓也・河野吉久・伊豆田　猛・戸塚　績, 1995: スギ, ウラジロモミおよびシラカンバ苗の乾物成長とガス交換速度におよぼす人工酸性雨の影響. 大気環境学会誌, **30**, 180-190.

松村秀幸・青木 博・河野吉久・伊豆田 猛・戸塚 績, 1996: スギ, ヒノキ, ケヤキ苗の乾物成長とガス交換速度に対するオゾンの影響. 大気環境学会誌, **31**, 247-261.

Matsumura, H. and Kohno Y., 1997: Effects of ozone and/or sulfur dioxide on tree species. *Proceedings of CRIEPI International Seminar on Transport and Effects of Acidic Substances* (ed. by Kohno, Y.), pp. 181-196, CRIEPI, Tokyo, Japan.

松村秀幸・小林卓也・河野吉久, 1998: スギ, ウラジロモミ, シラカンバ, ケヤキ苗の乾物成長とガス交換速度に対するオゾンと人工酸性雨の単独および複合影響. 大気環境学会誌, **33**, 16-35.

Matsumura, H. and Kohno, Y., 1999: Impact of O_3 and/or SO_2 on the growth of young trees of 17 tree species: An open-top chamber study conducted in Japan. In *Critical Levels for Ozone -Level II* (Ed. by Fuhrer, J. and Achermann, B.), pp. 187-192, Environmental Documentation No. 115, Swiss Agency for Environment, Forest and Landscape, Bern, Switzerland.

McLaughlin, S. B., 1985: Effects of air pollution on forests, A critical review. *J. Air Pollut. Control Assoc.*, **35**, 512-534.

McNulty, S. G., Aber, J. D., McLellan, T. M. and Katt, S. M., 1990: Nitrogen cycling in high elevation forests of the northeastern US in relation to nitrogen deposition. *AMBIO*, **19**, 38-40.

McNulty, S. G., Aber, J. D. and Boone, R. D., 1991: Spatial changes in forest floor and foliar chemistry of spruce-fir forests across New England. *Biogeochemistry*, **14**, 13-29.

Miller, P. R. and McBride, J. R., 1999: *Oxidant Air Pollution Impacts in the Montana Forests of Southern California, A case study of the San Bernardino Mountains*. Springer-Verlag, New York.

三輪 誠・伊豆田 猛・戸塚 績, 1993: スギ苗の生長に対する人工酸性雨とオゾンの単独および複合影響. 大気汚染学会誌, **28**, 279-287.

森 徳典, 1990: 亜硫酸ガスから酸性雨まで, 大気汚染の研究の歩みと今後. 北方林

業, **42**, 264-268.

Morikawa, Y., Maruyama, Y., Tanaka, N., and Inoue, T., 1990 : Forest decline in the Kanto plain. *Proceedings of 19th IUFRO World Congress held in Montreal*, Div. **2**, 397-405.

村野健太郎, 1991 : 酸性霧汚染の実態. 公害と対策, **27**, 229-234.

村野健太郎, 1993 : 酸性霧研究の現状. 大気汚染学会誌, **28**, 185-199.

村野健太郎, 1994 : 酸性霧による影響の特徴と日本での実態. 環境技術, **23**, 724-727.

中根周歩, 1992 : 酸性雨等による植物衰退現象の実態/広島のマツ. 資源環境対策, **28**, 1340-1343.

NAPAP (National Acid Precipitation Assessment Program), 1990a : *Changes in forest health and productivity in the United States and Canada*. NAPAP SOS/T Rep. 16.

NAPAP (National Acid Precipitation Assessment Program), 1990b : *Response of vegetation to atmospheric deposition and air pollution*. NAPAP SOS/T Rep. 18.

Nashimoto, M. and Takahashi, K., 1990 : Relation between oxidant index and precipitation levels to decline of Japanese cedars in Japan, *Proceedings of the 5th Workshop of Ecology of Subalpine Zones* (IUFRO), 200-209.

Nihlgård, B., 1985 : The ammonium hypothesis, An additional explanation to the forest dieback in Europe. *AMBIO*, **14**, 2-8.

Nilsson, S. I., Berdën, M. and Popvic, B., 1988 : Experimental work related to nitrogen deposition, nitrification and soil acidification, a case study. *Environ. Pollut.*, **54**, 233-248.

野内 勇, 1990 : 酸性雨の農作物および森林木への影響. 大気汚染学会誌, **25**, 295-312.

小川 眞, 1996 : ナラ類の枯死と酸性雪. 環境技術, **25**, 603-611.

大石興弘・宇都宮 彬・下原孝章・久富啓次・杉浦聡朗, 1995 : 都市近郊森林地域における酸性・酸化性物質のスギ林への影響. 福岡県保健環境研究所年報, **22**, 9-66.

大類 清和, 1997：森林生態系での Nitrogen Saturation. 森林立地, **39**, 1-9.

Ohrui, K. and Mitchell, M. J., 1997: Nitrogen saturation in Japanese forested watersheds. *Ecol. Appl.*, **7**, 391-401.

Prinz, B., 1985: Effects of air pollution on forests. Critical review discussion papers. *J. Air Pollut. Control Assoc.*, **35**, 913-924.

Raben, G. and Andreae, H., 1995: Saxony, FRG. *Acidification in the Black Triangle Region, Acid Reign 95?* (5th International Conference on Acidic Deposition), 79-92.

Rehfuess, K. E., 1983: Walderkrankungen und Immissioneneine Zwischenbilanz. *Allg. Forstzeit.*, **38**, 601-610.

林野庁, 1997：酸性雨森林被害モニタリング事業報告 (平成2-6年).

Robert, T. M., 1987: Effects of air pollutants on agriculture and forestry. CEGB Research No. 20, Acid Rain: 39-52.

Sandermann, H., Wellburn A. R. and Heath R. L., 1997: *Forest Decline and Ozone* (Ecological Studies Vol. 127), Springer-Verlag, Berlin.

Schaedle, M., Thornton, F. C., Raynal, D. J. and Tepper, H. B., 1989: Response of tree seedlings to aluminum. *Tree Physiology*, **5**, 337-356.

Schulze, E.-D., Lange O. L. and Oren, R., 1989: *Forest Decline and Air Pollution: A Study of Spruce (Picea abies) on Acid Soil* (Ecological Studies Vol. 77), Springer-Verlag, Berlin.

Schütt, P. and Cowling, E. B., 1985: Waldsterben, a general decline of forest in central Europe; symptoms, development and possible causes. *Plant Disease*, **69**, 548-558.

Sekiguchi, K., Hara, Y., and Ujiie, A., 1986: Dieback of *Cryptomeria japonica* and distribution of acid deposition and oxidant in Kanto district of Japan. *Environ. Tech. Lett.*, **7**, 263-269.

Shan, Y., Izuta, T., Aoki, M. and Totsuka, T., 1997: Effects of O_3 and soil acidification, alone and in combination, on growth, gas exchange rate and chlorophyll content of red pine seedlings. *Water Air Soil Pollut.*, **97**, 355-366.

新藤純子, 1996: 酸性降下物の臨界負荷量. 新版 酸性雨 (大喜多敏一 監修), pp. 275-294, 博友社.

篠崎光夫, 1984: 酸性雨による土壌塩基の溶脱について. 環境技術, **12**, 821-827.

静岡大学環境研究会, 1989: 天城山系におけるブナ林の衰退に関する生態学的研究. 天城山系のツツジ類とブナの保護, 天城山系におけるアマギツツジ等の衰退の原因究明及び保護対策の検討調査報告書.

Shortle, W. C., and Smith, K. T., 1988: Aluminum-induced calcium deficiency syndrome in declining red spruce. *Science*, **240**, 1017-1018.

Skeffington, R. A. and Wilson, E. J., 1988: Excess nitrogen deposition issues for consideration. *Environ. Pollut.*, **54**, 159-184.

Skeffington, R. A., 1990: Accelerated nitrogen inputs, a new problem or a new perspective ? *Plant and Soil*, **128**, 1-11.

須田隆一・宇都宮　彬・大石興弘・濱村研吾・石橋龍吾・杉　泰昭・山崎正敏・緒方健・溝口次夫・清水英幸, 1992a: 宝満山 (福岡県) モミ自然林の衰退に関する調査. 環境と測定技術, **19**, 49-58.

須田隆一・笹尾敦子・杉　泰昭・重江信也・松木孝史・小路清勝, 1992b: 福岡県の山地部5地域における森林枯損状況. 福岡県保健環境研究所年報, **19**, 85-89.

Sverdrup H. and de Vries, W., 1994: Calculating critical loads for acidity with the simple mass balance method. *Water Air Soil Pollut.*, **72**, 143-162.

Sverdrup H., Warfvinge, P. and Nihlård, B., 1994: Assessment of soil acidification effects on forest growth in Sweden. *Water, Air Soil Pollut.*, **78**, 1-36.

高橋啓二・沖津　進・植田洋匡, 1986: 関東地方におけるスギの衰退と酸性降下物の可能性. 森林立地, **28**, 11-17.

高橋啓二・梨本　真・植田洋匡, 1991: 関西・瀬戸内地方におけるスギ衰退とオキシダント指数, 降水量との関係. 環境科学会誌, **4**, 51-57.

玉置元則, 1997: 日本の森林地域での酸性雨調査の現状. 環境技術, **26**, 623-632.

垰田　宏, 1993: わが国の現状. 森林衰退, 酸性雨は問題になるか (堀田　庸・森川靖・垰田　宏・松本陽介・松浦次郎・石塚和裕 共著), pp. 28-40, 財団法人　林業科学技術振興所.

戸塚　績・青木正敏・伊豆田　猛・堀江勝年・志磨　克, 1997a: 桧洞丸山頂における南斜面ブナ衰退地と北斜面ブナ健全地の気象条件比較. 丹沢大山自然環境総合調査報告書 (神奈川県環境部), pp. 89-92.

戸塚　績・青木正敏・伊豆田　猛・堀江勝年・志磨　克, 1997b: 南斜面ブナ衰退地と北斜面ブナ健全地の大気汚染濃度および土壌の比較. 丹沢大山自然環境総合調査報告書 (神奈川県環境部), pp. 93-96.

戸塚　績・青木正敏・伊豆田　猛・堀江勝年・志磨　克, 1997c: ブナ衰退地と健全地の葉の生理活性, 葉の特徴および体内元素濃度比較とブナ衰退原因について. 丹沢大山自然環境総合調査報告書 (神奈川県環境部), pp. 99-102.

Tveite, B., 1985: Evidence for effects of long range transported air pollutants on forests in the Nordic countries with special emphasis on Norway. *Air Pollut. Eff. For. Ecosyst.*, 203-215.

Ulrich, B., Mayer, R. and Khanna, P. K., 1979: Deposition von Luftverun reinigen und ihre Auswirkungen in Waldecosystemen im Solling. Schriften. For. Uni. Göttingen, Göttingen, FRG.

Ulrich, B., 1989: Effects of acidic precipitation on forest ecosystems in Europe, In: *Acidic Precipitation Vol. 2. Biological and Ecological Effects* (Ed. by Adriano, D. C. and Johnson, H.), pp. 189-272, Springer-Verlag, New York.

UN-ECE (United Nations Economic Commission for Europe and European Commission), 1992: *Critical Levels of Air Pollutants for Europe* (Ed. by Ashmore, M. R. and Wilson, R. B.).

UN-ECE (United Nations Economic Commission for Europe and European Commission), 1996: *Critical Levels for Ozone in Europe: Testing and Finalizing the Concepts* (Ed. by Kärenlampi, L. and Skärby, L.).

UN-ECE (United Nations Economic Commission for Europe and European Commission), 1999: *Critical Levels for Ozone - Level II* (Ed. by Fuhrer, J. and Achermann, B.).

UN-ECE and EC (United Nations Economic Commission for Europe and European Commission), 1998: *Forest Condition in Europe, 1998 Executive Report*: pp.

33-37.

宇都宮　彬・大石興弘・濱村研吾・須田隆一・石橋龍吾・溝口次夫, 1993：山岳地域自然林の土壌特性と酸性降下物. 大気汚染学会誌, **28**, 159-167.

van Breemen, N., Burrough, P. A., Velthorst, E. J., van Dobben, H. F., de Wit, T., Ridder, T. B. and van Reigners, H. F. R., 1982: Soil acidification from atmospheric ammonium sulphate in forest canopy throughfall. *Nature*, **299**, 548-550.

渡邊　司・伊豆田　猛・横山政昭・戸塚　績, 1999：シラビソ苗の成長, ガス交換速度および栄養状態に及ぼす人工酸性雨の影響. 大気環境学会誌, **34**, 407-421.

Wright, R. F., Roelofs, J. G. M., Bredemeier, M., Blanck, K., Boxman, A. W., Emmett, B. A., Gundersen, P., Hultberg, H., Kjønaas, O. J., Moldan, F., Tietema, A., van Breemen, N. and van Dijk, H. F. G., 1995：NITREX：Responses of coniferous forest ecosystems to experimentally changed deposition of nitrogen. *For. Ecol. Manage.*, **71**, 163-169.

山家義人, 1973：東京都内における樹木衰退の実態. 林試研報, **257**, 101-107.

安田　洋, 1982：環境変化によるスギの衰退調査, 平野部におけるスギ衰退分布と生育土壌（1）. 富山県林試研報, **8**, 47-53.

横堀　誠, 1981：茨城県内のスギ樹勢衰退とその要因に関する研究. 茨城県林試報告, **13**, 1-32.

吉田　稔・川畑洋子, 1988：酸性雨の土壌による中和機構. 日本土壌肥料学雑誌, **59**, 413-415.

吉武　孝, 1992：酸性雨等による植物衰退現象の実態, 苫小牧周辺のストローブマツ, 資源環境対策, **28**, 1306-1310.

Yu, S., Bian, Y., Ma, G. and Luo, J., 1990: Studies on the causes of forest decline in Nanshan, Chongqing. *Environmental Monitoring and Assessment*, **14**, 239-246.

第9章 地球温暖化の植物への影響予測

　世界の人口は，1950年代の26億人から，現在，60億人に達し，21世紀の中頃には100億人に達すると予想されている．人口の増加と人間活動の活発化に伴い，地球温暖化，オゾン層の破壊，酸性雨，森林破壊，砂漠化などの問題が生じており，地球規模の環境変化が懸念されている．

　地球環境変化のもとで，増え続ける人口を養うための食糧を将来とも安定して供給できるのかは，世界の最大の関心事である．特に地球温暖化は，世界の農業生産に大きな影響を与えると予想されており，その影響が懸念されている．

　本章では，温暖化のメカニズム，温暖化をもたらす温室効果ガス，予想されている気候変化について概説し，温暖化によるわが国および世界の農業生産および森林への影響について述べる．さらに，あたらしい気候変化シナリオに基づく影響評価の結果について述べる．

9.1 温暖化のメカニズム

　温暖化のメカニズムを地球の放射収支で簡単に説明してみよう．図9.1に示すように，入射する太陽放射 $342\,\mathrm{W\,m^{-2}}$ の一部は雲や大気，地表面によって反射され，宇宙空間へ戻る．地表面に到達するのは太陽放射の49%にあたる $168\,\mathrm{W\,m^{-2}}$ である．地表面が吸収した太陽放射エネルギーの一部は地表面付近の大気を暖めたり，蒸発散のエネルギーとして使われる．太陽放射は波長が短く，短波放射と呼ばれる．大気中に含まれる水蒸気，二酸化炭素，メタンなどの温室効果ガスは太陽放射をほとんど吸収せずに，地表に到達させる．

　一方，地球自身も波長の長い赤外放射（長波放射）を放出している（$390\,\mathrm{W\,m^{-2}}$）．この赤外放射の大部分は大気中に存在する温室効果ガス（水蒸気，二酸化炭素，メタンなど）や塵などによって吸収される．大気は吸収した長波放射エネルギーを宇宙空間と地表面へ向かって再放射する．このうち，宇

第9章　地球温暖化の植物への影響予測

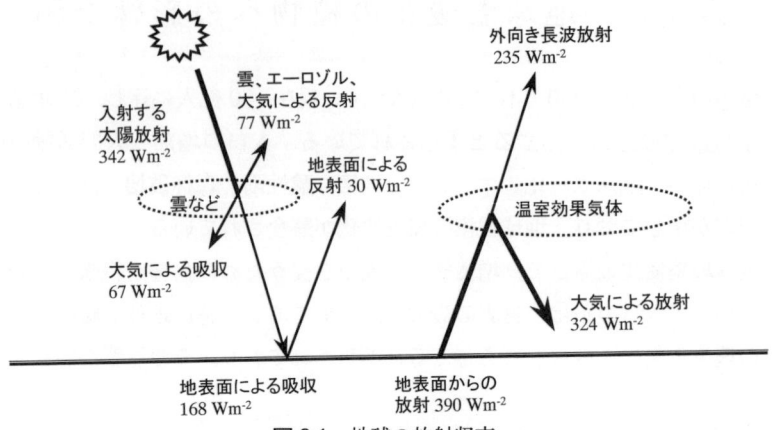

図 9.1　地球の放射収支

宙空間へ失われる放射（235 W m^{-2}）は，地表よりも温度の低い雲頂や大気から出るため，地表面へ射出されるエネルギーの方が大きく（324 W m^{-2}），地表面が暖められる．これを温室効果と呼ぶ．

　大気のもつ自然の温室効果は簡単に計算することができる．地球に大気がないと仮定し，地球の吸収する太陽放射と地球が射出する赤外放射が平衡状態にあるとすれば，地球の地表面付近の平均温度は-19℃となる（詳細は第2章2.2.2を参照）．しかし，実際の地表面付近の平均温度は$+15$℃であり，この差の34℃が温室効果ガスを含む大気が存在する地球の自然の温室効果である．これによって，地球には多くの生物が生存可能となり，まさに大気のもつ温室効果は地球の生命にとって重要な役割を果たしているのである．

　したがって，「温室効果」は，われわれ地球上に生息する生物にとって必要不可欠な現象である．しかし，人間活動による化石燃料の消費などによって大気中の温室効果ガスの濃度が上昇し，大気のもつ温室効果が増幅されている．そのため，地表面付近の温度が上昇すると予想され，それが気候変化をもたらし，生物圏にさまざまな影響を与えると予想されている．これが「温暖化」である．

9.2 温室効果ガス

IPCCの第二次評価報告書によると，大気中の二酸化炭素（CO_2）の量は，産業革命の初めから過去1世紀の間に25%超の増加をしており，この大部分は化石燃料の燃焼と森林の減少による．今後，排出制限を行わなければ，CO_2の増加率が加速し，濃度は今後50年間から100年間の間に産業革命以前（約280 ppm）の2倍になる見通しである．

また，他のいくつかの温室効果ガスも人間活動（特に，バイオマスの燃焼，埋め立て地のゴミ処理場，水田，農業，畜産，化石燃料の使用および工業）によって大気中の濃度が上昇していることが観測されている．それらは，メタン（CH_4），亜酸化窒素（N_2O），および対流圏オゾン（O_3）などであり，CO_2の増加による温室効果を強化する方向に働いている．主にクロロフルオロカーボン（CFC類）やハロンにより，1970年代以降，成層圏下部のオゾンが減少し，そのため温室効果がある程度相殺されているが，結果的には人工的化合物であるクロロフルオロカーボンも温室効果を引き起こしている．

温室効果ガスにはさまざまな種類があり，それぞれのガスのもつ温暖化への影響度は異なる．地球温暖化指数（Global Warming Potential : GWP）は，さまざまな温室効果ガスの排出による相対的な放射効果について簡単な尺度を提供する試みとして考え出されたものである．この指数は，現時点で排出された単位質量のガスにより生じる放射強制力を，現在から将来のある時点まで積分したものとして定義され，二酸化炭素に対する比で表現される．したがって，将来のある時点までの温室効果ガスによる温暖化の程度は，GWPにガスの排出量をかけることにより見積もられる．例えば，農耕地からも発生するメタン，亜酸化窒素のGWPは100年後で21と310であり，二酸化炭素に比べてそれぞれ21倍，310倍の放射強制力を持つことを示している．

二酸化炭素以外の温室効果ガス（メタン，亜酸化窒素，ハロカーボンおよびオゾン）は，二酸化炭素に比べて濃度は格段に低いものの，GWPが極めて大きく，濃度変化を足しあわせた放射強制力は産業革命以後の二酸化炭素の増加による量にほぼ匹敵するといわれている．

9.3 温暖化の将来予測

9.3.1 地球規模の気候変化予測

1980年代に地球温暖化の危険性が国際的に問題とされて以来今日に至るまで，地球温暖化に対する取組は国内外においてさまざまな経緯を経てきている．これらのうち，国際社会における最初の本格的取組となったのが「気候変動に関する政府間パネル（Intergovernmental Panel on Climate Change；IPCC）」による調査検討である．

IPCCは，人間活動による温室効果ガスの排出増加を原因とした地球温暖化に対応する政策決定に科学的基盤を与えるため，地球温暖化の予測，影響，対策等について科学・技術的な観点から最新の知見をまとめることを目的として，国連環境計画（UNEP）および世界気象機関（WMO）により1988年に設置された．温暖化対策は，IPCCにおける科学的検討・判断と政策決定とが密接に関連して進められてきている．これは，地球温暖化が科学的に未解明な部分が多い一方，その影響は不可逆的であるため，十分な科学的解明を待って対応に着手する余裕のない緊急性の高い問題であるからである．

IPCC第一次評価報告書は1990年に完成し，「気候変動に関する国際連合枠組条約」の条約交渉における基礎としての役割を果たした．その後もIPCCは同条約の進展に資するため，1990年の第一次評価報告書に取り上げられた話題についての情報を更新する「第一次報告書補遺」を発表した．また，1994年には「気候変化1994：気候変化を引き起こす放射強制力およびIPCC-IS 92シナリオ」を特別報告書として完成させた．さらに，気候変化の経済的側面に関する技術的分野の話題を新たに盛り込んだ「第二次評価報告書」を1995年に完成し，1996年に刊行された．「第三次評価報告書」は2001年に刊行予定である．

IPCCは1992年に，1990～2100年の間における人口増加，経済成長，土地利用，技術革新，エネルギー供給および燃料の種別構成に関する仮定に基づいて，将来の温室効果ガスおよびエアロゾル前駆物質の排出に関する一連のシナリオ（IS 92 a～f）を作成した．これらのシナリオに基づいて行われた

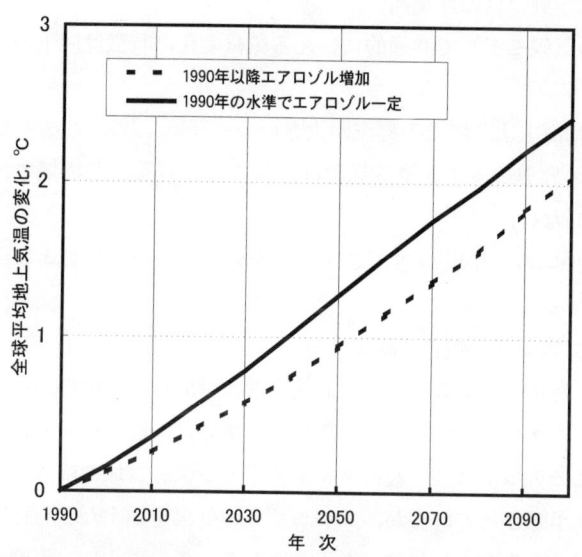

図 9.2 IS92a シナリオに基づく全球平均地上気温の変化 (Houghton et al., 1996 から作成)

大気・海洋結合気候モデルによれば，将来の気候の変化は次のように予想されている．

　一連のシナリオのなかで中庸の排出シナリオである「IS 92 a」を用いると，2100 年までに全球平均地上気温は 1990 年より約 2.0 ℃ 上昇する（図 9.2）．この見積りは IPCC が 1990 年に行った見積り（3.0 ℃）より約 1 ℃ 低い．この理由は，温室効果ガスの排出量が 1990 年のシナリオより低いこと，硫酸エアロゾルの寒冷化効果を取り入れたこと，および炭素循環の取扱いを改善したことがあげられる．この温度上昇によって，平均海水面は 2100 年までに 1990 年より 50 cm 上昇する．これは 1990 年の予測 65 cm より 15 cm 低い．「第三次評価報告書」では全球平均地上気温の上昇を 1.4～5.8 ℃ と見積もっている．

　気候モデルによる半球スケールから大陸スケールの気候変化予測は，地域スケールに比べて信頼性が高いが，地域スケールの予測の信頼性は 1990 年の評価と比較して依然として低い．また，降水に関連する変化より，気温の

変化の方が予測の信頼性が高い．

すべての気候モデルで共通的にいえる気候変化の特徴は以下のとおりである．

* 冬には海上より陸上の昇温が大きい．
* 最大の昇温は冬季北半球高緯度に見られ，夏季の北極域ではほとんど昇温しない．
* 全球平均の水循環が強化され，冬季高緯度の降水量および土壌水分が増加する．
* 広域での気温日較差が減少する．

また，人為起源のエアロゾルの直接的および間接的効果は，将来の気候変化の予想に大きく影響することが指摘されている．温室効果ガスの効果のみを考慮したモデルでは，一般にアジア夏季モンスーン域の降水と土壌水分が増加すると予想されているが，エアロゾルの効果を加えた場合はモンスーンの降水は減少するかもしれないと予想されている．さらに，温暖化は異常高温日の増加と異常低温日の減少を引き起こすと考えられる．

9.3.2 日本付近の気候変化予測

気象庁では，気象研究所が開発した気候モデル（全球大気・海洋結合モデル）を用い，二酸化炭素濃度の増加シナリオを仮定して予測計算を行い，その結果を「地球温暖化予測情報」として取りまとめている（気象庁，1997）．気象研究所のモデルは，エアロゾルの効果を取り入れていないものの，地上気温，降水量，海氷，エルニーニョ現象など，現在の気候の基本的な特徴をよく再現できている．「地球温暖化予測情報」では，地球規模の気候変化に関する情報が述べられているが，日本の研究所が開発した気候モデルということもあり，わが国周辺の気候変化に関する情報が詳細に述べられている．

気象庁の「地球温暖化予測情報」によると，100年後の日本付近における地上年平均気温の変化は，東北以南で3〜4℃，東北以北で4〜5℃と予測されている．昇温の程度は冬季で大きい．オホーツク海では冬季の海氷の生成がほぼなくなるため，冬季を中心に大きな昇温が生じると予想している．降水量は，冬季に若干増加するところが見られるが，年平均ではほとんど変化

は見られない．昇温の著しいオホーツク海では冬の降水量が増加している．

9.4 温暖化による農業生産への影響

9.4.1 作物に対する生理的影響

温暖化は，大気中の CO_2 濃度の上昇と気候変化よって作物の生育・生長に影響し，収量が変化する．また，温暖化以外の環境変化，例えば紫外線増加などとの相互作用も予想されている (Rötter and Van De Geijn, 1999)．

1) CO_2 濃度の影響

二酸化炭素は光合成の基質である．CO_2 は開いた気孔を通して葉の中に入り，気孔の周りの細胞内に取り込まれる．気孔が開くと CO_2 が取り込まれ，水蒸気が放出される．水ストレスが生じると，気孔は閉鎖する．

作物の炭素固定反応は代謝径路の相違に基づいて，C_3 径路，C_4 径路，CAM径路の3つに大別される．C_4 径路とCAMは C_3 径路に付加的回路が加わったもので，C_3 径路の適応的進化形態と考えられる．C_3 径路はカルビン回路とも呼ばれる．

大気から葉緑体中に溶け込んだ CO_2 が最初に作用を受ける酵素であるRubiscoには，酸化反応を触媒するオキシゲナーゼ作用もあり，C_3 作物では，光合成によって固定されたCがRubiscoのオキシゲナーゼ作用によってグリコール酸回路（光呼吸）へ流れるので効率が悪い．C_3 作物では，光合成による CO_2 固定は光呼吸によって25℃で約50 ppmほど消費される．Rubiscoがカルボキシラーゼとして働くか，オキシゲナーゼとして働くかは反応サイトの CO_2/O_2 の分圧に依存している．CO_2 の分圧が大きくなればカルボキシラーゼ作用が高まるので，大気中の CO_2 濃度の上昇は光合成の促進につながる（図9.3）.

一方，C_4 作物では，Rubisco反応サイトの CO_2 濃度が大気の5～6倍に高められているのでオキシゲナーゼ反応は起こらない．このため，C_4 作物は CO_2 濃度が高くなっても光合成速度はほとんど増加しない（図9.3）.

しかし C_3 と C_4 作物のいずれにおいても，大気中の CO_2 レベルの増加は気孔の部分的な閉鎖をもたらし，蒸散による水損失を減じ，それゆえ水利用効

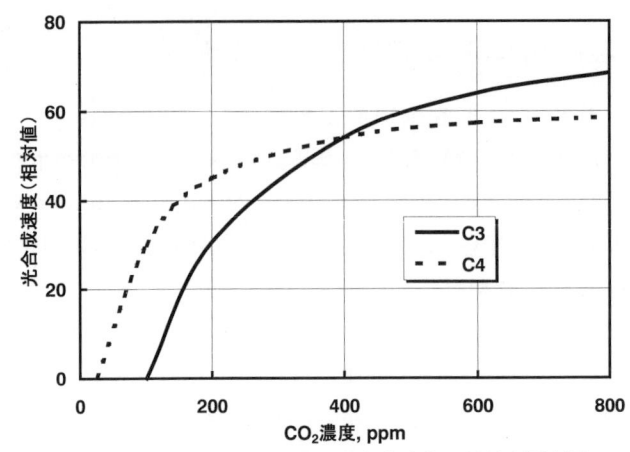

図9.3 大気中の CO_2 濃度と光合成速度の関係の概念図

率（WUE）が高まる．この結果，たとえ緩やかな水ストレスのある条件下でも，C_3 と C_4 作物の生育と収量は改善される．

　一般的に，CO_2 濃度上昇は一年生作物の生産性に対して正の効果をもつ．例えば，C_3 作物は CO_2 濃度倍増時（700 ppm）で平均約 30 % の生産の増加を示す．しかし，作物種，品種，年次間による変動が大きい．

　高 CO_2 レベルは気孔コンダクタンスを減少（気孔抵抗は増加）させ，結果として蒸散速度が減少する．これは C_3 と C_4 作物の両方にあてはまる．しかし，単位土地面積あたりの水消費量はほとんど変化しない．これは，バイオマスの増加と関係している．CO_2 倍増時の WUE の増加は 15～90 % にわたっている．

　制御条件下のすべての実験結果は，バイオマス収量と子実生産が増加することを示している．乾物の分配パターンは C_3 と C_4 の作物タイプで異なる変化を示し，地下部/地上部の比が増える傾向にある．

　高 CO_2 による蒸散の抑制によって葉温が上昇し，葉の老化が加速され，その結果，生育期間の短縮によるバイオマス生産あるいは子実生産が減少する．高 CO_2 条件下では，非構造性の炭水化物の量が一般的に増加し，ミネラ

ル養分は減少する．このため，葉組織に含まれる養分の質は落ち，草食動物が現在と同程度のミネラル養分を維持するために摂取しなければならない植物バイオマス量は増加すると考えられる．

高 CO_2 条件下では気孔開度が減少するため，NO_x，SO_2，O_3 のような大気汚染物質による植物の生育障害はいくらか抑制される．多くの実験結果から，高 CO_2 条件下では高温，塩分，大気汚染などによる植物の生育障害は減少するが示されている．しかし，リン，カリなどの養分不足が生じると，高 CO_2 による生育促進効果は抑制される．

CO_2 濃度の上昇に対する植物の反応に関するこれまでの研究結果は広い範囲にわたっているが，これは主として採用された実験システムの差による．オープントップチャンバーは，CO_2 濃度を制御して作物を栽培するには便利な装置である（図 6.2 参照）．しかし，オープントップチャンバーは，周りの状態に比べ，温度が高く相対湿度が低く，日射量や降雨量が減少する．さらに，自然状態に比べて，大気の垂直交換が強制的に行われる．このような条

図 9.4 水田ほ場に設置された FACE（Free-air CO_2 enrichiment）装置（岩手県雫石町，1998 年 9 月）
FACE は何も囲いをしないフィールドの空気中に，高濃度の CO_2 をリング状にしたパイプの穴から直接吹き出すことにより，植生周囲の CO_2 濃度を高める実験方法であり，風向きを考慮して CO_2 を吹き出す位置を決めて濃度制御を行う．混合・拡散は風任せであるため，濃度制御は難しいが，CO_2 以外の環境はほとんど変えないために，植物の生長と生態系の変化をありのままに観測できる．

件下で得られたドース・レスポンス関係を周囲の大気状態に直接移すことはできない．自然の日変化を維持した温度傾斜トンネルは CO_2 と温度上昇の相互関係を研究するのにうまく工夫されているが，細かい点についていくつかの問題点が指摘されている．

FACE (Free-air CO_2 enrichment) 実験はこれらの欠点を克服し，植物群落レベルで影響を研究するに適している（図9.4）．FACE では高 CO_2 のみの影響を圃場レベルで解明することが可能である．例えば，窒素と水を適切に与えた春コムギの研究によると，高 CO_2 濃度 (550 ppm) における収量は15～16 % 増加した (Pinter et al., 1997)．後者の結果を現在の CO_2 濃度の2倍 (700 ppm) の状態に外挿すると，理想的な状態では，第二次評価報告書の結果と同様，収量は28 % 増になる．また，高 CO_2 条件 (550 ppm) 下のコムギの水利用効率は，十分水を与えた区で＋15～24 %，水ストレスを与えた区で＋13～18 % に顕著に増加した (Hunsaker et al., 1996)．

植物群落レベルでの反応の解析には，圃場条件下での相互関係の知見を増大させることと，基本的な反応をスケールアップする際に必要な作物のシミュレーションモデルを改良することが必要である．

2）温度，降水量の影響

植物の生長と作物収量は，明らかに平均気温と最高・最低気温に依存している．高緯度地帯では温度の上昇によって生育期間が延長するが，早春や晩秋の日射量不足によって温度の上昇の効果は十分発揮されないかもしれな

表9.1 主要作物の生育限界温度と最適温度

作物	最適温度*	下限温度	上限温度	原 典
コムギ	17-23	0	30-35	Burke et al., 1988 ; Behl, 1993
イネ	25-30	7-12	35-38	Le Houerou et al., 1993 ; Yoshida, 1981
トウモロコシ	25-30	8-13	32-37	Le Houerou, 1993 ; Decker et al., 1986 ; Pollak and Corbett, 1993 ; Ellis et al., 1992 ; Long et al., 1993
ジャガイモ	15-20	5-10	25	Haverkort, 1990 ; Prange et al., 1990
ダイズ	15-20	0	35	Hofstra and Hesketh, 1969 ; Jeffers and Shibles, 1969

＊最適温度は全生育期間の値

い．同様に，一般に夏に干ばつが生じる地域では，温度上昇は状況をさらに悪化させる．熱帯あるいは亜熱帯では，干ばつによって2作目，3作目の栽培が不可能になる可能性もある．山岳地域では，温度上昇によって高標高地帯でも植物が生育できるようになるだろう．

　主要な5種類の作物の低温・高温限界および最適温度は表9.1のような範囲にある．低温・高温限界および最適温度は品種間によって異なり，イネについて示すように，生育ステージによっても変動する．十分な水分が供給された条件下では，さまざまな作物種は葉温をそれぞれ固有の最適な範囲にうまく維持し，バイオマスの蓄積を最適化している．このような品種固有の最適な範囲は，日較差や季節による温度の変動幅に比較すると狭い．平均気温の上昇は，局地的には，一年間に栽培できる作物を増やし，永年性作物の生育期間を延ばす．

　作物の発育は，一般に，"デグリーデイ"の概念を用いることで説明される．デグリーデイは，日平均気温と限界生育温度との差を一定期間について積算したもので，温度（デグリー）と時間（デイ）の積として表される．表9.2に示すように，コムギ，イネ，トウモロコシ，ダイズの温度要求量は品種によって大きく異なっている．時間（日）と温度（品種に依存する限界値以上）の積がほとんど一定である限り，発育は高温（上限をもつ）によって加速される．それゆえ，デグリーデイの概念は作物の発育ステージを説明する指標して利用される．しかし，最適温度を超える条件下で作物が栽培されている

表9.2　作物の生育ステージ毎の積算気温

作物	発芽～開花	開花～成熟	基準温度	原典
ムギ	750-1300	450-1050	0	Van Keulen and Seligman, 1987 ; Elings, 1992 ; Hodges and Ritchie, 1991
イネ	700-1300	450-850	8	Yoshida, 1981 ; Penning de Vries, 1993 ; Penning de Vries et al., 1989
トウモロコシ	900-1300	700-1100	7	Van Heemst, 1988 ; Pollak and Corbett, 1993 ; Kiniry and Bonhomme, 1991 ; R tter, 1993
ダイズ	変動大	450-750	0	Wilkerson et al., 1989 ; Swank et al., 1987

場合には，温度上昇によって高温障害のリスクが生じる．例えば，熱帯あるいは亜熱帯で栽培されるイネにとって，高温は短期間のストレス（> 35 ℃）によってもたらされる頴花不稔の可能性を増大させる．また，冬季の高温は冬コムギの花成を阻害し，そのような地域では春コムギへの転換が必要となる．

3）他の環境変化との相互作用

将来の収量は，気候要素の変化および CO_2 濃度上昇のみならず，他の環境ストレスの影響もある．例えば，北半球におけるオゾン（O_3）の地表面付近の濃度は過去100年間に倍増し，作物の収量を1～30 % 減少させるレベルに達している．また，成層圏のオゾン層破壊による UV-B の増加も予想されている．UV-B フラックスは雲量に依存し，植物の感受性は種によって異なる．気候変化，CO_2 濃度上昇，O_3 や UV-B の増加との相互関係を調べた研究によれば，イネ，オオムギ，ソルガム，ダイズ，オートムギ，豆類は他の作物に比べ UV-B に比較的感受性が高く，コムギ，トウモロコシ，バレイショ，ワタ，オートムギ，豆類は O_3 に比較的感受性が高い．キャッサバ，サトウキビ，サツマイモ，グレープ，ココナッツ，ライムギ，ピーナッツなどの作物については，明確な結果は得られていない．

9.4.2 地球規模の農業生産への影響

IPCC の第二作業部会では，日本も含めた各国で行われた気候変化の影響，適応，影響の軽減に関する科学的知見を第二次評価報告書としてとりまとめた (Watson et al., 1996)．IPCC の第二作業部会でまとめられている知見は，IPCC が1990年に提示した気候変化シナリオに基づいていることに注意する必要がある．これは，気候変化の影響評価研究が，その時点で提示された気候モデルによる気候変化シナリオを用いて行われることによる．IPCC の第二作業部会がとりまとめた世界の農業生産への影響は次のように要約される．

1）直接・間接的影響

大気中の二酸化炭素濃度の増大による作物への影響を精細に調べた膨大な量の実験結果から，次のような有益な効果が確認されている．

9.4 温暖化による農業生産への影響

* 倍増した二酸化炭素に対する C_3 穀物（トウモロコシ，サトウキビ，雑穀，ソルガムを除く作物の大部分）の収量平均値は 30 % 増大する．しかし，測定された収量の変化は -10 % から $+80$ % の範囲に分布している．この分布の幅は実験条件の違いによる．
* 収量の変化に影響する要因として，植物の養分，作物種，気温，降水量，その他の環境的要素がある．実験手法の相違も測定された収量の変動原因になる．
* 土壌に対する気候変化の影響は，土壌の変化，例えば土壌の有機物の欠乏，土壌養分の浸出，塩類化，侵食などがある．輪作や保全的耕耘，養分管理の改善などの農業技術は，気候変化の悪影響を軽減し収量を上げる技術としてきわめて効果的であると考えられる．
* 温暖化によって雑草，病害虫による危険性が増大すると予想されているが，その程度については明らかではない．

図 9.5 に，世界の主な穀物収量の予想される変化を地域別に示した．図中の棒グラフは予想される収量の変化の幅を示している．予想される収量の変

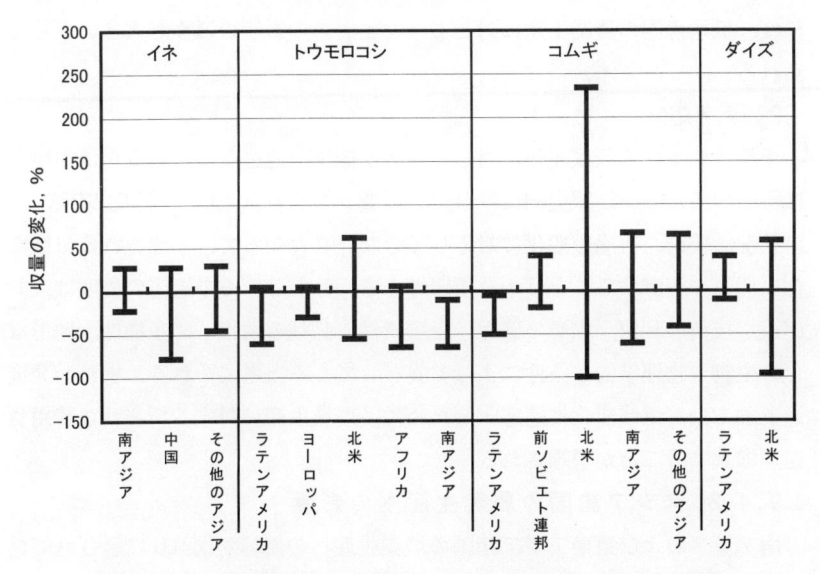

図 9.5　世界の主な穀物の収量変化（Watson et al., 1996 から作成）

化は，地域によって異なっている．また同じ地域においても，それぞれの研究者が用いている気候変化シナリオや作物モデルによっても異なる．例えば，研究者や気候変化シナリオの違いによって，同じ地域に対して予想されている収量変化には±20％もの開きがある．農業生産への影響評価の結果には，このような不確実性を含んでいることにも注意する必要がある．気候変化シナリオとは，将来の気候変化を大気大循環モデルによって予想した結果をいう．大気大循環モデルは，さまざまな大気現象の扱いが開発した研究者によって異なるため，予想された結果，例えば気温の上昇度，あるいは降水パターンなどが変化する．このため，同じ作物モデルを使って収量の変化を予想しても，使用する気候変化シナリオによって得られる結果が変化する．

しかし，地球規模でみた場合の農業生産は，現在提示されている気候変化シナリオが示す気候変化のもとでは，現在の生産レベルを維持すると予想されている．現状の生産レベルを維持するということは，一方では人口が100億人に達すると予想されており，地域的には食糧不足が生じるであろう．低緯度，低所得国の農業生産に対してはマイナスの影響のほうが大きいと考えられる．

2）適　応

予想されている気候変化に対して農業が確実に適応するかどうかについては不明の点が多い．歴史的にみると，農業システムは人口の増加に応え，経済状況，技術，市場の変化に対応してきた．したがって，予想される気候変化に農業が適応することは十分予想できる．しかし，その適応の程度は，対応策，技術の利用，水源の確保，土壌特性，品種の遺伝子的多様性，地形などの生物・物理学的な条件によって異なってくると考えられる．また，発展途上国では，気候変化に適応するために，農業生産に対する新たな費用負担が増大することが予想される．

9.4.3 アジア諸国の農業生産への影響

南アジアおよび東南アジア諸国の農業生産への影響が図9.6に示されている．中国のイネについては，低緯度から高緯度まで広範囲に影響が調べられ

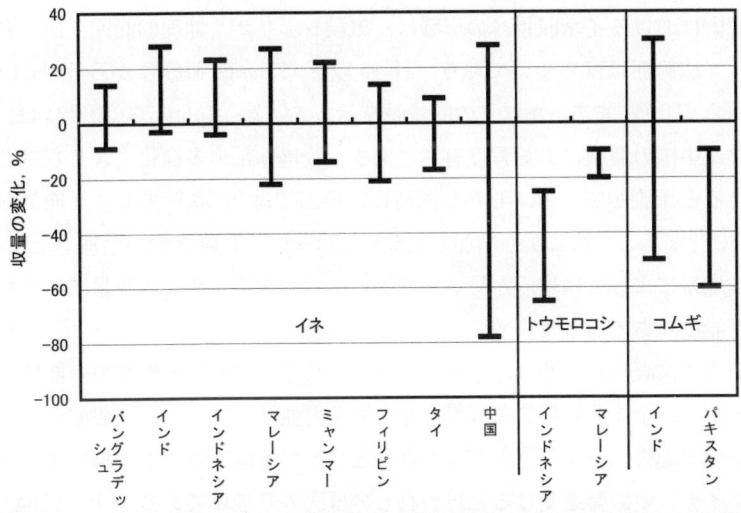

図9.6 アジアにおける主要な穀物の収量の変化（Watson et al., 1996から作成）

ており，場所と気候変化シナリオによって−78〜＋28％という変化幅になっている．また，トウモロコシとコムギについてはかなりの減収が見込まれている．

モンスーンアジアに特徴的な稲作について，穎花不稔が本質的差異を決める大きな要因であることが明らかにされてきた．現在の気象が限界点付近にあるところでは，1℃以下の平均気温の上昇でも収量が急激に低下することが指摘されている．しかし，品種間の遺伝的変動をうまく利用することで，新しい気候条件への適応が比較的容易であることも示されている．Brammer et al. (1994)は，栽培体系の多様性だけでは現時点のバングラディッシュに対する影響の規模と方向を予知できないと結論づけている．Parry et al. (1992)は，タイ，インドネシヤ，マレーシアの各国の沿岸域では，沿岸米作，魚，海老，小海老生産にとって海面上昇が脅威になると予測した．彼らの推定では，マレーシアで海面が1 m上昇すると海岸線が2.5 km後退し，マレーシア全体の水田の1％弱にあたる4,500 haの農地を脅かすこと，また，マレーシアの三つの河川流域における侵食率が14〜40％上昇し，土地の肥

沃度が平均2〜8％低下すると述べている．

中国におけるイネ収量への影響は，気候シナリオ，地理的範囲，研究者によって広範囲にばらついており，10％以下 (Zhang, 1993) から30％以上 (Jin ら, 1994) まで，かなりの収量減を示している．Hulme ら (1992) は，温暖化は中国の農業にある程度有利に働き，栽培体系の多様化により収量を増やせると予測している．しかし同時に，中国では2050年までに平均気温が1.2℃上昇し，これにより増加した蒸発量は一般的に降水量の増加を上回り，米作地帯によっては増収が見込めるところでも水不足による収量減につながる可能性があるとしている．

中国で温暖化が進めば，水不足が深刻になると思われる南部の一部地域は別として，全体的に農業気候帯が北上する可能性が大きい．一般的に，大陸の中緯度地帯にある夏季の乾燥が進むと思われる地域の中で，温暖化によってマイナスの影響を受けると思われるのは次の6地域である (Lin, 1994)：

* 作物栽培地帯と家畜飼育地帯の中間移行帯南東に横たわる「万里の長城」付近の地域．
* コムギ，綿，トウモロコシ，果樹等の畑作物が耕作されている黄海平原．
* 南の温暖地帯南端に沿って横たわる東山東を含む，淮河の北部の地域．
* 雲南高原の中央と南の地域．
* 揚子江の中流と下流．
* 黄土高原．

一般的に，これらの地域は干ばつの危険度が最も高く，潜在的な土壌侵食に悩まされることになると予想される．通常は降雨が多いが，干ばつと浸水に交互に見舞われる可能性が高い．

中国30省のうち，山西，内モンゴル，甘粛，江北，青海，寧夏が特に脆弱で，気候変化に適応する力が弱いことを示している．これらの7省は中国の総農業生産高の12％を生み出している (1991年中国統計年鑑)．万里の長城と黄海に沿った地域は社会経済的にも農業経済的にも気候変化に弱い地域であり，負の影響が予想される地域である．中国の食料需要は今後55年間増え続けると予想されるが，温暖化によって需要をまかないきれない可能性

がある (Lu and Lui, 1991a, 1991b).

　一方，モンスーンアジアにおける多くの地域では，天水に頼った農業が展開されている．したがって，モンスーンアジアにおける温暖化の食料生産への影響を考える上で，モンスーンの将来の変化は重要である．最近, Wetherald and Manabe (1999) は，海洋-大気結合モデルによる温暖化に伴う土壌水分の時間的・空間的変動をシミュレーションしている．その結果によれば，2035～2065年にかけて，特に北アメリカ，ヨーロッパ，中央アジアで土壌水分が約30％減少する．インドでは，モンスーンによる降雨が強化され，夏季に土壌水分が約50％増加する．中国では内陸部で増加するが，東南部では減少する．南・東南アジアでは減少すると予想されている．このようなモンスーンの変化が生じれば，食料生産は大きく変動することになる．

9.4.4　わが国の農業生産への影響

　地球温暖化のわが国の農業生産に与える影響については，気候変化に伴う気温の変化から影響を研究したもの，作物の栽培試験データに基づく作物モデルを使って影響を研究したものなどがある．清野ら (1997) は，わが国の農林水産業への温暖化の影響に関する研究をとりまとめた．以下に，農業生産への影響について概説する．

1）農業気候資源の変化

　将来の気候変化に伴う気温や水温などの変化から，農業生産への影響が調べられている．東北・北海道の水稲安全栽培地帯は，米国ゴッダード宇宙空間研究所 (GISS) による気候変化シナリオ (Hansen et al., 1983) のもとでは，東部と山岳地帯の低温域を除き，標高約500 m以下の耕地のほとんどが水稲の安全栽培地帯となると予想された (Uchijima, 1988).

　同じ GISS シナリオのもとでの有効積算気温の変化が調べられ，稲作栽培可能地帯が北方へ拡大すること，南西日本での亜熱帯・熱帯作物が栽培可能となるが，現在の栽培作物へは高温ストレスが生じることなどが指摘されている (Uchijima and Seino, 1988).

　同様の手法によって温暖化に伴うクロップカレンダー（栽培暦）の変化が調べられた（清野, 1991). GISS モデルが予想する温暖化条件下では，水稲

の移植可能日は15～34日早まり，その場合，移植から成熟に達する期間は現在よりも7～28日早まる．一方，春播きコムギの播種可能日は18～21日早まり，早期に播種した場合の播種から成熟までの日数は7～9日促進される．また，秋播きコムギの播種可能日は13～24日遅くなり，その場合，播種から成熟までの日数は34～48日促進されると予想された．

GISSシナリオに基づく浅い水体の熱環境シミュレーションから，次のような結論が得られている (Ohta et al., 1993, 1996)．温暖化によって水稲の安全移植期は約20日早まり，安全栽培可能期間は約25～40日長くなり，日本における現在の水稲栽培北限は来世紀末には約200～500 kmほど北へ移動する．一方，蒸発による熱損失が増大し，1年当たり蒸発量の等値線はかなり北へ移動する．潅漑に必要な水の量が増大するが，水利用へ及ぼす影響はそれほど深刻ではないだろう．浅い水体の熱環境が変化すると，水稲の栽培面積は必然的に拡大するが，水稲が高温障害を受けるため，太平洋岸と南西日本では現在の品種（ジャポニカ系）の栽培は難しくなるであろう．

2）水稲生産への影響

水稲はわが国の基幹作物の一つであり，その品種特性，気象生態反応など，多くのデータが蓄積されてきた．そのため，温暖化に伴う水稲の収量変化予測の研究事例は比較的多い．これまでに報告されている温暖化による水稲生産への影響研究の結果が図9.7にまとめられている．わが国の水稲は潅漑条件の下で栽培されているため，図9.7においては潅漑水の不足はないと仮定されており，降水量の変化は影響を与えない．また，気象以外の条件（施肥量，病害虫など）は適切に管理されていると仮定し，シミュレーションでは考慮されていない．

図9.7では，温暖化条件下の収量変化は，現在の収量に対する割合で示されている．各研究者によって，用いている作物生育モデル，気候変化シナリオの要素，作物品種などが異なっており，用いた気候変化シナリオによって収量の変化は異なっているが，おおむね，温暖化は北日本では増収を，西日本では減収をもたらすと予想された．また，収量の年々変動を示す変動係数は，北日本では安定化傾向にあるが，西日本では変動が大きくなる傾向にあ

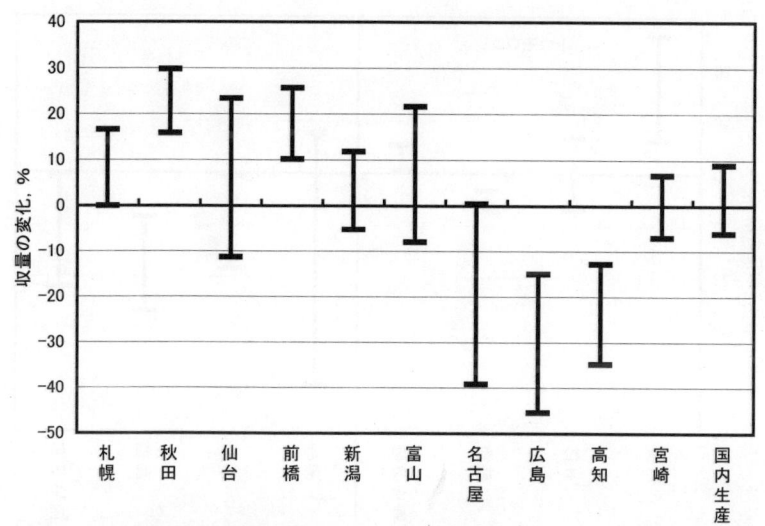

図 9.7 わが国の水稲収量の変化（Seino, 1995 と Horie et al., 1995 から作成）

る．これは，気温が高すぎるため高温障害が発生することによると考えられている．

3) 畑作物生産への影響

わが国の畑作物生産に与える温暖化の影響予測の結果が図 9.8 にまとめられている．畑作物の収量変動予測には，気温・日照量の変化のみならず，降水量の変化が重要な要因となる．一般的にみて，温暖化は北海道と東北の一部の畑作物生産へは増収をもたらし，その他の地域では減収をもたらすと予想される．しかし，北海道・東北でも降水量の変化によっては厳しい減収となる場合も予想される．現在の気候モデルによる降水量予測精度は低いので，今後，降水量の変化に関する正確な予測が必要である．

4) 国内生産量の変化

前節で述べた地域ごとの収量変化予測結果をもとに，国内生産量の変化が予測されている．それらの研究結果が図 9.7〜9.8 の右にまとめられている．水稲の国内生産量は，現在の栽培面積が変化しなければ，「ほとんど変化しな

第9章　地球温暖化の植物への影響予測

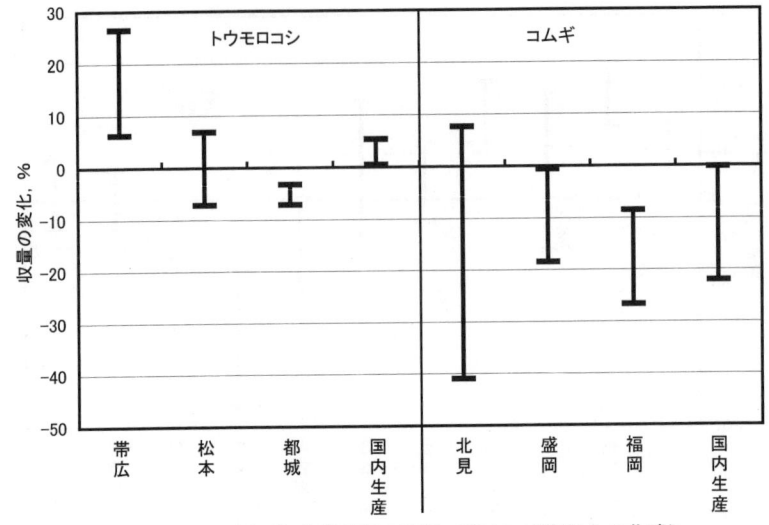

図9.8 わが国の畑作物収量の変化（Seino, 1995から作成）

い」から10％程度の増収が予測されている．トウモロコシについては，栽培地域が北海道に偏っているため，国内生産量としてはわずかに増収となる可能性がある．しかし，小麦については減収が予測されており，将来の小麦生産については何らかの対策が必要になるかもしれない．

5）適　応

将来，温暖化した場合，変化した気候条件に見合った農業技術が導入される可能性は十分にある．温暖化条件に適応した農業技術として，新作物の導入，新品種の導入，播種時期の変更，肥培管理法の変更，灌漑システムの導入等が考えられる．そのような適応技術が減収をどのくらい回避できるのかについて，作物生育モデルを用いて検討が行われている（表9.3）．

表9.3の結果は，ゴッダード宇宙空間研究所（GISS；Hansen et al., 1983），米国流体力学研究所（GFDL；Manabe and Wetherald, 1987），英国気象局（UKMO；Wilson and Mitchell, 1987）の各気候変化シナリオの中で最も減収をもたらすシナリオ（最悪シナリオ）条件の下で，早植えと灌漑技術の導入

表9.3 温暖化への適応技術の評価

研究者とモデル名	作物	適応技術	地域および収量の変化割合***		
Horie (1988) SIMRIW モデル	水稲		札幌		
		現行品種（イシカリ）	＋4％		
		新品種（コシヒカリ）＋25日早植	＋23％		
		新品種（日本晴）＋25日早植	＋26％		
Seino (1995) CERES-Rice モデル	水稲		仙台	新潟	宮崎
		最悪シナリオ*	－11％	－5％	－3％
		15日早植	－5％	0％	－2％
		30日早植	＋1％	＋4％	0％
Seino (1995) CERES-Maize モデル	トウモロコシ		帯広	松本	都城
		最悪シナリオ*	＋6％	－7％	－7％
		15日早植＋潅漑	＋30％	－1％	－5％
		30日早植＋潅漑	＋30％	－2％	－3％
Seino (1995) CERES-Wheat モデル	コムギ		北見	盛岡	福岡
		最悪シナリオ*	－41％	－19％	－27％
		15日早植/遅植＋潅漑**	＋16％	－18％	－28％
		30日早植/遅植＋潅漑**	＋24％	－18％	－30％

＊：GISS, GFDL, UKMO シナリオの中で最も減収が予測されたシナリオ
＊＊：春小麦（北見）は早植，冬小麦（盛岡・福岡）は遅植
＊＊＊：現在の収量に対する変化割合

による効果を評価したものである．水稲の場合，現在の栽培地域より温暖な地域で栽培されている品種の導入，温暖化に伴う移植日の早期化などは，非常に有効な適応技術と考えられる．トウモロコシや小麦の場合は，播種日の変更と潅漑システムの導入が，北海道地域については有効な手段であるが，その他の地域については減収を回避できるところまで達しない．このことは，最悪シナリオ条件下における北海道以外の地域の畑作物生産は，新作物や新品種の導入等，抜本的な対策を考える必要があることを示しているといえよう．

9.5 新たな気候変化シナリオに基づく影響評価

最近，IPCC の第二次報告書に基づく新しい気候変化シナリオが発表されている．これらは，1980年代後半の気候変化シナリオに対して第二世代のシナリオと呼ばれている．第二世代のシナリオが予測する地球平均気温の上昇は約2℃で，第一世代のそれに比べて1℃ほど小さくなっている．そこで，第一世代のシナリオを用いて行った温暖化影響の評価を，第二世代のシナリオを用いて再評価し，両者の違いを比較した．

第二世代の気候変化シナリオとして，9.3.2で述べた気象研究所のモデル（MRI-CGCM）の結果を用いた．このデータは気象庁から「地球温暖化予測情報」として発表されている（気象庁，1997）．このモデルは，大気中の CO_2 濃度を年率1％で上昇させている．CO_2 濃度倍増時の地球平均昇温度は1.6℃である．なお，MRI-CGCM シナリオでは100年間の計算期間の各10年毎の平均値が出力されている．CO_2 倍増となるのは71〜80年後である．各作物の作期（播種日または移植日）は現行のままとした．

図9.9〜9.11は，11〜20年後，31〜40年後，51〜60年後，71〜80年後，

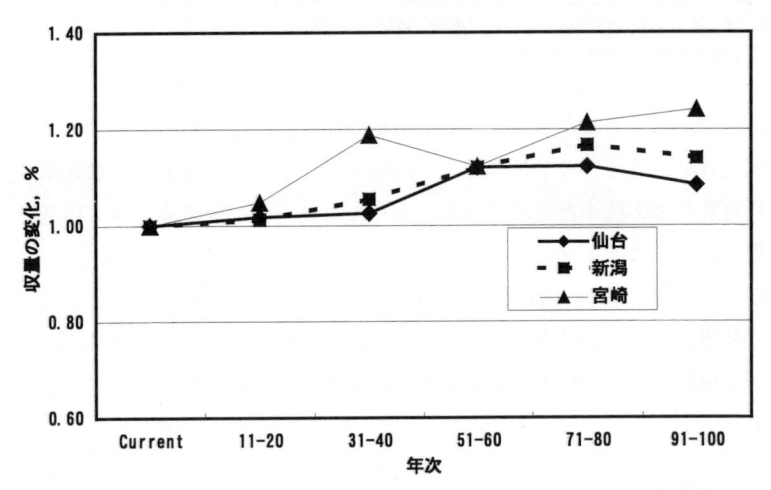

図9.9 MRI-CGCM シナリオによるわが国の水稲収量の変化（清野原図）

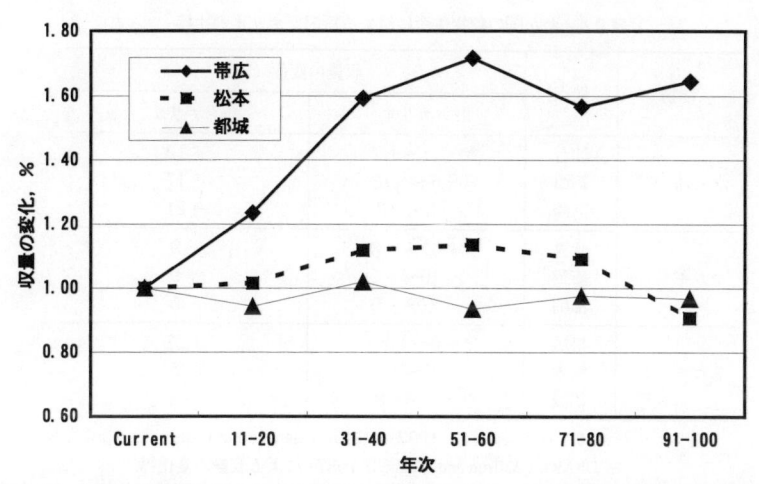

図 9.10　MRI-CGCM シナリオによるわが国のトウモロコシ収量の変化（清野原図）

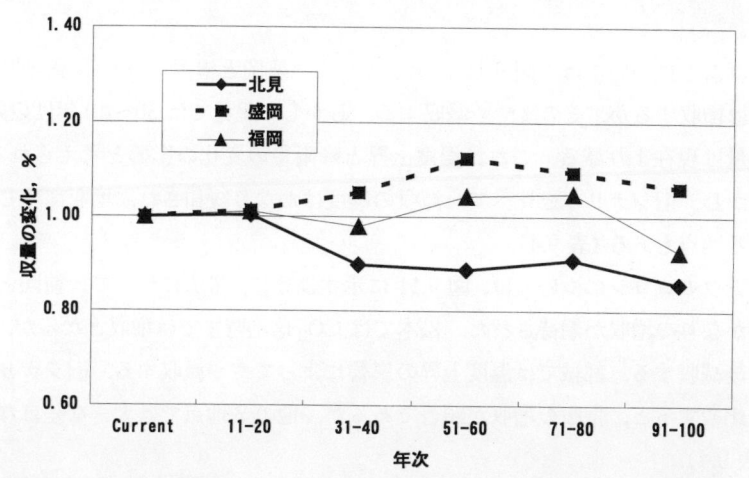

図 9.11　MRI-CGCM シナリオによるわが国のコムギ収量の変化（清野原図）

91～100 年後の水稲，コムギ，トウモロコシの収量の変化を計算した結果である．図 9.9 に示すように，水稲では，仙台，新潟，宮崎のいずれの地点も CO_2 倍増時まで収量は増加傾向にあるが，その後やや減収する．CO_2 濃度倍増時点で比較すると，旧シナリオに比べてかなりの増収となっている（表 9.

表9.4 わが国の穀物生産に対する新旧シナリオの比較

作物	地点	収量の変化 (%)	
		旧シナリオ[1]	新シナリオ[2]
水稲	仙台	$-11 \sim +7$	$+12$
	新潟	$-5 \sim +12$	$+17$
	宮崎	$-3 \sim +6$	$+21$
コムギ	北見	$-41 \sim +8$	-9
	盛岡	$-19 \sim -1$	$+9$
	福岡	$-27 \sim -9$	$+5$
トウモロコシ	帯広	$+6 \sim +27$	$+57$
	松本	$-7 \sim +7$	$+9$
	都城	$-7 \sim -3$	-2

[1] 旧シナリオ：GISS (Hansen et al., 1983), GFDL (Manabe and Wetherahd, 1987), UKMO (Willson and Mitchell, 1987) による収量の変化幅
[2] 新シナリオ：MRI-CGCM (気象庁, 1997) による収量変化

4).

コムギについては，図9.10に示すように，盛岡と福岡ではCO_2倍増時までは増収するが，その後やや減収する．しかし，北見では30〜40年度以降，収量は現在より減る．これは温度上昇と降雨量の変化の影響と考えられる．しかし，旧シナリオと比べて，減収の程度はかなり緩和され，増収に転じている地点もある（表9.4）．

トウモロコシについては，図9.11に示すように，帯広については前回と同様かなりの増収が期待された．松本ではCO_2倍増時までは増収となるが，その後減収する．都城では温度上昇の影響によってやや減収する．旧シナリオと比較すると，帯広の増収が顕著であるが，他の2地点では大きな差はない（表9.4）．

以上のように，第二世代シナリオに従うと，温暖化によるわが国の農業生産への影響は，第一世代シナリオに比べかなり小さい可能性がある．しかし，それでも北見のコムギや都城のトウモロコシのように減収となる場合もなお予想されており，地域的には注意が必要である．

9.6 森林生態系への影響

　森林は気候変化に特に敏感である．これは，観測，実験的研究，現在の生態生理学的・生態学的知識に基づくシミュレーションモデルによって示されている．特に次のようなことが明らかにされている．

＊ 少なくとも年平均気温が1℃持続して上昇すると，多くの樹種の成長と再生能力はかなり影響を受ける．いくつかの地域では，これによって森林の機能と構成はかなり変化する．それ以外の地域では，森林植生は完全に消滅する．

＊ 多くの種すなわち森林タイプの適切な生息地の気候条件は，多くの種が移動しうる最大速度よりも早く移動する．結果的に，自然更新の遅い種（種子散布の限定された種）のような成長の遅い種は，成長が早く適応性の高い種（移動性の高い種）に置き換わる．

＊ 森林は極端な水分状態（干ばつや浸水）に特に脆弱であり，水分状態がどちらかの極値に向かえば，たちまち衰弱する可能性がある．

＊ CO_2倍増気候条件によって，現存する森林のかなりの部分が，現在存在していない場所の気候条件を経験することになる．結果的に森林の大きな面積が現在の植生タイプから新しいものに変化せざるを得ないだろう．全ての気候帯を平均すると，現在の森林の33％がそのような変化を受けるとモデルは予想している．北方針葉樹林（ボレアル林）では，あるモデルは65％に達すると予想している．しかし，短期的な森林の反応を地域レベルから地球レベルにおいて予想することはまだ不可能である．

＊ 純一次生産力は増大するかもしれないが，森林の現存量は病虫害の異常発生，森林火災の増大などの理由で増大しない可能性がある．

　成熟林は陸上炭素の大きな貯蔵庫である．炭素が失われる最大速度は獲得する速度より大きいので，森林が気候変化に反応して変化するときと，新しい森林が前の植生に置き換わる前に，大量の炭素が一時的に大気中に放出されるかもしれない．失われる炭素は地上部だけで0.1～3.4 Gt/yr になると

推定された．

　2050年の気候変化シナリオに基づいて，熱帯林，温帯林，北方針葉樹林について，次のような地域レベルの評価が行われている．

　熱帯林は，森林破壊が現在のような早い速度で続く限り，気候変化よりも土地利用の変化によって影響を受ける．いかなる熱帯林の破壊も，その原因が気候変化であろうが土地利用変化であろうが，生物多様性に不可逆的な損失をもたらす．CO_2施肥効果は熱帯で最大の効果を持つ，特に窒素制限のない非撹乱森林には炭素蓄積をもたらす．熱帯林は，温度の変化よりも土壌水分の変化に影響を受けるようである（温度と降水量の変化の組合わせ効果）．土壌水分の減少は，土壌水分がすでに限界にある多くの地域で森林消失を加速する．その他の地域では，降水量の増大は蒸発量の増大と侵食をもたらす．

　温帯林は，他の緯度帯と比較して，潜在的な面積の変化はもともと少ないと予想される．しかし，現存する森林は種構成にかなりの変化を受ける可能性がある．多くの地域で土壌水分は変化する．水分供給がすでに限界にある地域では，森林は増加する夏の干ばつによって消失する．温暖化とCO_2濃度上昇は多くの森林の純一次生産力を増大させるが，土壌温度の上昇による土壌有機物分解のために炭素蓄積量は増大しない可能性もある．主として19世紀に多くの地域で始まった森林再生のために，温帯林は，現在，炭素のシンクである．しかし，もし気候変化や大気汚染のために温帯林が退化すれば，温帯林は炭素のソースとなる．ほとんどの温帯林は，火災や病害虫の総合管理，植林などを通じて気候変化の影響を減らす努力が行われている先進国に存在している．

　温暖化は高緯度地帯で特に大きく，北方針葉樹林は他の緯度帯の森林に比べて温度に強く影響されるので，気候変化は北方針葉樹林に非常に大きな影響を与える可能性がある．北方の森林ラインは，現在ツンドラが占めている地域へゆっくりと移動すると予想される．増大する火災頻度と害虫発生は樹齢，バイオマス，炭素蓄積を減らす可能性がある．また，北方針葉樹林が温帯林の種子や草原に負ける南限では，気候変化の影響が特に大きい．土壌水

分に制限されない森林の純一次生産力は，部分的に窒素の無機化によって，温暖化に伴って増大すると考えられる．しかし，温暖化に伴う土壌有機物の分解の増大によって，生態系からの炭素の損失が生じる可能性もある．

9.7 残された問題

IPCCでは，2001年に第三次評価報告書を公表する予定である．第三次評価報告書では，農業や森林に対する影響についての研究結果が補強されるとともに，第二次評価報告書の結論を改めて確認している．

これまで行われてきた地球温暖化の農業への影響に関する研究は，気温や水温の変化に伴う作物の生育期間，栽培地域の拡大，温暖化に伴う高温・高CO_2濃度条件による作物の反応，作物生育モデルによる収量の変化などである．しかし，例えば，作物生育モデルも，環境要因との相互作用が完全にモデル化されているわけではない．高温・高CO_2条件下で生じるさまざまな現象を解明し，基礎的データを蓄積する必要がある．そして，それらの結果に基づいた作物モデルの高度化が求められる．

地球温暖化によって将来の気候がどのように変化するのかについては，大気大循環モデルを用いて予想されている．しかし，大気大循環モデルの解像度は粗く，地域的な変化を予想するのは困難といわれている．農業生産への影響を考えるとき，精度の高い地域的な気候変化の予想が不可欠である．

また，農業生産は大気中のCO_2濃度や気象条件の影響のみならず，その他の環境要因（雑草，病害虫，土壌有機物，土壌微生物，肥料，農薬など）の変化の影響を受ける．農業生産への総合的な影響を評価するには，それらの環境要因との相互作用を含めた総合的な影響評価モデルが必要である．

さらに，現在ほとんど知見がない農業用水資源の変化についての研究も必要である．一方，温暖化していくに伴って異常気象の増加が指摘されており，これに対する研究も必要である．

引　用　文　献

Brammer, H., Asaduzzaman, M. and P. Sultana, 1994: Effects of climate and seelevel changes on the natural resources of Bangladesh. Briefing Document No. 3, Bangladesh Unnayan Parishad (BUP), Dhaka, Bangladesh, 35p.

Behl, R. K., Nainawatee, H. S. and Singh, K. P., 1993 : High temperature tolerance in wheat. In : *International Crop Science*, vol. I., pp. 349-355, Crop Science Society of America, Madison, Wisconsin.

Burke, J. J., Mahan, J. R. and Hatfield, J. L., 1988 : Crop specific thermal kinetic windows in relation to wheat and cotton biomass production. *Agronomy J.*, **80**, 553-556.

Decker, W.L., Jones, V. K. and Achutuni, R., 1986 : The Impact of Climate Change from Increased Atmospheric Carbon Dioxide on American Agriculture. Washington DC, USDE, Carbon Dioxide Research Division, DOE/NBB-0077, 44p.

Elings, A., 1992 : The use of crop growth simulation in evaluation of large germplasm collections. Wageningen, The Netherlands, Wageningen Agricultural University, PhD Thesis, 183p.

Ellis, R. H., Summerfield, R. J., Edmeades, G. O. and Roberts, E. H., 1992 : Photoperiod, temperature and the interval from sowing to tassel initiation in divers cultivars of maize. *Crop Sci.*, **32**, 1225-1232.

Hansen, J., Russell, G., Rind, D., Stone, P., Lacis, A., Lebedeff, S., Ruedy, R. and Travis, L., 1983 : Efficient three-dimensional global models for climate studies. Model I and II. Monthly Weather Reviews, **3**, 609-662.

Harverkort, A. J., 1990 : Ecology of potato cropping systems in relation to latitude and altitude. *Agric. Systems*, **32**, 251-272.

Hodges, T. and Ritchies, J. T., 1991 : The CERES-Wheat phenology model. In : *Predicting Crop Phenology*, pp. 133-141, CRC Press, Boca Raton, FL.

Hofstra, G. and Hesketh, J.D., 1969 : Effects of temperature on the gas exchange of leaves in the light and dark. *Planta*, **85**, 228-237.

Horie, T., 1988 : The effect of climatic variations on rice yield in Hokkaido. In : *The Impact of Climatic Variation on Agriculture, 1. Assessment in Cool Temperate and Cold Regions* (ed. by Parry, M. L., Carter, T. R. and Konijn, N. T.), pp. 809-825, Kluwer Academic Publishers, Dordrecht.

Horie, T., Nakagawa, H., Ohnishi, M., and Nakano, J., 1995: Rice production in Japan under current and future climate. In: *Modeling the Impact of Climate Change on Rice Production in Asia* (ed. by Matthews, R. B., Kropff, M. J., Bachelet, D. and van Laar, H. H.), pp. 143-164, CAB International, Wallingford.

Houghton, J. T., Meira Filho, L. G., Callander, B. A., Harris, N., Kattenberg, A. and Maskell, K. (eds.), 1996: *Climate Change 1995*. The Science of Climate Change, Cambridge University Press, 572p.

Hulme, M., Wigley, T., Jiang, T., Zhao, Z., Wang, F., Ding, Y., Leemans, R. and Markham, A., 1992: Climate Change Due to the Greenhouse Effect and Its Implications for China. CRU/WWF/SMA, World Wide Fund for Nature, Gland Switzerland.

Hunsaker, D. J., Kimball, B. A., Pinter, P. J. Jr., Wall, G. W. and LaMorte, R. L., 1996: Wheat evapotranspiration as affected by elevated CO_2 and variable soil nitrogen. In: *Annual Research Report 1996*, pp. 79-82, US Water Conservation Laboratory, USDA, ARS, Phoenix, Arizona.

Jeffers, D. L. and Shibles, R. M., 1969: Some effects of leaf area, solar radiation, air temperature, and variety on net photosynthesis in field-grown soybeans. *Crop Sci.*, **9**, 762-764.

Jin, Z., Daokou Ge, H. C. and Fang, J., 1994: Effects of climate change on rice production and strategies for adaptation in southern China. In: *Implications of Climate Change for International Agriculture: Crop Modeling Study* (ed. by Rosenzweig, C. and Iglesias, A.), pp. 1-24, U.S. Environmental Protection Agency, China chapter, Washington DC.

Kiniry, J. R. and Bonhomme, R., 1991: Predicting maize phenology. In: *Predicting Crop Phenology*, pp. 115-131, CRC Press, Boca Raton, FL.

気象庁, 1997: 地球温暖化予測情報. 大蔵省印刷局, 82p.

Le Houerou, H. N., Popov, G. F. and See, L., 1993 : Agro-Bioclimatic Classification of Africa. Rome, FAO, Research and Technology Development Division, Agrometeorology Group, Agrometeorology Series Working Paper, 6, 227p.

Lin, E., 1994 : The sensitivity and vulnerability of China's agriculture to global warming. Rural Eco-environment, **10**, 1-5.

Long, S. P., East, T. M. and Baker, N. R., 1983 : Chilling damage to photosynthesis in young *Zea mays*. I. Effects of light and temperature variation on photosynthetic CO_2 assimilation. *J. Exp. Bot.*, **34**, 177-188.

Lu, L. and Liu, Z., 1991a : *Studies on the Medium and long-Term Strategy of Food Development in China*. pp. 9-37, Agricultural Publishing House, Beijing, China.

Lu, L. and Liu, Z., 1991b : *Productive Structure and Development Prospects of Planting Industry*, pp. 21-27, Agricultural Publishing House, Beijing, China.

Manabe, S. and Wetherald, R. T., 1987 : Large-scale changes in soil wetness induced by an increase in carbon dioxide. *J. Atoms. Sci.*, **44**, 1211-1235.

Ohta, S., Uchijima, Z., Seino, H. and Oshima, Y., 1993 : Probable effects of CO_2-induced climatic warming on the thermal environment of ponded shallow water. *Climate Change*, **23**, 69-90.

Ohta, S., Uchijima, Z. and Seino, H., 1996 : Effects of doubled CO_2-induced climatic changes on heat balance of ponded shallow water in Japan. *J. Agric. Meteorol.*, **52**, 1-10.

Parry, M. L., Blantran de Rozari, M., Chong, A. L. and Panich, S. (eds.), 1992 : *The Potential Socio-Economic Effects of Climate Change in South-East Asia*. United nations Environment Programme, Nairobi, Kenya.

Penning de Vries, F. W. T., 1993 : Rice production and climate change. In : *Systems Approaches for Agricultural Development*, pp. 175-189, Kluwer Academic Publishers, Dordrecht.

Penning de Vries, F. W. T., Jansen, D. M., ten Berge, H. F. M. and Bakema, A., 1989 : Simulation of Ecophysiological Processes of Growth in Several Annual

Crops. Wageningen, The Netherlands, PUDOC, Simulation Monographs, 29, 271p.

Pinter, P. J. Jr., Kimball, B. A., Wall, G. W., LaMorte, R. L., Adamsen, F. and Hunsaker, D. J., 1997: Effects of elevated CO_2 and soil nitrogen fertilizer on final grain yields of spring wheat. In: *Annual Research Report 1997*, pp. 71-74, US Water Conservation Laboratory, USDA, ARS, Phoenix, Arizona.

Pollak, L. M. and Corbett, J. D., 1993: Using GIS datasets to classify maize-growing regions in Mexico and Central America. *Agronomy J.*, **85**, 1133-1139.

Prange, R. K., McRae, K. B., Midmore, D. J. and Deng, R., 1990: Reduction in potato growth at high temperature: Role of photosynthesis and dark respiration. *Amer. Potato J.*, **67**, 357-369.

Rötter, R., 1993: Simulation of the biophysical limitations to maize production under rainfed condtions in Kenya. Evaluation and application of the model WOFOST. Trier, University of Trier, PhD Thesis, 297p.

Rötter, R. and Van De Geijn, S. C., 1999: Climate change effects on plant growth, crop yield and livestock. *Climate Change*, **43**, 651-681.

清野 豁, 1991: 農業気候資源とCO₂気候変化. 農業及び園芸, **66**, 103-108.

清野 豁, 1995: 気候温暖化が我が国の穀物生産に及ぼす影響. 農業気象, **51**, 131-138.

Seino, H., 1995: Implications of climate change for crop production in Japan. In: *Climate Change and Agriculture: Analysis of Potential International Impacts* (ed. by Rosenzweig, C., Allen, L. H. Jr., Harper, L. A., Hollinger, S. E. and Jones, J. W.), pp. 293-306, American Society of Agronomy, Madison.

清野 豁・天野正博・佐々木克之, 1997: 農林水産業への影響. 西岡秀三・原沢英夫編「地球温暖化と日本」, pp. 105-136, 古今書院.

Swank, J. C., Egli, D. B. and Pfeiffer, T. W., 1987: Seed growth characteristics of soybean genotypes differing in duration or seed fill. *Crop Sci.*, **27**, 85-89.

Uchijima, T., 1988: The effect of climatic variations on altitudinal shift of rice yield and cultivable area in northern Japan. In: *The Impact of Climatic Variation on*

Agriculture, 1. Assessment in Cool Temperate and Cold Regions (ed. by Parry, M. L., Carter, T. R. and Konijn, N. T.), pp. 797-808, Kluwer Academic Publishers, Dordrecht.

Uchijima, Z. and Seino, H., 1988 : Probable effects of CO_2-induced climatic change on agroclimatic resources and net primary productivity in Japan. Bull. Natl. Inst. *Agro-Environ. Sci.*, **4**, 67-88.

Van Heemst, H. D. J., 1988 : Plant Data Values Required for Simple and Universal Simulation Models : Review and Bibliography. Wageningen, The Netherlands, Simulation reports CABO-TT, No.17, 100p.

Van Keulen and Seligman, N. G., 1987 : Simulation of Water Use, Nitrogen Nutrition and Growth of a Spring Wheat Crop. Wageningen, The Netherlands, PUDOC, Simulation Monographs, 310p.

Watson, R. B., Zinyowera, M.C., Moss, R. H. and Dokken, D. J. (eds.), 1996 : *Climate Change 1995. Impacts, Adaptations and Mitigation of Climate Change* : Scientific-Technical Analyses, Cambridge University Press, 878p.

Wetherald, R. T. and Manabe, S., 1999 : Detectability of summer dryness caused by greenhouse warming. *Climatic Change*, **43**, 495-511.

Wilkerson, G. G., Jones, J. W., Boote, K. J. and Buol, G. S., 1989 : Photoperiodically sensitive interval in time to flower of soybean. *Crop Sci.*, **29**, 721-726.

Willson, C. A. and Mitchell, J. F. B., 1987 : A doubled CO_2 climate sensitivity experiment with a global model including a simple ocean. *J. Geophy. Res.*, **92**, 13315-13343.

Yoshida, S., 1981 : Fundamentals of Rice Crop Science. The International Rice Research Institute, Los Banos, Philippines, 269p.

Zhang, H., 1993 : The impact of greenhouse effect on double rice in China. In : *Climate Change and Its Impact.* pp. 131-138, Meteorology Press, Beijing, China.

第10章　紫外線（UV-B）増加に対する植物の反応

　オゾン層破壊は南極，北極および南北両半球の中緯度地帯の上空で起こっている（Madoronich et al., 1998）．1970年と比較して，現在の平均的な成層

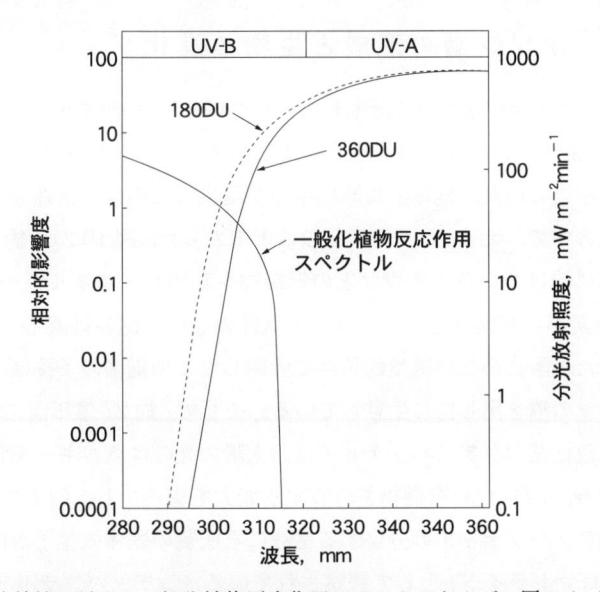

図10.1　紫外線に対する一般化植物反応作用スペクトルとオゾン層のオゾン濃度変化に対する紫外線の地上到達波長の変化（Caldwell et al., 1995より作図）一般化植物反応作用スペクトルは，植物の様々な反応（光合成，Hill反応，DNA損傷など）の作用スペクトルを総合化して考案されたもので，波長300 nmの影響度を1として，波長毎の影響度を相対的に表している．この一般化植物反応作用スペクトルの相対影響度は，UV-B照度を表す生物学的影響量を計算する場合に使われる．
　成層圏オゾン層のオゾン濃度が360ドブソンユニット（通常の値）から180ドブソンユニット（オゾン層破壊50％）になると，地上に到達するUV-B領域（280～320 nm）の紫外線照射量が増加する．太陽の分光放射照度はGreen et al. (1980)のUV-B放射伝達モデルを用いて，夏至頃の北緯49度正午の計算値である．

圏のオゾン層の減少は南極の春で50 %,北極の春で15 %,北半球中緯度地帯の冬～春で6 %,夏～秋で3 %と見積もられている(Madoronich et al., 1998).オゾン層が減少すると紫外線(ultraviolet radiation)照射量が増加するが,地上への到達量が増加する紫外線は波長280～320 nmの UV-Bと呼ばれる紫外線である(図10.1).そして,中緯度地帯では成層圏のオゾン量が1 %減少すると,生物に有害なUV-B量はほぼ2 %増加すると推定されている.

10.1 オゾン層の形成と生物の進化

地球は今から46億年前に誕生した.その時の原子地球の大気は二酸化炭素(CO_2)主体でほとんど酸素を含んでおらず,地表には太陽の紫外線が強烈に降り注いでいた.地球上に原始生命が誕生したのは,紫外線の届かない深い海水の中で,およそ40億年前のことであった(図10.2).約37～38億年前,海に溶けているイオウなどの無機物を利用してエネルギーを獲得し,CO_2の炭素から有機物を合成できる嫌気性の原核細胞の細菌(バクテリア)が出現した.酸素のない嫌気的条件で活躍したこの細菌の子孫は,今なお深海のマグマの噴き出し口に生息している.そして,約27億年前,原核細胞生物のラン色細菌のシアノバクテリアは,太陽の光のエネルギーを利用して光合成を営み,CO_2から有機物を合成する能力を編み出し,酸素を放出した.今日,シアノバクテリアの分泌する粘液に石灰質の固体微粒子が付着した化石(ストロマトライト)として観察されている.シアノバクテリアから放出された酸素は,初めは水に溶けていた大量の鉄と結合して,酸化鉄として沈殿していった.その後,徐々にではあるが,海洋に少しずつ酸素が増加した.酸素の増加はそれまでの生命を育んできた海洋の性格を,還元的な条件から酸化的なものへと大きく変えていった.酸素の量が増加するにつれて,他の原核細胞はもちろんシアノバクテリア自身の細胞さえも,酸素が還元されてできる毒性の強い活性酸素(O_2^-など)によって,生存の危機に陥った.原核生物は活性酸素を解毒する酵素系を発達させるとともに,約20億年前までには酸素を積極的に有効利用する酸素呼吸型の細菌を登場させた.そして,

10.1 オゾン層の形成と生物の進化

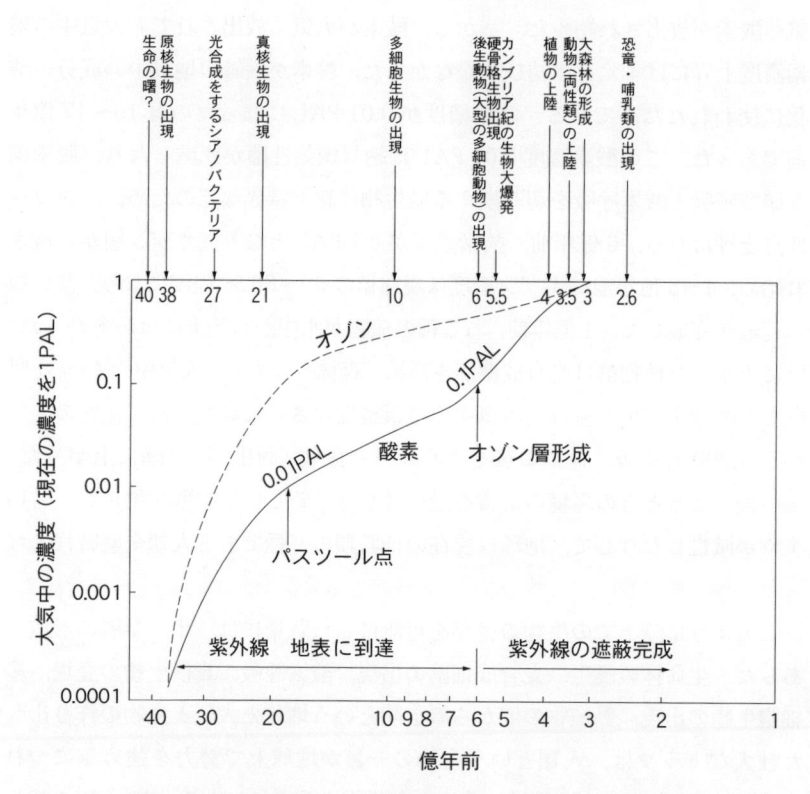

図 10.2 地球における酸素とオゾンの生成および生物の進化（秋元，1989の地球史の酸素・オゾン濃度変化の図に，丸山・磯崎，1989や川上，2000の生物進化の発展を重ね合わせた．許可を得て改変作図

ある種の嫌気性細菌は好気性細菌やシアノバクテリアを細胞内に取り込み共生するようになった．さらに約 21 億年前，共生細菌は遺伝情報をつかさどる DNA を細胞の核という特別の容器の中に入れた真核細菌へと進化した．真核細菌は細胞を大型化させ，約 10 億年前に多細胞生物へと進化していった．

40 億年前頃の大気中の酸素は水の光分解によって生成され，現在の地球上の酸素量（PAL：Present Atmospheric Level の略）の 1 万分の 1（0.0001 PAL）であった．光合成をする生物の働きにより，約 18 億年前，海洋から大

気へ酸素が放出され始めた．しかし，酸素が大気に放出されても大気中の酸素濃度上昇にはすぐとは結びつかなかった．酸素が鉄等の地殻中の成分の酸化に使われたためである．酸素濃度が 0.01 PAL になったのは 15～17 億年前であった．この酸素濃度 0.01 PAL は絶対嫌気性菌が死滅したり，脱窒菌が硝酸呼吸と酸素呼吸を切り換える微生物代謝上特異な点のため，パスツール点と呼ばれる．6 億年前，酸素濃度が 0.1 PAL となり，オゾン層が形成され始め，4～5 億年前にオゾン濃度は現在値の 50～60 ％ 程度になり，紫外線の遮蔽が完成した．4 億年前，ある種の植物が水中から陸上にはいあがった．陸に上がった植物群は光合成機能を高め，森林をつくり，大気中の CO_2 を吸収し，酸素を放出し続け，大気中の酸素濃度はさらに高まった．植物の上陸から 5,000 万年後，植物の後を追うように動物（両生類）が陸に上がった．その後，ときどきの環境の影響を受けながら，新しい生物群が生まれ，古い生物が滅亡したりして，地球は現在のほ乳類の一種である人類全盛時代となった．

このように陸上での生物の生存を可能にした背景には，オゾン層の形成があった．生命体の誕生，光合成細菌の出現，酸素呼吸，真核生物の登場，多細胞生物の出現，動植物の海からの上陸という地球と大気と生物の作り出した壮大なドラマは，人類という生物の一員が地球上で勢力を強めるにつれて，今までとはまったく意味の違った転換点を迎えつつある．40 億年の歳月をかけて，地球と生物が編み出した生命の維持装置であるオゾン層を破壊しようとしているのは，誕生してまだ 500 万年にしかならない人類（ホモ・サピエンスは 5 万年）なのである．

10.2 生体物質への影響

遺伝子の主要な成分である核酸は 260 nm 付近に，タンパク質は 280 nm 付近に紫外線の吸収ピークがある．また，インドール酢酸のような植物ホルモンなど多くの生体物質も，紫外域に吸収のピークがある．これらの物質の多くは紫外線を吸収すると損傷を受け，場合によっては破壊される．UV-B の波長域はこれら物質の吸収ピークに重なっているため，UV-B の増加はこ

10.2 生体物質への影響

れら物質の損傷を増加させ，生物に悪影響を及ぼすと考えられている．

遺伝子は生物の生存や生体機能に関する情報を担っており，遺伝子に損傷が起こると正常な生育ができなくなり，場合によっては生存することができなくなる．DNAは紫外線の照射を受けると，しばしば隣り合った核酸塩基のチミンとシトシンが共有結合し，2量体が形成される．2量体としては核酸塩基どうしが2カ所で共有結合するシクロブタン型ピリミジン二量体（CPD）と，チミンの6位の炭素とシトシンの4位の炭素が結合したピリミジン（6-4）ピリミジノン型光産物（6-4光産物）が主である（図10.3）．このうち主として生成するのはCPDで約90％であり，6-4光産物は10％程度である．なお，6-4光産物は313～320 nmの紫外線により異性化し，ジュワー型光産物を生じる．このような二量体の損傷産物が生成すると，DNA

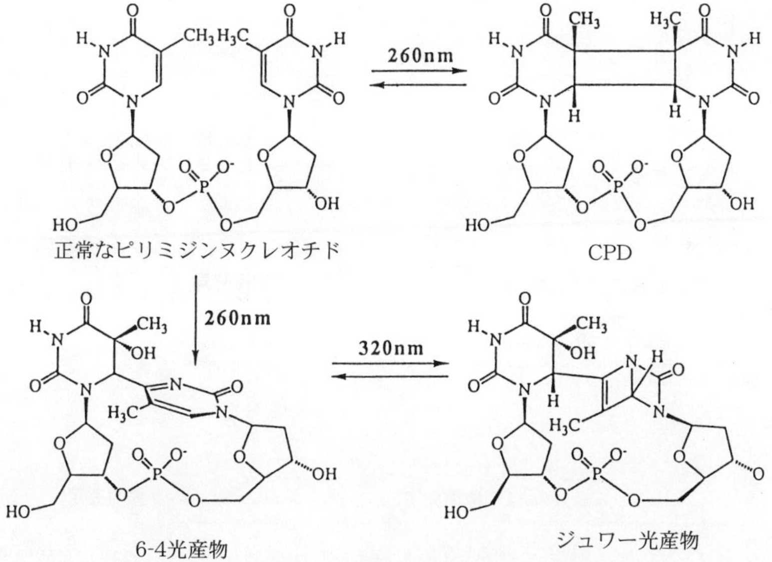

図 10.3 紫外線により形成される DNA 損傷産物
DNA中で隣り合うピリミジンヌクレオチド（図ではチミジン）に紫外線（吸収ピーク：260 nm）が吸収されると，シクロブタン型ピリミジン二量体（CPD）とピリミジン（6-4）ピリミジノン型光産物（6-4光産物）が形成される．また，6-4光産物は紫外線（吸収ピーク：320 nm）によりデュワー光産物に異性化する．

の高次構造が影響を受け，DNA の翻訳または複製が阻害され，細胞死に至ることもある．それを免れるために生物はこのような DNA 損傷を認識して，修復する数種の機能を有している（Britt, 1996）．例えば，青色光と UV-A を利用して，光修復酵素（DNA photolyase）によって修復する光修復や，光に依存せずに DNA 鎖の異常を認識して，その近くに切れ目を入れて，異常を含む DNA 鎖を切り出す酵素であるエンドヌクレアーゼによる切除修復（あるいは暗修復と呼ばれる）などがある（図10.4）．光修復は 2，3 時間以内に

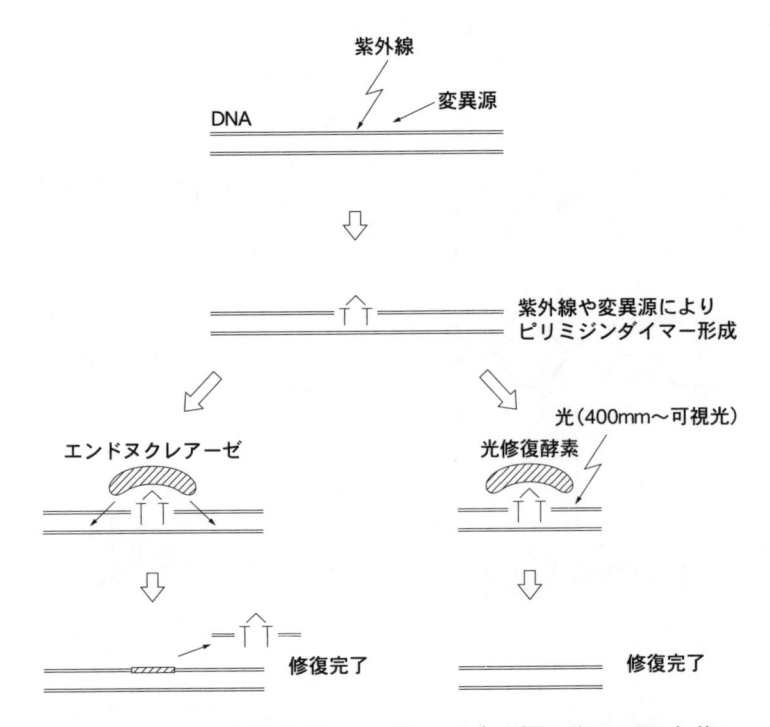

図10.4　DNA 損傷修復の模式図（国環研 中島 原図，許可を得て転載）
エンドヌクレアーゼはピリミジンダイマーを認識して，その近くに切れ目を入れ，DNA 鎖の一部切り出し，修復する．一方，光修復酵素は 400 nm から可視光の波長の光の存在下で，ピリミジンダイマーを元に戻す．T-T：DNA 鎖中で隣り合ったピリミジンヌクレオチドが二量体（ダイマー）を形成したもの

起こるが，切除修復は光修復よりかなりゆっくりとしたものである．通常の自然光の下でも，日中に葉の中でDNA損傷がわずかに起こり，損傷産物が蓄積するが，夕方頃には光修復が，夜間には切除修復が働き，翌朝までにはDNA損傷産物は除去される(Stapleton et al., 1997). しかし，大量の紫外線を浴びれば，DNAに多くの傷が生じるため，これらの修復機構では対応できないので，一部の損傷産物は元の塩基に戻らないで間違った塩基配列となり，細胞死，突然変異，悪性形質変換の引き金となる．

タンパク質では-S-S-結合を持つアミノ酸や芳香環を持つアミノ酸が紫外線と反応して，酵素タンパクを不活性化してしまう．脂質では不飽和脂肪酸の二重結合が反応の開始点となりやすく，その脂質障害は膜機能，主に膜を介した物質の輸送現象に重大な影響を与える．植物ホルモンは生長や形態形成に関与しており，葉の生長やクロロフィルの合成はサイトカイニン，伸長生長はジベレリン，オーキシンやアブシジン酸等によって制御されている．これら植物ホルモンはいずれも紫外線域に吸収ピークを持っているため，UV-Bによる分解や不活性化を起こす可能性があり，内生オーキシンであるインドール酢酸はUV-Bにより光分解されることが証明されている(Ros and Tevini, 1995).

10.3 植物に対するUV-Bの影響

紫外線の増加が植物に及ぼす影響を調べるために，さまざまな方法が行われている．その一つは，山岳では，海抜高度の増加につれて大気含有物が減少するため,標高が高いほど直達の紫外線が強いこと(図10.5)を利用する方法であり，標高の違いによりUV-Bに対する植物の適応に関する情報が得られている(Sullivan et al., 1992 ; Ziska et al., 1992 ; Rozema et al., 1997a). しかし，一般的には人工光源でUV-Bを植物に照射する照射実験が圧倒的に多い．

10.3.1 UV-Bの影響を調べる実験方法

UV-B増加による植物への影響を調べる方法には，①紫外線ランプを照射することによりUV-Bを増加させる方法と，②太陽のUV-Bをフィルター

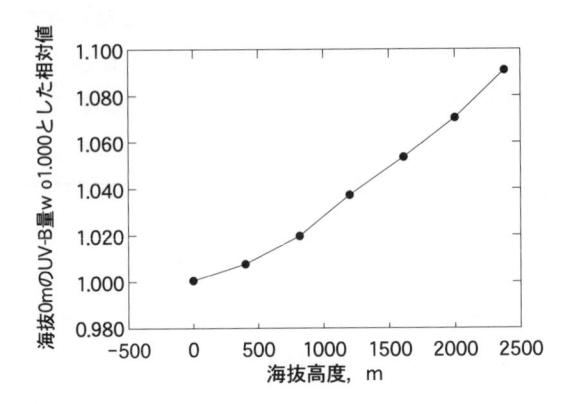

図10.5 標高と太陽紫外線（UV-B_{BE}）放射量との関係（Rozema et al., 1997aから作図）

1995年5月1日のジャマイカ（南緯18度）における海抜0mから2,400mの太陽UV-Bの生物学的影響量（UV-B_{BE}）を，UV-B放射伝達モデル（Green et al., 1980）を用いて計算した値で，海抜0mのUV-B_{BE}を1.000として各海抜高度のUV-B_{BE}をその相対値で示した．

図10.6 人工気象室内でのUV-B照射装置（農業環境技術研究所，1990年8月）

10.3 植物に対するUV-Bの影響

で除去するという2つの方法がある．これまでのUV-B研究では，そのほとんどが①の紫外線ランプによる照射実験によりなされているが（図10.6），最近，②の太陽UV-B除去実験も多くなされるようになってきた．

① UV-B照射実験

紫外線ランプとしては，市販の波長310 nm付近にエネルギーピークをもつ蛍光灯紫外線ランプが用いられる（図10.7）．この紫外線ランプはUV-C領域の270 nmからUV-A領域の400 nmまでの光を放射する．特に，UV-C（190～280 nm）は生物にとって害作用が強く，わずかな放射量でも極めて影響が大きい．そのため，このランプを裸のまま用いるとUV-Cの実験をしているのと同じになってしまう．UV-Cをカットするために，0.10 mm程度の厚さのセルロースアセテート膜（290 nm以下をカットする）などをランプに巻付けて，UV-BとUV-A（320～400 nm）のみを透過させる．一方，比較対照用としては，ランプに320 nm以下のUV-CとUV-Bをカットする0.10

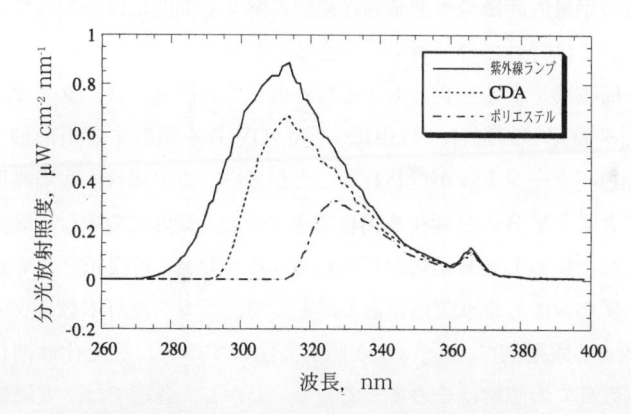

図10.7 UV-B照射実験に用いた紫外線ランプの分光波長特性とフィルターの紫外線カット特性（Nouchi, 2000）
紫外線ランプは40 W蛍光ランプ（F40UVB, Philips Lighting社，アメリカ），CDAは厚さ0.13 mmのセルロース・ジ・アセテート・フィルム（Cadillac Plastics社，アメリカ）で290 nm以下をカットし，ポリエステル・フィルムは厚さ0.13 mmのマイラーDフィルム（DuPont社，アメリカ）で315 nm以下をカットする．分光放射照度はラジオスペクトロメーター（MSR-7000，オプトリサーチ社，日本）を用いて，ランプ直下30 cmで測定した．

mm 程度の厚さのマイラー膜などを巻付け（UV-A のみが透過する），UV-B 照射区と対照区では，UV-B 放射量だけが異なるようにする（図 10.7）．

UV-B 照射実験は室内と野外の両者で実施されている．人工気象室や温室などの室内研究では，人工の可視光ランプと UV-B ランプを用いて UV-B 照射実験が行われるが，植物育成チャンバーではガラスやビニールフィルムおよびその支持骨組により，可視光量（PAR）は野外に比べ少なくなり，自然の太陽光に比べ，PAR と UV-B の比率が極端に変わってしまう．植物の生長・収量に対する UV-B の影響は，UV-B 照射時の可視光の量に依存し，弱い可視光線の下では UV-B に対して感受性が高くなり，生育阻害が増幅されることがよく知られている．この理由はまだ明らかではないが，可視光には UV-B により生じた障害を修復する作用があると考えられている．そのため，野外に比べ温室や人工気象室では，必然的に可視光量が低下するので，UV-B の影響が過大に現れる傾向にある．このため，室内実験は農作物の生長や収量の定量的評価や生態学的な影響に関する問題には不向きであり，それらについては野外での照射実験が必要である．

オゾン層破壊をシミュレートする野外の多くの研究では，タイマーにより照射時間を設定し，毎日，日中に一定の UV-B を照射する矩形波（square-wave）照射パターン実験が行われることが多い．この場合，太陽高度角の違いによる太陽 UV-B の日変化を再現できないし，紫外線の少ない曇雨天日でも設定された量の UV-B 照射が行われる．そのため，可視光と UV-B の比率が大きく変わってしまう欠点がある．そこで，ランプ点灯本数をタイマーにより増減する段階的な（stepwize）照射方法にすると，日変化は補正されるが，曇雨天日での照射はそのままである．しかし，最近では，太陽の UV-B 量に追随させてランプ出力を変えて，太陽高度度や雲による太陽 UV-B 量変化に見合った UV-B 増加量を照射するシステムが採用されつつある（McLeod, 1997）．

② 太陽光からの UV-B 除去実験

太陽光のうち UV-B を除去するためのフィルターとして，紫外線を透過するガラス 2 重層の間にオゾンガスを流したり，マイラー膜などのポリエステ

ル・フィルムを用いる．この除去方法が考案された当初は，小型の人工気象室の屋根にオゾンガスを流すガラスキュベットを取り付けたものが作られたが（Mark and Tevini, 1996），価格が高いのでチャンバーとして小型のものしかできない．現在，行われている除去実験では，UV-Bをカットするポリエステル・フィルムを用いて「−UV-B処理区」とするハウス型チャンバーである．他方，UV-AとUV-Bの両者をよく透過させるセルロースアセテート・フィルムなどを用いて「＋UV-B処理区」とし，この両者から太陽UV-Bの影響を調べるものである．このUV-B除去実験は費用が安く，かつ，UV-B照射実験の際の多くの問題点（ランプと太陽光のスペクトルの違い等）を取り除くことができる．この除去実験により何らかの影響が見つかれば，現状のUV-B量でさえ影響を及ぼしていることが確認できる．一方，もし，影響が見つからない場合は，UV-Bが増加した場合にも何らかの影響がないとはいい切れないという欠点がある．

10.3.2 照射実験におけるUV-B放射照度の表示

紫外線は波長が短いほどエネルギーが高いので，波長が短いほど生物的影響が強い．そのため，同じ積算エネルギーでも，光源のスペクトルが異なれば，生物的影響は大きく異なる．そこで，植物個体に対するUV-B照射試験におけるUV-B放射照度の単位は，通常，ラジオスペクトロメーターで1 nmの波長毎に測定した分光放射照度（$mW\,m^{-2}nm^{-1}$）に，ある重み付け係数を掛け合わせて，UV-B領域を積算して評価する．紫外線の植物への影響の研究で最も用いられているのは，生物学的影響量（biologically effective UV-B：$UV\text{-}B_{BE}$）で次式で表わされる．

$$UV\text{-}B_{BE} = \int_{280}^{313} I_\lambda E_\lambda \, d\lambda$$

ここで，I_λ は波長 λ における分光放射照度，E_λ は波長 λ における重み付け係数である．なお，この波長毎の重み付け係数は作用スペクトルから求められるが，実験的に植物個体の生長影響の作用スペクトルはまだ得られていないので，通常はCaldwell（1971）によって提唱された「一般化植物反応作用

スペクトル（generanized plant reponse action spectrum）」を用いており（図10.1），これは300 nmの影響度を1.00として，280 nm：4.61，285 nm：3.36，290 nm：2.38，295 nm：1.60，300 nm：1.00，305 nm：0.54，310 nm：0.19，314 nm以下：0.00である．この場合，280 nmから313 nmの波長の間を1 nm毎に重み付け係数をかけて積算し（1秒間），さらに照射時間（日中8時間など）当たりとして表示するが，例えば，重み付け係数をかけて積算した値が200 mW m^{-2}の時，8時間照射したとすると，生物学的影響量は$0.20 \times 3600 \times 8 = 5.7$ kJ m^{-2} day^{-1}となる．そして，UV-B放射伝達モデル（例えば，Green et al., 1980；Björn，1989）を用いて，ランプによる照射UV-B$_{BE}$がオゾン層破壊の何％の時のUV-B$_{BE}$に相当するかを計算する．

10.3.3 被害症状

UV-Bによる可視的被害症状としては，葉縁の黄色化と葉脈間の黄色斑，さらには葉表面の光沢化などが知られている（Nouchi, 1993）．特に，キュウリとダイズはUV-Bに感受性が高く，葉縁や葉脈間に黄色斑の可視被害症状（口絵写真4）がよく発現する．

10.3.4 UV-B照射に対する植物の反応

これまでに，300以上の植物種および品種（そのほとんどが農作物）においてUV-B増加の影響が調べられている（Tevini, 1994）．UV-B増加に対する植物の反応は種により，また同じ種でも品種により大きく異なり，植物の生長が著しく阻害されるものや，ほとんど影響がないもの，さらには逆に生長が増加するものなど多様である．調べられた300種・品種のうち約50％は生育阻害など悪影響を受けている．しかし，供試した植物の種・品種の違いばかりでなく，実験方法，実験場所，UV-B強度，植物の生育環境などにより，UV-Bの影響は大きく異なり，多数報告されているUV-B増加の植物への影響を一概に論ずることは困難な状況にあるが，それらのUV-Bの影響を大まかにまとめたのが表10.1である．

単子葉植物は双子葉植物に比べて，UV-Bの影響を受けにくい．また，C_3植物（カルビン・ベンソン回路によって炭酸固定を行う植物）はC_4植物（カルビン・ベンソン回路に加えて，C_4-ジカルボン酸回路をもつ植物）に比べ

10.3 植物に対するUV-Bの影響

表10.1 陸上植物へのUV-B放射量増大の影響（Runeckles and Krupa, 1994に一部加筆）

植物の反応	影響
光合成	多くのC_3とC_4植物種で減少（特に弱い可視光量下で）
葉面拡散コンダクタンス	減少（特に弱い可視光量下で），すなわち，気孔の閉鎖
水利用効率	ほとんどの植物種で減少
葉面積	ほとんどの植物種で減少
葉重比（SLW，葉の厚み）	ほとんどの植物種で増加（葉が厚くなる）
伸長速度	抑制（草丈が短くなる）
作物の成熟速度	影響なし
開花	阻害あるいは促進（植物により変化）
乾物生産と収量	多くの植物種で減少
植物種間の感受性差異	種間でUV-Bに対する感受性に大きな差異がある
品種間の感受性	品種の間で異なった反応を示し，品種間差は大きい
乾燥ストレス感受性	UV-Bに対しては植物は感受性が低くなる．しかし，水不足に対する感受性が高まる．
養分ストレス感受性	ある植物種ではUV-Bに対して感受性が低くなるが，他の植物種ではより感受性になる．

これらは室温内におけるUV-B照射実験に基づいた結論である．

て，UV-Bに対する感受性が高い傾向が見られる．UV-Bの増加は多くの場合，葉面積の減少や個体重量の減少など生長に阻害的効果を与える．一方，葉が厚くなったり，葉の表面にワックス状の物質が蓄積したり，葉の表皮細胞の液胞にフラボノイド，アントシアンなどの紫外線吸収物質が蓄積するが，これらの反応は，葉肉細胞に到達する紫外線量を減少させることになるので，紫外線の生長阻害作用に対する防御的な一種の適応反応と考えられる．

UV-Bは光合成を阻害することが知られており，生長阻害の原因と考えられる．強いUV-B照射は多くの植物種の光合成速度を低下させる．特に，人工気象室のような可視光量が低い場合には，光合成の阻害が顕著である．光合成には電子伝達系（光化学系Ⅰと光化学系Ⅱ）によるエネルギーであるATPの生成と還元力のNADPHの生成，炭酸固定反応があるが，いくつかの植物種では，UV-Bによる光合成速度の低下は，電子伝達の活性低下と平行関係にあることが知られている（Iwanzik et al., 1983）．この電子伝達反応では，光化学系Ⅰ（$NADP^+$を還元する過程）に比べ，光化学系Ⅱ（水から電

子を受け取り，酸素を発生するとともに光化学系Iに電子を渡す過程）の方がUV-Bによる阻害を受けやすい（Renger et al., 1989）．なお，光化学系IIはUV-Bばかりでなく，その他のストレスである過剰な強光や低温，オゾンやSO_2などの大気汚染ガスによる障害を起こしやすいことも知られている．

UV-Bは電子伝達系ばかりでなく，炭酸固定系を阻害し，炭酸固定のキー酵素であるリブロース-1,5-ビスリン酸カルボキシラーゼ/オキシゲナーゼ（Rubisco）の活性を低下させる（Jordan et al., 1992）．また，Rubiscoを合成するためのポリペプチド合成におけるmRNA転写レベルの阻害（mRNA量が少なくなり，タンパク合成での転写部分が抑えられる）が起こることも知られている（Jordan et al., 1992）．

UV-B増加は樹高，葉面積，葉の厚さや分枝数などの形態変化も引き起こすが，葉の長さや草丈の変化（バイオマス重量には変化がない場合においても）は，UV-B光受容体（光に刺激される受容体）によって伝達されるUV-Bへの植物の特異的な光形態形成反応であるかもしれない．例えば，UV-B照射下で育成されたトマトでは，下胚軸の伸長が阻害されるが，その阻害の開始剤としてフラビン発色団が影響している可能性がある（Ballare et al., 1995）．一方，UV-Bによって引き起こされる生長阻害は，オーキシンの減少あるいは破壊であるかもしれない．低可視光下のUV-B照射では，ヒマワリの苗の伸長生長と下胚軸切片の伸長の阻害が見られるが，その伸長阻害の原因はIAA含量の減少と生長阻害的なIAA光分解物の形成と考えられる（Ros and Tevini, 1995）．一方，UV-Bは葉に黄色斑などの可視被害症状を呈するが，クロロフィルの生合成が阻害されたり，あるいはクロロフィルの分解が促進されているものと思われるが，可視害発現のメカニズムはわかっていない．

10.3.5 紫外線に対する植物の防御機構

UV-Bによる障害を避けるため，植物がもつ防御機構として最も有効なものは，表皮細胞に局在するフェノール性化合物によるUV-Bのフィルター作用である．また，その他の防御機構として，① DNA修復，②UV-B光子を吸収することによって生じるラジカルの消去，③ 被害を受けた膜を安定化す

10.3 植物に対するUV-Bの影響

るポリアミンの生成などが考えられている.

1) 葉の厚みの増加

多くの植物種で高レベルの UV-B 照射により，葉の厚みが増すことが観察されている（Cen and Bornman, 1990）．また，標高が高くなり，UV-B が増すにつれて葉が厚くなることも知られている（Rozema et al., 1997a）．このような反応は UV-B に対する一つの適応機構と考えられている．すなわち，葉の厚みを増すことにより，葉表面に近い細胞は UV-B の攻撃を受けつつも，その下にある細胞群には有害な UV-B を到達させなくし，正常な細胞の働きを維持することとなる．

2) フラボノイドの生成

葉の厚みを増すことと同様に，UV-B 照射を受けると植物は一般に葉の表皮細胞の液胞に存在するフラボノイドという紫外線吸収物質を増やす．フラボノイドは二次代謝物質のフェノール性物質の一種であり，C_6-C_3-C_6 を基本骨格（図 10.8）とする化合物の総称でフラボン，フラボノー

図10.8 フラボノイド骨格

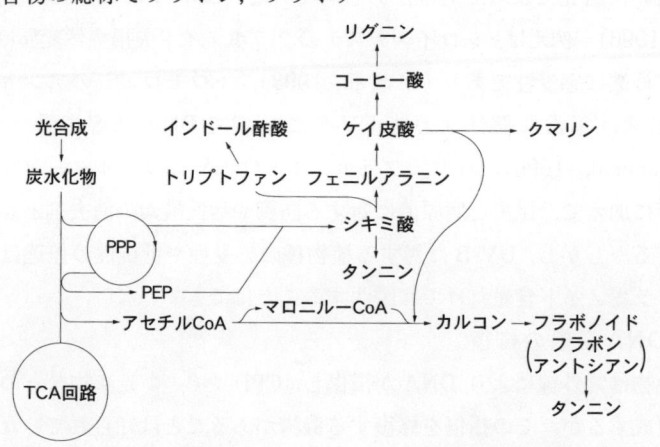

図10.9 フラボノイド，リグニンおよびタンニンの生合成経路（増田，1988，許可を得て一部改変）
TCA：トリカルボン酸　PPP：ペントースリン酸経路
PEP：ホスホエノールピルビン酸

ル，アントシアニジンなどが含まれる．フラボノイドは光合成に有効な可視光部ではほとんど吸収領域をもたず，光合成への影響は少なく，紫外部に強い吸収領域を持つため，UV-Bに対するバリヤーとしての機能を果たす．フラボノイドをはじめフェノール性化合物は主として，シキミ酸経路を経て生成される（図10.9）．このシキミ酸経路ではインドール酢酸（IAA），フラボノイドのようなフェニルプロパノイド，タンニンとリグニンのような代謝生成物が生成される．フラボノイド量はその生合成系の酵素であるフェニルアラニンアンモニアリアーゼ（PAL）やカルコンシンターゼ（CHS）などの酵素によって制御されている．PALはフェニルアラニンを脱アミノ化し，ケイ皮酸にする反応を触媒する．しかし，UV-B照射によりこれらの酵素の誘導が起こり，酵素量の増加とともに，フラボノイドの生合成が活発化し，フラボノイド量の増加が起こる．

紫外線耐性が強い植物はフラボノイド様物質含量が多いという相関関係も知られており，紫外線の防御機構として，フラボノイドは最も重要な要因と考えられている．このフラボノイドの重要性は，フラボノイド欠損突然変異種を用いた研究によっても確かめられている（Landry et al., 1995 ; Reuber et al., 1996）．例えば，シロイヌナズナのフラボノイド欠損突然変異はUV-B照射に極端に感受性であり（Li et al., 1993），トウモロコシのアントシアニン欠損種は正常な個体よりもUV-BによってDNA障害を受けやすい（Reuber et al., 1996）．なお，フラボノイドはUVのフィルターとして作用するのに加えて，昆虫と病原菌に対する防御や活性酸素の消去剤としても働いている．しかし，UV-Bに対する植物種の感受性や抵抗性の差違は，必ずしもフラボノイド含量だけでは説明することはできていない．

3）DNA損傷の修復

微生物は紫外線によりDNAが損傷し，CPDや6-4光産物などの損傷産物を生成するが，その損傷を修復する機構があることは知られていた．しかし，最近，植物でも同様な機構が存在することがわかってきた（Britt, 1996）．Takeuchi et al. (1996a) はDNA損傷産物の生成とその修復能力を報告している．キュウリの黄化子葉に中緯度地帯の太陽紫外線とほぼ同量の

10.3 植物に対する UV-B の影響

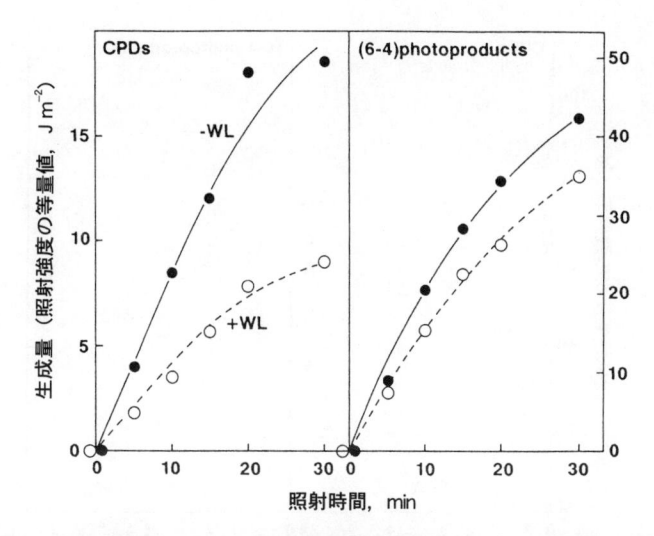

図 10.10 UV-B 照射による DNA 損傷産物（CPD と 6-4 光産物）の生成 (Takeuchi et al., 1996, 許可を得て転載)

25°C でキュウリ子葉に UV-B 照射し，DNA 損傷産物の CPD と 6-4 光産物の生成量を定量した．この UV-B 照射の際，同時に白色光を照射した場合（●）と無照射の場合（○）の結果である．CPD および 6-4 光生成物は，モノクロナール抗体を利用して ELISA 法により定量した．縦軸の生成量は，標準品の λDNA に 260 nm の UV 光を照射して，その損傷産物と照射した 260 nm の照射照度の関係から，照度強度の等量値として表している．すなわち，値が小さいほど，少ない UV 照射強度で損傷産物が生成されることを意味している．

UV-B 照射を行うと，CPD と 6-4 光産物が照射 20 分までほぼ直線的に増加する（図 10.10）．図の縦軸は DNA 損傷産物の生成量であり，波長 260 nm の紫外線が照射された時に形成される損傷産物量として表されている．基礎生物学研究所大型スペクトルにおいて，単波長（260 nm）の紫外線をラムダ DNA に $0\sim40\,\mathrm{J\,m^{-2}}$ 照射したものをモノクロナール抗体を用いて ELISA（Enzyme-Linked Immunosorbent Assay）法の標準物質として用いた．CPD は 6-4 光産物より少ない照射強度で生成する．また，UV-B と同時に白色光を照射（+ WL）すると，白色光を照射しない（- WL）時に比べて，CPD 生成量は 50 % も減少する．一方，6-4 光産物の生成量の減少は 20

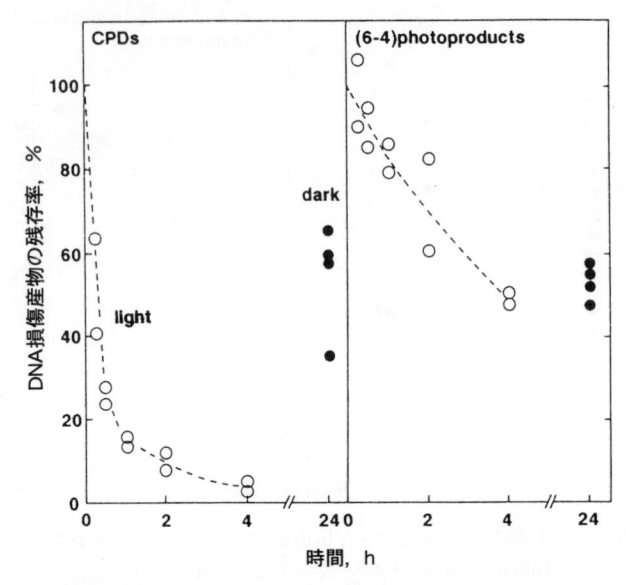

図10.11 DNA損傷産物（CPDと6-4光産物）の修復（Takeuchi et al., 1996a, 許可を得て転載）
25℃でキュウリ子葉にUV-Bを15分間照射（白色光の照射はない）した後，暗黒（●）と光（PPFD, 110 $\mu mol\, m^{-2}\, s^{-1}$, ○）下でインキュベートして，DNA損傷産物の残存率を測定した．光下におけるCPDの修復が特に早い．

%以下である．そして，DNA損傷の修復においては，キュウリの黄化子葉に15分間UV-Bを照射した後，暗所または白色光照射の明所で培養し，DNA損傷産物量の経時変化をみると，明所ではCPDは15分で，6-4光産物は4時間でそれぞれ半量が修復され，修復活性が早い（図10.11）．一方，暗所ではCPDおよび6-4光産物は24時間かかって約半分に減少する．しかし，この場合，子葉は活発な生長をしており，24時間でDNA量は1.8倍に増加していることを考えると，暗所における修復活性は非常に低いと考えられる．

DNA損傷は紫外線を受けると必然的に生じるものであるが，その損傷産物を修復する能力がUV-Bに対する感受性・抵抗性の原因，あるいは可視光の少ない室内実験における被害の発現のしやすさと関連があるかもしれな

い．イネ品種の中でも，ササニシキはUV-Bに対し強い耐性を示すが，このササニシキと近縁にある農林1号は耐性が低いことが知られている（Kumagai and Sato, 1992）．そして，農林1号のDNA損傷修復能力はササニシキに比べ顕著に劣っている事実がある（Hidema et al., 1997）．

4）酸素ラジカルの消去とエチレン生成

植物がUV-B照射を受けると，オゾン障害や病原菌感染の場合と同様に活性酸素を代謝・解毒する酵素群の活性が増加する（Kim et al., 1996b；Roa et al., 1996；Takeuchi et al., 1996b；Dai et al., 1997）．このことから，葉組織がUV-B光子を吸収すると，酸化ストレスを受け，酸素ラジカルが生成されると推定される．酸素ラジカルは脂質の過酸化を引き起こすため（Takeuchi et al., 1996b），活性酸素解毒系酵素も紫外線防御に係わっている可能性がある（Strid, 1994）．一方，活性酸素種は破壊的なラジカルとしてばかりでなく，光合成の遺伝子発現を引き起こすシグナル物質（細胞に存在するUV-B光受容体が吸収した光信号を化学信号に変換して，情報として伝達する物質）である可能性も指摘されている（A.-H.-Mackerness et al., 1998）．

植物ホルモンであるエチレンもまた，傷害のシグナル物質として同定されている．エチレンの生合成はUV-B照射（Predieri et al., 1995）や病原菌侵入など多くのストレスによって促進される．このエチレンはフラボノイド等の二次代謝物の生成を促進することが知られており，ストレスに対する防御反応とも考えられる．

5）ポリアミンの生成

細胞の膜はUV-B光子を吸収すると，膜の不飽和脂肪酸が過酸化を起こしたり，膜脂質の組成が変化するなど，UV-Bの標的である可能性がある．ポリアミンは膜のリン脂質とのイオン的相互作用を介して，膜表面に結合し安定化剤として作用しており，脂質が過酸化するのを阻害したり，酸素ラジカルを消去する（Rowland-Bamford et al., 1989）．事実，キュウリ葉中のポリアミン含量はUV-B照射により増加するとともに，脂質が過酸化しないような防御作用をしている（Kramer et al., 1991）．

10.4 紫外線増加が農作物の生長・収量への影響

UV-Bの増加は農作物の生産量を減少させたり，陸上生態系に攪乱を与えるのではないかと懸念されている．もし，UV-B増加により農作物の生長や収量が低下すれば，人類の生活基盤が脅かされる．そのため，これまで300種以上の植物種でUV-Bの影響が調べられているが，植物育成チャンバーや温室などの室内実験が多い．野外に比べ温室や人工気象室では，UV-Bの悪影響を軽減する可視光量が少なくなるので，障害を受けやすい傾向にある．例えば，キュウリに自然光型の人工気象室内でUV-B照射すると，個体乾物重は減少するが（図10.12），特に，可視光が少なくなる秋から冬にかけて，大きな生長阻害が認められる（図10.13）．そのため，温室や育成チャンバーで得られた影響予測をそのまま野外で生育する農作物にあてはめて考えることはできない．特に，さまざまな生育ステージを経て収穫される子実の収量は，そのときどきの環境の影響を強く受けるため，長年にわたる野外の圃場

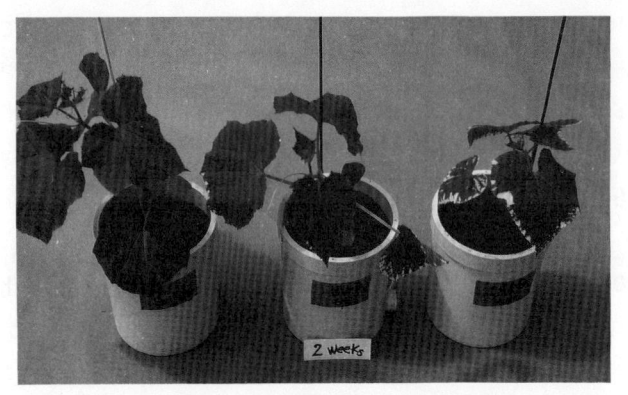

図10.12 キュウリのUV-B照射による生長阻害
農業環境技術研究所の自然光型人工気象室内でUV-B$_{BE}$として，0，7.0および11.0 kJ m^{-2}day^{-1}を2週間照射されたキュウリ（品種：霜知らず地這いキュウリ）の生長の比較．左から0 kJ m^{-2}day^{-1}，7.0 kJ m^{-2}day^{-1}（つくば市の夏至日頃の晴天日に相当）および11.0 kJ m^{-2}day^{-1}（オゾン層破壊36％相当）の照射量であり，UV-B照射量が多くなればなるほど，可視害が大きく，かつ，生長量が低下する（1990年9月）．

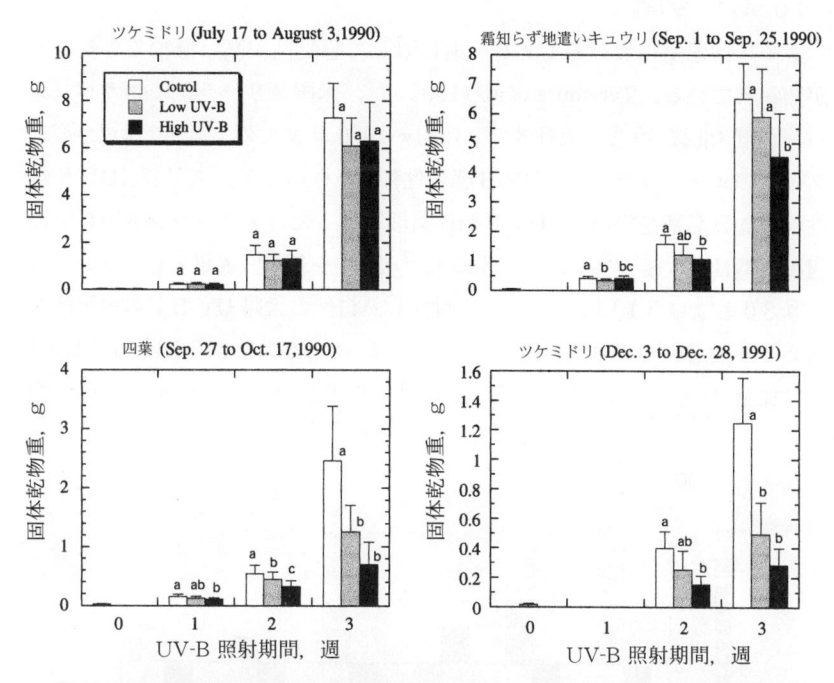

図 10.13　自然光を利用した人工気象室内におけるキュウリの UV-B 照射の影響（Nouchi, 1993，許可を得て転載）

キュウリの芽生え後 3～4 日後から UV-B 照射を開始し，日中（9:00～17:00）の 8 時間，3 週間連続照射した．照射 UV-B$_{BE}$ は，$0\,kJ\,m^{-2}day^{-1}$（コントロール），$7.0\,kJ\,m^{-2}day^{-1}$（低 UV-B）と $11.0\,kJ\,m^{-2}day^{-1}$（高 UV-B）である．低 UV-B 区はつくば市の夏至日頃の晴天日の UV-B$_{BE}$ に相当し，高 UV-B 区はオゾン層 36 % 破壊の UV-B$_{BE}$ に相当する．夏季（7 月 17 日～8 月 3 日）の照射は個体乾物重にほとんど影響しないが，秋季から冬季の照射になるにつれて減少が大きくなる．

試験の結果から UV-B 増加の影響を評価する必要がある．しかし，野外のほ場で UV-B 照射実験や太陽 UV-B 除去実験が行われた農作物は未だ少なく，また，相矛盾する結果が報告されている．

ここでは，野外で行われた農作物の UV-B 照射実験および太陽 UV-B 除去実験結果のいくつかを紹介する．

10.4.1 ダイズ

ダイズは温室におけるUV-B照射に対して感受性が高い植物であることが知られている．Teramura et al. (1990) は，米国メリーランド州カレッジパーク市（北緯39度）の野外で，1981〜1986年までの6年間にわたって，ダイズのエセックス品種（UV-B感受性種）とウイリアムス品種（UV-B耐性種）の2品種を用いて，UV-B照射実験を行った．メリーランドの夏至近辺の快晴日の太陽 UV-B$_{BE}$ の 8.5 kJ m^{-2}day^{-1} を基準照射量とし，ランプにより 3.0 および 5.1 kJ m^{-2}day^{-1} を付加し，自然の太陽 UV-B$_{BE}$ の対照区を含めて3段階の UV-B 照射区をつくった．なお，3.0 および 5.1 kJ m^{-2}day^{-1} の付加量は，オゾン層 16% と 25% 破壊に相当し，矩形波（square wave）型

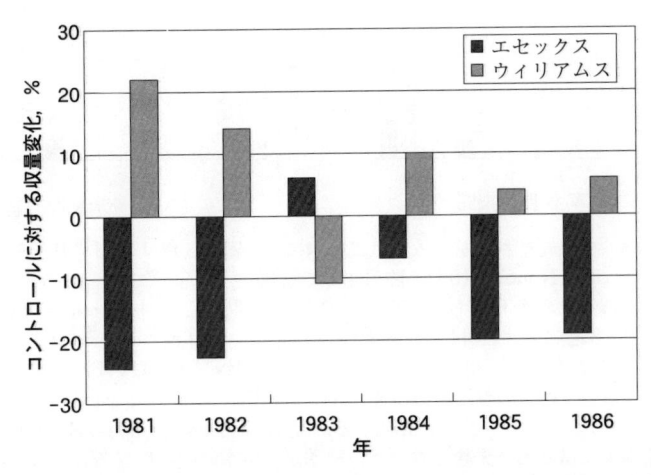

図10.14 野外におけるダイズ（エセックス種とウィリアムス種）の子実収量に及ぼすUV-B照射の影響（Teramural et al., 1990 から作図）
メリーランド州カレッジパーク市の夏至頃の晴天時の UV-B（太陽 UV-B$_{BE}$：8.5 kJ m^{-2}day^{-1}）を基準として，オゾン層16%破壊と25%破壊に相当するUV-B$_{BE}$をそれぞれ，3.0 および 5.1 kJ m^{-2}day^{-1} を squar wave 方式で照射した．実験は1981年から1986年の6年間行われたが，1983年は異常気象の年で，降雨が少なく強烈な干ばつに襲われた．エセックス種は UV-B に感受性種であり，ウィリアムス種は抵抗性種である．ここではオゾン層25%破壊に相当する UV-B 照射の結果のみを示しており，1983年を除くと，エセックス種では 19〜25% の収量減であり，一方，ウィリアムス種では 4〜22% の収量増である．

の照射方法で照射した．1983年を除いて，25％のオゾン層破壊をシミュレートした場合，エセックスは収量が7～25％減少したが，ウィリアムスは逆に収量が4～22％増加した（図10.14）．なお，1983年だけはエセックスで5％の収量増，ウィリアムスは30％の収量減となった．一方，16％のオゾン層破壊をシミュレートした場合は，エセックスとウィリアムスともに収量の減少あるいは増加という統一的な関係は得られなかった．なお，ダイズ種子のタンパク質と油脂含量には大きな影響はなかった．実験年によるUV-Bの影響の変動は，気象条件の変動，すなわち，1983年は特に異常に暑く乾燥した年であり，ダイズの生育がこれらの環境条件でストレスを受けてしまった場合には，UV-Bの影響は部分的にマスクされたものと解釈されている．なお，この実験結果はセンセーショナルに報道されるとともに，我が国でもUV-Bの植物影響の研究を開始する端緒ともなった．

　一方，Sinclair et al. (1990)はフロリダ州ゲインツヴィル市（北緯29度）で，1981年に16％のオゾン層破壊（32％のUV-B$_{BE}$増加）をシミュレートしてダイズ6品種に野外でUV-B照射したが，6品種とも個体乾物重や子実収量にはUV-B増加の影響はまったくなく，UV-Bはダイズの生長や収量にはほとんど影響を及ぼさないと結論している．さらに，Miller et al. (1994)もノースカロライナ州ローリー市で1989年から1990年ではエセックス品種も含めた3品種，1991年ではエセックス品種のみのダイズに対するオゾン層破壊37％までをシミュレートしたUV-B照射を行った．その結果，ダイズの子実収量にはUV-B増加の影響は検出できなかったことを報告している．なお，Sinclair et al. (1990)とMiller et al. (1994)はstepwiseの照射方式による照射実験である．さらに，Caldwell et al. (1994)は野外で太陽のUV-B強度に追随し，オゾン層破壊36％に相当するUV-Bをダイズ（品種：エセックス）に照射した．彼らはUV-B強度を同じにして，フィルターとUV-Aランプにより，可視光とUV-Aの割合を変えた4つのプロットをつくり，UV-Bとその他の光のバランスがダイズの生長と収量にどのように影響するかを調べた．UV-B増加により地上部生産と生長が減少したのは，400～700 nmの光合成有効放射量とUV-A量を太陽光の半分以下にしたプ

ロットの場合のみである．このことは，ダイズが太陽光に含まれる光合成有効放射量と UV-A 量をそのまま受ければ，たとえ UV-B が増加しても生長や収量には影響がないことを示している．

10.4.2 イ ネ

イネは日本およびアジアの最重要作物である．もし，UV-B の増加がコメの生産に悪影響を与えるならば，将来の人口爆発が予想されているアジアの食料供給は危機に貧する．Teramura et al. (1991) は温室内で世界の代表的なイネ 16 品種に，赤道のオゾン層破壊 20 % に相当する UV-B を照射したところ，品種により最大 40 % の乾物重の減少を見いだし，スリランカ，ネパールやベトナムの熱帯の品種が UV-B 増加に対して耐性が高かったと報告した．一方，Sato and Kumagai (1993) はアジア地域の栽培イネについて生態型で UV に対する違いがあるかどうかを 198 品種を用いて検討した．その結果，熱帯で耕作されている品種が必ずしも紫外線に強いものではなく，同じ生態型やグループに属するイネ品種の間でも，UV 抵抗性が大きく異なり，その抵抗性の差違は栽培されてきた地理的環境に起因しないことを見いだした．さらに，フィリピンにおける 188 品種のイネに対する温室内のUV-B 照射実験では，その 2/3 が UV-B に対して感受性が高く（Dai et al.,

図10.15 水田圃場に設置された野外の UV-B 照射実験装置（農業環境技術研究所，1994 年 7 月）

1994)，イネの UV-B 感受性・耐性は単純に地理的な状況の差異ではないとされる．

野外の UV-B 照射実験はこれらの結果とはまったく異なった結果を示している．Nouchi et al. (1997) は野外の実際のほ場で，太陽の紫外線強度に追随して紫外線ランプ強度を調節できる調光型照射装置を用いて 3 年間（1993～1995），水稲の生長・収量影響調査を行った（図 10.15）．照射実験は通常の水稲栽培期間の 5 月から収穫までの約 5 カ月間，コシヒカリや IR 74 などの水稲品種に，対照区に比べ約 2 倍量の UV-B$_{BE}$ の照射を行った．その結果，UV-B 増加は葉面積，個体乾物重などの各種の生長パラメータには影響が認められなかったが（Kim et al., 1996a），表 10.2 のように玄米収量をわずかに（7～9 %）減少させる場合があった（Nouchi et al., 1997）．この結果から類推すると，オゾン層が 10 % 程度減少するとしても，水稲の収量低下は 2 % 程度となり，壊滅的なダメージではないと考えられた（Nouchi et al., 1997）．

表 10.2 野外での UV-B 照射における水稲収量への UV-B の影響
(Nouchi et al., 1997，許可を得て転載)

年	品種	種子数		全種子重, g		精玄米重, g	
		対照区	UV-B 照射区	対照区	UV-B 照射区	対照区	UV-B 照射区
1993	コシヒカリ	2,849	2,795	53.7	52.7	−	−
	IR 74	3,038	3,073	14.6	14.2	−	−
	IR 45	3,394	3,080$^+$	25.8	25.7	−	−
1994	コシヒカリ	26,588	27,701	702	718	514	538
	IR 74	28,581	25,888*	967	929*	623	566*
1995	コシヒカリ	28,246	26,628*	743	692**	551	509

1) 1993年：2000分の1アールポットに6月8日移植，収穫はコシヒカリが10月12日，IR 45 と IR 74 が 11月4日で，6月16日から収穫前日まで UV-B 照射，照射期間中の平均照射強度は太陽 UV-B の 1.7 倍で，対照区の 2.3 倍（ランプによる陰の影響で，太陽 UV-B の 75 % となる）．
2) 1994年：5月24日田植え，UV-B 照射（6月3日から収穫前日（コシヒカリは9月11日，IR 74 は10月3日））、照射期間中の平均照射強度は太陽 UV-B の 1.6 倍で，対照区の 2.1 倍．
3) 1995年：田植え（6月5日），収穫日（9月20日），UV-B 照射期間（6月21日～9月19日），照射期間中の平均照射強度は太陽 UV-B の 1.4 倍で，対照区の 1.9 倍．
4) 1993年は 2000分の1アールポット当たり，1994年と1995年は 1 m^2 当たりの値
5) 数字の右肩の $^+$, *, ** は，対照区と UV-B 照射区でそれぞれ危険率10 %, 5 %, 1 %で有意な差があることを示している．

野外の UV-B 照射がほとんど影響を及ぼさないことは，バイオマスや収量ばかりでなく，活性酸素防御系酵素の活性でも同様である．すなわち，人工気象室内の UV-B 照射では，イネの活性酸素防御系酵素の活性を増加するが (Kim et al., 1996b)，野外の UV-B 照射では有意な活性の変化を検出することはできていない (Kim et al., 1996c)．

フィリピンにある国際稲研究所の野外の圃場でも，IR 64, IR 71 および IR 74 を用いて，4 シーズン (1992～1993 年の雨期と乾期) にわたって，フィリピンにおけるオゾン層破壊 20 % 相当の UV-B 照射実験を行ったが，通常の太陽 UV-B を受ける対照区に比較して，UV-B 増加区では UV-B 感受性種の IR 74 で 2 % 程度の収量低下が見られるが，UV-B 抵抗性種の IR 64 と IR 71 では逆に 2 % の収量増加が見られている (Olszyk et al., 1996)．

これらの結果を総合すると，イネでは温室やチャンバーでは UV-B 増加により生育低下が見られるが，ほ場では生育や収量にはほとんど影響が見られないと結論できる．

10.4.3 オオムギ

寒冷シーズンの作物であるオオムギ収量に対する UV-B の影響が，アルゼンチンのブエノスアイレスでマイラー D・フィルム (310 nm 以下をカットして，－UV-B 処理区) とアクラー・フィルム (紫外線域の全波長を透過させて，＋UV-B 処理区となる) を用いて，太陽 UV-B を除去する手法により調査された (Mazza et al., 1999)．ここではオオムギとして，カタラーゼを欠損した突然変異株 (BPr 79/4) とその野生タイプの母株 (Maris Mink) の両系統を供試し，1 週間の間隔をおいて 2 回播種し (1997 年 7 月 10 日と 7 月 17 日)，生育・収量調査と合わせて DNA 損傷産物や抗酸化酵素などの生化学的な影響も調査された．オオムギをポットで育成し，1997 年 12 月 15 日に収穫したが，太陽 UV-B は両系統のバイオマス量と穀物収量を減少させている (図 10.16)．太陽 UV-B によるバイオマス量の低下は，母株の Maris Mink (平均 20 % の減少) よりもカタラーゼ欠損突然変異株の BPr 79/4 (平均 32 % の減少) でより大きい．そして，太陽 UV-B が存在すると，穀物収量は母株で第 1 回播種と第 2 回播種で太陽 UV-B 除去に比べ，それぞれ 17

10.4 紫外線増加が農作物の生長・収量への影響

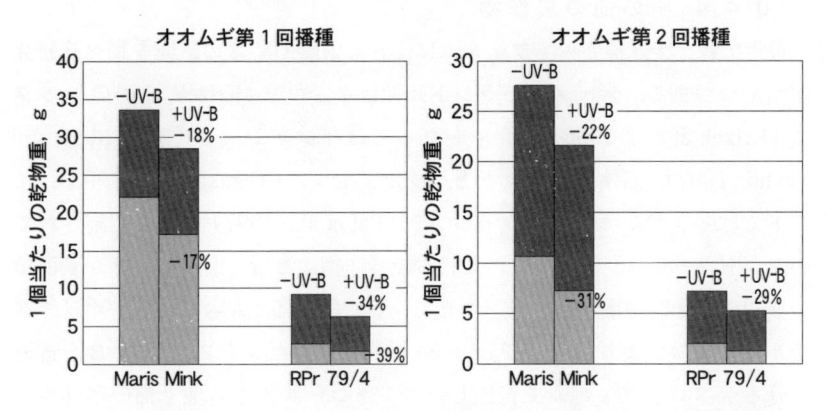

図10.16 オオムギ2系統のバイオマスと穀物収量に及ぼす太陽UV-Bの影響 (Mazza et al., 1999から作図).

アルゼンチンのブエノスアイレス市（南緯34度）で，太陽のUV-Bを0.1 mm厚のポリエステル（マイラーD）フィルム（310 nm以下をカット）で除去した「−UV-B区」と，全UV波長をよく透過させる0.04 mm厚のアクラーフィルムの「＋UV-B区」で，カタラーゼ欠損突然変異種のRPr 79/4とその正常な母株のMaris Mink種を栽培し，その太陽UV-Bの影響を調べた．播種は2回行い（第1回播種：1997年6月10日，第2回播種：1997年6月17日），ともに1997年12月15日に収穫した．棒グラフの下側が穀物収量で，全体が個体乾物重を示している．「＋UV-B区」で両系統ともバイオマス（個体乾物重）と穀物収量が低下している．

％と31％の減収であり，カタラーゼ欠損突然変異株では第2回播種では差がないものの，第1回播種では39％の減収を生じている．

両系統とも太陽UV-BによってDNA損傷産物量が多くなり，DNA損傷の増加と生長阻害との様相が一致する傾向が見られる．また，H_2O_2消去酵素であるカタラーゼとアスコルビン酸パーオキシダーゼの活性（カタラーゼ欠損突然変異株ではカタラーゼ活性は低いが，アスコルビン酸パーオキシダーゼ活性が極めて高い）は，母株でともに太陽UV-B存在下で高くなるが，カタラーゼ欠損突然変異株では両酵素ともほとんど変化が見られない．カタラーゼ欠損突然変異株（BPr 79/4）の方が太陽UV-Bの影響を大きく受けているが，これはUV-Bによって誘導されるべき抗酸化能力がカタラーゼ欠損突然変異株で劣っているためであろうと推測されている．

10.4.4 その他の農作物

最近では，紫外線カットフィルムによって太陽 UV-B の影響を調べる研究が増えつつある．米国メリーランド州ではキュウリ（Krizek, 1997）とレタス（Krizek et al., 1998），ポルトガルではインゲンマメ（Saile-Mark and Tevini, 1997），日本ではトマトとハツカダイコン（Tezuka et al., 1993），インドではインゲンマメとトウモロコシ（Pal et al., 1997）などで実施されている．トウモロコシを除いて，これらの農作物において太陽 UV-B が葉面積の展開や個体乾物重などを低下させている．例えば，太陽 UV-B をポリエステルフィルムにより除去して 31〜34 日間育成したレタスは，UV-B を透過させるテフロンフィルムで育成したコントロールよりも地上部の新鮮重で 63 %，乾物重で 57 % の増大があったとされている（Krizek et al., 1998）．なお，Krizek et al.（1997, 1998）はキュウリとレタスでは，UV-B ばかりでなく UV-A もまた UV-B と同程度に個体乾物重を低下させると主張しているが，一方，トマトなどでは UV-A は生長を促進するとともに老化を抑制し，作物の生育に有益な作用を有する（Tezuka et al., 1993, 1994）という相反する報告もある．

10.5 樹木と各種生態系へのUV-Bの影響

オゾン層破壊に伴う UV-B 増加が植物に及ぼす影響を検討した研究の多くは生長の速い農作物を対象としたものであり，森林樹木のような永年性植物などに関する研究は未だわずかしかないのが現状である．しかし，1990 年代中頃より，UV-B 増加の自然生態系における影響について報告されつつあり，そのいくつかを紹介する．

10.5.1 温帯の樹木

樹木は地上の純一次生産力の 2/3 以上を占めているが，樹木の生長や生産力への UV-B の影響に関する報告は少なく，まだよくわかっていない．UV-B の樹木研究の材料として，林業的な観点とその広い地理的分布から針葉樹が主に用いられている（Kossuth and Biggs, 1981; Sullivan and Teramura, 1988; Laakso et al., 2000）．農作物で見られたように，樹木でもガラ

ス温室内でのUV-B照射は樹木の樹高とバイオマスを低下させる（例えば，Sullivan and Teramura, 1988）．針葉樹の中でも特に，海抜の低い地帯（300 m以下）に自生するテーダマツはUV-Bに対する感受性が高い．なお，テーダマツはアメリカ合衆国南東部で広く分布し，南東部では林材として最も商取引の多い樹種である．

野外における短期間のUV-B照射では顕著な影響は現れず，複数年にわたった長期の照射によって初めて見いだされる例がある．例えば，Sullivan and Teramura（1992）はテーダマツを用いて，野外において初めて複数年にまたがった照射実験を緯度の異なる数地域で行った．1年間のUV-B照射後では，地域により生長が増加したり，あるいは低下したりと一定の傾向を示さなかったが，3年後では，すべての地域においてオゾン層破壊25％に相当するUV-B照射（自然のUV-B$_{BE}$＋5.0 kJ m^{-2}day^{-1}）で，12〜20％のバイオマスの生長低下があったことを見いだした．すなわち，樹木では，UV-B増加の影響は累積的であり，UV-B増加がテーダマツの生長をその生涯に渡って低下させるかもしれないことを示唆している．

落葉樹ではモミジバフウが2年間，野外においてオゾン層破壊16％と25％に相当するUV-B量を照射された（Sullivan et al., 1994）．1年生のモミジバフウ苗木は，1年目では光合成の減少，2年目では葉面積とバイオマスに若干の減少が見られたが，2年間を通しては全バイオマスや光合成能力にはほとんどUV-Bの影響が見られず，劇的な変化とはなっていない．しかし，UV-B照射によって枝数の増加および根と枝の比率（root shoot ratio）の増加など，炭素の分配の変化など，形態的な変化が見られている．

このように，UV-Bの影響は樹木のように長く生存する植物では累積的に作用し，長期にその影響が蓄積するようである．そして，UV-Bが樹木のバイオマスに直接的に影響する場合はもちろん，直接影響しなくても，植物の形態的な変化は樹木の樹種間競合における変化を生じ，究極的に森林遷移のパターンに影響するかもしれない．

10.5.2 熱帯・高標高地の樹木

太陽UV-Bが極めて強い場所に自生している植物は，その高レベルUV-B

環境によって何らかの影響を受けているか，あるいはその環境に自身を適応させていると考えられる．Sullivan et al. (1992) は 3,000 m 以上の高度差があるハワイ州マウイ島（北緯 20 度）で，固有のあるいは導入された植物種の種子を採取し，メリーランド大学に持ち帰り，ガラス温室内でマウイ島の海抜 0 m でのオゾン層破壊 20 % と 40 % に相当する UV-B_{BE} の 15.5 kJ m^{-2} day^{-1} と 23.1 kJ m^{-2} day^{-1} で発芽させ（対照は UV-B_{BE} : 0 kJ m^{-2} day^{-1}），12 週間生育させた．テストされた 33 種のうち，UV-B 照射は 14 種で樹高を，8 種でバイオマスを有意に低下させた．一方，4 種では UV-B 照射にもかかわらずバイオマスが増加した．このように，植物種間で UV-B に対する反応は異なるが，一般に，UV-B に対する耐性は，種子が採取された高度が高くなればなるほど増加していた．このことは，自然の植物個体群は UV-B に対しての感受性に広い幅があり，すでに高レベル UV-B 環境で自生している植物は，高レベル UV-B に対し生物季節的あるいは生理的な適応を発達させていることを示している．

　赤道に近いパナマ（南緯 7 度）の熱帯雨林の 3 種の樹木（*Cecrpia obtusifolia*, *Tetragastris panamensis*, *Calophyllum longifolium*），建材用の樹木（マホガニー）および作物（キャッサバ）の太陽 UV-B 除去実験によると (Searles et al., 1995)，太陽 UV-B は形態的な変化を生じ，樹高に最も影響を与え，キャッサバを除いた樹木のすべての樹高が低くなっている．また，草丈がほとんどかわらなかったキャッサバも含めて，すべての供試した植物では UV-B 吸収物質の増加が見られているが，バイオマスとクロロフィル a 蛍光を用いた光化学系 II の機能はほとんど影響を受けていない．森林植生において，大きな樹木が倒れた後の空間ギャップをめぐって樹木間の生存競争が活発化するが，その際，樹高が生存競争に大きくかかわっているので，UV-B が樹高に影響することはその生存競争に重要な問題を与えると考えられる．

10.5.3　草　　原

　オランダの砂丘性の草原に生育する 3 種の単子葉種と 5 種の双子葉種に，温室内での UV-B 照射と野外の UV-B 照射がともに矩形波方式で行われた (Tosserams et al., 1997)．温室ではオゾン層破壊 15 % と 30 % に相当す

るUV-Bの照射，野外ではオゾン層破壊15～20%であり，照射期間は35～80日である．温室内実験では，植物種の間で大きな種間差が認められ，単子葉種では全乾物重が増加するが，双子葉種ではほとんど変化がないか，あるいは減少している．UV-B増加における単子葉種のバイオマス生産の増加は，光合成速度とは無関係であり，葉の角度が変わることに起因していた．すなわち，コントロールでは葉が直立状に立っているが，UV-B照射によって横に寝るような形態に変化し，可視光をより受けやすい形状となる．また，形態的な特徴にも影響を及ぼし，8種のうち5種では草丈あるいは最大葉長が減少している．一方，野外の照射実験では，UV-B増加によって一種だけ（双子葉種の *Plantago lanceolata* L.）が最大葉長に減少を生じただけであり，多くの農作物の温室内実験と野外実験の結果と同じように，野外では十分な可視光によってUV-Bの悪影響が抑えられることを示している．

10.5.4 矮生低木の優先したヒース生態系

北極域の生態系では，太陽高度角が低く，オゾン層のオゾン濃度が高いため，自然のUV-B量は非常に少ない．そのため，極域の生物は有害なUV-Bに対してより保護されているが，その結果，UV-Bが増加するとUV-Bに対する適応力が弱いと考えられる．欧州連合では，1992年に矮生低木の優先したヒース生態系に及ぼすUV-Bの影響を調べるプロジェクトを開始した．実験地は北極圏のグリーンランドと北スウェーデンの極域のヒースおよびギリシアの地中海性ヒースであり，野外においてUV-B照射（オゾン層破壊15%相当）と他の環境変化（降水量の増加や高CO_2濃度）との相互作用の研究が行われている．なお，ヒースは硬く細い葉をもつ植物が優先する乾燥地の低木林である．

北極域のヒースおよびギリシアの地中海性ヒースにおいて，樹木の生長，形態，生物季節および生理作用への影響について，1993～1995年の3年間における結果が報告されている（Björn et al., 1997）．グリーンランドと北スウェーデンの地衣類と蘚苔類，矮性の低木（*Vaccinium mytrillus*：ハイデルベリー，*Calluna vulgaris*：カルーナブルガス），地中海の低木と樹木（*Phlomis fruticosa* L.：フロミスフルティコサ，*Cistus creticus* L., *Nerium oleander* L.：

セイヨウキョウチクトウ，*Pinus pinea*：イタリアカサマツと *Pinus halepensis*：アレッポマツ，*Dittrichia viscosa* (L.) Greuter) において観察された影響には，種特異性があり，UV-B処理に対してプラスとマイナスの両者の反応がある．一般に，3シーズンまでのUV-B処理に対するマイナス的な影響は少ないが，枝葉の生長の低下と葉の早期老化が観察されている．一方，いくつかの種では著しい開花の増加と光合成の促進などプラスの影響も認められている．また，UV-B処理はイタリアカサマツとアレッポマツの葉のクチクラの厚さを増し，乾燥耐性を増加する現象も見いだされている．なお，UV-B処理と高濃度CO_2との相互作用はほとんど見られていない．このように，UV-B照射処理に対してのマイナスの影響は小さいが，低木や樹木に対する影響を把握するためには，3年程度の調査では短すぎて結論をいえる段階ではないと結ばれている．

10.6 UV-Bが生態系に及ぼす間接的な影響

野外におけるUV-Bの研究は障害やバイオマスよりもむしろ形態（植物高，葉面積，葉長，葉の厚さ，葉の角度，群落構造など）への影響を示している．これらの形態変化は植物種間の競合に変化を生じるかもしれない．このUV-Bによって生じる形態の変化，植物の各器官への炭素分配の変化，発育時期の変化や二次代謝産物の変化などのさまざまな変化は，UV-Bの直接的な影響と同じように，時にはそれ以上に重要である．これらの変化は植物の競合バランス，食草性，植物病原菌や生物地球化学サイクルに重要な関連をもっている．

UV-B増加は植物の二次代謝系の生合成に影響し，その変化を通して生態系の機能に影響を与える．すでに述べたように，UV-B増加はフラボノイドやフェノール性化合物を増加させ，二次的な代謝物組成を変える．これらの化合物は昆虫の食草を防いだり，病原菌に対する抵抗性を与えるなど生態的な多くの機能を有している．例えば，UV-B照射は葉組織中にフラノクマリンを蓄積したり（McCloud and Berenbaum, 1994），マメ科やマツなどではファイトアレキシン合成を誘導し（Ros and Tevini, 1995），そのため昆虫の食

害が低下する．なお，ファイトアレキシンは人間や多くの動物に毒性であると考えられており，例えば，クメストールは発情ホルモンのエストロゲン的性質をも有している．

　二次代謝化合物として，リグニンやタンニンのような植物の構造的な化合物が UV-B 増加によって増加することは，生態系プロセスで重要な結果をもつと考えられる．タンニンは単純フェノールの没食子酸のポリマーであり，リグニンはフェノール化合物の複雑なポリマーである．タンニンは植物の消化性に影響を与え，UV-B によって生じたタンニン含量の増加は，食草性とその他の植物-動物の相互関係に影響する．リグニンはセルロースに次いで地球上に多い有機化合物で，木材全重のおよそ 25 ％ に相当する．リグニンは細胞壁を構成し，植物に構造的な弾力性を与えるとともに，微生物の侵入から植物を保護する物質である．植物リター（土壌表面に残っている枯死した植物が蓄積したもの）中のリグニンは微生物によって容易に分解されない性質をもち，UV-B 増加による植物組織中におけるリグニン含量の増加は，微生物的な分解を低下させることになり（Rozema, 1997c），生物地球化学的なサイクルから見ると非常に重要な問題を与える．その一方，矮生低木のツンドラ植生（Gehrke et al., 1995）と砂丘性の草原植生（Rozema et al., 1997b）では，野外の UV-B 照射が直接の光分解的な効果によってリター分解を促進している．樹高が高くより密な群落の生態系では，このような直接の太陽 UV-B によるリターの光分解は起こることが少ないが，この両生態系は樹高が低く，開いた空間構造をもっており，太陽 UV-B が直接リター層に透入することができている．このように，太陽 UV-B の増加はリター分解に関して，リターの直接の光分解による促進と植物組織中のリグニン含量の増加による間接的なリターの分解の遅延という，炭素のグローバルな生物地球化学サイクルに対して二面性を有することになる．

10.7 競合バランス

　森林，草原やその他の生態系における総体的な一次生産は，たとえいくつかの植物種で生長が減少しても，オゾン層破壊によって大きな影響は受けないようである．しかし，植物種によりUV-Bに対する生長反応が大きく異なっており，あるUV-B感受性種の生産力が減少することは，他の耐性種が資源（例えば，光，水分や養分など）をより利用できるので，生産力を増加すると考えられる．このように，システムの全体的な生産力はほぼ同じレベルを保つけれども，一方，システム内では種組成が変化するかもしれない．

　植物種の競合バランスがUV-B増加によって変わることは，植物の形態の変化を通しているかもしれない．たとえUV-B増加によって植物の生産力が影響を受けないとしても，植物の形態的な変化は光をめぐる種の競合の変化を生じる．この光をめぐる競合変化はいくつかの実験によって証明されている．例えば，単一栽培されているコムギとカラスムギ（コムギの普遍的な競合雑草であり，コムギの生産を減少させる）のUV-B照射では，UV-Bはこれらの種の生産と生長には影響を及ぼさないが，コムギと野生のカラスムギが共存すると，UV-B増加はコムギの生育には有利に作用する（Barnes et al., 1988）．光合成はコムギとカラスムギともにUV-Bによる影響を受けないが，UV-B増加により野生のカラスムギの茎の伸長と葉の長さが低下するため，コムギの競合力が勝る．アルファルファとアオゲイトウの競合，ナガハグサ（ケンタッキーブルーグラス）とカラフトダイコンソウの競合でも同様に，UV-B増加は作物種（アルファルファとナガハグサ）が雑草種に打ち勝つシフトを生じている（Fox et al., 1978）．これらの競合では，UV-Bの増加は作物種に有利に働いているようであるが，その他の組み合わせでは，雑草種が優先し，結果が逆転する可能性もある．その他の植物の形態の変化，例えば，UV-B増加によりある樹種が根にバイオマスをより大きく配分するとすれば，土壌中の水分と養分を獲得できるため，別な面における競合的な影響を与えるかもしれない．

10.8 おわりに

　遺伝子，タンパク質や植物ホルモンなどの生体物質の多くは，紫外線により破壊されるため，UV-Bの増加は植物に悪影響をもたらすものと考えられていた．事実，温室などの室内実験においては，調べられた300種・品種の陸上植物のうち，約50％に生長の阻害や生理・代謝的影響があることが示された．しかし，野外におけるUV-B増加の影響はその様相が大きく異なっている．UV-B照射あるいは太陽UV-B除去によるUV-B増加は農作物，草や樹木などのさまざまな植物種において，茎や樹高の伸長阻害と葉面積を減少させる傾向にあるが，バイオマスや農作物の収量には大きな影響を及ぼさないようである．このことは，UV-Bの植物個体としての影響が当初考えられていたほどには強い影響を及ぼさないことを示唆している．考えてみれば，5～4億年前，植物が陸上に進出し始めた頃は，現在よりもずっと多量の紫外線が降り注いでいたはずであり，植物は紫外線に対する防御機構（例えば，UV-B吸収物質のフラボノイド，DNA障害回復やラジカル消去）を発達させることによって，その強力な紫外線環境の中で，生存繁茂したと考えられる．それゆえ，紫外線が増加しても，植物個体として劇的な異常が現われなくても不思議なことではないのかもしれない．

　一方，農業，森林，草原や矮生低木のヒースなどの生態系におけるUV-B増加は，UV-Bが直接に生態系の一次生産を単純に減少させるというよりはむしろ，植物の形態変化（草丈と樹高の低下や同化炭素の器官への配分変化など）や二次代謝物質の変化などを通して複雑に生態系に影響を及ぼしているようであり，UV-B増加の影響は計り知れない大きな影響であるのかもしれない．しかしながら，それらの影響を予測することは，植物種の集団を用いた実験と長期間の生態系反応を調べることなくしては困難である．UV-B増加の生態系レベルにおける研究の進展を図るとともに，CO_2増加のような気候変化などのさまざまな要素との相互作用をも明らかにする必要がある．

引 用 文 献

A.-H.-Mackerness, S., Surplus, S. L., Jordan, B. R. and Thomas, B., 1998: Effects of supplementary UV-B radiation on photosynthetic transcripts at different stages of development and light levels in pea: role of ROS and antioxidant enzymes. *Photochem. Photobiol.*, **68**, 88-96.

秋元 肇, 1989: 生き物に育まれた大気, 大気が育んだ生き物-地球大気の歴史とオゾン層の発達. オゾン層を守る (環境庁「オゾン層保護検討会」編), pp. 24-35, 日本放送出版協会.

Ballare, C. L., Barnes, P. W. and Flint, S. D., 1995: Inhibition of hypocotyl elongation by ultraviolet-B radiation in de-etiolating tomato seedlings. I. The photoreceptor. *Physiol. Plant.*, **93**, 584-592.

Barnes, P. W., Jordan, P. W., Gold, W. G., Flint, S. D. and Caldwell, M. M., 1988: Competition, morphology, and canopy structure in wheat (*Triticum aestivum* L.) and wild oat (*Avena fatua* L.) exposed to enhanced UV-radiation. *Funct. Ecology*, **2**, 319-330.

Björn, L. O., 1989: Computer programs for estimating ultraviolet radiation in daylight. In: *Radiation Meaurement in Photobiology* (ed. by Diffey, B. L.), pp. 161-189, Academic Press, New York.

Björn, L. O., Callaghan, T. V., Johnsen, I., Lee, J. A., Manetas, Y., Paul, N. D., Sonesson, M., Wellburn, A. R., Coop, D., Heide-Jorgensen, H. S., Gehrke, C., Gwynn-Jones, D., Johanson, U., Kyparissis, A.,. Levizou, E., Nikolopoulos, D., Petropoulou, Y. and Stephanou, M., 1997: The effects of UV-B radiation on European heathland species. *Plant Ecology*, **128**, 252-264.

Britt, A. B., 1996: DNA damage and repair in plants. *Annu. Rev. Plant Physiol. Plant Mol. Biol.*, **47**, 75-100

Caldwell, M. M., 1971: Solar ultraviolet radiation and the growth and development of higher plants. In: *Photophysiology*. Vol. 6 (ed. by Giese, A. C.), pp. 131-177, Academic Press, New York.

Caldwell, M. M., Flint, S. D. and Searles, P. S., 1994: Spectral balance and UV-B

sensitivity of soybean : a field experiment. *Plant, Cell Environ.*, **17**, 267-276.
Caldwell, M. M., Teramura, A. H., Tevini, M., Bornman, J. F., Björn, L. O. and Kulandaivelu, G., 1995 : Effects of increased solar ultraviolet radiation on terrestrial plants. *AMBIO*, **24**, 166-173.
Cen, Y. P. and Bornman, J. F., 1990 : The response of bean plants to UV-B radiation under different irradiances of background visible light. *J. Exp. Bot.*, **41**, 1489-1495.
Dai., Q., Peng, S., Chavez, A. Q. and Vergara, B. S., 1994 : Intraspecific responses of 188 rice cultivars to enhanced UVB radiation. *Environ. Exp. Bot.*, **34**, 433-442.
Dai, Q., Yan, B., Huang, S, Liu, X., Peng, S., Lourdes, M., Miranda, L., Chavez, A. Q, Vergara, B. S. and Olszyk, D. M., 1997 : Response of oxidative stress defense systems in rice (*Oryza sativa*) leaves with supplemental UV-B radiation. *Physiol. Plant.*, **101**, 301-308.
Fox, F. M. and Caldwell, M. M., 1978 : Competitive interaction in plant populations exposed to supplementary UV-B radiation. *Oecologia*, **36**, 173-190.
Green, A. E. S., Cross, K. R. and Smith, L. A., 1980 : Improved analytic characterization of ultraviolet skylight. *Photochem. Photobiol.*, **31**, 59-65.
Gehrke, C., Johanson, U., Callagham, T. V., Chadwick, D. and Robinson, C. H., 1995 : The inpact of enhanced ultraviolet-B radiation on litter quality and decomposition processes in *Vaccinium* leaves from the subarctic. *Oikos*, **72**, 213-222.
Hidema, J., Kumagai, T., Sutherland, J. C. and Sutherland, B. M., 1997 : Ultraviolet B-sensitive rice cultivar different in cyclobutyl primidine dimer repair. *Plant Physiol.*, **113**, 39-44.
Iwanzik, W., Tevini, M., Dohunt, G., Weiss, W., Graber, P. and Renger, G., 1983 : Action of UV-B radiation on photosynthetic primary reactions in spinach chloroplasts. *Physiol. Plant.* **58**, 401-407.
Jordan, B. R., He, J., Chow, W. S. and Anderson, J. M., 1992 : Changes in mRNA

levels and polypeptide subunits of ribulose1, 5-bisphosphate carboxylase in response to supplementary ultraviolet-B radiation. *Plant, Cell Environ.* **15**, 91-98.

川上伸一, 2000: 生命と地球の共進化, 日本放送出版協会, 267p.

Kim, H. Y, Kobayashi, K., Nouchi, I. and Yoneyama, T., 1996a: Enhanced UV-B radiation has little effect on growth, ^{13}C values and pigments of pot-grown rice (*Oryza sativa*) in the field. *Physiol. Plant.*, **96**, 1-5.

Kim, H. Y., Kobayashi, K., Nouchi, I. and Yoneyama, T., 1996b: Differential influences of UV-B radiation on antioxidants and related enzymes between rice (*Oryza sativa* L.) and cucumber (*Cucumis sativus* L.) leaves. 環境科学会誌, **9**, 55-63.

Kim, H. K., Kobayashi, K., Nouchi, I. and Yoneyama, T., 1996c: Changes in antioxidants levels and activities of related enzymes in rice (*Oryza sativa* L.) leaves irradiated with enhanced UV-B radiation under field conditions. 環境科学会誌, **9**, 73-78.

Kossuth, S. V. and Biggs, R. H., 1981: Ultraviolet-B radiation effects on early seedling growth of *Pinaceae* species. *Can. J. For. Res.*, **11**, 243-248.

Kramer, G. F., Norman, H. A., Krizek, D. T. and Mirecki, R. M., 1991: Influence of UV-B radiation on polyamines, lipid peroxidation and membrane lipids in cucumber. *Phytochemistry*, **30**, 2101-2108.

Krizek, D. T., Britz, S. J. and Mirecki, R. M., 1998: Inhibitory effects of ambient levels of solar UV-A and UV-B radiation on growth of cv. New Red Fire lettuce. *Physiol. Plant.*, **103**, 1-7.

Krizek, D. T., Mirecki, R. M. and Britz, S. J. 1997: Inhibitory effects of ambient levels of solar UV-A and UV-B radiation on growth of cucumber. *Physiol. Plant.*, **100**, 886-893.

Kumakgai, T. and Sato, T., 1992: Inhibitory effects of increase in near-UV radiation on growth of Japanese rice cultivar (*Oryza sativa* L.) in phytotron and recovery by exposure to visible radiation. *Japan J. Breed.*, **42**, 545-552.

Laakso, K., Sulivan, J. H. and Huttunen, S., 2000: The effects of UV-B radiation on epidermal anatomy in loblory pine (*Pinus taeda* L.) and Scots pine (*Pinus sylverstris* L.). *Plant, Cell Environ.*, **23**, 461-472.

Landry, L. G., Chapple, C. C. S. and Last, R. L., 1995: *Arabidopsis* mutants lacking phenolic sunscreens exibit enhanced ultraviolet-B injury and oxidative damage. *Plant Physiol.*, **109**, 1159-1166.

Li, J. Y, Ou-Lee, T. M., Raba, R., Amundson, R. G. and Last, R. L., 1993: *Arabidopsis* flavonoid mutants are hypersensitive to UV-B irradiation. *Plant Cell*, **5**, 171-179.

Madornich, S., McKenzie, R. L., Björn, L. O. and Caldwell, M. M., 1998: Changes in biologically active ultraviolet radiation reaching the earth's surface. *J. Photochem. Photobiol. B : Biol.*, **46**, 5-19.

McCloud, E. S. and Berenbaum, M. R., 1994: Stratospheric ozone depletion and plant-insect interactions: effects of UV-B radiation on foliage quality of *Citrus jambhiri* for *Trichoplusia ni. J. Chem. Ecol.*, **20**, 525-539.

丸山茂徳・磯崎行雄, 1998: 生命と地球の歴史, 岩波書店, 275p.

増田芳雄, 1988: 改訂植物生理学, 培風館, 386p.

McLeod, A. R., 1997: Outdoor supplementation systems for studies of the effects of increased UV-B radiation. *Plant Ecology*, **128**, 78-92.

Mark, U. and Tevini, M., 1996: Combination effects of UV-B radiation and temperature on sunflower (*Helianthus annuus* L., cv. Polstar) and Maize (*Zea mays* L., cv. Zenit 2000) seedlings. *J. Plant Physiol.*, **148**, 49-56.

Mazza, C. A., Battista, D, Zima, A. M., Szwarcberge-Bracchitta, M., Giordano, C. V., Acevedo, A., Scopel, A. L. and Ballare, C. L., 1999: The effects of solar ultraviolet-B radiation on the growth and yield of barley are accompanied by incrased DNA damage and antioxidant responses. *Plant, Cell Environment*, **22**, 61-70.

Miller, J. E., Booker, F. L., Fiscus, E. L., Heagle, A. S., Pursley, W. A., Vozzo, S. and Heck, W. W., 1994: Ultraviolet-B radiation and ozone effects on growth, yield and photosynthesis of soybean. *J. Environ. Qual.*, **23**, 83-91.

Nouchi, I., 1993: Effects of enhanced ultraviolet-B radiation on the growth of cucumber plants. 農業気象, **48**, 731-734 (special issue).

Nouchi, I., 2000: Increased UV-B due to depletion of stratospheric ozone and its effects on crops. In: *Trace Gas Emission and Plants* (ed. by Singh, S. N.), pp. 273-289, Kluwer Academic Publishers, Dordrecht.

Nouchi, I., Kobayashi, K. and Kim, H. K., 1997: Effects of enhanced UV-B radiation on growth and yield of rice in the field. 農業気象, **52**, 867-870 (special issue).

Olszyk, D. M., Dai, Q., Teng, P., Leung, H., Lug, Y. and Peng, S., 1996: UV-B effects on crops: response of the irrigated rice ecosystem. *J. Plant Physiol.* **148**, 26-34.

Pal, M., Sharma, A., Abrol, Y. P. and Sengupta, U. K., 1997: Exclusion of UV-B radiation from normal solar spectrum on the growth of mung bean and maize. *Agric. Ecosyst. Environ.*, **61**, 29-34.

Predieri, S., Norman, H. A., Krizek, D, T., Pillai, P., Mirecki, R. M. and Zimmerman, R. H., 1995: Influence of UV-B radiation on membrane lipid composition and ethylene evolution in doyenne d'hiver pear shoots grown *in vitro* under defferent photosynthetic photon fluxes. *Environ. Exp. Bot.*, **35**, 151-160.

Renger, G., Volker, M., Eckert, H. J., Fromme, R., Hohm-Veit, S. and Graber, P., 1989: On the mechanism of photosystem II deterioration by UV-B irradiation. *Photochem. Photobiol.*, **49**, 97-105

Reuber, S., Bornman, J. F. and Weissenbock, G., 1996: A flavonoid mutant of barley (*Hordeum vulgare* L.) exibits increased sensitivity to UV-B radaiation in the primary leaf. *Plant, Cell Environ.*, **19**, 593-601.

Roa, M. V., Paliyath, G. and Ormrod, D. P., 1996: Ultraviolet-B and ozone-induced biochemical changes in antioxidant enzymes of *Arabidopsis thaliana*. *Plant Physiol.*, **110**, 125-136.

Ros, J. and Tevini, M., 1995 : Interaction of UV-radiation and IAA during growth of seedlings and hypocotyl segments of sunflower. *J. Plant Physiol.*, **146**, 295-302.

Rowland- Bamford, A. J., Borland, A. M., Lea, P. J. and Mansfield, T. A., 1989 : The role of arginine decarboxylase in modulating the sensitivity of barley to ozone. *Environ. Pollut.*, **61**, 95-106.

Rozema, J., Chardonnens, A., Tosserams, M., Hafkenscheid, R. and Bruijnzeel, S., 1997a : Leaf thickness and UV-B absorbing pigments of plants in relation to an elevational gradient along the Blue Mountains, Jamaica. *Plant Ecology*, **128**, 150-159.

Rozema, J., Tosserams, M., Nelissen, H. J. M., van Heerwaarden, L., Broekman, R. A. and Flierman, N., 1997b : Stratospheric ozone reduction and ecosystem processes : enhanced UV-B radiation affects chemical quality and decomposition of leaves of the dune grassland species *Calamagrostis epigeios*. *Plant Ecology*, **128**, 284-294.

Rozema, J., van de Staaij, J., Björn, L. O. and Caldwell, M. M., 1997c : UV-B as an environmental factor in plant life : stress and regulation. *Trends in Ecology and Evolution*, **12**, 22-28.

Runeckles, V. C. and Krupa, S. V., 1994 : The impact of UV-B radiation and ozone on terrestrial vegetation. *Environ. Pollut.*, **83**, 191-213.

Saile-Mark, M. and Tevini, M., 1997 : Effects of solar UV-B radiation on growth, flowering and yield of central and southern European bush bean cultivars (*Phaseouls vulgaris* L.). *Plant Ecology*, **128**, 114-125.

Sato, T. and Kumagai, T., 1993 : Cultivar differences in resistance to the inhibitory effects of near-UV radiation among Asian ecotype and Japanese lowland and upland cultivars of rice (*Oryza sativa* L.). *Japan J. Breed.*, **43**, 61-68.

Searles, P. S., Caldwell, M. M. and Winter, K., 1995 : The response of five tropical dicotyledon species to solar ultraviolet-B radiation. *Amer. J. Bot.*, **82**, 445-453.

Sinclair, T. R., N'Diaye, O. and Biggs, R. H., 1990 : Growth and yield of field-grown soybean in response to enhanced exposure to ultraviolet-B radiation. *J. Environ. Qual.*, **19**, 478-481.

Stapleton, A. E., Thornber, C. S. and Walbot, V., 1997 : UV-B component of sunlight causes measureable damage in field-grown maize (*Zea mays* L.) : developmental and cellular heterogeneity of damage and repair. *Plant, Cell Environ.*, **20**, 279-290.

Strid, A., Chow, W. S. and Anderson, J. M., 1994 : UV-B damage and protection at molecular level in plants. *Photosynthesis Research*, **39**, 475-489.

Sullivan, J. H. and Teramura, A. H., 1988 : Effects of ultraviolet-B irradiation on seedling growth in the Piaceae. *Amer. J. Bot.*, **75**, 225-230.

Sullivan, J. H. and Teramura, A. H., 1992 : The effects of ultraviolet-B radiation on loblory pine. 2. Growth of field-grown seedlings. *Trees*, **6**, 115-120.

Sullivan, J. H., Teramura, A. H. and Ziska, L. H., 1992 : Variation in UV-B sensitivity in plants from a 3,000 m elevational gradient in Hawaii. *Aemer. J. Bot.*, **79**, 737-743.

Sullivan, J. H., Teramura, A. H. and Dillenburg, L. R., 1994 : Growth and photosynthetic response of field-grown sweetgum (*Liquidambar styraciflua* ; Hamamelidaceae) seedlings to UV-B radiation. *Amer. J. Bot.*, **81**, 826-832.

Takeuchi, Y., Murakami, M., Nakajima, N., Kondo, N. and Nikaido, O., 1996a : Induction and repair of damage to DNA in cucumber cotyledons irradiated with UV-B. *Plant Cell Physiol.*, **37**, 181-187.

Takeuchi, Y., Kubo, H., Kasahara, H. and Sakaki, T., 1996b : Adaptive alterations in the activities of scavengers of active oxygen in cucumber cotyledons irradiated with UV-B. *J. Plant Physiol.*, **147**, 589-592.

Teramura, A. H., Sullivan, J. H. and Lydon, J., 1990 : Effects of UV-B radiation on soybean yield and seed quality : a 6-year field study. *Physiol. Plant.*, **80**, 5-11.

Teramura, A. H., Ziska, L. H. and Sztein, A. E., 1991 : Changes in growth and photosynthetic capacity of rice with increased UV-B radiation. *Physiol. Plant.*, **83**, 373-380.

Tevini, M., 1994 : Physiological changes in plants related to UV-B radiation. In : *Stratospheric Ozone Depletion/UV-B Radiation in the Biosphere* (ed. by R. H. Biggs and M. E. B. Joyner), pp. 37-56, Springer-Verlag, Berlin.

Tezuka, T., Hotta, T. and Watanabe, I., 1993 : Growth promotion of tomato and radish plants by solar UV radiation reaching the Earth's surface. *J. Photochem. Photobiol. B : Biol.*, **19**, 61-66.

Tezuka, T., Yamaguchi, F. and Ando, Y., 1994 : Physiological activation in radish plants by UV-A radiation. *J. Photochem. Photobiol. B : Biol.*, **24**, 33-40.

Tosserama, M., Magendans, E. and Rozema, J., 1997 : Differential effects of elevated ultraviolet-B radiation on plant species of a dune grassland ecosystem. *Plant Ecology*, **128**, 266-281.

Ziska, L. H., Teramura, A. H. and Sullivan, J. H., 1992 : Physiological sensitivity of plants along an elevational gradient to UV-B radiation. *Amer. J. Bot.*, **79**, 863-871.

第11章　大気-植生-土壌系におけるCO_2交換

　生態系内では，炭素は大気-植生-土壌の間で交換され，その正味の交換量（収支，移動）はさまざまな場面において重要な量として認識されている．炭素の流れは，大まかに言うと大気→植生→土壌となるが，エネルギーのように最終的に系から出ていく一方的なものではなく，その一部は再び系の中に取り込まれていく流れである．これを炭素循環（carbon cycle）といい，その定量的研究は生態系の構造と機能を総合的に解析するための有効な手段となっている．このことから，炭素循環研究は生態学における重要な研究分野となっている．

　生態学以外の分野においても，循環する炭素の量がしばしば問題にされてきた歴史がある．その一つは，大気から植生への炭素の移動量，すなわち，純一次生産（net primary production, NPP）である．NPPはヒトを含むすべての従属栄養生物のエネルギー源であることから，1960年代にはこの量を明らかにしようとする気運が全世界的に盛り上がり，国際生物学事業計画（IBP, International Biological Program）が開始された．その結果，さまざまな植生におけるNPPが明らかにされ，世界の植生の生産力の推定値を得るに至っている（Lieth and Whittaker, 1975 ; Whittaker, 1979）．

　最近では，NPPは地球規模での炭素循環に対して重要な役割を果たしているという点でも重要視されている．つまり，化石燃料の燃焼による大気CO_2濃度の上昇が地球温暖化をもたらすと危惧されており，CO_2吸収源としての植生の役割が注目されている．たとえば，1997年，京都で開催された国連気候変動枠組条約第3回締約国会議（COP3）において，各国のCO_2排出削減量についての話し合いが行われたが，採択された議定書には森林（正しくは植林地）による吸収分を差し引いて削減量を計算することが盛り込まれた．しかし，ここで注意すべきことは，森林のCO_2吸収量とは，NPPではなく，植生と土壌を含む生態系全体の吸収量を指している．この生態系レベルでのCO_2吸収量は生態系純生産（net primary ecosystem production, NEP）によ

って評価される．NEP は NPP から従属栄養生物による呼吸量（heterotrophic respiration, HR）を差し引いた量として定義される．現在，NEP の解明とグローバルマップの作成に向けて，大気-植生-土壌系間の CO_2 交換を評価することが求められており，生態系炭素循環のプロセス研究やその知見を総合化するモデル研究が進められている．

　本章では，以上のような背景を踏まえて，NPP を規定する植物の光合成と呼吸について解説したのち，NEP についても概説する．同時に，環境要因が光合成や呼吸に与える影響についても随時触れる．また，大気-植生-土壌系における CO_2 交換過程の相互作用は時間的にも，空間的にも変化するが，これを定量的に評価できなければ，生態系全体あるいはグローバルスケールの CO_2 交換量を推定することはできない．それには，モデルを用いて，プロットスケールの実測データを時空間的に拡張（スケーリングアップ）する作業が行われる（図 11.1）．そこで，重要かつ最新のモデルを紹介し，グローバル・スケールでの CO_2 固定量の推定や将来予測への応用について解説する．

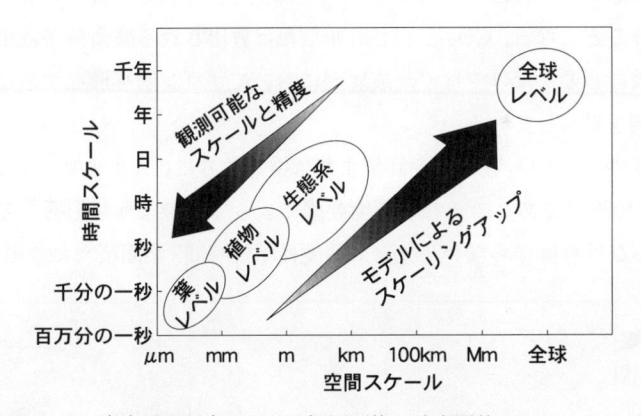

図 11.1　炭素循環研究における観測可能な時空間的スケールとモデルによるスケーリングアップ（Luo, 1999 より改作）

11.1 植物のCO_2交換に関わる生理機構

11.1.1 個葉の光合成

緑色植物は光を利用して光合成,すなわちCO_2の固定を行っている.一般に,光合成は葉で行われるが,その生化学的プロセスは,

$$6\,CO_2 + 6\,H_2O \rightarrow C_6H_{12}O_6 + 6\,O_2$$

で表される.この式は6 molの二酸化炭素と水から1 molの糖(有機物)と6 molの酸素が作られることを示しており,このとき光エネルギーが有機物の中に化学エネルギーとして固定される.材料となるCO_2は大気から葉の気孔によって,H_2Oは土壌から根によって取り込まれる.CO_2が気孔から取り入れられる速度は三つの抵抗(葉面境界層抵抗,気孔抵抗,葉肉抵抗)に反比例し,大気と葉内のCO_2濃度差に比例する.合成された糖は,1 mol当たり686 kcalの化学エネルギーを持っており,これがすべての生物の活動エネルギー源,さらには体(バイオマス)を作る基本材料となる.また,生物地球化学的な面からみれば,大気からCO_2を除去し,生物圏に炭素を導入する過程ということになる.CO_2と同じモル数だけ放出される酸素分子は生物にとって呼吸に必要なだけでなく,成層圏においてオゾン層を形成するなどの重要な役割を果たしている.

光合成によるCO_2吸収量を評価または推定するには,葉の光合成能力(速度)がどの程度であり,それが環境要因によってどのような影響を受けるのかを知らなければならない.光合成速度は単位時間・葉面積当たりのCO_2吸

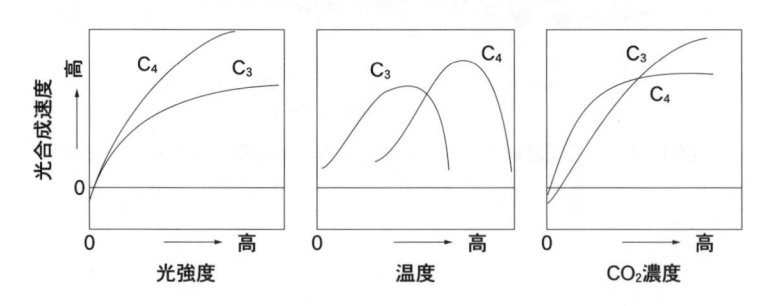

図11.2 C_3およびC_4植物における個葉光合成の環境依存性

収量（生理学ではモル，炭素循環研究では重量を用いることが多い）として表され，その値は光，温度，CO_2 濃度によって影響を受ける．それぞれの環境要因に対する反応曲線は光-光合成曲線，温度-光合成曲線，CO_2-光合成曲線と呼ばれる（図 11.2）．

一般に，個葉の光合成は光強度が強くなるにつれて速度が増し，ある一定の光強度以上になるとそれ以上は増加しなくなる．そのときの光合成速度を光飽和光合成速度という．また，弱光下においては光合成と呼吸が釣り合って見かけ上は CO_2 の交換が見られなくなるが，このときの光強度を光補償点 (light compensation point) という．光補償点付近では光合成速度は線形的に増加するが，この傾きは光利用効率を表す．光利用効率は吸収した光量子と光合成により放出された CO_2 分子（あるいは発生した O_2 分子）をモル数の比で表したとき，量子収率 (quantum yield) と呼ばれる．

温度の変化に対する光合成の反応は最適カーブを描き，種特異的な最適温度域が見られる．ただし，同じ種でも生育地の温度環境が異なれば最適温度も異なり，それぞれの温度環境に順化した温度依存性（温度順応性）を示す．また，光合成が可能な温度範囲も種によって異なる．寒冷地に生育する常緑針葉樹では，冬であっても条件が揃えば光合成活性は見られる．

さらに，CO_2 濃度（通常，単位は ppm または $\mu L L^{-1}$ で表わすが，モデルでは分圧 Pa で表わすことが多い）に対する光合成反応は，少なくとも現在の大気 CO_2 濃度程度（370 ppm）まではほぼ線形的に増加するが，それ以上になると増加率が鈍って飽和してしまう．O_2 濃度が通常の大気濃度（約 21 %）であるとき，光合成速度は 40 ppm あたりでゼロになる．このときの CO_2 濃度を CO_2 補償点 (CO_2 compensation point) という．

光合成の環境応答は以上のようなパラメータによって特徴づけられるが，それらの値は異なる光合成機構をもつ植物グループ間で違っている．たとえば，C_4 植物の飽和光強度と最適温度は C_3 植物より高いが，逆に CO_2 補償点は低くなる．CAM (crassulacean acid metabolism) 植物を含めた光合成機構グループ間の差異をまとめたのが表 11.1 である．こうした違いは植物がさまざまな環境に光合成を適応進化させた結果生じたものである．このことか

第11章 大気-植生-土壌系におけるCO_2交換

表11.1 光合成機構を異にする植物の光合成関連特性

	C_3植物	C_4植物	CAM植物
最大光合成速度 ($\mu mol/m^2/s$)	6〜25	20〜50	C_3植物の1/4〜1/10
光補償点 ($\mu mol/m^2/s$)	20〜40	>1500	
最適温度域 (℃)	低い (15〜25)	高い (30〜47)	広い (昼〜35, 夜15〜15)
CO_2濃度依存性 (ppm)	600〜1000で飽和	C_3植物と同じ	300〜400で飽和
CO_2補償点 (ppm)	30〜80	<10	<5
要水量 (gH_2O/g乾物)	450〜950	250〜350	40〜150
光呼吸	あり	ほとんどない	検出不能

ら，将来の環境変動に対して光合成は種によって異なる応答を示し，その結果，植生の種組成や分布が変化する可能性が指摘されている．

環境応答の生理学的メカニズムに関する知見は最近いくつかの良書（Lambers et al., 1998；寺島，1999；牧野，1999）にまとめられているので，ここでは詳しくは解説しない．むしろここで強調したいことは，光合成の環境応答モデルはこれらのパラメータとその環境依存性を組み入れて記述されていることである．このことは後述する植物や土壌の呼吸についても同様である．

野外で生活する植物の光合成には日変化が見られる（図11.3）．これは野外環境の日変化に対して光合成が応答した結果生じるものである．光合成のモデルでは，先述した光合成の生理的パラメータを環境要因の関数として表すことにより，光合成の日変化を記述できる．光合成の日変化を規定する最大の環境要因は光強度（光量子密度で表わす）である．光合成は夜が明けて光強度が増してくると徐々に高くなり，昼前後に最も高い値を示す．しかし，午前中よりも気温が高く，相対湿度が低下する午後では，たとえ午前中と同じ光強度であっても光合成は低下する．これは，葉温の上昇に伴って水蒸気圧欠差（VPD）が増大して水ストレスがかかると，蒸散を抑制しようとして気孔が閉じ気味となり，コンダクタンスが低下して葉内CO_2濃度が下が

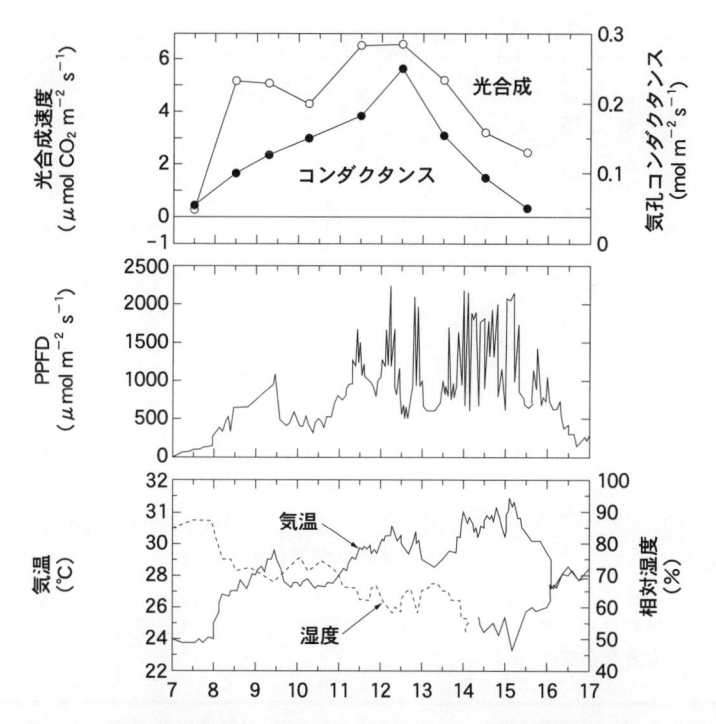

図 11.3 個葉光合成速度，気孔コンダクタンス，光量子密度（PPFD），気温，相対湿度の日変化（Ishida et al., 1996 より改作）
調査した植物はマレーシアの湿性熱帯林の主要樹種である *Dryobalanops aromatica*. 測定は 1994 年 11 月.

るためである．この傾向は CO_2 濃縮機構を持つ C_4 植物よりも，それを持たない C_3 植物において大きい．

　このような光合成の環境依存的変化は季節変化としても現われる．通常は，温度が高く，日射の強い夏に光合成は高く，冬は逆の理由で低くなる．ただし，季節変化には環境の変化だけでなく葉のエイジングに伴う生理的な変化も大きく関与している．一般に陽地生の草本植物では，葉が展葉して葉面積を拡大すると光合成も増大するが，その最大値は葉面積が最大となる少し前に現われる（図 11.4）．その後の光合成は徐々に低下していく．エイジ

第11章 大気-植生-土壌系におけるCO_2交換

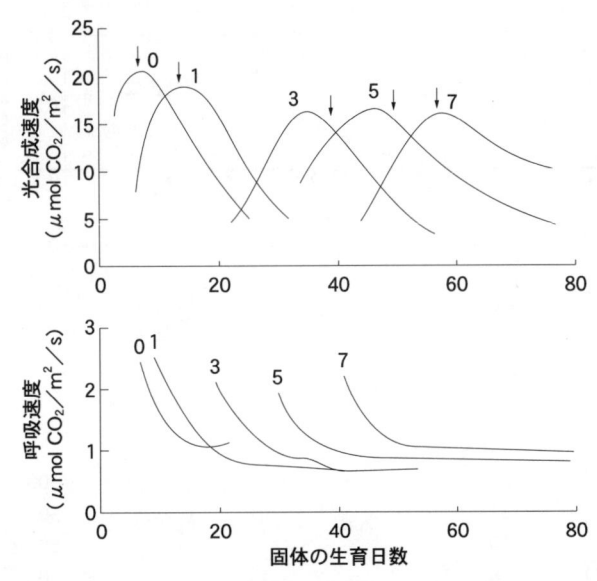

図11.4 個葉における光合成および呼吸のエイジ変化（Mariko, 1988より改変）
植物はヒャクニチソウ．図中の数字は葉位，矢印は葉面積が最大に達したときを示す．

ングにともなう光合成の変化は葉内の酵素，リブロース-1, 5-ビスリン酸カルボキシラーゼ・オキシゲナーゼ（Rubisco : ribulose-1, 5-bisphosphate carboxylase / oxygenase）含量の増減と相関があるといわれているが，こうした生理的プロセスが組み込まれたモデルはまだない．

11.1.2 植物の呼吸

生物は生命活動を行うためにエネルギーを必要とするが，そのエネルギーは光合成の反応式と逆向きに進む反応，つまりO_2を使って糖をCO_2とH_2Oに分解する過程で得られる．この過程を呼吸といい，通常葉で0.2～8 mg CO_2 $g^{-1}hr^{-1}$，茎で0.1～3 mg CO_2 $g^{-1}hr^{-1}$，根で0.1～3.5 mg CO_2 $g^{-1}hr^{-1}$程度の値である．植物によるCO_2固定量とは光合成による吸収量と呼吸による放出量の差であるから，固定量を推定するには光合成だけではなく呼吸も考慮しなければならない．また，呼吸に影響を与える主要な環境要因は温

度であるので，呼吸のモデルは温度の関数として表されるのが普通である．単純なモデルとしては，10℃の温度上昇によって引き起こされる呼吸速度の上昇の割合を示す Q_{10} （温度係数，temperature coefficient）を使うことがある． Q_{10} は 0～30℃ の範囲であれば大体 2.1～2.6 程度の値を取るが（Fitter and Hay, 1981），実際には適用できる温度範囲は狭いとされる．

光合成と同様に呼吸にも植物体のエイジに伴う変化が見られる（図 11.4）．通常，生長を開始した直後は高い値を示すが，生長が進むに従って比較的急速に減少して安定した値を取るようになる（Hogetsu et al., 1960）．こうした呼吸のエイジ変化も，光合成と同様にモデル化されてはいない．

呼吸がモデルで扱われるための基本的概念は McCree (1970) によって提出された．彼は呼吸量を光合成量と植物体量に比例して行われる二つの部分に分けて捉えることを提案した．その後この考え方は多少改変され，次式に示すように，呼吸は植物体の生長に伴って行われる生長呼吸または構成呼吸（growth respiration, constructive respiration）と植物体を維持するために行われる維持呼吸（maintenance respiration）とにわけて評価されるようになった（Yokoi et al., 1978）．

$$r = \gamma\, dW/dt + \mu W$$

ここで，γ と μ は比例定数で，それぞれ生長（構成）呼吸係数と維持呼吸係数と呼ばれる．McCree の提案した呼吸式は作物の生長効率や呼吸の生態学的役割を評価する際に有効であることから，作物学や物質生産生態学において一時もてはやされた歴史がある．

呼吸は温度によって影響を受けることはすでに述べたが，温度依存性が見られるのは維持呼吸係数のみであり，その Q_{10} は約2である．20℃で測定された維持呼吸係数はクローバーでは $0.011\ \mathrm{mgC\,mgC^{-1}d^{-1}}$，ソルガムでは $0.007\ \mathrm{mgC\,mgC^{-1}d^{-1}}$，アズキでは $0.036\ \mathrm{mgC\,mgC^{-1}d^{-1}}$ である（Yokoi et al., 1978）．このように，維持呼吸係数は種によって大きく異なるが，その原因の一つは呼吸基質の化学的組成の違いである．また，維持呼吸係数は同一個体であっても器官によって異なることが知られている（Mariko, 1988）．構成呼吸係数は 0.1 から 0.3 $\mathrm{mgC\,mgC^{-1}}$ 程度の値を取る（Amthor, 1989）．

以前は構成呼吸係数は種によってあまり差がないとされていたが，その後に測定された例では維持呼吸係数と同程度の種間差があるようである．Penning de Vries et al. (1974) は構成呼吸係数の値は，生物体の化学組成と素材の化学組成によって決まるとして理論的に計算を行い，トウモロコシでは 0.14 mgC mgC^{-1}，ヒマワリでは 0.12 mgC mgC^{-1} という値を得ている．

呼吸には，これまで解説してきた呼吸（厳密には暗呼吸，dark respiration）のほかに，光条件下で行われる光呼吸（photorespiration）と呼ばれる呼吸がある．光呼吸は光照射された葉を急速に暗所に置くと，急激な CO_2 の放出（post-illumination CO_2 burst）がみられることから明らかになった呼吸である．暗呼吸は O_2 濃度が2％で最大となり，それ以上だと阻害を受けるが，光呼吸は O_2 濃度を高めると増大するので，両者はまったく異なる生化学的過程によって行われる．また，光呼吸は，葉緑体，ペルオキシソーム（peroxisome），ミトコンドリアの3つの細胞小器官の共同作業による反応である点も，暗呼吸と異なっている．光呼吸は暗呼吸と同様に O_2 を吸収して CO_2 を放出する反応であるが，解糖系やクエン酸回路は全く関与せず，ATPの生産もない．なぜ，このような呼吸経路が存在するのかという点は，CO_2 の不足時にこの呼吸によって CO_2 を発生し，カルビン回路を動かして過剰な光による光化学系IIへの害作用を防止するためであると説明されている．また，C_4 植物では，光呼吸は維管束鞘細胞で起こりうるが，たとえ起こったとしても CO_2 濃度が O_2 濃度に比べて高いために光呼吸速度は極めて低い（表11.1）．

11.1.3 大気 CO_2 濃度の上昇と植物による CO_2 固定

植物の CO_2 固定量は光合成と呼吸の差し引きで決まるが，地球温暖化の原因である大気 CO_2 濃度の上昇は光合成と呼吸に作用し，植物による CO_2 固定に影響を与える．特に，大気 CO_2 濃度の上昇に伴って，植物の CO_2 同化量が増加することは間違いないものとされている．一方，CO_2 固定量が変化すれば，大気 CO_2 濃度も変化する．大気と植物との間にはこのようなフィードバック機構が働いている．そこで，大気 CO_2 濃度の上昇と植物の CO_2 固定量との関係について以下に解説する．

CO_2 濃度の増加によって光合成速度がどの程度促進されるかは，生活形の

異なる木本植物や草本植物においてまとめられている．図11.5は，CO_2濃度を倍増した条件に置いた木本植物の光合成速度がどの程度変化するのかを，これまでの文献を整理してまとめたものである．光合成の変化は，通常のCO_2条件で育てられた植物（対照区植物）の光合成速度とCO_2倍増条件で育てられた植物（高CO_2区植物）の光合成速度の比（高CO_2区植物/通常CO_2区植物）として示されている．この時，通常CO_2区植物と高CO_2区植物それぞれについて，CO_2倍増条件および通常CO_2条件で光合成速度が測定されている．

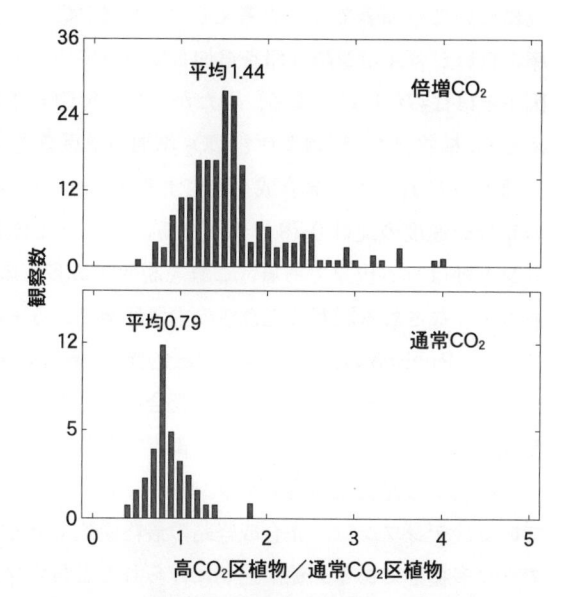

図11.5 倍増CO_2濃度条件で生育させた植物（高CO_2区植物）と通常CO_2濃度条件で生育させた植物（通常CO_2区植物）の光合成速度の比（Wullschleger et al., 1997）
植物はすべて木本植物
光合成は倍増CO_2濃度条件（上）と通常CO_2濃度条件（下）で測定

CO_2倍増条件で光合成を測定すると，高CO_2区植物の光合成速度は通常CO_2区植物より1.44倍も高くなることが分かる．これをCO_2施肥（CO_2 fertilization）効果という．CO_2施肥効果は次のように説明されている．CO_2ダブリングにより，気孔が閉じ気味になって気孔コンダクタンスは低下するものの，それ以上に周囲のCO_2濃度が高いことが葉内CO_2濃度を増加させる．その結果，葉緑体へ十分なCO_2供給が行われてRubisco活性も高く維持されるので，光合成によるCO_2吸収量は高い値となる．同時に，光合成の最適温度も高くなるのが一般的である．しかし，こうした効果はC_4植

物においては顕著でないと考えられている．C_4植物はCO_2固定に関して効率の良いジカルボン酸回路を追加して持っているので，CO_2は光合成の律速因子とはならないのである．したがって，低CO_2条件でも十分な光合成が行えるC_4植物はC_3植物よりもCO_2増加の恩恵を受けにくい．

通常のCO_2条件で光合成を測定すると，通常CO_2区植物と高CO_2区植物の光合成速度の比は0.79に低下する．これは光合成のダウンレギュレーションと呼ばれる現象である．これを説明する多くの仮説が提出されている．最もよくなされる説明は光合成の主要酵素であるRubiscoの量と活性の低下である．Rubiscoの活性が落ちると光合成/葉内CO_2濃度曲線の初期勾配が小さくなり，これが原因となって光合成の低下が起こる．しかし，この説は現在ではあまり支持されていないようである．他に，葉内にデンプンなどの形で蓄積する光合成産物もダウンレギュレーションの原因であると考えられている．デンプンは，光合成経路の最終産物であるブドウ糖が多数結合してできた多糖類である．糖が過剰に作られると負のフィードバックが働いて光合成の進行を抑制する．それ以外にも，呼吸に関与する一部の酵素や電子伝達系が高CO_2濃度で阻害されるという報告がある (Palet et al., 1991)．

11.2 大気-植生-土壌系のCO₂交換

11.2.1 生態系の炭素循環

生態系とは生物群集と物理的環境で構成されるまとまりをもったシステムである．生物群集の中心をなすのが植物（植生）であり，光合成によって吸収された炭素の一部は呼吸により再び大気へ戻っていく．また，植物体の一部は毎年作り替えられていくが，死んだ部分は脱落して土壌へ有機物として供給される．地上部の落葉落枝は特にリターフォールと呼ばれている．土壌中の微生物や微小動物はこの有機物を分解し，再びCO_2として大気中に戻す役割をしている（先述したHRのこと）．さらに，量的にはわずかであるが，動物が植物体を摂食することによる炭素の動きもある．このように生態系レベルでみると，炭素には動く部分と動かない部分がある．植生と土壌のように炭素が貯留しているところをプールまたはリザーバーといい，プール間の

11.2 大気-植生-土壌系の CO_2 交換

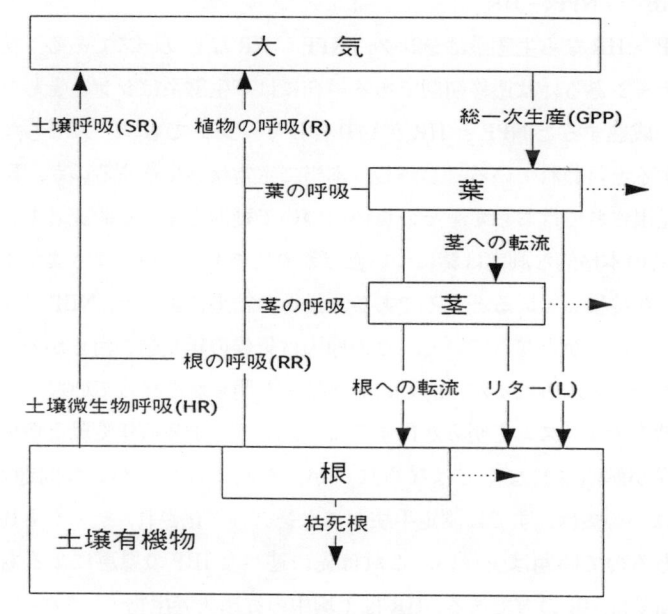

図11.6 炭素循環のコンパートメントモデル
炭素プール → 炭素フラックス
→ 摂食量

移動をフラックスという．これまでに取り上げてきた NPP は大気と植生の間のフラックスであり，NEP は大気と植生＋土壌の間のフラックスである．この他にも，植生から土壌への炭素フラックスであるリターフォールや土壌から大気へのフラックスである土壌呼吸 (soil respiration, SR) などがある．土壌呼吸は HR と植物根の呼吸 (root respiration, RR) の和に等しい．図11.6 はこうした大気-植生-土壌間の CO_2 交換過程を表したものである．

先述した NEP は地球規模の炭素循環において最も重要視されているフラックスである．生態系が CO_2 のシンク（吸収源）であるのか，ソース（放出源）であるのかは，この NEP がプラスかマイナスの値のどちらを取るかで評価される．NEP は渦相関法などの微気象学的な手法により直接的に測定可能な量であるが，次式のように，プロセス研究から積み上げて間接的に推定することもできる．

NEP = NPP − HR

NPP > HR なら生態系はシンク，NPP < HR ならソースである．植生が若いステージあるいは遷移初期である場合には，生態系はシンクとして機能するが，成熟するとNPPとHRが釣り合ってシンクでもソースでもない状態に達すると言われている．しかし，本当に定常状態に達するのか，確たる証拠は見出されてはおらず，その真偽について疑問を呈する研究者もいる．

NEPの本格的な測定は緒についたばかりであり，現在さまざまな生態系でデータが蓄積しているところである．最近の結果によると，NEPは年変動することが明らかとなっている．その原因は気候の年変動と何らかの関わりがあるものと考えられるが，詳しいことはまだ明らかとなっていない．NEPの年変動のメカニズムを明らかにするには，NPPとHRの年変動と環境変動との関係が解明されなくてはならないが，それにはやっかいな問題がある．NPPについては，すでに測定手法がスタンダード化され，データも比較的豊富であるので問題は少ない．これは先に述べたIBPの恩恵によるものである．問題はHRの方である．HRは土壌中の従属栄養生物（とくに微生物）の呼吸であるが，今のところHRを定義通りに測定する手法は確立されておらず，その分離測定は炭素循環研究の大きな課題となっている．それでも，測定が容易な土壌呼吸と根の呼吸との差からHRを求める手法や安定同位体を用いた手法などにより，SRに対するHRの割合は50〜70％程度であると考えられている．一般に，HRの割合は森林よりも草原で低いようである．

土壌呼吸は主として生物的な呼吸作用によるものであるため，水分や温度などの環境要因によって強く影響を受ける．温度に対する反応が最もよく調べられており，通常は温度の上昇とともに土壌呼吸は指数関数的に上昇する（図11.7）．Q_{10}は2程度の値を取ることが知られているが，低温域と高温域では異なり，低温域のQ_{10}の方が高い値を示すといわれている．また，Schlesinger (1977)は土壌呼吸は高緯度地域よりも低緯度地域で小さいことを見出し，次式で表わせるとした．

SR = − 24.2 (LAT) + 1721.5

SRの単位は$gCm^{-2}yr^{-1}$であり，LATは緯度である．関東地方（北緯36

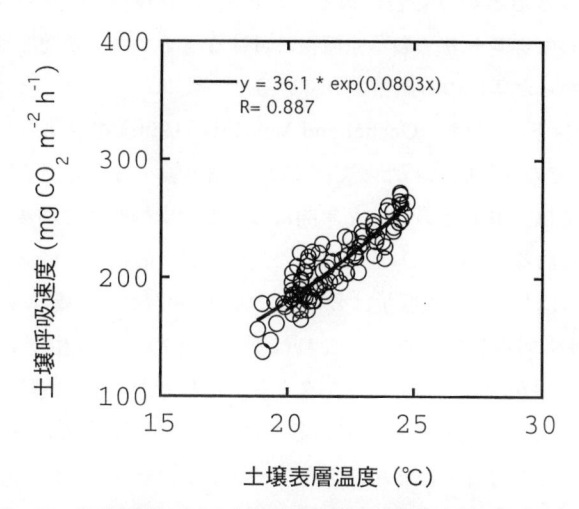

図11.7 のグラフ：
- x軸：土壌表層温度（℃），範囲 15〜30
- y軸：土壌呼吸速度（mg CO_2 m^{-2} h^{-1}），範囲 100〜400
- 近似式：$y = 36.1 * \exp(0.0803x)$，$R = 0.887$

図11.7 果樹園における土壌呼吸速度の温度依存性（1997年7月に測定，玉川大学関川清広氏提供）

度付近）の土壌呼吸を計算すると，大体 850 $gCm^{-2} yr^{-1}$ となる．この式を使えば緯度ごとに土壌呼吸を推定できるが，現実には標高による違いや生態系の種類によっても異なるので，より細かな推定式が求められる．

11.2.2 大気CO_2濃度の上昇と生態系の炭素循環

光合成に対する CO_2 施肥効果を考慮して，温暖化によりほとんどの生態系における NPP は増加するといわれている．それでは NEP についてはどうだろうか．残念ながら，NEP に対する高 CO_2 の影響を明らかにした研究は決して多くない．それでも，最近になって，オープン・トップ・チャンバーやFACE (free air CO_2 enrichment) 装置を使った高 CO_2 暴露実験がさまざまな生態系で行われ，NEP の報告がなされるようになってきた．それらのいくつかを紹介しよう．

北米のプレーリーではバイオマスが最大のときの NEP が測定され，高濃度 CO_2 条件で NEP は顕著に増加することが明らかとなっている．このとき蒸散量は 22 % ほど低下するため，光合成の水利用効率は高 CO_2 処理区で1.7 倍も良くなる．水利用効率への効果により，バイオマス生長は乾燥した

年に大きくなるという報告がある.たとえば,Owensby et al.(1996)が高CO_2暴露したプレーリーの草原植物におけるバイオマスの増加は比較的降水量の少なかった年にのみ観察されている.

草原ツンドラでは,Oechel and Vourlitis (1996) のグループが1983～1985年までの3年間にわたって高CO_2暴露実験を行っている.通常の大気CO_2濃度では,NEPは最初の2年間において炭素ベースで約$4\,gCm^{-2}d^{-1}$の放出が見られるが,高CO_2を処理した場合には,最初の年に$2\,gCm^{-2}d^{-1}$の吸収となる.しかし,吸収量は2年目に$0.2\,gCm^{-2}d^{-1}$に減少し,3年目には$1\,gCm^{-2}d^{-1}$弱の放出となる.これは暴露を始めた年は生態系の光合成にCO_2施肥効果が現れて強力なシンクとなるけれども,その後は徐々にシンク能が低下していくことを示している.Oechel and Vourlitisは個葉光合成についても測定を行っているが,ダウン・レギュレーションが起こることを確認している.もちろん環境の年変動の影響も否定できないが,NEPにおいても個葉光合成と同じように時間とともにダウン・レギュレーションが起こる可能性があると彼らは述べている.つまり,炭素収支から言えば草原ツンドラは炭素のソースになっていることを示しており,その大きさは年によって大きく変動する.また,付け加えていうと,現在のツンドラ生態系はその炭素収支からソースとして機能していることが分かる.

HRに対するCO_2増加の影響がどの程度であるのかはデータが少なくて,一般的な結論はまだ出されていない.そこで,HRを土壌呼吸に置き換えて文献をまとめた結果,0～60%の増加となっており,どうやら高CO_2条件では土壌呼吸は大きくなるようである.ちなみに,この増加は窒素肥料を与えることでさらに高められる.しかし,これらの結論を確たるものにするにはいくつかの問題点がある.一つはあまりにもデータが少ないこと,もう一つは多くの測定では採取した土壌カラムを室内で培養したものを使っており,野外で実際に測定された例がほとんどないことである.野外測定例は森林を含めて2件しかないが,これらのデータを見ると40%の増加となっており,サンプル土壌よりも高い増加率となっている.これが真実であるのかどうか,答えは今後の研究に委ねるしかない.

11.3 植物と環境とのCO₂交換に関するモデル

前節までに見たように,植物はそれを取り巻く環境と相互作用をしながらCO_2を交換(吸収・放出)している(図11.6).したがって,さまざまな環境におかれた植物が固定できるCO_2量を推定するためには,大気−植物−土壌をめぐるCO_2交換過程(植物の光合成による吸収,呼吸および土壌からの放出,それらを媒介する大気間のCO_2の流れ)を正しく理解し,それらを表現するモデルが必要になる.この節では,植物のCO_2交換過程を環境との相互作用を通じて記述するモデルについて紹介する.

11.3.1 個葉光合成のモデル

はじめに,最も基本となる個葉の光合成過程のモデルを紹介する.

1) 光合成の生化学的モデル

植物の葉内における光合成(光呼吸も含む)の生化学的環境応答は,オーストラリアのFarquharらのグループ(Farquhar et al., 1980)によって,最初C_3植物について理論的に定式化された.その後,Sharkey (1985) によって一部改変され,C_4植物については,Collatz et al. (1992) によって同様の定式化が行われた.

これらのモデルは次の仮定に基づいている.①葉内CO_2分圧が飽和していない状態では,CO_2同化速度(光合成速度)は酵素Rubiscoと電子伝達系の活性(クロロフィルによる光合成有効放射光の補足率で決まる)によって律速される.②葉内CO_2分圧が飽和する領域では,葉緑体内のデンプン合成や細胞質でのショ糖合成に伴う無機リン酸の再生産・再利用速度によって律速される.すなわち,単位葉面積当たりのCO_2同化速度は,葉内CO_2分圧に応じて,Rubisco酵素律速による同化速度,光化学系電子伝達活性律速による同化速度およびリン酸再利用律速の同化速度の最小値で与えられる(図11.8) (Collatz et al., 1991 ; Lambers et al., 1998 ; 牧野, 1999 ; 寺島, 1999).

Rubisco酵素律速のCO_2同化速度ω_c ($mol\ m^{-2}\ s^{-1}$) は次式のMichaelis-Mentenタイプの酵素キネティクス式

第11章 大気-植生-土壌系におけるCO_2交換

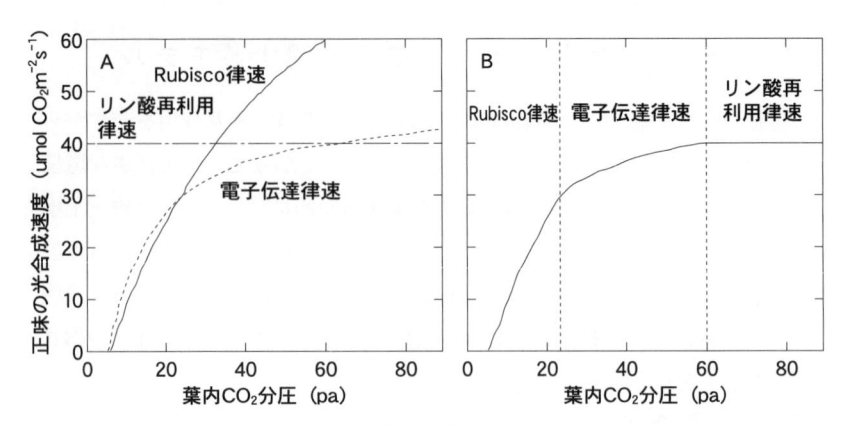

図11.8 葉内のCO_2分圧と光合成速度のモデル（牧野，1999を改作）
A：Rubisco活性，電子伝達活性およびリン酸再利用速度によって律速される葉内CO_2濃度とリブロースジリン酸（RuBP）の再生産速度との関係．
B：Aの各律速光合成速度から，実際に期待される正味の光合成速度の葉内CO_2濃度応答．

$$\omega_c = V_m \left[\frac{C_i - \Gamma^*}{C_i + K_c(1 + O_2/K_0)} \right] \quad (C_3 \text{植物})$$

で与えられる．ここで，

V_m：カルボキシレーション反応の最大速度（$\text{mol m}^{-2}\text{s}^{-1}$）

C_i：葉内のCO_2濃度（Pa）

O_2：葉内のO_2濃度（Pa）

Γ^*：葉内CO_2濃度の補償点（Pa）

K_c：CO_2に対するMichaelis定数（Pa）

K_0：O_2に対するMichaelis定数（Pa）

である．これらのV_m，Γ^*，K_c，K_0はそれぞれ葉の温度，水分条件などによって変化する．

光化学系電子伝達活性律速のCO_2同化速度ω_e（$\text{mol m}^{-2}\text{s}^{-1}$）は

$$\omega_e = \varepsilon_3 Q_p \frac{C_i - \Gamma^*}{C_i + 2\Gamma^*} \quad (C_3 \text{植物})$$

で与えられる．ただし，

Q_p：葉に吸収された光合成有効放射量（W m^{-2}）
ε_3：C$_3$植物の量子収率（mol mol^{-1}）

である．

リン酸再利用律速のCO$_2$同化速度ω_s（mol m^{-2}s^{-1}）は

$\omega_s = V_m/2$ 　　（C$_3$植物）

となる．

C$_4$植物では，律速要因ごとのCO$_2$同化速度の形式が少し異なる（Collatz et al., 1992）．Rubisco律速の同化速度は

$\omega_e = V_m$ 　　（C$_4$植物），

光化学系律速の同化速度は

$\omega_s = \varepsilon_4 Q_p$ 　　（C$_4$植物）　　ε_4：C$_4$植物の量子収率

となる．また，C$_3$植物のリン酸再利用律速の代わりに，低CO$_2$濃度の際のCO$_2$律速同化速度

$\omega_s = \kappa V_m C_i$ 　　（C$_4$植物）　　κ：定数

を考慮する必要がある．

以上より，葉のCO$_2$同化速度は，与えられた環境条件（日射，温度，葉内CO$_2$，O$_2$濃度など）に応じて，上の3つの要因で律速された同化速度のいずれかで与えられる（図11.8 B）．それらを連続的に表現するためにCollatz et al. (1991)は，単位葉面積当たりのCO$_2$同化速度Aが次の2次方程式の解として与えられるとした．

$\theta \omega_p^2 - \omega_p(\omega_c + \omega_e) + \omega_c \omega_e = 0$
$\beta A^2 - A(\omega_p + \omega_s) + \omega_p \omega_s = 0$

ここで，θとβは経験的な結合定数であり，3つの律速要因による同化応答をなめらかにつなぐ役割をするものである．通常，0.8から0.99程度の値が用いられている．ω_pは中間的な同化速度を表わす変数である．

CO$_2$同化速度Aから葉の呼吸速度R_d（mol m^{-2}s^{-1}）を差し引くことによって，葉による正味のCO$_2$同化速度A_nが得られる．

$A_n = A - R_d$

R_d はミトコンドリアの暗呼吸速度で，カルボキシレーション反応の最大速度に比例しており，

$$R_d = f_d V_m$$

の関係がある (Farquhar et al., 1980). f_d は定数である.

2) 気孔開度の環境応答モデル

ここまで，CO_2 同化速度を葉内の CO_2 分圧，および外部の光 (日射)，温度などに対する応答として表わしてきた．しかし，葉内の CO_2 は，外部から気孔への拡散によって流入し，それは気孔の開閉によって制御される．そこでつぎに，そのような気孔内 CO_2 分圧の環境応答のモデルについて説明する．

植物は気孔を通して，まわりの大気と CO_2 だけでなく H_2O も同時に交換している．いま，気孔を通過する H_2O, CO_2 の流れを電気抵抗のアナロジーに基づいて図 11.9 のように表わす．つまり，気孔の開き具合を物質 (H_2O,

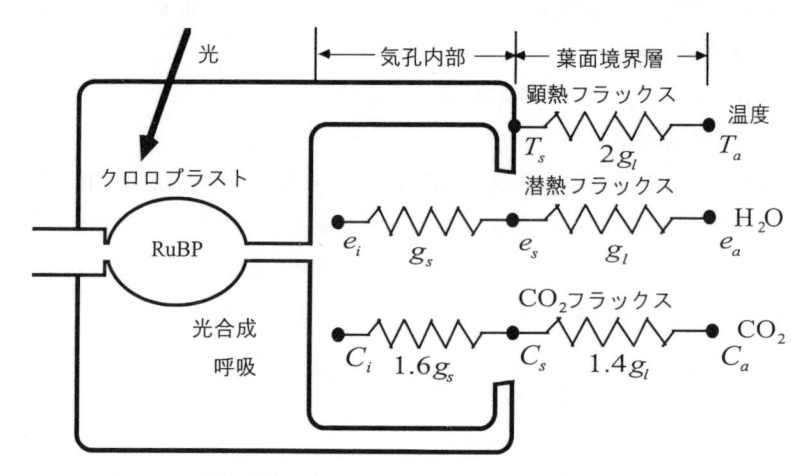

図 11.9 気孔を通して行われる熱，CO_2, 水蒸気交換のモデル
気孔内部と葉面境界層における熱，CO_2, 水蒸気の交換を電気回路のアナロジーで表現している．g_l は葉面境界層内の潜熱 (水蒸気フラックス) コンダクタンス．気孔は葉の片側にあることが多いために，顕熱 (熱フラックス) のコンダクタンスは $2g_l$ としている．
g_s は気孔内の潜熱コンダクタンスを表す．CO_2 のコンダクタンスは，葉面境界層と気孔内での分子拡散を考慮すると，それぞれ H_2O の 1.4, 1.6 倍になる．

CO_2）の流れやすさによって表わすことにする．葉内の CO_2 同化速度と気孔コンダクタンス（気孔抵抗の逆数）との関係は，Collatz et al. (1991) によって，

$$g_s = m \frac{A_n e_s}{c_s e_i} p + b$$

が半経験式として与えられている．ここで，

　g_s：水蒸気の気孔コンダクタンス（m s^{-1}）
　m：測定によって決められる定数
　b：測定によって決められる定数（m s^{-1}）
　e_s：葉表面の水蒸気圧（Pa）
　e_i：葉内の水蒸気圧（葉温で飽和しているとする）（Pa）
　c_s：葉表面の CO_2 分圧（Pa）
　p：大気圧（Pa）

である．

　また，気孔・大気界面での水蒸気フラックス E_l（蒸散速度）（kg m^{-2} s^{-1}）の連続性を考えると，

$$E_l = g_l(e_s - e_a)\frac{\rho c_p}{\lambda \gamma} = g_s(e_i - e_s)\frac{\rho c_p}{\lambda \gamma}$$

が成り立つ．ρ は空気密度である．さらに同様に，葉の内外の CO_2 フラックス（CO_2 同化速度）（mol m^{-2} s^{-1}）の連続性を考えると

$$A_n = \frac{(c_a - c_s)}{p}\frac{g_l}{1.4} = \frac{(c_s - c_i)}{p}\frac{g_s}{1.6}$$

が成立する．ただし，CO_2 の拡散係数は，葉面境界層内で H_2O に対して 1.4 倍，気孔内部で 1.6 倍であるとした．各変数の意味は次の通りである．

　e_a：外気の水蒸気圧（Pa）
　c_p：空気の定圧比熱（J kg^{-1} K^{-1}）
　λ：水の蒸発潜熱（J kg^{-1}）
　γ：乾湿計定数（Pa K^{-1}）

g_l：葉面境界層の水蒸気コンダクタンス（片面）(m s^{-1})
c_a：外気の CO_2 分圧（Pa）
c_i：葉内の CO_2 分圧（Pa）

以上のことをまとめると，このモデルは，葉に吸収された光合成有効放射量，大気と葉面の温度，大気の CO_2 分圧，水蒸気圧，および葉面境界層のコンダクタンスが既知であれば，同化速度 A_n，気孔コンダクタンス g_s，葉表面の CO_2 分圧 c_s，水蒸気圧 e_s，葉内 CO_2 分圧 c_i の5つの変数が次の連立方程式によって与えられるという内容を持つものである．

$$A_n = A(c_i) - R_d$$

$$c_i = c_s - \frac{1.6 A_n}{g_s} p$$

$$c_s = c_a - \frac{1.4 A_n}{g_l} p$$

$$g_s = m \frac{A_n}{c_s} \frac{e_s}{e_i} p + b$$

$$g_l(e_s - e_a) = g_s(e_i - e_s)$$

実際には，これらの式は非線形であるため，解を解析的に得ることはできず，数値的に繰り返し計算を行って求めることになる．

図11.10は，日射，温度，水蒸気圧，CO_2 といった環境条件が与えられた時に，葉の CO_2 同化速度と気孔内 CO_2 分圧が決まる過程を模式的に示したものである．曲線aは(a)で説明した気孔内の CO_2 分圧と同化速度との関係である．この右上がりの関係は，気孔内の CO_2 分圧が高ければ高いほど，葉は CO_2 同化をより多く行えることを示している．一方，直線bは葉内への CO_2 の拡散過程を表している．この右下がりの関係は，葉内 CO_2 分圧が低いほど大量の CO_2 が入り込めることを示している．これらは，葉内 CO_2 分圧について相反する要求である．したがって，両者の折り合いがつけられる状態，すなわちaとbの交点で与えられる同化速度と気孔内 CO_2 分圧が実際に達成されることになる．このような関係は，需要と供給によって商品の価

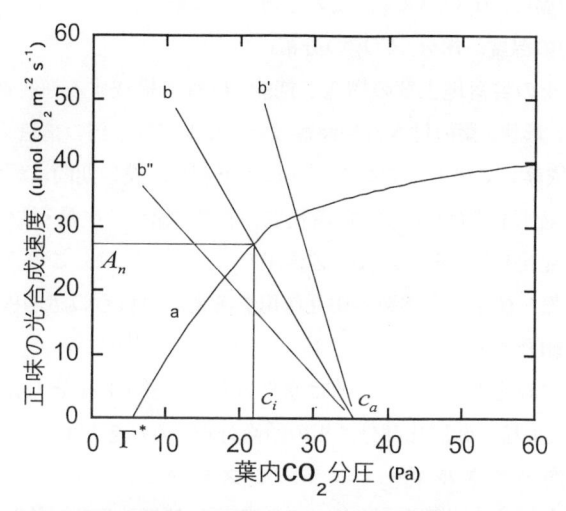

図11.10 気孔コンダクタンスと光合成速度のモデル
曲線aは葉内CO_2濃度と光合成速度の関係を表わし、直線bは気孔を通した拡散で決まる葉内CO_2濃度と光合成速度の関係を表わす。曲線aと横軸との交点は葉内CO_2濃度の補償点Γ^*である。直線の傾きの絶対値は気孔コンダクタンスg_sに等しい。曲線aと直線bとの交点によって、大気のCO_2濃度をc_aとした時に期待される葉内CO_2濃度c_iと光合成速度A_nが与えられる。b'（b''）は気孔を開いた（閉じた）ときの状況に対応する。水ストレスのない時のC_3植物では、c_iは20から25 Paの値を取る。

格と流通量が決まるとする市場経済の関係と似ている。この場合、曲線aが需要を表し、直線bが供給に相当する。

なお、CO_2同化速度は、葉が含む水分・養分状態などによっても当然変化し、それは、葉を持つ植物個体が置かれている状況（微気象、土壌条件など）によっても影響を受けるだろう。したがって、それらの作用をさらにモデルに組み入れるには、植物がおかれた場の環境との相互作用モデルを考える必要がある。

11.3.2 大気-植物-土壌間のCO_2交換モデル

植物集団（群落）におけるCO_2交換過程を記述するには、光合成過程の他に次のような植物を取り巻く環境条件を考慮しなければならない。

1) 群落内の日射（放射）エネルギーの分布

2) 大気の温度，H_2O, CO_2 濃度の分布
3) 土壌中の温度，水分，CO_2 の分布

これらはその群落地上部の構造と機能（群落を構成する植物個体の種類，生理的特性，形状，葉の付き方や傾きなど）および地下部の構造（根の量と分布など）に依存して決まるであろう．したがって，長い期間にわたって CO_2 交換過程を記述するためには，群落構造の動態（植物の生長・枯死・新規加入などの時間変化）を考慮に入れる必要がある．ここでは，このような群落スケールの大気・植生・土壌系の相互作用を考え，それらの諸過程を記述するモデル群を紹介する．

ただし，単純化のために，群落は水平方向に一様であるとし，鉛直方向の不均一性（葉面積，非同化部分，根の鉛直分布）のみを考える．

1) 群落内のエネルギー・フラックス分布

群落内の日射・放射量分布を決める実際の放射伝達過程は複雑であり，さまざまな理論・モデルが提案されている (Myneni et al., 1989)．ここでは，葉層で平均化したモデルを紹介する．群落最上部から入射した直達日射が高さ z から $z+dz$ までの葉層（簡単のために葉のみを考える）を散乱されずに通過する確率 I_b は

$$I_b = 1 - \frac{G_c(H)}{\sin H} df$$

と表わせる．ここで，H は太陽高度，df は z から $z+dz$ の葉層の葉面積指数を示す．また，$G_c(H)$ は葉層内の葉面積と太陽光の入射方向に垂直な面への投影面積との比である．これは，個葉の傾斜角 α，方位角 β から決まる同様の関数 $G_l(\alpha,\beta,H)$ を群落全体で平均化したもので与えられる．個葉の傾斜角の分布密度関数を $g(\alpha)$ とすれば，

$$G_c(H) = \int_0^{2\pi} \frac{1}{2\pi} \int_0^{\frac{\pi}{2}} g(\alpha) G_l(\alpha,\beta,H) d\alpha d\beta$$

で表わされる．なお，個葉の関数 $G_l(\alpha,\beta,H)$ は次式で表される．

11.3 植物と環境との CO_2 交換に関するモデル

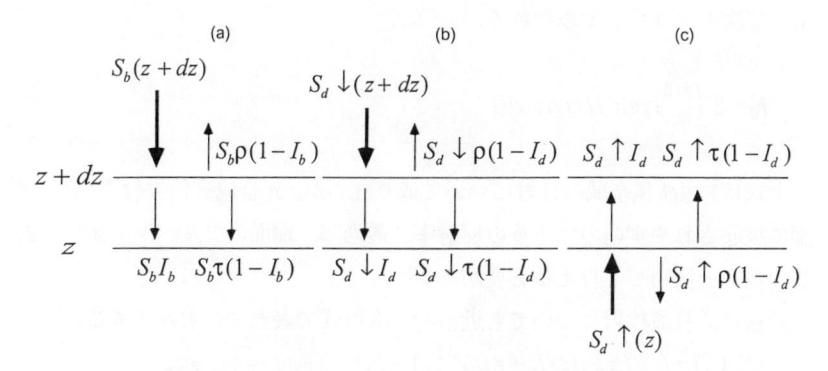

図11.11 葉層（$z \sim z+dz$）での放射収支のモデル

葉層上部に入射する直達日射量 S_b，葉層内を散乱されながら透過する率を t，散乱されずに通過する確率を I_b，葉層面の反射率を q，とすれば，(a) 葉層を通過する直達日射量は $S_b I_b$，葉層に散乱されながら透過する直達日射量は $S_b t(1-I_b)$，反射する直達日射量は $S_b q(1-I_b)$ で与えられる．(b) 葉層上部に入射する下向き散乱日射量を $S_d\downarrow$，散乱されずに通過する確率を I_d とすれば，葉層を通過する下向き散乱日射量は $S_d\downarrow I_d$，散乱されながら透過する下向き散乱日射量は $S_d\downarrow I_d t(1-I_d)$，反射する下向き散乱日射量は $S_d\downarrow I_d q(1-I_d)$ で与えられる．(c) 葉層下部に入射する上向き散乱日射量を $S_d\uparrow$ とすると，葉層を通過する上向き散乱日射量は $S_d\downarrow I_d$，散乱されながら透過する上向き散乱日射量は $S_d\uparrow I_d t(1-I_d)$，反射する上向き散乱日射量は $S_d\uparrow I_d q(1-I_d)$ で与えられる．

$$G_l(\alpha, \beta, H) = |\cos\alpha \sin H + \sin\alpha \cos\beta \cos H|$$

葉層の透過率 τ，反射率 ρ，および（散乱されずに）$z \sim z+dz$ の葉層を日射の散乱成分が通過する確率を I_d とすれば，葉層の上面と下面とで次式が成り立つ．$S_b(z)$ を高さ z における直達日射量（Wm^{-2}），$S_d\downarrow(z)(S_d\uparrow(z))$ を下向き（上向き）の散乱日射量（Wm^{-2}）として，図11.11から

$$S_b(z) = I_b S_b(z+dz)$$

$$S_b\downarrow(z) = S_d\downarrow(z+dz)(\tau(1-I_d)+I_d + S_b(z+dz)\tau(1-I_b)$$
$$+ S_d\uparrow(z)\rho(1-I_d)$$

$$S_d\uparrow(z+dz) = S_d\uparrow(z)(\tau(1-I_d)+I_d + S_b(z+dz)\rho(1-I_b)$$
$$+ S_d\downarrow(z+dz)\rho(1-I_d)$$

$$S_d\uparrow(0) = \rho_g(S_b(0)+S_d\downarrow(0)) \quad （地面）$$

なお，ρ_g は地面の反射率（アルベド）である．I_d は直達成分の通過確率 I_b を

用いて次のような形で表される．

$$I_d = 2\int_0^{\pi/2} I_b \sin H \cos H dH$$

上式は，短波長全域の日射について成り立つが，光合成有効放射（PAR）は葉に吸収されやすいので，葉の反射率，透過率，地面のアルベドの値は全波長の場合と区別して与える必要がある．

同様に，長波放射についても近似的に次の式で表わすことができる．

$L\downarrow(z) = L\downarrow(z+dz)I_d + \varepsilon\sigma T_c^4(1-I_d)$
$L\uparrow(z+dz) = L\uparrow(z)I_d + \varepsilon\sigma T_c^4(1-I_d)$
$L\uparrow(0) = \varepsilon\sigma T_g^4$

ここで，葉層の温度を T_c (K)，地表面の温度を T_g (K) とした．ただし，ε は射出率，σ はステファン-ボルツマン定数（$=5.67\times10^{-8}\mathrm{Wm^{-2}K^{-4}}$）である．

葉層に吸収された日射・放射エネルギーは顕熱，蒸発の潜熱，長波の再放射，貯熱，光合成反応のエネルギーに分配される．このうち，光合成反応のエネルギーは無視して，葉の熱容量を C_{leaf} (J m^{-2} K^{-1}) とすれば，次の熱収支（エネルギー保存）式が成り立つ．

$$C_{leaf}\frac{\partial T_c}{\partial t}dz = \Delta R_c - 2\varepsilon\rho T_c^4(1-I_d) - \Delta H_c - \Delta\lambda E_c$$

ただし，

$$\Delta R_c = (1-\tau-\rho)\{(1-I_b)S_b(z+dz) + (1-I_d)(S_d\downarrow(z+dz)+S_d\uparrow(z))\}$$
$$+ (1-I_d)(L\downarrow(z+dz)+L\uparrow(z))$$

ここで，ΔR_c は葉層に吸収された日射・放射エネルギー，右辺第一項は葉層からの長波放射，ΔH_c と $\Delta\lambda E_c$ はそれぞれ葉層からの顕熱，潜熱フラックスを表わしている．

潜熱，顕熱フラックスは，群落内の乱流によって鉛直方向に輸送される．これを式で表わすと，

11.3 植物と環境との CO_2 交換に関するモデル

$$\Delta H_c = c_p \rho_a d\overline{w'T'} = c_p \rho_a (\overline{w'T'}(z+dz) - \overline{w'T'}(z))$$
$$\Delta \lambda E_c = \lambda \rho_a d\overline{w'q'} = \lambda \rho_a (\overline{w'q'}(z+dz) - \overline{w'q'}(z))$$

ここで，c_p は空気の定圧比熱，ρ_a を空気密度とする．また，w' は鉛直方向の風速を $w = \overline{w} + w'$ と分解したときの平均 $\overline{w}$ からの偏差を表わす．気温，比湿（kg kg^{-1}）の偏差，T'，q' も同様である．$\overline{w'T'}$ と $\overline{w'q'}$ はそれぞれ顕熱，潜熱の垂直フラックスを表わしている．

一方，葉面の顕熱・潜熱フラックスは次のように表現される（渡辺，1994）．

$$H_c = c_p \rho_a C_h U (T_c - T) = c_p \rho_a \frac{T_c - T}{r_l}$$

$$\lambda E_c = \lambda \rho_a C_e U[q_{\text{SAT}}(T_c) - T] = \lambda \rho_a \frac{q_{\text{SAT}}(T_c) - T}{r_s + r_l}$$

ここで，C_h と C_e はそれぞれ顕熱と水蒸気に対する葉面交換係数と呼ばれる．風速 $U = \sqrt{u^2 + w^2}$（u は水平方向風速）．また，r_l は葉面境界層抵抗，r_s は気孔抵抗である．これらは，11.3.1 の葉面境界層コンダクタンス g_l，気孔コンダクタンス g_s と，$g_l = 1/2r_l$，$g_s = 1/r_s$ の関係にある．また，r_l，r_s は風速 U の関数になる．

上の鉛直方向の輸送と葉層間のフラックス差の釣り合いを考えて，

$$-\frac{\partial \overline{w'T'}}{dz} = C_h U a(z)(T - T_c)$$

$$-\frac{\partial \overline{w'q'}}{\partial z} = C_e U a(z)[q - q_{\text{SAT}}(T_c)]$$

が成立する．ここで，$a(z)$ は葉面積密度の鉛直分布（単位体積当たりの葉面積，m^{2}m^{-3}）である．

2）群落内の風速，温度，H_2O, CO_2 濃度分布

上で見たように，フラックスの分布は群落内の風速分布と密接に関係している．群落上層に形成された強い風速の勾配によって引き起こされる乱流が，熱や物質を移動させるのである．

一般に,風の流れはナビエ・ストークス (Navier-Stokes) の方程式で記述され,群落内の風速分布は,葉などによる抵抗を考慮した次式で与えられる (神田・日野, 1990 a).

$$\frac{Du}{Dt} = -\frac{1}{\rho_a}\frac{\partial p}{\partial x} + \frac{\partial}{\partial x}\left(K_x\frac{\partial u}{\partial x}\right) + \frac{\partial}{\partial z}\left(K_x\frac{\partial u}{\partial z}\right) - c_d a U u$$

$$\frac{Dw}{Dt} = -\frac{1}{\rho_a}\frac{\partial p}{\partial z} + \frac{\partial}{\partial x}\left(K_x\frac{\partial w}{\partial x}\right) + \frac{\partial}{\partial z}\left(K_z\frac{\partial w}{\partial z}\right) - c_d a U w$$

(ただし, $\frac{D}{Dt} \equiv \frac{\partial}{\partial t} + u\frac{\partial}{\partial x} + w\frac{\partial}{\partial z}$)

$$\frac{\partial u}{\partial x} + \frac{\partial w}{\partial z} = 0$$

ここで,水平方向を x 軸とした.K_x と K_z はそれぞれ水平方向と鉛直方向の運動量輸送(拡散)係数と呼ばれ,群落構造などに依存する.c_d は葉面抵抗係数であり,葉の形などに依存して決まる.このような乱流を含む方程式系を解く方法はさまざまあり,近似の程度によって使い分けられる (Wilson and Shaw, 1977; Stull, 1988; 神田・日野, 1990a, 1990b).

温度,H_2O および CO_2 の分布は次の式で表現される.

$$\frac{DT}{Dt} = \frac{\partial}{\partial x}\left(K_{Tx}\frac{\partial T}{\partial x}\right) + \frac{\partial}{\partial z}\left(K_{Tz}\frac{\partial T}{\partial z}\right) - C_h a U(T - T_c)$$

$$\frac{Dq}{Dt} = \frac{\partial}{\partial x}\left(K_{qx}\frac{\partial q}{\partial x}\right) + \frac{\partial}{\partial z}\left(K_{qz}\frac{\partial q}{\partial z}\right) - C_e a U[q - q_{SAT}(T_c)]$$

$$\frac{Dc}{Dt} = \frac{\partial}{\partial x}\left(K_{cx}\frac{\partial c}{\partial x}\right) + \frac{\partial}{\partial z}\left(K_{cz}\frac{\partial c}{\partial z}\right) - C_c a U(c - c_i) + R_c$$

K_T, K_q, K_c はそれぞれ熱,水蒸気,CO_2 の拡散係数を表わす.また,C_c は CO_2 に対する葉面交換係数であり,C_e と同様に葉面境界層抵抗 r_e,気孔抵抗 r_s および風速 U によって与えることができる.

R_c は葉の光合成による CO_2 吸収と茎(幹)や枝といった地上部の非同化

器官の呼吸，個体の枯死などによる CO_2 放出の寄与を表わしている．

一般に，植物の呼吸は，生長呼吸 R_g と維持呼吸 R_m に分けられる（$R_c = R_g + R_m$）．生長呼吸は温度に依存しないが，維持呼吸は温度に依存する．生長呼吸を表わす式は次のようなものが用いられる．

$$R_g = \Sigma f_{g,j} G_i$$

ここで，G_i は各器官（幹，枝，葉など）の単位時間当たりの生長量を表し，$f_{g,j}$ はその比例定数である．また，維持呼吸は，

$$R_m = \Sigma f_{m,i} f_{T,i}(T)$$

$f_{T,i}(T)$ は温度依存性を示す関数である．$f_{m,i}$ は定数とされることが多いが，器官の窒素含量 N_i との関係を考慮したモデルもある（Kirschbaum, 1999）．

ただし，葉の呼吸を算出するにあたっては，二重に計算しないように注意すべきである．光が当たる昼間の呼吸は，11.3.1 の 1）で紹介したモデルの中で，R_d に含まれているからである．一般に植物の呼吸は，生育ステージ，エイジ（齢）などによっても複雑に変化し，それらをすべて適切に表現するモデルはいまだ存在していない．したがって，上式に含まれる温度，窒素依存性の表式は，モデルによって異なっている．

群落内の大気の温度，H_2O，CO_2 の分布は，さらにその下部にある土壌の影響も同時に受ける．したがって，上の方程式系の境界条件は，土壌中の温度，水分，CO_2 分布と整合性がとれるように決めなければならない．

3）土壌・植物体内の温度，水分分布

土壌中の環境は，植物の活動に大きく関係するだけでなく，後述するように大気との CO_2 交換の場であり，土壌微生物の活動による CO_2 生成・移動を媒介する．ここでは，土壌中の温度・水環境を記述するモデルを紹介する．

土壌中の熱の移動は，主に伝導によって行われる．その他に，水，ガスの移動に伴っても輸送される．土壌は土粒子，水，気体から構成され，熱の移動はこれら 3 相の混合状態に大きく左右される．熱移動の一般式は，次のように与えられる（中野，1991）．

$$C_{sT}\frac{\partial T_s}{\partial t} = \frac{\partial}{\partial x}\left(k_{Tx}\frac{\partial T_s}{\partial x}\right) + \frac{\partial}{\partial z}\left(k_{Tz}\frac{\partial T_s}{\partial z}\right) - \frac{\partial}{\partial z}(T_s\sum q_i C_{hi}) - H\rho_w E$$

$$+ W\rho_w\frac{\partial \theta}{\partial t}$$

　C_{sT}は土の体積熱容量（J m^{-3}K^{-1}）で，土粒子，水，気体の比熱をそれらの密度で重みを付けた和である．上式右辺の第1, 2項はそれぞれ水平，鉛直方向への熱の伝導（拡散）を表わす（k_{Tx}, k_{Tz}は熱伝導率（J m^{-1}s^{-1}K^{-1}））．第3項は土壌中の物質（水，水蒸気，CO_2など）の移動による熱フラックスを示している．q_iは物質移動のフラックス（kg m^{-2}s^{-1}），C_{hi}は比熱（J kg^{-1}K^{-1}）である．$H\rho_w E$は，土壌中の水の蒸発あるいは凝縮による熱の吸収，放出を表わす．ρ_wは水の密度，Eは水の相変化速度，Hは蒸発の潜熱または凝縮熱である．右辺最終項は，水が土に浸み込んだときに発生する熱量を表わし，Wは水の単位質量当たりの浸漬熱，θは体積含水率である．

　土壌中の温度分布T_sは，上式で時間変化するが，それは地表面に与えられるエネルギーで駆動される．したがって，地表面の放射，顕熱，潜熱フラックスの収支が境界条件になる．

$$(1-\rho_g)(S_b(0)+S_d\downarrow(0))+L\downarrow(0)-\varepsilon\sigma T_g^4$$

$$= c_p\rho_a\overline{w'T'}(0)+\lambda\rho_a\overline{w'q'}(0)+k_z\frac{\partial T_s}{\partial z}(0)$$

　土壌水分の分布は，水のポテンシャルエネルギー（マトリックポテンシャルと重力ポテンシャルの和）の差が引き起こす移動によって決まる．いま，マトリックポテンシャル（以後，水ポテンシャルと呼ぶ）をΨ_m（cmH$_2$O）とすると，水移動の基礎方程式は次のようになる．

$$C_{sw}\frac{\partial \Psi_m}{\partial t} = \frac{\partial}{\partial x}\left(k_{wx}\frac{\partial \Psi_m}{\partial x}\right) + \frac{\partial}{\partial z}\left(k_{wz}\frac{\partial(\Psi_m+z)}{\partial z}\right) - Y_r$$

ここで，C_{sw}は水分容量で，体積含水率θとΨ_mの関係を表わす水分特性曲

線の勾配 $C_{sw}=d\theta/d\Psi_m$ (cm^{-1}) で定義される．また，k_{wx}, k_{wz} は不飽和透水係数 (cm s^{-1}) と呼ばれ，水移動のフラックスと水ポテンシャルの勾配との比である．さらに，ここでは植物の根からの吸水を表わす項 Y_r を付加してある．この式を解くためには，水分容量，不飽和透水係数を水ポテンシャルあるいは体積含水率の関数として与える必要がある．しかし，これらの関係はヒステリシスを持ち複雑であり，いくつかのモデルも提案されているが，実測して求めることが多い (Nakano, 1980; Lalit and Paris, 1981)．

土壌中の水分分布は，上式に，(樹冠による遮断を考慮した) 降水量や横方向の水の流入・流出量，および地表面からの蒸発量を境界条件として付加することで求まる．なお，地表面からの蒸発フラックスは大気の水蒸気分布を表す式の境界条件にもなる．

植物の根による吸水量 Y_r は根と土壌中の不飽和水分とに関係し，次式のように表わされる (Herkelrath et al., 1977)．根周辺の土壌の水ポテンシャルを Ψ_s，根の組織中の水ポテンシャルを Ψ_r とすれば，

$$Y_r = \left(\frac{\theta}{\theta_s}\right)^b \xi l (\Psi_s - \Psi_r)$$

である．ここで，θ は根と接している土表面の体積含水率，θ_s は飽和体積含水率である．また，ξ は根膜の浸透率 (cm s^{-1})，l は根の密度 (cm cm^{-3}) である．定数 b は 2/3 から 1 くらいの値をとる．

根から吸収された水は植物体内の水のポテンシャル勾配によって，体内を葉まで移動する．このことは，地上部と地下部を一束にして，土壌中の水移動式と同様に，

$$C_{pw}\frac{\partial \Psi_p}{\partial t} = \frac{\partial}{\partial z}\left(k_{pwz}\frac{\partial(\Psi_p+z)}{\partial z}\right) + Y_p$$

と書くことができる (石田, 1985)．ただし，Ψ_p は植物体内の水ポテンシャルを表わし，それは浸透ポテンシャルと圧ポテンシャルの和である．C_{pw} は植物体の水分容量，k_{pwz} は，植物体内を水が通るときの通導度で，地上部で

は茎の単位長さ当たりの通導抵抗の逆数，地下部では通導根の単位長さ当たりの通導抵抗に比例する．Y_pは，地下部では根による吸水を表わし，土壌水分の分布を表す式の吸水項Y_rに等しい．地上部では，葉層からの単位時間当たりの蒸散量に比例する．

4) 土壌中のCO_2分布

土壌中のCO_2移動はおもに土中間隙を通じての拡散過程によって起きている．したがって，基礎方程式は，土中CO_2濃度をc_Gとすると，

$$\frac{\partial(a_p c_G)}{\partial t} = \frac{\partial}{\partial x}\left(D_{Gx}\frac{\partial c_G}{\partial x}\right) + \frac{\partial}{\partial z}\left(D_{Gz}\frac{\partial c_G}{\partial z}\right) + Y_G$$

と書ける．ただし，a_pは土壌の気相率，D_Gは拡散係数で，

$$D_G = a_p \tau D_{Ga} = D_0 \frac{P_0}{P}\left(\frac{T}{T_0}\right)^n$$

と表される．ここで，D_0, P_0, T_0は，それぞれ標準状態の分子拡散係数，全圧，絶対温度である．273.16 K，1気圧 (1.013×10^5 Pa) のとき，D_0はCO_2で0.135である．また，nは1.71となる．τはガス拡散が行われる土壌間隙の屈曲率を表わす屈曲度であり，0.66がよく用いられる．

湧き出しを表わすY_Gは，植物の根や微生物の呼吸作用などによって決まる．一般に，これは次のように考えられる．

$$Y_G = kR_s$$

ここで，R_sは土壌中のCO_2発生源の量，kはCO_2発生速度であり，これらは土壌水分，温度の関数で与えられる．しかし，今のところ，根や土壌微生物の機能についての知見が十分でなく，多くは経験的な関数関係を与えている．

また，間隙中のCO_2は土中の水に溶解し平衡している．したがって，CO_2が間隙を移動するときに，水に圧力変化が生じれば，それに応じて水への溶解あるいは水からの放出も同時に起きる．一般に，液体に溶解している気体の量は，圧力と温度に依存している．溶解量は圧力が高くなると増大し，温

度が高くなると減少する．すなわち，Henry の法則から，土中水が Δp の圧力変化を受けたとすると，

$$Y = k_a \frac{M}{22400} \frac{\Delta p}{1033.6} q_W$$

だけの質量の CO_2 が単位時間に土中水とやりとりされる．ここで，M は CO_2 の分子数，q_W は水移動のフラックスである．この場合，上の移動式の Y_G にこの量を付加する必要がある．

土壌表面からの CO_2 フラックス（土壌呼吸）が地上大気の分布と連続になるように，境界条件が与えられる．

11.4 大気−植生−土壌系の CO_2 交換モデルの例

いままで説明したようなプロセスベースモデルを用いて，実際の植生と環境との CO_2 交換過程を計算した結果を紹介する．ただし，個々のモデルで採用している CO_2 交換に関係する諸過程の定式化は，必ずしもここで説明した

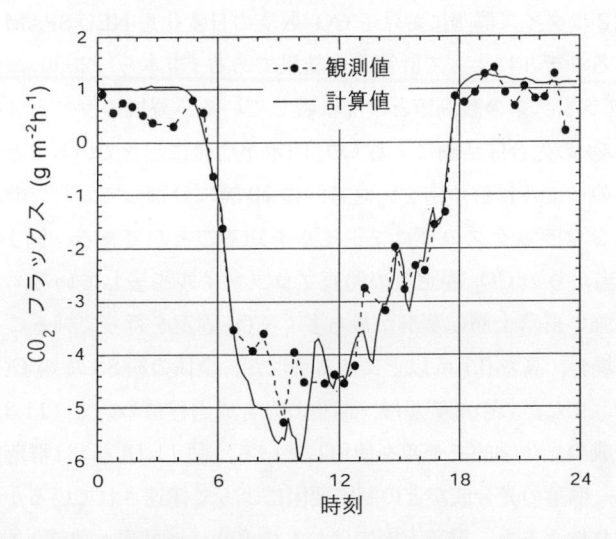

図 11.12 ダイズ群落上の CO_2 フラックスの日変化（吉本ら，2000, 許可を得て転載）

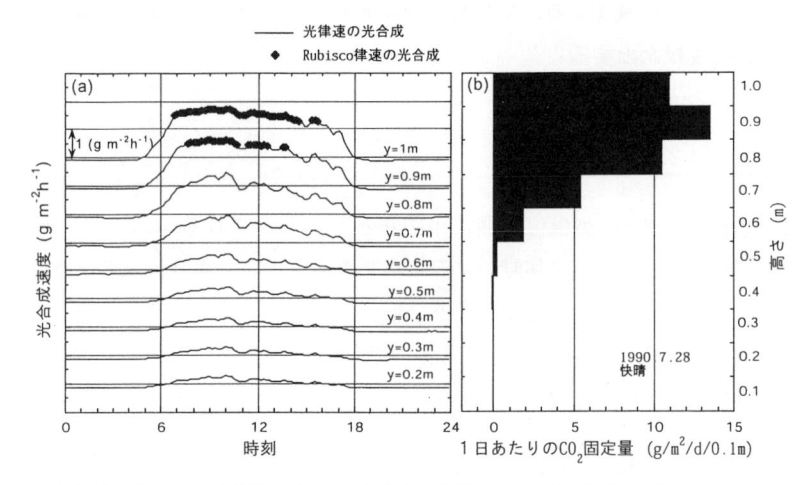

図11.13 ダイズ群落における光合成速度と日CO_2固定量のプロファイル（計算値）（吉本ら，2000，許可を得て転載）

ものと一致しない．それはモデルの目的，開発者の考えによって異なるからである．したがって，モデルの詳細については原論文を参照されたい．

図11.12はダイズ群落におけるCO_2収支の日変化をNEO SPAM-Soybeanと呼ばれるモデルによって計算した結果である（吉本ら，2000）．群落上でのCO_2フラックスの観測値とよく一致している．昼間のマイナスの値は植物（ダイズ）の光合成活動によるCO_2固定が活発に起きていることを示している．このモデルは群落内を鉛直方向に10層に分割しており，群落内の微気象およびフラックスのプロファイルを知ることができる．図11.13（b）は，1日当たりのCO_2固定量の鉛直プロファイルを表している．この図から，光の強い群落上層の葉群が最も多くCO_2固定を行っていることがわかる．この場合，高さ0.7m以上にある葉群が，全体の約83％のCO_2を固定している．また，このモデルは，個葉の光合成過程について，11.3.1で説明した光合成の光化学的モデルを使用している．図11.13（a）は群落内の各層において，個葉の光合成がどの制限要因によって律速されているかを示している．それによると，群落上層ではおもにRubisco酵素が律速となり（黒点で示した部分），下層では電子伝達活性が律速になっている（実線で示した部

分）．なぜなら，上層は十分な光を受けることができるために，葉温に依存した酵素活性が制限要因になるためである．一方，下層では，日射が弱いために光律速の光合成が行われる．

個別の植物群落における CO_2 交換過程のモデルの他に，全球スケールの大気-植生-土壌系の CO_2 循環を記述するモデルも最近提出されている．ここでは一例として，表 11.2 に，IBIS (Integrated BIosphere Simulator, Foley et

表 11.2 モデル IBIS によって計算された植生タイプごとの年間 NPP
（1965年〜1994年の30年平均）

植生タイプ	面積 ($10^6 km^2$)	NPP ($kgC\ m^2\ yr^{-1}$)	バイオマス ($kgC\ m^2$)	NEP ($kgC\ m^2\ yr^{-1}$)
熱帯常緑樹林	19.30	0.90	9.1	0.037
熱帯落葉樹林	7.70	0.57	5.4	0.053
温帯常緑広葉樹林	7.20	0.83	8.2	0.051
温帯常緑針葉樹林	3.29	0.57	5.9	0.037
温帯落葉樹林	9.67	0.62	8.3	0.049
北方常緑樹林	14.50	0.37	5.5	0.028
北方落葉樹林	6.80	0.33	6.2	0.026
常緑・落葉混交林	4.23	0.48	7.6	0.039
サバナ	5.34	0.35	2.4	−0.016
草原・ステップ	21.20	0.24	0.4	−0.005
低木林	1.50	0.22	0.9	0.025
疎林	6.02	0.05	0.3	−0.040
ツンドラ	6.24	0.21	0.3	0.018
砂漠	18.80	0.001	0.01	−0.013
岩質・砂質砂漠，氷原	0.83	0.02	0.03	0.002
全球平均		0.41	4.2	0.0174
全球合計	132.6 ($10^6 km^2$)	54.3 ($GtC\ yr^{-1}$)	557.4 (GtC)	2.3 ($GtC\ yr^{-1}$)

(Kucharik, et al., 2000 より改作)

(318) 第11章 大気-植生-土壌系におけるCO_2交換

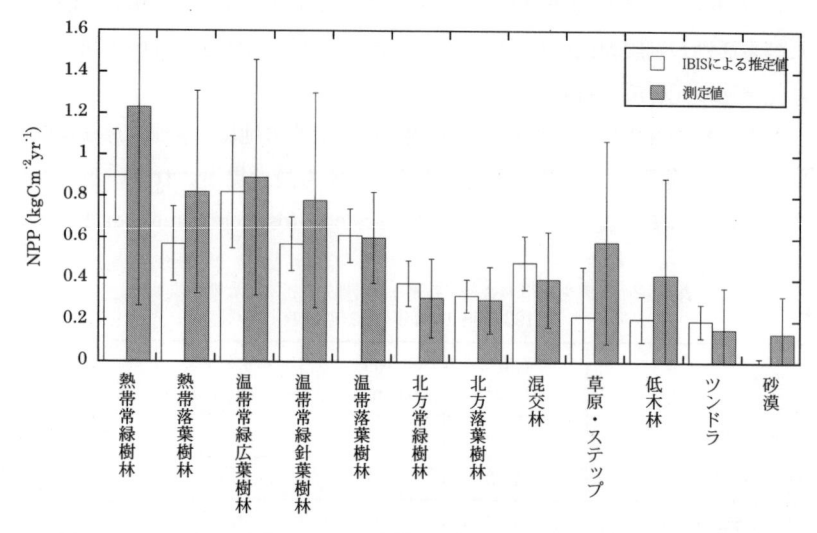

図 11.14 モデル IBIS によって計算された NPP と実測によって現在までに報告されている NPP との比較（Kucharik, et al., 2000 を改作）．モデルの標準偏差は，30 年間（1965〜1994）の気象データを用いて計算された．

al., 1996）と呼ばれる全球炭素循環モデルに過去 30 年間の全球の気象状態を与えて，植生タイプごとの平均の年間 NPP, NEP などを計算した結果を示した（Kucharik et al., 2000）．ただし，NEP のマイナスは CO_2 の放出を意味している．この結果から，地上植生の NPP は，砂漠での $0.001\ kgCm^{-2}yr^{-1}$ から熱帯常緑樹林の $0.90\ kgCm^{-2}yr^{-1}$ まで分布していることがわかる．一般に，温暖・多湿の熱帯気候地域で NPP は高く，亜熱帯の砂漠や寒冷・乾燥気候条件にある極地域で NPP は低いことがわかる．全球合計の NPP は炭素換算で年間 54.3 Gt であり，GPP（$114.7\ GtCyr^{-1}$）の約 47.3 % と計算されている．土壌からの CO_2 放出などを考慮すると，全球陸域生態系では，年間 2.3 Gt の炭素が吸収されていると推定される．また，図 11.14 は，植生タイプごとに，現在までに測定・報告された NPP の値の平均とそのばらつき，モデル（IBIS）によって計算された NPP とそのばらつきを示したものである．このモデルによる推定値と測定値との差は，平均約 39 % である．この差が

最も小さい植生は，温帯落葉樹林であり（約4％），差が最も大きい植生は北方混交林であり，約89％もある．ただし，ここで示したNPPやNEPの数値は，一つのモデル（IBIS）による推定値であり，モデルが違えば値も異なることに注意する必要がある．これらのばらつきの原因は，観測の期間や空間スケールがモデルと整合性がない，モデルに取り込まれていない未知の諸過程の存在およびパラメータのばらつきなどによると考えられる．観測およびモデルの両面によって，これらの不確実性をいかにどこまで狭めるかは今後の課題である．

　本章で紹介したモデルは，植生におけるCO_2固定の定量的な評価だけでなく，植生を取り巻く環境変化に対する応答や未知の諸過程の解明への手がかりなどに応用することができる．現在，このようなモデルが最も使用されている分野は，温暖化などの地球環境変化に関連した分野である．植生は大気系，土壌系と相互作用し，陸域生態システムを形成している．その過程の中で，エネルギーやCO_2を含む物質の交換および輸送が行われる．すなわち，環境変化が植生をめぐるCO_2の固定・放出を規定し，また植生の変化がその環境に影響を与え，CO_2の循環にさらなる変化をもたらすと考えられる．今後，地域・全球スケールの植生を取り巻くCO_2循環に関する研究は，そのような生態系-環境間の動的なフィードバック過程をも取り込んだ方向に進むと予想される．その研究を進める際に，ここで紹介したようなモデルおよびその考え方はますます重要になると思われる．

引 用 文 献

Amthor, J.S., 1989 : *Respiration and Crop Productivity*, Springer Verlag, Tokyo.

Amthor, J.S., 1997 : Plant respiratory responses to elevated carbon dioxide partial pressure. In : *Advances in Carbon Dioxide Effects Research* (ed. by Allen, L.H., Kirkham, Jr., M.B., Olszyk, D.M. and Whitman, C.E.), pp. 35–77, ASA, CSSA, SSSA, Madison.

Collatz, G.J., Ball, J.T., Grivet, C. and Berry, J.A., 1991 : Physiological and environmental regulation of stomatal conductance, photosynthesis and respiration : a model that include its a laminar boundary layer. *Agric. For. Meteor.*, **54**, 107-136.

Collatz, G.J., Ribas- Carbo, M. and Berry, J.A., 1992 : Coupled photosynthesis-stomatal conductance model for leaves of C_4 plants. *Aust. J. Plant Physiol.*, **19**, 519-538.

Farquhar, G.D., von Caemmerer, S. and Berry J.A., 1980 : A biochemical model of photosynthetic CO_2 assimilation in leaves of C_3 species. *Planta*, **149**, 78-90.

Fitter, A.H. and Hay, R.K., 1981 : *Environmental Physiology of Plants*, Academic Press, New York.

Foley, J.A., Prentice, I.C., Ramankutty, N., Levis, S., Pollard, D., Sitch, S. and Haxeltine, A., 1996 : An integrated model of land surface processes, terrestrial carbon balance, and vegetation dynamics. *Global Biogeochem. Cycles*, **10**, 603-628.

Hogetsu, K., Oshima, Y., Midorikawa, B., Tezuka, Y., Sakamoto, M., Mototani, I. and Kimura, M., 1960 : Growth analytical studies on the artificial communities of *Helianthus tuberosus* with different densities. *Jap. Journ. Bot.*, **17**, 278-305.

石田朋靖, 1985 : 土壌－植物系における水分移動に関する研究, 山形大学紀要, **9**, 646-666.

Ishida, A., Toma, T., Matsumoto, Y., Yap, S.K. and Maruyama, Y., 1996 : Diurnal changes in leaf gas exchange characteristics in the uppermost canopy of a rain forest tree, *Dryobalanops aromatica Gaertn.* f. *Tree Physiol.*, **16**, 779-785.

神田　学・日野幹雄, 1990a : 大気－植生－土壌系モデル (NEO-SPAM) による数値シミュレーション. (1) 植生効果のモデリング, 水文・水資源学会誌, **3**, 37-46.

神田　学・日野幹雄, 1990b : 大気－植生－土壌系モデル (NEO-SPAM) による数値シミュレーション. (2) 植生の気候緩和効果の数値実験, 水文・水資源学会誌, **3**, 47-55.

Kirschbaum, M.U.F., 1999 : CenW, a forest growth model with linked carbon, energy, nutrient and water cycles. *Ecol. Model.*, **118**, 17-59.

Kucharik, C.J., Foley, J.A., Delire, C., Fisher, V.A., Coe, M.T., Lenters, J.D.,

Young-Molling, C., Ramankutty, N., Norman, J.M. and Gower, S., 2000: Testing the performance of a dynamic global ecosystem model: water balance, carbon balance, and vegetation structure. *Global Biogeochem. Cycles*, **14**, 795-826.

Lalit, M.A. and Paris, J.F., 1981: A physicoempirical model to predict the soil moisture characteristic from particle-size distribution and bulk density data. *Soil Sci. Soc. Am. J.*, **45**, 1023-1030.

Lambers, H., Chapin III, F.S. and Pons, T.L., 1998: *Plant Physiological Ecology*, pp. 10-21, Springer Verlag, New York.

Lieth, H. and Whittaker, R.H., 1975: *The Primary Production of the Biosphere*, Springer Verlag, New York.

Luo, Y., 1999: Scaling against environmental and biological variability: General principles and a case study. In: *Carbon Dioxide and Environmental Stress* (ed. by Luo, Y. and Mooney, H.A.), pp. 309-331, Academic Press, San Diego.

Mariko, S., 1988: Maintenance and constructive respiration in various organs of *Helianthus annuus* L. and *Zinnia elegans* L. *Bot. Mag. Tokyo*, **101**, 73-77.

牧野 周, 1999: CO_2 と光合成. 植物の環境応答-生存戦略とその分子機構-(渡邊 昭・篠崎一雄・寺島一郎 監修), 細胞工学別冊 植物細胞工学シリーズ11, pp.134-141, 秀潤社.

Myneni, R.B., Ross, J., and Asrar, G., 1989: A review on the theory of photon transport in leaf canopies. *Agric. For. Meteor.*, **45**, 1-153.

Nakano, M., 1980: Pore volume distribution and curve of water content versus suction of porous body 3. *Soil Sci.*, **130**, 7-10.

中野政詩, 1991: 土の物質移動学. 東京大学出版会.

Oechel, W.C. and Vourlitis, G.L., 1996: Direct effects of elevated CO_2 on arctic plant and ecosystem function. In: *Carbon Dioxide and Terrestrial Ecosystems* (ed. by Koch, G.W. and Mooney, H.A.), pp. 163-176, Academic Press, San Diego.

Owensby, C.E., Ham, J.M., Knapp, A., Rice, C.W., Coyne, P.I. and Auen, L.M.,

1996: Ecosystem-level responses of tallgrass prairie to elevated CO_2. In: *Carbon Dioxide and Terrestrial Ecosystems* (ed. by Koch, G.W. and Mooney, H.A.), pp. 147-161, Academic Press, San Diego.

Palet, A., Ribas-Carbo, M., Argiles, J.M. and Azcon-Bieto, J., 1991: Short-term effects of carbon dioxide on carnation callus cell respiration. *Plant Physiol.*, **96**, 467-472.

Penning de Vries, E.W.T., 1974: Substrate utilization and respiration in relation to growth and maintenance in higher plants. *Netherlands J. Agric. Sci.*, **22**, 40-44.

Schlesinger, W.H., 1977: Carbon balance in terrestrial detritus. *Ann. Rev. Ecol. Syst.*, **8**, 51-81.

Sharkey, T.D. 1985: Photosynthesis in intact leaves of C_3 plants: physics, physiology and rate limitations. *Bot. Rev.*, **51**, 53-105.

Stull, R.B., 1988: *An Introduction to Boundary Layer Meteorology*, pp.197-250, Kluwer Academic Publisheres, The Netherlands.

寺島一郎, 1999: 光環境と葉の光合成-生態生理学からの視点-, 植物の環境応答-生存戦略とその分子機構-(渡邊昭・篠崎一雄・寺島一郎 監修), 細胞工学別冊植物細胞工学シリーズ11, pp.92-101, 秀潤社.

渡辺 力, 1994: 植物と大気, 水環境の気象学(近藤純正 編著), pp.208-239, 朝倉書店.

Whittaker, R.H., 1975: *Communities and Ecosystems*, Macmillan Company, New York.

Wilson, N.R. and Shaw, R.H., 1977: A higher-order closure model for canopy flow. *J. Appl. Meteor.*, **16**, 1197-1205.

Wullschleger, S.D., Norby, R.J. and Gunderson, C.A., 1997: Forest trees and their response to atmospheric carbon dioxide enrichment-A compilation of results. In: *Advances in Carbon Dioxide Effects Research* (ed. by Allen, L.H., Kirkham, Jr., M.B., Olszyk, D.M. and Whitman, C.E.), pp. 79-100, ASA, CSSA, SSSA, Madison.

Yokoi, Y., Kimura, M. and Hogetsu, K., 1978: Quantitative relationships between growth and respiration I. Components of respiratory loss and growth efficiencies of etiolated red bean seedlings. *Bot. Mag. Tokyo*, **91**, 31-41.

吉本真由美・原薗芳信・河村哲也, 2000: 大気−植生−土壌系モデルによる高温・高CO_2濃度条件下のダイズ群落におけるCO_2収支の解析, 農業気象, **56**, 163-179.

第12章 水田・湿地からのメタン発生

メタンは，現在大気中に約 1.7 ppmv の濃度で存在する温室効果を有する微量気体である．近年，この大気メタン濃度が全球的に急激に増加しており，地球温暖化の観点から大きな注目を集めている（IPCC, 1995）．極地の氷に閉じこめられていた過去の大気の分析から，メタン濃度は 18 世紀後半から増加し始め，今世紀に入ってその増加速度が急激に加速されていることが明らかになった（Chappellaz et al., 1990；Etheridge et al., 1998）．このことは，大気メタンの増加は人間活動の拡大と密接に関連することを示している．しかし，大気メタンの年間の増加速度は，1970 年代の 20 ppbv から 1980 年代に 10 ppbv（Steele et al., 1992），1992 年では 4.7 ppbv へと急激にスローダウンしていたが，1994 年には再び 1980 年代の増加速度に戻った（IPCC, 1994）と報告されているが，その理由は明らかではない．また，この大気メタン増加の原因は，水田面積の拡大，反芻動物の飼育数の増大，バイオマス燃焼の増加，廃棄物の埋め立て量の増加など発生量の増加によるものか，あるいは対流圏の大気中における OH ラジカルによる消滅反応の減少（メタンと同様 CO も OH ラジカルと反応する．化石燃料の燃焼で CO 放出量が増加のため）によるものかも明らかではない．

湿地や水田の土壌内では酸素が欠乏した嫌気状態にあり，嫌気性のメタン生成バクテリアにより有機化合物が還元され，メタンが生成される

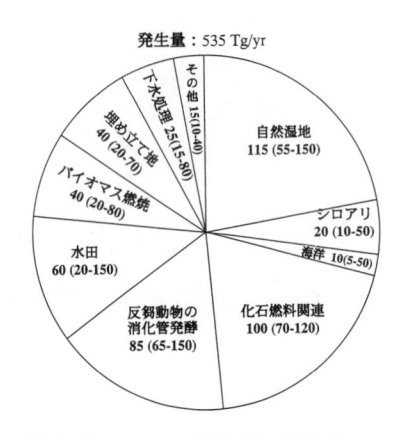

図12.1 メタンの発生源と発生量
（IPCC, 1995 より作図）
化石燃料関連とは，天然ガスの採掘およびパイプラインの漏洩，石炭採掘の際の漏洩，石油工業などからの発生である．
（ ）内は誤差範囲を示す．

(Takai, 1970). グローバルなメタンの年間の発生量は535 Tg ($=10^{12}$g) であり，湿地と水田からの発生量はそれぞれ115 (55〜150) Tgと60 (20〜100) Tgで，21% と11%と見積もられている (図12.1). 全世界の水田面積は 150×10^6 ha であり，この50年間で1.7倍に増加しており (FAO, 1998)，水田面積の増加が大気メタン濃度の増加の一因とも考えられている. なお，世界の自然湿地は全体で $530〜570 \times 10^6$ ha と推定されており，その約50%が北緯50〜70度に集中している (Aselmann and Crutzen, 1989 ; Matthews et al., 1991). 水田から発生するメタンの80〜90%は水稲を介して放出されるといわれており (Schütz et al., 1991)，本章では，水生植物のガス輸送機構を解説するとともに，水田からの水稲体内を介したメタン輸送機構について述べる．

12.1 水田・湿地におけるメタンの生成および分解

メタンはメタン生成菌 (methanogenic bacteria) と呼ばれる一群の嫌気性バクテリアによって生成される (図12.2). メタン生成は嫌気的条件下での物質代謝の最終ステップであり，メタン生成菌は他の様々な嫌気性微生物が複雑な有機物を分解し，生成した低分子化合物 (ギ酸，酢酸，メタノールなど) からメタンを生成し，その反応で得られるエネルギーを利用してATPを生成して生育している．有機物が最終的にメタンに還元されることは，植物に有害なギ酸や酢酸などが土壌中に蓄積しないという，逆にいえば，水生植物にとっては有益な現象にほかならない．なお，底質土壌内においては，メタン生成菌によるメタン生成は，メタン発酵といわれる二酸化炭素の水素による還元反応 ($4H_2 + HCO_3^- + H^+ \rightarrow CH_4 + 3H_2O$) と酢酸の脱メチル反応 ($CH_3COO^- + H_2O \rightarrow CH_4 + HCO_3^-$) の二つの経路により生成されるとされている (Takai, 1970). しかし，最近，メタン生成菌のATP生成機構は呼吸の場合と同じであり，メタンの生成はメタン発酵ではなく，CO_2 呼吸と呼ばれるべきものであることがわかってきた (山中, 1992). すなわち，メタン生成菌は CO_2 を H_2 で還元しているのではなく，H_2 を CO_2 で酸化してATPを合成しているというのである (山中, 1992). 水田土壌中におけるメタン生

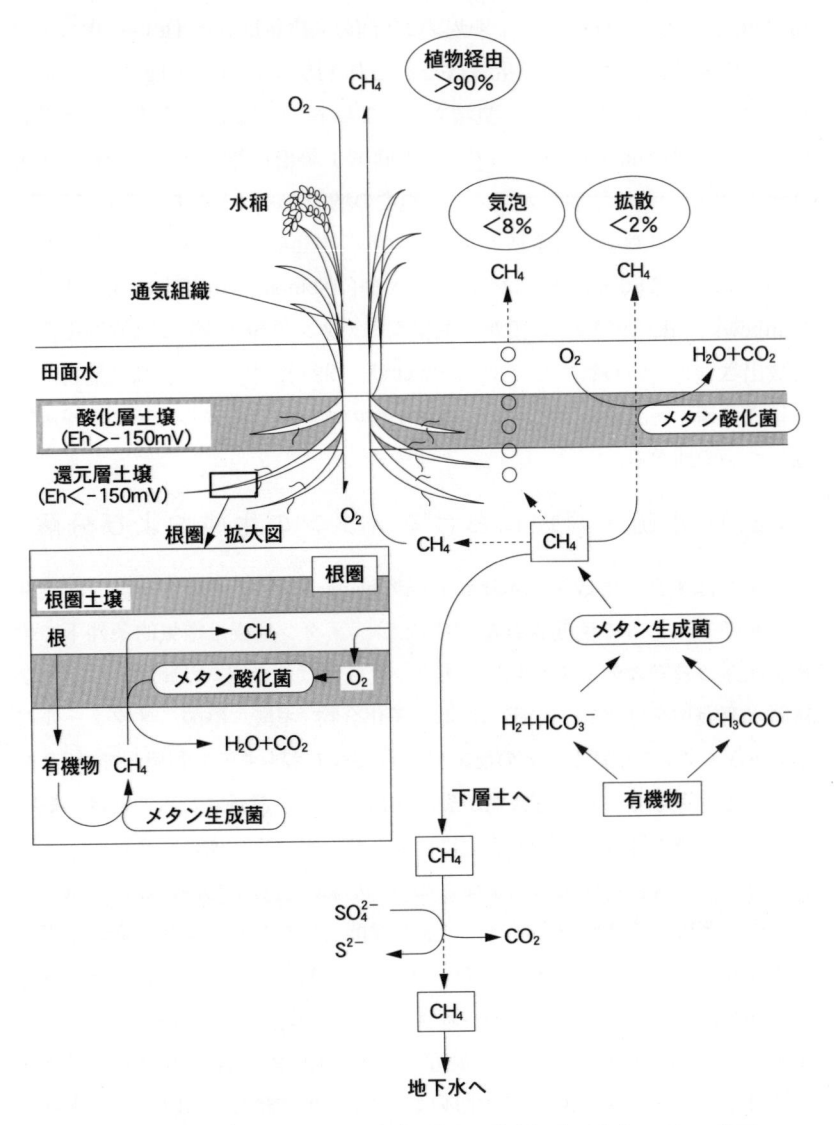

図12.2 水田におけるメタンの生成・酸化と放出経路（八木，1997，許可を得て一部改変）

成に関しては，酢酸の脱メチル反応が優先していることが，^{14}C 標識実験（Takai, 1970 ; Chidthaisong et al., 1999）および ^{13}C 自然存在比測定（Sugimoto and Wada, 1995）の結果から明らかにされている．

　一方，底質土壌中で生成されたメタンの一部は，メタン酸化菌（methanotrophic bacteria）と呼ばれる別の一群のバクテリアにより酸化分解される．このメタン酸化菌の活動には酸素を必要とすることから，水田土壌においては，メタン酸化菌の活性は土壌表層の酸化層や根から酸素が放出される水稲根圏に限られる．田面水から大気への気－液界面を介したメタンの揮散はほとんどないことが知られているが，その理由は，この土壌表層に生存するメタン酸化菌が，すぐ下の土壌還元層内で生成したメタンを，エネルギー源として利用して酸化分解しているためと考えられる．土壌中でのメタン酸化の割合は生成メタンの 1/3 から 9 割以上と土壌や植生などで大きく変化する．さらに，草地（Minami and Kimura, 1993）や森林の土壌（森下・波多野，1999）では大気のメタンが吸収されており，メタン酸化菌の活動が大きいことが知られている．なお，土壌中にはアンモニア酸化菌が生息しており，これがメタンをも酸化している．田畑への窒素肥料の施肥はアンモニア酸化菌が NH_3 を酸化するのに活発に働き，その分メタンの酸化が減少する（山中，1992）．このことが，窒素施肥の多い畑地土壌ではメタンの吸収が少なく，施肥のない森林土壌でメタンの酸化が大きくなり，メタンが吸収される理由である．

12.2　大気への放出

　多くの水生植物の根や地下茎は，嫌気的な有機堆積物の中に埋まっている．水生植物は生長と効率的な根の呼吸のために酸素を必要とし，枝葉から根への酸素輸送を容易にするために体内の空隙を連結した通気組織系を発達させている．また，水生植物の多くは根表面から酸素を放出し，硫化物や還元型の金属イオンのような植物毒性物質を酸化できるような根圏を形成している．

第12章 水田・湿地からのメタン発生

12.2.1 水稲における通気組織系 (ventilating system)

水稲の葉身や葉鞘に存在する気孔から取り込まれた大気中の酸素と光合成により生成・放出された酸素は，葉鞘中の空洞（lysiganeous intercellular space；破生細胞間隙という）と茎中の通気組織（aerenchyma）との通気的連結により，根へ輸送される（図12.12参照）．葉身が完全に抽出展開した葉鞘中には上部（葉身とつながる葉舌の部分）から基部（葉鞘分離部）に至るまでの全長にわたって空洞が形成され，葉鞘中の空洞を下降した空気は茎の節部（node）にある通気組織（aerenchyma）中へ拡散移動し，節部から隔壁を経て髄および髄腔（medulary cavity）へと移行する（有門ら，1990）．この節部の通気組織は根の皮層（cortex）に連絡しており，通気組織系を完成させている．根の皮層はほとんどが崩潰して，大きな通気道（air canal）を形成しており，空気はこの通気道を通って，根の先端へ導かれ根端で呼吸に使われたり，土壌中に排出される．

12.2.2 ガスの流れ：分子拡散とマスフロー

水生植物の体内を介したガス輸送には，ガスの濃度差をドライビングフォース（駆動力）とする分子拡散（molecular diffusion：特定なガス成分のみが濃度勾配で動く）と，温度差や水蒸気圧差に基づいて圧力変化などが起こり，大気成分の変化を伴うことなく空気全体の流れが起こるマスフロー（mass flow あるいは convective throughflow）がある．多くの水生植物のガス輸送は拡散である．しかしハス（*Nelumbo nucifera* Gaertn.）のような水生植物には，葉柄が4m以上もあり，底土中にある根や地下茎に酸素を供給するためには，拡散輸送ではあまりにも距離が長すぎるきらいがある．そのような長距離輸送をするためには，いくつかの水生植物は拡散よりもガス輸送効率のよいマスフローを発達させた（Armstrong and Armstrong, 1991）．分子拡散やマスフローは地下の根の呼吸に必要な酸素を供給する原動力として重要であるとともに，メタンを大気へ放出する作用をしている．加圧化や負圧化によりガスの流れを生み出す能力は，水面に浮かんだ葉を持つ浮水植物や枝葉が水面から垂直に飛び出した抽水植物で知られている．

1）分子拡散

　水生植物の通気組織は，根から葉にかけて連続あるいはほぼ連続して結合しており，通気組織の内部においてガス分圧の勾配に沿った単純な拡散が，大気中の地上部から水没している根へ酸素を移動させるとともに，CO_2 と CH_4 を O_2 とは逆方向に移動させるというメカニズムは古くからよく知られている（Luxmoore and Stolzy, 1972）．

　Denier van der Gon and van Breeman（1993）は，水稲ポットにチャンバーを被せて密封し，チャンバーのヘッドスペース内のガス組成をさまざまに変えて（空気，He, CO_2, N_2, O_2），土壌内で生成しているメタンの水稲からの放出を調べた．彼らは水稲体内を介したメタンの放出速度の変化が，チャンバー内のガス組成とメタンの二成分ガス拡散係数の変化と一致したことを示し，ガス拡散係数の速度論的解析により，水稲体内を介したメタンの輸送は分子拡散によって駆動されていることを証明している．

　水稲は後で述べるようにハス，ガマやヨシのような地下茎をもたない形態構造をしており，熱放散（thermal transpiration）と湿度に起因した水蒸気拡散（humidity-induced diffusion）による加圧化からのマスフローではなく，土壌水中のメタン濃度と大気中のメタン濃度の濃度差をドライビングフォースとする分子拡散であると考えられる．しかしながら，Chanton et al.（1997）は水稲からのメタン輸送の主要なものは分子拡散であるとするものの，水田土壌内の気泡，水稲体内の空隙，放出されたメタンの ^{13}C の自然存在比の測定から，水稲体内の空隙における蒸散によって引き起こされるバルクフローによってもわずかなメタン輸送が加わっていると提案している．

2）マスフロー

　水生植物の通気組織内と外囲大気との間で起こるマスフローには，加圧化と負圧化の2つによって起こるとされている．まず，加圧化では，2つの物理的プロセス：thermal transpiration（熱放散あるいは熱遷移）による加圧化と湿度起因の加圧化（humidity-induced pressurization）の結果として生じる．この両プロセスが働くためには，新しく出葉した葉の内部にある微細な孔隙（直径 d が $0.1\,\mu m$ 以下）を持つ組織層（外囲大気と葉の通気組織を分ける仕

切り壁のようなもの）が存在する（図12.2）ことが必要である（Dacey, 1981；Grosse et al., 1991）．この微小な孔隙は気孔ではなく（気孔が開いた時，幅2 μm，長さ26 μm程度となり，微小な孔隙にしては直径が大きすぎる），葉内部にある通気的な葉肉組織から棚状組織を支持・分離している細胞層であるとされている（Schröder et al., 1986）．一方，古い葉では，この微小な孔隙は細胞の拡大に伴い，ガスが自由に通る程度にまで広がってしまっており，微小な孔隙を持つ仕切り壁とはならない．若い葉内で温度勾配と水蒸気圧勾配によって生じた圧力は空気を動かし，葉柄内の通気組織を通って，地下茎に達し，ガス通過が自由な古い葉から大気へ放出させる駆動力となる．なお，ヨシなどでは古い葉ではなく，古い折れた稈や壊れた節などから大気へ放出される．この若い葉と大気との間のガスの流れの本質は分子流（molecular flowあるいはKnudsen flow）である．

(1) 加圧化によるマスフロー

水生植物体内の加圧化の原理を理解するには，我々になじみのある普通の気体の流れ（Poiseuille flow，ポアズイユ流れ）とは全く異なる，微小な（顕微鏡世界のような）空間で分子同士がほとんど衝突しないような領域の気体の流れ，すなわち分子流の説明が必要である．分子流は，分子の平均自由行路（mean free path）λ と空間のサイズ d との比率 $K = \lambda/d$ が1より十分大きい（$K \gg 1$，すなわち，空間サイズが非常に小さい）ということで特徴づけられ，Kはクヌーセン数という．なお，ガス分子の平均自由行路長は，ガス分子が衝突なくして動く距離の平均である．ポアズイユの流れでは空間サイズが大きく，$K \ll 1$ である．

$K \ll 1$ のポアズイユの流れでは，分子は頻繁に衝突を繰り返すことにより運動量をやり取りし，その結果，多数の分子の速度が平均化され，分子は集団として同一方向に移動する傾向がでてきて，分子の集団は圧力の高い方から低い方へ動く．例えていえば，満員電車のドアから押し出される乗客のようなもので，彼らは圧力の高い車内から圧力の低い車外へ向かって運動する．これがポアズイユ流れである．

$K \gg 1$ の分子流の場合は，分子がばらばらに運動するので，われわれにな

じみのある気体の動きとは大いに異なる．電車の例でいえば，車内にもホームにも客が少ない場合で，降車客は好き勝手に降りることができるし，降車客と乗車客がお互いの行動に影響を与えることがない．このような領域では，分子は必ずしも圧力の高い方から低い方へ集団で運動するとはかぎらない．われわれの常識とは全く違うことが起こり，その一つが熱放散である．これは，2つの部屋が微小な孔（空間サイズ，d）をもった仕切壁で連結されているとき，各部屋の温度が異なっていると，圧力も違ってしまうという現象である．例えば，それぞれの部屋の温度と圧力を T_1，P_1 および T_2，P_2 とすると，

$$(P_1/P_2)^2 = T_1/T_2 \tag{1}$$

となる．普通の気体（ポアズイユ流れ）では，静止しているのに圧力が異なるなどということは起こらず，差圧があれば，必ず高圧側から低圧側への流れが起こり，差圧が解消された時点で流れが止まる．

微小な孔隙をもった仕切り壁の両側に固定された体積の2つの部屋の間で温度勾配が存在する熱放散では，冷たい部屋から温かい部屋に微小な孔隙を通って空気（窒素，酸素，希ガス）が流入する．この場合，仕切り壁の微小な孔隙の直径（d）がガス分子の平均自由行路長（mean free path）（λ：理想気体の平均自由行路長は，通常の大気圧 100 kPa，室温 300 K では 0.1 μm となる）よりも小さいことが必要である．なお，仕切り壁の微小な孔隙の直径が平均自由行路長より大きくなると，この拡散は消失する．すなわち，熱放散は仕切り壁に微小な孔隙を持つ若い葉でしか起こらない．

① 熱放散によるマスフロー

熱放散によるマスフローの理論は Schröder et al. (1986) により展開され，その例は，スイレン科のコウホネ（*Nuphar*），ヒツジグサ（*Nymphaea*），ハス（*Nelumbo*）のような水面に葉を浮かべる植物に多く見られる．ガスの運動理論によると，仕切壁の両側の各部屋より気体分子が小さな孔を通過する速度は NcA/4 である．ここで，N は単位体積当たりの気体の分子数，c は平均の分子速度，A は孔の面積である．N は温度に逆比例し，c は温度の平方根に比例するので，孔の通過速度は温度の平方根に逆比例する．ここで，太陽日

射によって葉内部の温度が高まるとして，気温が 298 K (25 ℃)，葉温が 303 K (30 ℃) である葉の場合を考えると，葉から大気へのガスの流出速度は $1/\sqrt{303} = 0.05745$ であり，大気から葉への流入速度は $1/\sqrt{298} = 0.05793$ である．このように大気から葉への気体分子の流入速度は，葉から大気への流出速度より 1.008 倍となる (Allen, 1997)．すなわち，微小な孔隙を持つ仕切り壁で連結した部屋 (大気と葉内部) の温度が異なると，冷たい側の大気から空気が熱放散によって若い葉の微細な孔隙を通り，温かい側の葉内の部屋にすべりこみ，葉内の空隙中の空気の圧力が高まり，大気の圧力より高くなる．もし，葉内と葉柄が連結していれば，この高まった圧力は葉組織か

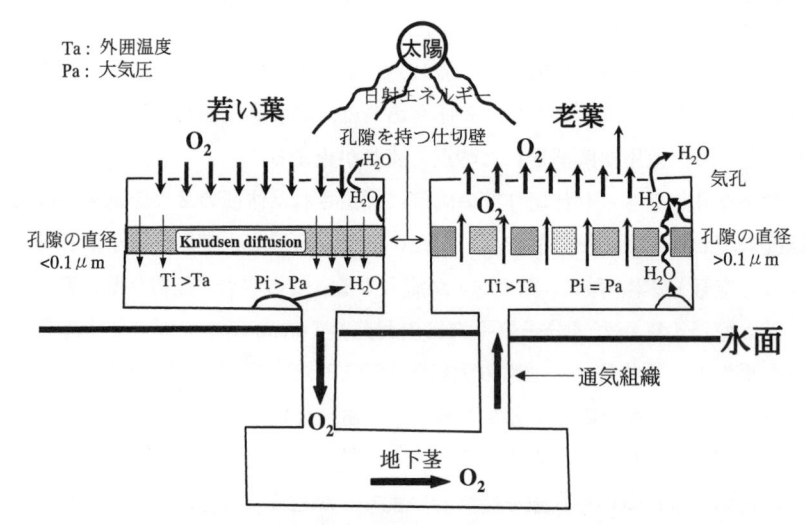

図 12.3 水面に浮いた葉と地下茎をもつ水生植物における熱放散 (thermal transpiration) の結果生じるマスフローの概念図 (Grosse, 1989 より作図).

ここで，微小な孔隙を持った仕切り壁を介した連結した 2 つの部屋というのは，左側の若い葉のことだけをいい，この若い葉の仕切り壁の上下で圧力差が生じ，その圧力の逃げ場の出口として，地下茎を通って古い葉に流れる．Knudsen diffusion は温度の低い仕切り壁上側から温度の高い下側へ，微小な孔隙を通って空気が滑り込む拡散を称する．なお，P は圧力で，大気圧 (P_a)，若い葉の葉内圧力 (P_1)，老葉の葉内圧力 (P_2)，T は温度で，外囲気温 (T_a)，若い葉の葉内温度 (T_1)，老葉の葉内温度 (T_2) である．矢印はガスの流れの方向を示している．

ら葉柄を通り，地下茎へ空気の流れ（バルクフロー）を生じる．空気は地下茎から孔隙が大きくなった古い葉へ向かい，古い葉の孔隙から大気へ排出される．これが熱放散によるマスフローの原理である（図12.3）．

　Grosse (1996) は仕切り壁の上側の温度を外囲大気温度と等しいとして，5℃の温度差で800 Pa（水中8 cm）の差圧が発生すると試算している．しかし，仕切り壁は葉厚の真中付近にあるものと考えられており，葉の表面では太陽光を吸収して最も温度が高くなり，葉内温度は表面側より裏側に向かって温度が低下しているはずである．仕切り壁の下端の葉内温度は上端より低いはずであり，葉の内部の空気圧が減少してしまい矛盾が生じることになる．また，直径 $0.1\,\mu m$ 以下の微小な孔隙を持つ仕切り壁の上下の $0.1\,\mu m$（理想気体の平均自由行路長）の厚みの中で，5℃もの温度差ができるとは考えにくい．厚みが $0.1\,\mu m$ 以上の場合，分子の多数回の衝突によりエネルギーが平均化され，微小な孔隙部の温度を均一化してしまい，温度差がなくなり，空気の流れが起こらない．ただし，若い葉から古い葉に向かう convective throughflow が存在することは，多くの報告にあるように動かしがたい事実でもある．なお，現在のところ，葉内部の微小な部分の温度を実測できないので，この理論の妥当性を検証することができていない．

　② 湿度起因の拡散（humidity-induced diffusion）によるマスフロー

　この湿度起因によるマスフローは，ヨシ（*Phragmites australis* (Cav.) Trin. ex Steud.），ガマ科（*Typha*），カヤツリグサ科（*Cyperus*）のように枝葉が水面から垂直に出ている水生植物で多く見いだされている（Armstrong and Armstrong, 1990, 1991；Brix et al., 1992）．湿度起因によるマスフローでは，熱放散の項で述べたような微細な孔隙を持つ仕切壁で異なった湿度をもつ2つの空気塊が分けられている時，より乾いている部屋から湿っている部屋へガスが流れる．この湿度起因によるマスフローの基本は，水蒸気が蒸発する時，水蒸気は今まで他の大気ガス成分によって占められていた空間を優先的に占拠し，そのため大気ガス成分の濃度が低下し，大気ガス成分の分圧が減少することにある（図12.3）．

　植物葉内の通気組織は，隣接する細胞からコンスタントな蒸発が起こって

いるため，相対湿度はほぼ 100 % となる（20 ℃ での飽和水蒸気圧は，2.337 kPa）．この水蒸気の体積分（2.3 %）だけ，他の大気成分ガス（酸素，窒素，希ガス等）の体積を占拠する（20 ℃ で酸素，窒素，希ガス等の大気成分の合計体積は 97.7 % になる）．なお，乾燥した外囲大気では（仮に水蒸気濃度をゼロとすると），大気ガス成分のガス体積は 100 % である．それによって，微細な孔隙を持つ仕切り壁によって分けられた内と外でガスと水蒸気の濃度差がおこり，外囲の大気ガス成分が葉内に拡散して流入する．同様に水蒸気は葉内から大気へ拡散して逃げるが，水のリザーヴァー（水を多く含む細胞）があるため，水蒸気が逃げてもすぐに置き換わり，葉内では飽和水蒸気圧を維持する．すると，葉の通気組織内への窒素や酸素等の大気ガス成分の湿度起因の拡散による流入は，通気組織内の全圧の増加を生じる．しかしながら，湿った部屋に通気組織をもった出口がつながっていれば，マスフローが結果として生じ，葉の通気組織，茎の通気組織，地下茎を通して古い葉や折れた稈から大気へとマスフローが生ずる．このように，湿度に起因されるマスフローは，熱放散と同じように，水生植物の基本的なマスフローとして機能しており，加圧化と流れの速度は日中に最も大きく，夜間は最も低くなる．

(2) 負圧化によるマスフロー

水生植物が負圧を作り出して，大気を吸引するマスフローが報告されている．この原理は流速が増加すると圧力が減少することや，酸素と二酸化炭素の水中での溶解度の差に起因して起こることによるとされている．

① ベンチュリ（Venturi）に起因したマスフロー

ベンチュリというのは，霧吹きなどのように管の一部を絞って流速を増すようにしたものである．流速と圧力の関係はベルヌーイの定理として知られている．

$$P + 1/2\rho \cdot V^2 = 一定 \qquad (2)$$

この式は，流速 V が増加すると，圧力 P が減少するという関係を表わしている（ρ：流体の質量密度）．Armstrong et al. (1992) はヨシが二本の高さの違う茎が地面に直角に立っていて，地下茎を通じて連結している場合を想定した．風は地面に平行に吹くので，それぞれの茎は高さにおける静圧を感じ

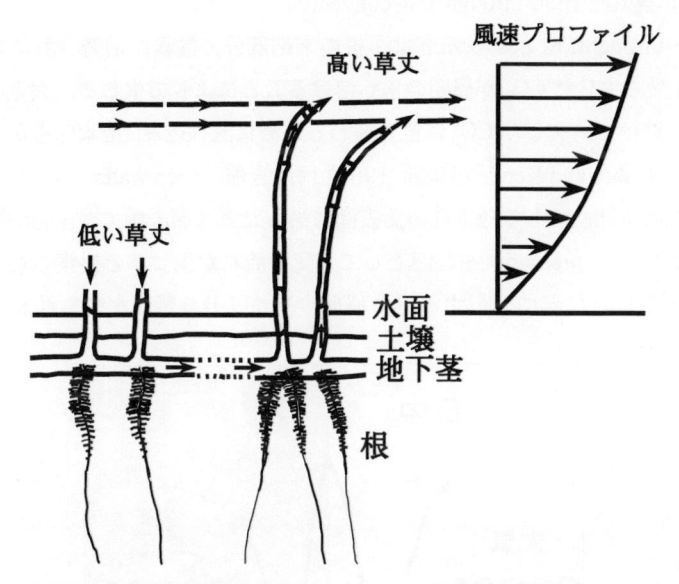

図 12.4 ヨシのベンチュリに起因するマスフローの模式図（Armstrong et al., 1996 を基に作図）．

高さの違う茎が地面に直角に立っていて，地下茎を通じて連結している場合，風は地面に平行に吹くので，それぞれの茎は高さにおける静圧を感じる．風の強さは高いところほど強くなるので，丈の高い茎の方が低い茎に比べて圧力が低くなり，地下茎には丈の低い茎から高い茎への流れが生じるというのが Venturi-induced convection の原理である．

る．風の強さは高いところほど強くなるので，丈の高い茎の方が低い茎に比べて圧力が低くなり，地下茎には丈の低い茎から高い茎への流れが生じる（図12.4）というのが彼らの説である．しかし，このように高さ方向に圧力勾配が存在するという主張には疑問がある．流体力学におけるナヴィエ-ストークスの方程式（Navier-Stokes' equation，流体の運動方程式で粘性を考慮したもの）からは，この場合のような一方向の流れでは，流れに直角方向には圧力勾配は存在しないということが結論されるからである（今井，1973）．しかし，実際に吹く風は，平均すれば一方向であるが，時間的にも空間的にも変動があるので，それによる流れが生ずる可能性がまったくないわけではない．

② 非空気流（non-throughflow convection）

non-throughflow convection は，根の末端部分で酸素が消費されるにつれて，呼吸で生じた CO_2 が周囲の水へ溶けることによって生じる．大気の空気は水に溶けて消失した CO_2 に置き換わるために流れ込み，酸素輸送が高められる．Raskin and Kende（1983, 1985）は浮き稲（deep water rice）の水中に沈んでいる凹凸のある疎水性の葉表面に沿ったガス層の中で，圧力減少（reduced internal pressure）を起源として空気の流れが生じると提案した．タイやフィリピンなどに分布する浮き稲は，1 m 以上も茎が水中に沈んでいる

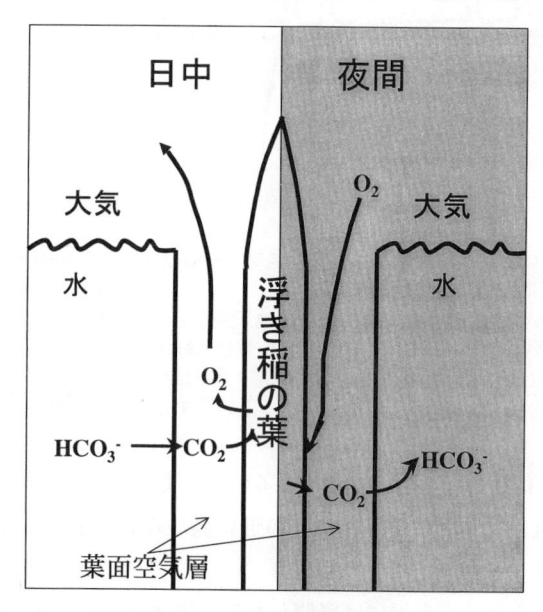

図12.5　浮き稲の葉表面に存在する葉面空気層におけるマスフローのモデル
　　　　　（Raskin and Kende, 1983, 許可を得て改変）

稲の葉表面は疎水性であるので，水中に沈んだ葉の表面に沿って大気からつながった薄い空気層が存在し，酸素に比べ CO_2 の水への溶解性が極めて高いことに起因して葉面空気層でマスフローが生じる．夜間では，葉の呼吸で生じた CO_2 が葉面空気層を通って周囲の水に溶け，葉面空気層の圧力が減少し，大気から葉面空気層への空気（酸素）の流れを導くマスフローとなる．日中では，光合成をおこなうための CO_2 は周囲の水に溶存している CO_2 を気－液界面を通して吸収される．そして，光合成で生じた O_2 は水面上の大気へ葉面空気層を通して排出される．

が，葉の先端部のみが水面に出ている．Raskin and Kende（1983, 1985）によると，稲の葉表面は疎水性であるため，水中に沈んだ葉の表面に沿って大気につながった薄い空気層（external thin air layer on rice surface）が存在する（図12.5）．この薄い空気層の存在とCO_2の水への溶解性が極めて大きい（CO_2は酸素より30倍も溶解性が高い）ことに起因してマスフローが生じる．すなわち，水没した器官の呼吸で生じたCO_2は薄い葉面空気層に排出されるが，葉面空気層の中を拡散によって移動し大気へ出ていくよりも，葉面空気層の周囲の水に溶解する．その結果として，葉面空気層内の圧力が減少するので，大気から水没した器官への通常のO_2の拡散移動とともに空気の吸い込みが起こるというものである．しかしながら，酸素とともに窒素とアルゴンも輸送されるので，もし高濃度の窒素とアルゴンが水中で過飽和の結果として，水没した枝葉や根の表面でガスの気泡を生じなければ，酸素輸送の亢進は制限されたものとなる．Beckett et al.（1988）とArmstrong et al.（1991）は，この浮き稲の吸い込みを理論的に解析し，(1) convective throughflowが連続して起きるためには，拡散による酸素輸送が同時的に起きていなければならないこと，(2) その拡散は水没した器官への酸素輸送の少なくとも80％も寄与しているとし，マスフローはわずかしか効果をもっていないと結論した．このようにBeckett et al.（1988）は，Raskin and Kende（1983, 1985）により提案されたマスフローに疑問を投げかけ，呼吸により生じたCO_2の周囲の水への溶解性によるガスの流れをnon-throughflow convectionと名付けた．

圧力に駆動されたnon-throughflow convectionの明白なもう一つの例は，マングローブの気根における潮の干満に関連した通気である（Skelton and Allaway, 1996）．気根は満潮の間は水没し，干潮の間は大気に曝される．このメカニズムはCO_2と酸素の異なった溶解性に基づいている．満潮の水が気根の皮目（lenticel，レンズ形の斑点として植物の表面に点在して，気体の出入り口となる部分）を覆う時には，呼吸をしている間に酸素が消費されるにつれてCO_2が放出され，その放出されたCO_2は水に溶け，系外に拡散して逃げてゆくと，内部のガス圧は低下する．そして，潮が引いた時，大気の

空気は皮目を通して気根の中に引き込まれるというのがその原理である．

12.2.3 水生植物のマスフローによるメタンの放出

水生植物体内の加圧化とそれに伴うマスフローは，嫌気的な状況の中で生長するための水生植物の重要な環境適応であり，もっぱら拡散のガス輸送に頼っている他の種よりも競合的な優越性を与えていると考えられる．ほとんどの状況において，熱放散と湿度起因の加圧化は同時かつ独立的に働いている．なお，最近の水生植物のガス輸送に関する論議では，湿度起因の加圧化の方が熱放散よりも強く働いており，湿度起因の加圧化が主要な輸送機構であると考えられている（Bendix et al., 1994）．このため，熱放散の重要性が低下しつつあり，熱放散における論争点となっている葉内仕切り壁の温度に関する論議は棚上げになっている状況である．

このような加圧化あるいは負圧化による空気の流れは，根に酸素を運ぶとともに，土壌水から根内に入ったメタンを古い葉から大気へ放出しており，湿地におけるメタン発生に大きく関与している．加圧化によるマスフローを行う水生植物は，拡散だけに頼っている水生植物に比べてより多くメタンを放出している（Dacey, 1981 ; Sebacher et al., 1985 ; Chanton et al., 1993 ; Brix et al., 1996）．Kim et al. (1998)はマスフローをするヨシのメタンフラックスが日の出後急速に増加し，午前10時から正午頃にピークに達するとともに（$50\ \mathrm{mg\ m^{-2}h^{-1}}$），日中のメタンフラックスが夜間のそれよりも2倍から5倍も高くなることを観測した．ヨシは夜間では主に拡散でメタンを放出しているが，日の出とともにマスフローに切り替わり，マスフローによってメタン放出が著しく増加するとしている．Whiting and Chanton (1992)もマスフローをするガマでヨシと同様な結果を得ている．さらに，Sorrel and Boon (1994)は *Eleocharis sphacelata*（カヤツリグサ科）において拡散によるメタン放出速度は$0.3\ \mathrm{m}l\ \mathrm{m^{-2}h^{-1}}$であるが，湿度に起因するマスフローでは$30\ \mathrm{m}l\ \mathrm{m^{-2}h^{-1}}$もあることを示した．このように，マスフローは湿地からのメタン放出を促進しているといえる．

12.3 水田からのメタンの発生量

水田からメタンが発生することを初めて実測したのは,米国の大気化学者である Cicerone and Shetter (1981) であった.さらに Cicerone et al. (1983) は,水田から発生するメタンの大部分が水稲から放出されていることや,水稲生育期間中のメタンフラックス(単位面積あたりの放出速度)に季節変化があることを見いだした.その後,ドイツの研究者もスペイン(Seiler et al., 1984) やイタリア(Holzapfel-Pschorn, 1986 ; Schütz et al., 1989a)の水田で,メタンの発生量を測定するとともに,メタンフラックスは季節変化を示すばかりでなく,日変化をしていることを報告した.1990年代になると中国,インド,フィリピン,日本,タイ,インドネシアなど多くの国でも,水田からのメタン発生量が測定され,気候変動に関する政府間パネル(IPCC)による全発生源における発生量評価の基礎データとなった(IPCC, 1990, 1995).このような多数のメタンフラックスの実測結果をまとめると,水稲栽培期間中のメタンフラックスは,数 $mg\ m^{-2}h^{-1}$ ~数十 $mg\ m^{-2}h^{-1}$ であり,栽培期間中の全発生量は $1\ g\ m^{-2}$ ~ $100\ g\ m^{-2}$ である(八木,1997).このような発生量の大きな違いは,地域による温度や土壌の質の違いのみならず,有機物施用の有無や水管理技術などの水稲栽培管理技術の違いにもよっている.なお,生の稲ワラを施用するとメタン発生量が著しく増加すること (Schutz et al., 1989a ; Yagi and Minami, 1990 ; Sass et al., 1991b ; Nouchi et al., 1994),それを堆肥化するとメタンの発生が無施用とほぼ同じ程度に少なくなることがわかった(Yagi and Minami, 1990 ; Mariko et al., 1991).これはメタンとなるはずの稲ワラの易分解性の有機物炭素化合物が,堆肥化過程で炭酸ガスとなって分解したため,水田からのメタン発生が減少したためであると推定されており,水田からのメタン削減対策には有効な方法である.また,Yagi at al. (1996) は,わが国の水稲耕作で通常行われている中干しや間断灌漑などの水管理をすると,土壌を酸化的な環境にするため,メタン生成が抑制され,メタン発生量が低下することを示した.

わが国の水田からのメタンの発生量に関しては,全国都道府県で農林水産

省農産園芸局の補助事業として，環境保全型土壌管理対策事業による水田からのメタンと畑地等からの亜酸化窒素の動態についての調査が実施されている．1992～1994年までに実施された全国農業試験場およびその選定圃場におけるメタンフラックスの測定結果が土壌タイプ別，有機物施用別，水管理別にまとめられている（日本土壌協会，1996；Kanno et al., 1997）．それによると，メタンの発生量は，泥炭土＞黄色土＞灰色低地土＞グライ土＞黒ボク土の順であるが，年次変動が大きかった．また，有機物については，稲ワラ秋鋤き込みは無施用に比べメタン発生量が年間で約1.7倍多くなった．水管理では，中干し以降の間断灌漑などによって4分類してメタンの発生強度を係数化を試みた．これらを総合して，わが国の慣行栽培体型による全水田からのメタン総発生量が3年間の平均値で388 Gg CH_4/y と推定された．

12.4 水稲体内を介したメタン放出機構

12.4.1 水田土壌から大気へのメタンの放出経路

水田では，土壌中で生成されたメタンは次の三つの経路で大気中に放出される．すなわち，①メタンを多量に含む気泡（メタン濃度が50～70％）として，②田面水からの大気への揮散，③水稲体内の通気組織を介した水稲からの放出である（図12.1）．このうち，大気への放出の主な経路は，③の水稲体を介したものであり（犬伏ら，1989；Nouchi et al., 1990），水稲生育期間を積算すると，大気へ放出されるメタンの90％程度がこの水稲体を介した放出であり，田面水からの大気への揮散は2％，気泡として8％程度とされている（Schütz et al., 1991；Butterbach-Bahl et al., 1997）．水稲を介したメタンの大気への放出量の割合は，水稲が大きく生長するとともに増大する．水稲がまだ小さい生育初期（直播で3週間以内）では，気泡による発生が80～90％，田面水からの揮散が10％と水稲体内を介した発生量は10％以下と少ないが，25日齢では52％，42日齢では79％，それ以降収穫前までは92％以上となった（Butterbach-Bahl et al., 1997）．土壌中で生成されたメタンは大気へ逃げるばかりでなく，一部は水の浸透にともなって下方へと移動する．その量はわが国の平均浸透速度（約15 mm/day）では，大気へ

の放出量の約10％と見積もられている (Murase et al., 1993). メタンは下層の心土で嫌気的な酸化により70％程度が分解されるが，残り30％が地下水層に到達している模様である (Watanabe et al., 1994).

12.4.2 水稲のメタン放出口

1980年代中頃までは，水稲からのメタンの放出は，土壌水中に溶存しているメタンが根の水の吸水とともに吸収され，蒸散とともに葉の気孔から放出される，あるいは，吸水とともに根内に入ったメタンが根内でガス化し，通気組織系を通って葉の気孔から放出されると考えられいた．どちらにしても葉の気孔がメタンの放出口であり，気孔の開閉がメタンフラックスに大きく影響することにかわりはない．しかし，水稲を含めた水生植物からのメタン放出に係わる気孔の制御に関しては，これまでも矛盾した相反する報告が多い．例えば，気孔が開いている日中と気孔が閉じている夜間においても，メタンフラックスがほとんど同じである (Cicerone et al., 1983；Seiler et al., 1984；Bartlett et al., 1987；Whiting et al., 1991). あるいは，外囲のCO_2濃度を変えたり，明暗処理して気孔を開閉させてもメタンフラックスにほとんど変化がないことが観察されている (Seiler et al., 1984；Nouchi et al., 1990；Chanton et al., 1992；Whiting and Chanton, 1996). 一方，気孔開閉

図12.6 実験室におけるメタンフラックスの測定装置
高濃度メタン水溶液のフラスコに水稲根を浸漬し，地上部を細長い通気型のチャンバーで覆い，通気しながら水稲からのメタンフラックスを測定する．フラスコ内水溶液はマグネチックスターラーで撹拌している．

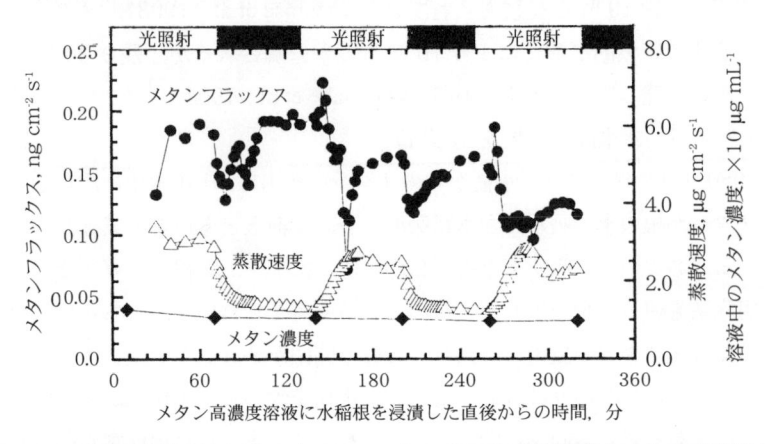

図12.7 茎葉から放出されるメタンフラックス（●）と蒸散速度（△）および溶液中のメタン濃度（◆）との関係（Nouchi et al., 1990，許可を得て転載）

人工気象室内で水稲地上部に円筒形チャンバー（直径3 cm，長さ50 cm）を被せ，根を高濃度メタン溶液に浸して，明暗処理を行った．明暗処理による蒸散速度とメタンフラックスの変化パターンはまったく異なった．

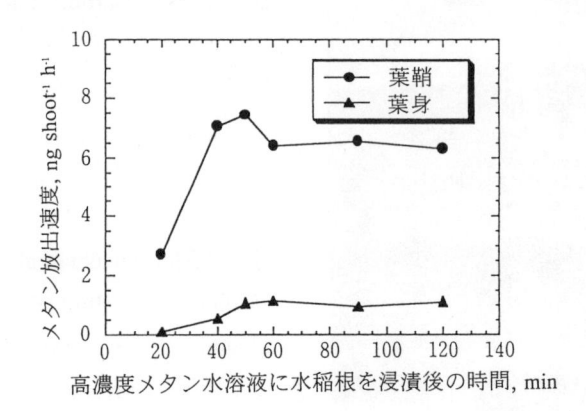

図12.8 メタンは葉身よりも葉鞘から多量に放出される（Nouchi, 1994，許可を得て転載）

水耕栽培した水稲の根を高濃度メタン水溶液（$4.5\ \mu l/ml$）に浸し，茎から葉鞘を丁寧に剥がし，葉身（$16.7\ cm^2$）と葉鞘（$8.0\ cm^2$）をそれぞれ別々に細長いチャンバーに入れ，空気を$0.7\ l/min$の速度で流しながら葉身と葉鞘からのメタン放出速度を測定した．葉鞘からのメタン放出速度が大きいことがわかる．

12.4 水稲体内を介したメタン放出機構 （ 343 ）

がメタン放出に大きく影響しているという報告もある（Knapp and Yavitt, 1992；Frye et al., 1994；Morrissey et al., 1993）.

このような中，Nouchi et al.(1990)は水稲からのメタンの放出口を探索した．実験室内で，高濃度メタン水溶液に水耕栽培で育成した水稲の根を浸し，地上部から放出されるメタンを，細長いチャンバーを用いて測定した

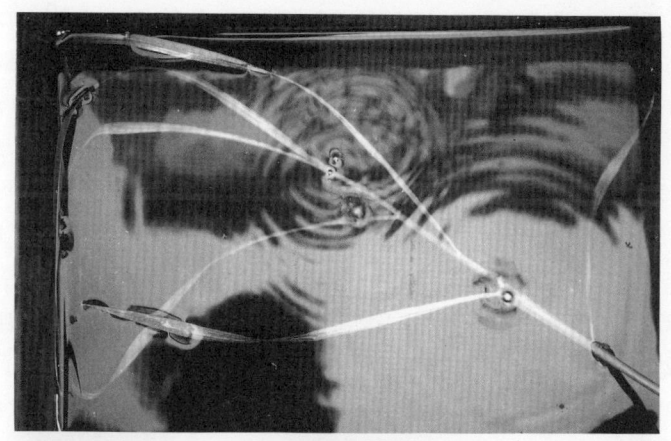

図12.9 空気圧入による水稲茎葉からの気泡の発生部位の確認実験
水稲の根を切断し，水稲茎葉を水中に沈め，髄腔に注射針を差し込み，空気を圧入して，空気泡の発生するところを観察した．写真上では葉鞘が茎から分かれる節板付近から大きな泡が発生しているのが見える．また，写真下では茎の表面に多数の気泡が見える．

(図12.6).図12.7のように明暗処理をすると蒸散速度は気孔の開閉に伴い光照射下で大きく,暗黒下では小さくなったが,メタンの放出速度は明暗処理直後にかなり変動するが,しばらくすると明暗処理直前の値に戻るという,まったく異なったパターンを示した.このことは吸水された水に溶けているメタンが,蒸散によって気孔から大気中に放出されるのではないことを示唆している.そこで,水稲の葉身とその葉身を支えている葉鞘(イネ科植物の葉は葉身と葉鞘から構成されており,葉鞘は茎を取り巻いている)をそれぞれ別々に小さなチャンバーを被せ,メタン放出速度を測定してみた.すると,葉鞘からのメタン放出速度は葉身からのメタン放出速度よりもおよそ6倍も大きく(図12.8),メタンは主に葉ではなく葉鞘,いわゆる茎から放出されていることがわかった.次に,根を切断した水稲を水中に沈め,切断面から注射針を茎の髄腔(節間にある空隙)に差し込み,空気を圧入すると,①茎を取り巻く葉鞘から葉身となる葉身のつけね(図12.9 a)と,②根に近い茎を包む葉鞘の表面(図12.9 b)の2カ所から気泡が発生した.なお,①の気泡の発生点を見るために葉鞘を注意深くはがしていくと,そのつけねの茎

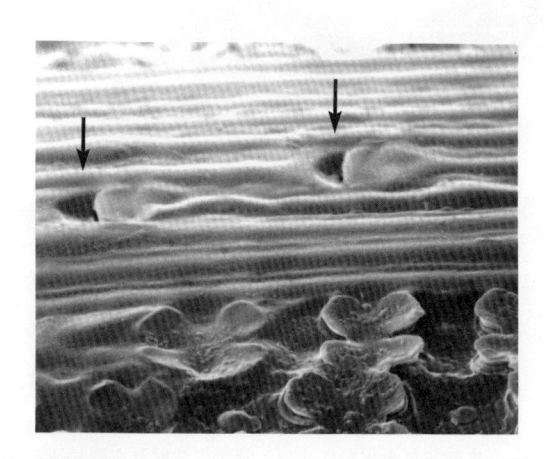

図12.10 葉鞘表面のメタン放出口と見られる微小な孔(矢印)の走査型電子顕微鏡写真
倍率は2,000倍,矢印の孔の縦孔は約4 μm である.

の節板付近であった．このメタン放出部分を走査型電子顕微鏡で観察すると，①の節板部分では割れ目と思われるギャップ，②の葉鞘表面では気孔と異なる微小な孔（マイクロポアと命名）が見いだされた（図12.10）．マイクロポアがガス放出口であることの確認実験として，空気中で硫酸銅溶液を注射器で髄腔に押し込み，葉鞘の表面に硫酸銅溶液が浸みだした部分を，X線マイクロアナライザー付の走査型電子顕微鏡で観察した．その結果，マイクロポアのあった部分に硫酸銅の結晶が存在していることを確認した（図12.11）．一方，節板から葉鞘がでているその隙間では，明瞭な孔の確認ができなかった．しかし，以上の結果より，水稲からのメタンの放出口はこれまで常識として考えられていた葉の気孔からではなく，葉鞘のつけねの節板付近と茎を包む最外側の葉鞘表面のマイクロポアから放出されるものと結論した．その後，Wang et al. (1997a) も水稲からのメタン放出口を検索し，Nouchi et

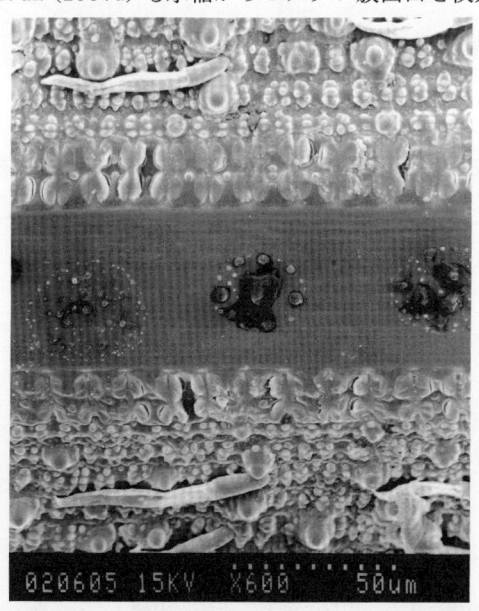

図12.11　根を切断し，髄腔に注射針を差し込み，硫酸銅溶液を圧入して，茎から硫酸銅が浸みだした部分の走査型電子顕微鏡写真
葉鞘表面のメタン放出口と見られる微小な孔が存在していた部分に，硫酸銅の結晶が見える．

al. (1990) が確認できなかった葉鞘と節との接合部に割れ目と孔隙構造があることを見いだした．なお，水稲以外の水生植物に，このようなメタン放出口があるのかどうかはわかっていない．

12.4.3 水稲体内を介した土壌根圏から大気へのメタン輸送機構

Nouchi et al. (1990) は，水稲を介したメタンの水田土壌から大気への輸送が，土壌水中のメタン濃度（％オーダー）と大気中のメタン濃度（ppm オー

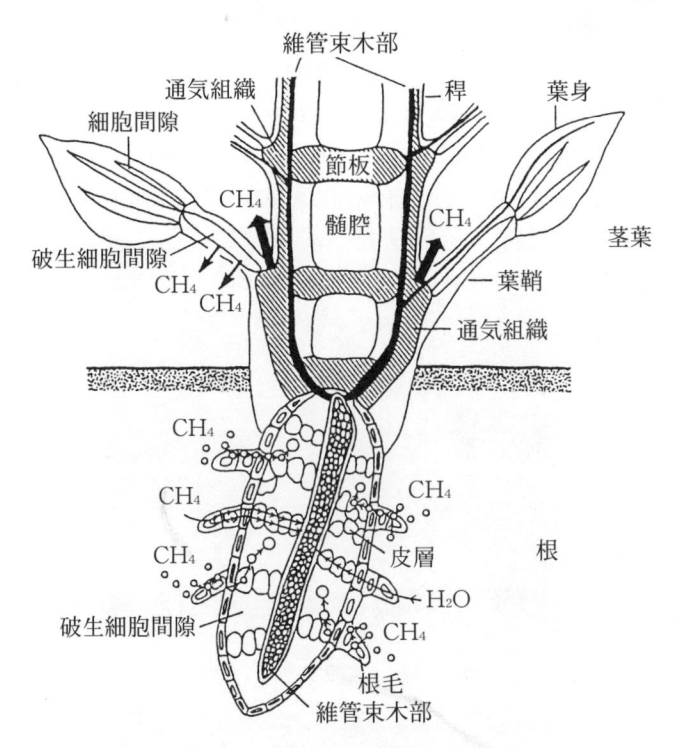

図12.12 水稲体内を介したメタン輸送経路（Nouchi and Mariko, 1994を改作）

水は根毛より根内に入り，皮層を通り，維管束木部に入り，維管束を通って蒸散流により，葉身や葉鞘の気孔から大気へ放出される．一方，メタンは根毛より根内に入るが，皮層内でガス化し，根内の破生細胞間隙を通って地上部に移動し，髄腔や葉鞘内の通気組織を介して葉鞘内側の節板付近のギャップと葉鞘表面の微小な孔から大気へ放出される．

ダー）との濃度差をドライビングフォースとした分子拡散であり，次のようなメタン輸送機構を提案した．まず，根の周囲の土壌水と根の破生細胞間隙（細胞の崩壊によって生じる空隙）内の濃度勾配により，根の周囲の土壌水中のメタンは根の表面水に拡散し，根の表面細胞の細胞壁あるいは細胞質内の水に溶け込む．次に，根の表面細胞に溶け込んだメタンは，根の皮層（水稲では普通5〜8層の細胞が並び，細胞間隙が発達している）に拡散移動し，この皮層内でガス化する．そして，根の破生細胞間隙や葉鞘内の通気組織を通って地上部に到達する．最後に，ガス化したメタンは茎の節板付近の割れ目と茎下部の葉鞘表面の微小なマイクロポアなど，いわゆる茎から大気中へ放出されるというものである．このメタン輸送機構の概略を図12.12に示した．

最近の研究から，苗が非常に若い生育時期では，葉身からメタンが放出され，生育の進行とともに葉鞘と節の接合部が主要な放出口となること，生育後期では穂からもわずかにメタンが放出されること (Wang et al., 1997a)，水稲体内を介するメタン輸送を律速しているところとして，根や葉身を切除する実験から，根から茎の遷移ゾーンにある通気組織であること (Butterbach-Bahl et al., 1997) などもわかってきた．

12.5 水田からのメタン放出に係わる要因－特に，水稲の生育・品種について－

水田からのメタンの放出は，その大部分が水稲体を経由するため，水稲自身の形態特性や生育状態がメタン発生の重要な制御要因となる．土壌水中に溶存しているメタンが根内に侵入するためのメタン透過性の高い根の表面積や根量，メタンを大気へ吐き出す茎の数や通気組織の発達度合いなどの水稲自身の形態特性，あるいは根から放出された酸素による根圏の酸化的雰囲気でおこるメタン酸化菌によるメタンの酸化分解活性や，その逆に根から分泌される有機物あるいは枯死根による有機物の供給によるメタン生成活性などさまざまな要因がある．

稲の生長とともにメタンフラックスは増加する．これは稲の生長とともに，根の表面積や分げつ数が増加し，土壌から大気へのメタン輸送効率が増加することや，メタン生成の基質となる有機物が稲から供給されることによる．Nouchi et al.（1994）はメタンを大気へ放出する水稲のコンダクタンスが水稲移植直後から生長とともに高まり，逆に水稲生育末期（登熟期以降）には非常に小さくなることを確かめている．この登熟期以降におけるコンダクタンスの低下の原因としては，温度低下による水稲根の表皮細胞におけるガス透過性の低下（Nouchi et al., 1994）や根内の破生細胞間隙の水没（Watanabe and Kimura, 1995）などが考えられている．また，水稲の生育中期以降においては，根からの滲出物と枯死根の分解産物がメタン生成のための最も重要な炭素源であることも知られている（Neue, 1993；Minoda and Kimura, 1994；Minoda et al., 1996；Neue et al., 1996）．

水田土壌内では，メタン生成菌によるメタン生成とメタン酸化菌によるメタン分解が同時に起こっているため，水稲の通気組織系がそのどちらに大きく寄与しているかは複雑である．水田土壌内でのメタン酸化に関しては，根圏土壌内で生成したメタンのうち，メタン酸化がほとんど起こらない（DeBont et al., 1978），40 %（Tyler et al., 1997），50 %（Epp and Chanton, 1993），45〜60 %（Khalil et al., 1998），80〜90 % も酸化分解される（Holzapfel-Pschorn et al., 1985；Schütz et al., 1989b；Frenzel et al., 1992）など，さまざまな推定結果が報告されている．土壌や環境条件あるいは測定方法などが異なるため，これらの結果を比較することは難しいが，生成されたメタンの多くは酸化されているといえる．そしてメタン酸化の一般的なパターンとして，メタン酸化は水稲生育初期には低いが，分げつ期頃には高くなり，その後は収穫期まで高いメタン酸化能を維持するという傾向である．

水稲地上部のバイオマスとメタンフラックスには相関があるため（Sass et al., 1990），米の収穫量とメタン発生量は正の相関がある（Neue, 1993）．21世紀には世界の人口が急増すると予想されており，食料として米の需要はますます増すことになる．このため，メタン削減の具体的対策を講じなければ，今後も水稲生産の増加に伴って，水田からのメタン発生量は増加すると

考えられる．そこで，水管理など他の削減対策をとりにくい開発途上国などでは，メタン放出量の少ない水稲品種の選抜・育種に期待がかかっている．メタン発生量の品種間差違を調べてみると，品種によりメタン発生量が異なることが見いだされた（Lindau et al., 1995；Watanabe et al., 1995；Butterbach-Bahl et al., 1997；Wang et al., 1997b；Watanabe and Kimura, 1998）．メタン発生量の品種間差異の理由として，分げつ数と根の長さ（Neue et al., 1996），根から茎への遷移ゾーンの通気組織の形態的な違い（Butterbach-Bahl et al., 1997），根の酸化力の違い（Neue et al., 1994），根乾物重および根から放出される全炭素量（Wang et al., 1997b），根からの水溶性有機化合物の放出速度と根内の空隙度（Watanabe and Kimura, 1998）などがあげられている．メタン放出の品種間差はメタン生成菌の養分となる根から放出される分泌有機物量と，メタン酸化菌の活動を促すための根からの酸素放出量に鍵がありそうである．

12.6 水田におけるメタンフラックスおよび土壌水中のメタン濃度の季節変化

細野・野内（1996）および Hosono and Nouchi（1997b）は 1991～1996 年の 6 シーズンにわたって，ライシメータ水田でメタンフラックスと土壌水中のメタン濃度を測定した（図 12.13）．メタンフラックスおよび土壌水中のメタン濃度の季節変化の一例を図 12.14 に示す．年によって季節変化のパターンは異なるが，ほぼ共通する傾向は下記のようである．化成肥料のみの対照区に比較して，化成肥料に稲ワラを加えた稲ワラ施用区では，土壌水中のメタン濃度およびメタンフラックスが著しく大きい．対照区では，水稲移植後 60 日頃までは土壌水中のメタン濃度とメタンフラックスともに非常に低いレベルであるが，生育後半（出穂期以降）に土壌水中メタン濃度およびメタンフラックスとも増加し，そのには稲ワラ施用区との差が縮まっている．そして，対照区と稲ワラ施用区とも，水稲生育末期には，土壌水中のメタン濃度が高いにもかかわらず，メタンフラックスは低下する．

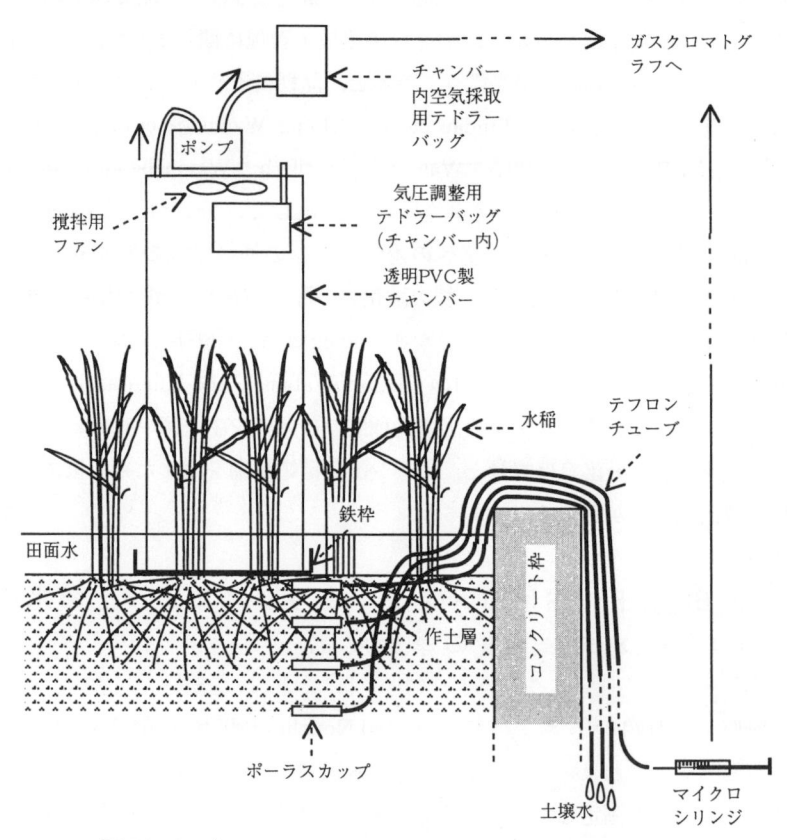

図12.13 水田におけるメタンフラックス測定および土壌水採取装置の概念図（細野，2000，許可を得て転載）

12.7 水稲体内を介したメタン輸送モデル

水稲はメタンを放出するパイプで，土壌水中のメタン濃度と大気中のメタン濃度の濃度勾配によって分子拡散で移動すると考えられるので，水田からのメタンフラックスはガス拡散抵抗モデルで解析できる（Nouchi et al., 1994）．すなわち，電気のオームの法則（電流＝電圧/抵抗）に例えると，土壌水中のメタン濃度と大気中のメタン濃度差を電圧，水稲体を伝導度（抵抗

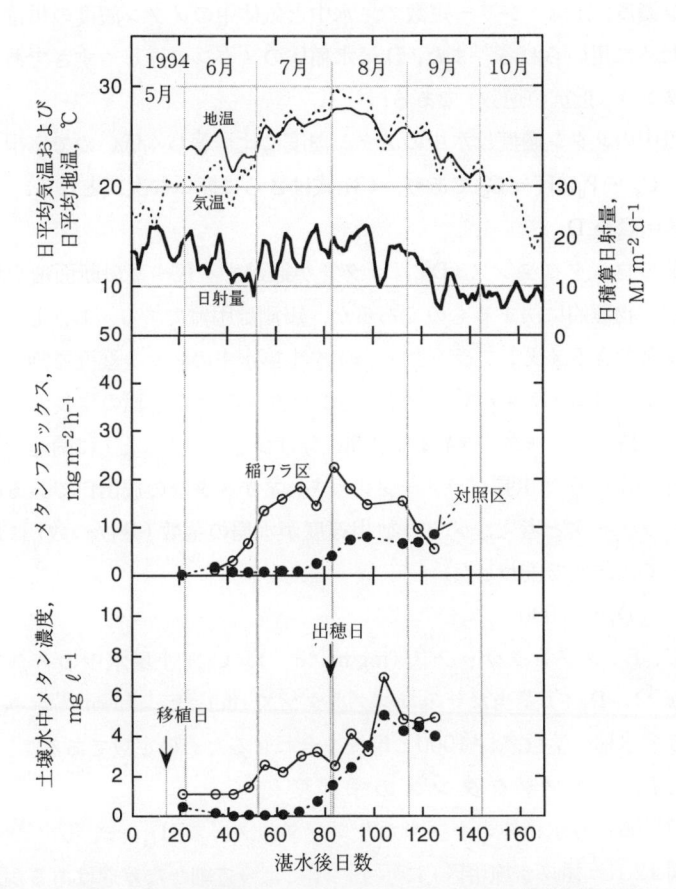

図 12.14 稲ワラ施用の水田からのメタンフラックスおよび土壌水中のメタン濃度の季節変化（細野，2000，許可を得て転載）.

ライシメータ水田に化成肥料とともに，細断した稲ワラ（$700 \mathrm{~g~m}^{-2}$）を1994年5月10日に土壌にすき込んで湛水した．5月24日に水稲（品種：コシヒカリ）苗を移植し，収穫日まで，常時湛水状態を保った．なお，1994年の夏期は猛暑であった．

の逆数）とすると，メタンフラックスは電流となり，次式で表される．

$$F = (C_s - P_a / H) \cdot D \tag{3}$$

ここで，F はメタンフラックス，C_s は土壌水中のメタン濃度，P_a は大気中の

メタン濃度，H はヘンリー定数で，水中と気体中のメタン濃度の単位を合わせるために用いられる．また，D は水稲体のメタンの通しやすさであるコンダクタンス（抵抗の逆数）である．

大気中のメタン濃度は水中のメタン濃度に比べ著しく低いので無視できるため，$C_s - P_a/H ≒ C_s$ であり，(3)式はさらに簡単な次式となる．

$$F = C_s \cdot D \tag{4}$$

水稲のコンダクタンス（D）はメタンが通過する根や茎の断面積や移動距離などの物理的に決まるものであるが，実測は困難である．しかし，(4)式より実測できるメタンフラックス（F）を土壌水中のメタン濃度で割って求めることができる（$D = F/C_s$）．このコンダクタンスは水稲の生長とともに変化し，生長パラメータ（バイオマス量，分げつ数，草丈など）に関連する．細野・野内（1996）は生長パラメータのうち，茎がメタンの放出口であるので重要なパラメータと考え，メタン放出速度が水稲の茎数（分げつ数）に比例するとして，次式で表わした．

$$F = C_s D_1 N/1000 \tag{5}$$

ここで，F：メタンフラックス（$mg\ m^{-2} h^{-1}$），C_s：土壌水中のメタン濃度（$mg\ L^{-1}$），D_1：1茎当たりのコンダクタンス（$cm^{-3} h^{-1} shoot^{-1}$），N：1 m^2 当たりの水稲の茎数，1/1000：単位を合わせるための定数である．

12.7.1 コンダクタンスの季節変化

水田における水稲体の1茎当たりコンダクタンス（D_1，式(5)）の季節変化を図12.15（稲ワラ施用区）に示す．年によって細かな差違はあるが，大まかに見ると，1茎当たりコンダクタンス（D_1）は，水稲移植直後から徐々に増加して40日頃にピークとなり，その後，収穫期まで増減しながら徐々に低下する傾向が見られる．コンダクタンスの変化パターンは，地温の変化パターンと類似した動きをしており，コンダクタンスと地温は密接な関係があることがわかる．なお，稲ワラの施用のない対照区でもパターンはほぼ同様である．しかし，その D_1 の値は稲ワラ施用区のおよそ 1/2 である．

次に，人工気象室において気温や光を一定にして，生育ステージ（発芽後20～130日）のみを変えて D_1 の変化を見たのが図12.16である．これは播

12.7 水稲体内を介したメタン輸送モデル （ 353 ）

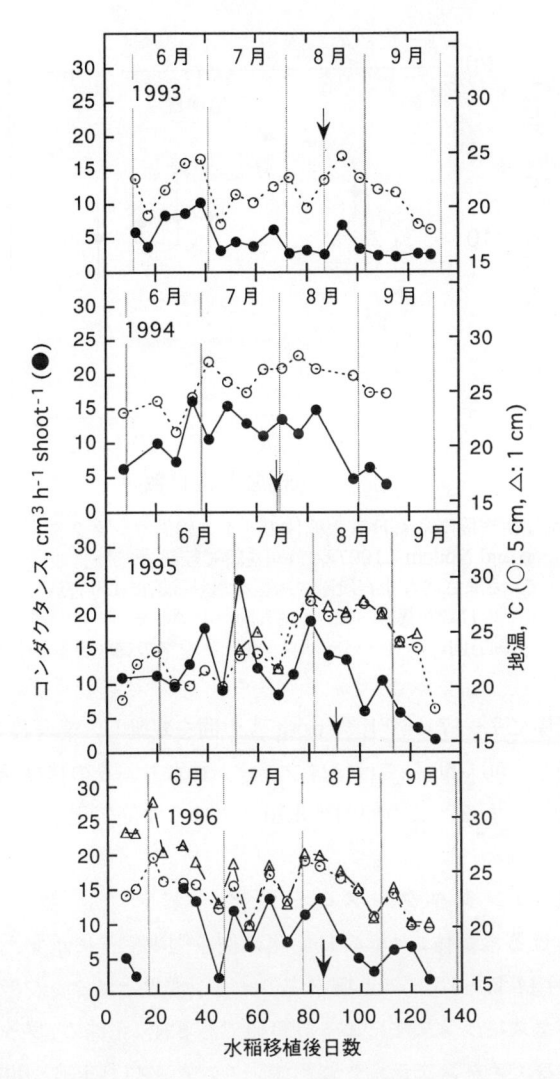

図 12.15 水稲の 1 茎あたりのタンスの季節変化（細野, 2000, 許可を得て転載）
1993 年～1996 年の稲ワラ施用区のコンダクタンスの季節変化と地温の変化を示す.

種時期をさまざまに変えて水耕栽培した水稲を用いて，高濃度メタン水溶液に水稲の根を浸して，メタンフラックスを測定し，D_1 を見たものである．D_1

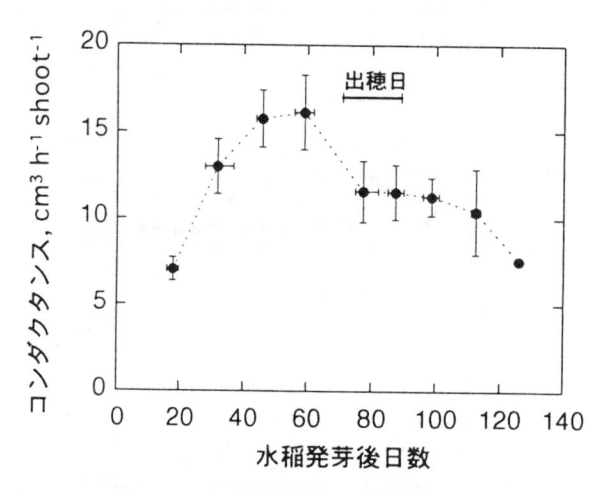

図 12.16 水稲生育段階における水稲体のメタン輸送コンダクタンスの変化（Hosono and Nouchi, 1997a, 許可を得て転載）
発芽日を変えて，さまざまな生育段階の水稲を水耕栽培により育成したため，発芽日によって出穂までの日数が異なった．x 軸方向へのエラーバーは供試植物体のエイジの範囲を示し，y 軸方向のエラーバーはコンダクタンスの標準誤差を示す．

はこの期間中に 7〜17 $cm^{-3}h^{-1}shoot^{-1}$ の間を変動し，発芽後 50 日までは急激に増加し，50〜60 日ではほぼフラットになり，その後は発芽後 130 日まで徐々に減少する．この傾向は水田における季節変化とよく一致している．

12.7.2 コンダクタンスの日変化

水田における水稲体の D_1 の日変化の例を図 12.17 に示す．この図には 1996 年 7 月 11 日〜13 日の土壌水中のメタン濃度とメタンフラックスの実測値およびマスバランス法による計算値である純（正味の）メタン生成速度も示してある．メタンフラックスとコンダクタンスは朝（6：00〜9：00）に極小，午後から夕方近く（14：00〜17：00）に極大をとる日変化パターンを示し，地温（1 cm）の日変化パターンとほぼ一致する．すなわち，コンダクタンスは根圏温度に依存することがわかる（図 12.18）．なお，純メタン生成速度は正午頃小さく，夕方から夜間に大きいというパターンを示す．この純

12.7 水稲体内を介したメタン輸送モデル （355）

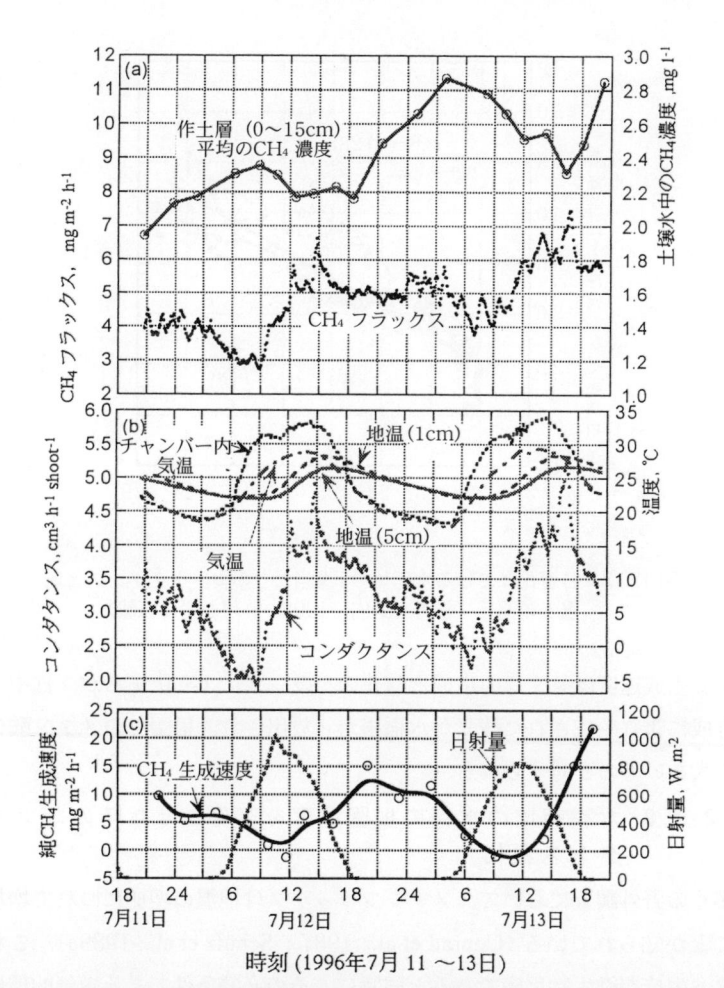

図12.17 メタンフラックス，土壌水中のメタン濃度，1茎当たりのコンダクタンス（D_1），気温，地温（1 cmと5 cm）および正味のメタン生成速度の日変化（細野・野内，1998，許可を得て転載）

1996年7月11日～13日の2日間，メタンフラックスは通気チャンバー法により，連続的に測定し，土壌水中のメタン濃度の測定は2～4時間毎に測定した．1茎当たりのコンダクタンス（$D_1 = F/1000\, C_s N$，F：メタンフラックス，C_s：土壌水中のメタン濃度，N：1個体の茎数）は朝に極小，午後から夕方近くに極大となる．なお，土壌水中のメタン濃度は土壌表面から深さ1 cm，5 cm，10 cm，15 cmの濃度の平均値であり，メタン生成速度は水田のメタンのマスバランス法により計算した．

第12章 水田・湿地からのメタン発生

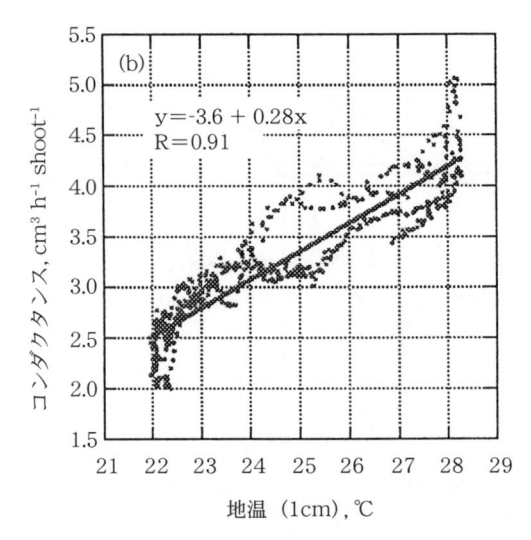

図12.18 日変化における水稲体の1茎当たりのコンダクタンスと地温との関係（細野・野内，1998，許可を得て転載）

メタン生成速度はメタンの生成と酸化のバランスにより決まるが，日中には光合成により生成された酸素が水稲根から放出され，根圏でのメタン酸化速度が大きいものと考えられる．

12.7.3 水耕栽培の水稲の根圏温度を変化させた時のコンダクタンス変化

多くの野外調査において，メタンフラックスは地温の増加につれて増加することが知られている（Conrad et al., 1987；Schütz et al., 1989a）．これはメタン生成が微生物反応であると同時に，その必要条件である嫌気的環境の発達と基質の供給もまた微生物反応によっており，地温の上昇はメタン生成速度を増加させる（八木，1997）．しかし，コンダクタンスが温度に依存することは，メタン生成とは無関係であり，拡散過程のみに係わるものである．そこで，Hosono and Nouchi (1997a) は，フラスコに入れた高濃度メタン水溶液に水稲の根を浸し，水溶液の水温を 15～30 ℃ まで変化させて，メタンフラックスを測定する実験を行った．その結果，コンダクタンスは水温の変

12.7 水稲体内を介したメタン輸送モデル

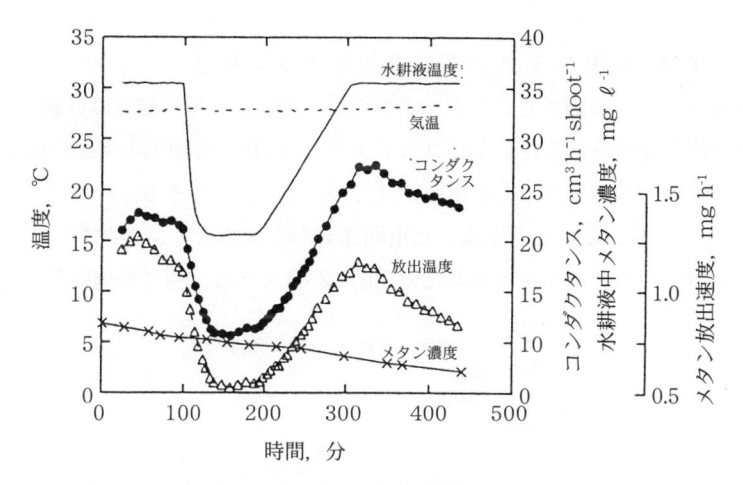

図 12.19 水溶液温度を変化させた時の水稲体のメタン輸送コンダクタンスの変化（Hosono and Nouchi, 1997a, 許可を得て転載）
水稲の根をフラスコ内の高濃度メタン水溶液に浸し，そのフラスコを恒温水槽内に沈め，水溶液の温度を変化させると，水溶液の温度変化に追随して即座にコンダクタンスあるいはメタンフラックスが変化した．

化に追随して水温の上昇により増加し，30℃では15℃の時の2.0〜2.2倍になった（図12.19）．15〜30℃の変化でメタンの水中の分子拡散係数の増加は1.4倍であり，コンダクタンスの2.0〜2.2倍の変化は説明できない．彼らは水稲のコンダクタンスが水温に依存して変化する真の理由はわからないが，外囲溶液中のメタンが根に侵入する過程が律速になっており，水温により根の表面細胞の性質が変化して，その侵入速度が水温の増加とともに増加するのではないかと推測している．

　この水温変化実験と実際の野外のコンダクタンスと根圏温度との関係には大きな差違がある．すなわち，野外ではコンダクタンスの日変化は22〜28℃で1.5倍以上，季節変化は18〜28℃で約7倍も大きく変化する．水温変化実験の根圏温度が28℃におけるコンダクタンスは22℃における値のおよそ1.2倍にすぎない．この根圏温度に対するコンダクタンスの依存性の相違の原因は不明であるが，水田と上記の室内実験とでは異なる点があるものと考えられ，その最大なものとして，水田土壌内に存在する気泡があげられ

る．

12.7.4 水田からのメタンフラックスの推定

水稲のメタンに対するコンダクタンスは，地温と水稲移植後の日数（エイジ）に依存していることから，コンダクタンス（D_1）を地温と水稲移植後日数の2つをパラメータとした重回帰式で表わすことができる．そして，さまざまな工夫をこらして，作成した重回帰式から求めたコンダクタンスを用い，メタンフラックスを計算したのが図12.20である．稲ワラ無施用の対照

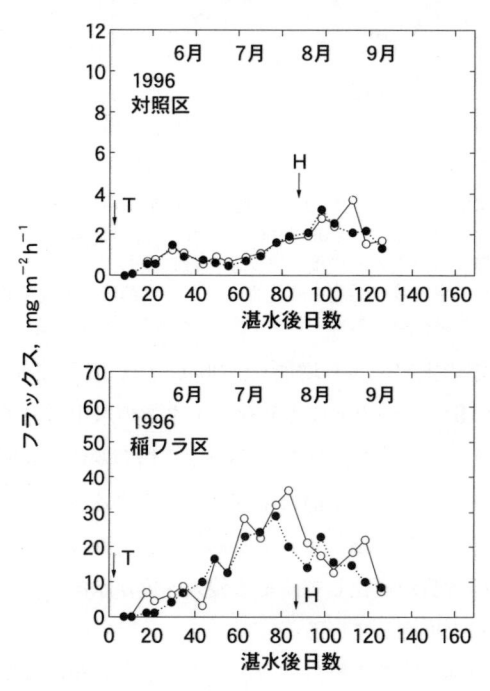

図12.20　1996年の水田からのメタンフラックスの実測値（○）とモデルによる推定値（●）の季節変化（細野，2000より，許可を得て一部抜粋）

推定式　$F = D_1 \times C_S \times N$

1茎当たりのコンダクタンス（D_1）の重回帰式

対照区：$D_1 = -5.25 + (-0.00249\,\text{DAT} + 0.477)\,T + 0.0273\,\text{DAT}$

稲ワラ区：$D_1 = -23.9 + (-0.00781\,\text{DAT} + 1.60)\,T + 0.116\,\text{DAT}$

ここで，F：フラックス，C_S：土壌水中のメタン濃度，N：茎数，DAT：移植後日数であり，図中のTは水稲移植日で，Hは出穂期である．

区と稲ワラ施用区とも計算値は実測値の季節変化の傾向を再現している．

12.8 水田土壌内における気泡の存在が水稲を介したメタン輸送に影響を及ぼすか？

通常，水田土壌内には高濃度のメタンを含む気泡が多量に存在する．この気泡が水稲体内を介したガス拡散に何らかの影響を及ぼしていると考えられる．Hosono and Nouchi (1997b) はフラスコに入れた高濃度メタン溶液の量

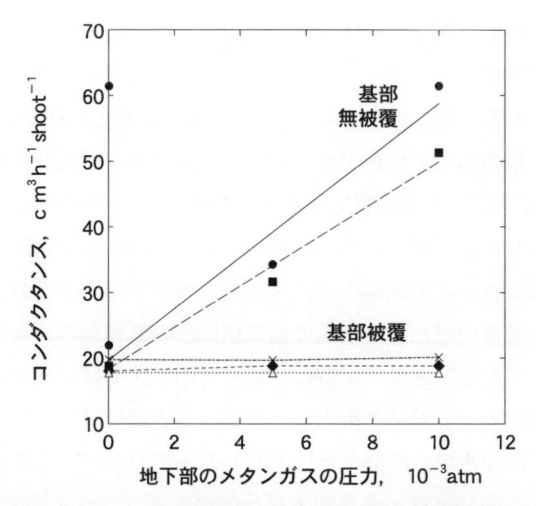

図12.21 水稲地下部における高濃度メタンガスの加圧と水稲コンダクタンスの関係（Hosono and Nouchi, 1997b，許可を得て転載）

根を浸漬したフラスコ内の水溶液を少なめにし，茎基部と根の上部の一部をガス相とし，そのガス相にメタンガスを通気する．その排出ガスを水を満たしたメスフラスコ中にシリコンチューブで導く．気泡を排出するチューブ先端口の深さを変えることにより，フラスコ内のガス相の圧力を変えることができる．ここではアルギン酸塩で茎基部を被覆した場合と無被覆の場合を示す．メタンガスに曝された茎基部からの根の長さ（すなわち，根がガス相に接している長さ）は，基部被覆の場合，0 cm（△），2 cm（＋）および6 cm（×）であり，基部無被覆の場合，0 cm（●）および5 cm（■）である．アルギン酸塩で茎基部を被覆すると，加圧してもコンダクタンスは増加しない．

を少なくし，根の上部がガス相に，下部は溶液に浸るようにして，メタンガスを通気しながらガス圧を変化させる装置を考案し，メタンフラックスを測定した．田面水の深さである1〜10 cmの範囲の水圧変化をかけると，地上部からのメタンフラックス（あるいはコンダクタンス）は水深5 cmの圧力で1.4倍，10 cmの圧力で2.7倍増加した（図12.21）．また，通常，土壌中に埋まっている，茎基部の表面に歯科医が歯形をとるために使うアルギン酸塩でコーティングすると，その圧力変化にもかかわらずフラックス（あるいはコンダクタンス）はほとんど変化しないことも見いだした．すなわち，茎基部にはガスを直接透過させやすい部分があり，土壌中で生成された気泡がこのガスを通しやすい部分に集まると田水面の水圧分の圧力がかかっているため，ガス圧増加によりメタンフラックス（あるいはコンダクタンス）が大きく増加する（外部圧力によるマスフローの存在）と考えられる．

　この結果は根圏温度変化が小さくても，大きなコンダクタンスの日変化や季節変化が起こることを説明できる可能性がある．すなわち，水稲が生長し，葉が繁茂し水面が覆われると，地温（深さ5 cm）の日変化は最大でも5℃程度しかないが，この地温上昇によって土壌水中のメタンの溶解度が低下するので，土壌水の液相から水稲の通気組織内の気相へのメタンの移動量が増加するはずである．さらに，特に，稲ワラ施用区では，メタンの溶解度低下により，気泡としてガスが析出し，水稲の茎下部付近に気泡粒集団を形成する．ここで田面水の水深分だけ圧力がかかっており，茎基部のガスを直接透過させやすい部分よりメタンが水稲体内に入り，コンダクタンス（あるいはメタンフラックス）を増加することは考えられる．なお，野外で大きなメタンフラックスの日変化が認められるようになるのは，水稲生育中期〜後期の期間で（Yagi et al., 1996），土壌内に大量の気泡が存在するようになってからのことであり，日変化は気泡の存在と圧力とするこのメカニズムで説明できる可能性がある．

　室内実験から，土壌内に蓄積したメタンを多量に含む気泡が，水圧により直接に水稲茎基部にあるガスを通しやすい部分から，体内に入るという外部圧力によるマスフローが存在する可能性が示唆された．この新しいガス輸送

の経路は,水稲のガス輸送のメイン経路である分子拡散に付加されるサブ経路かもしれない.しかし,野外の水田における田面水の水位とメタンフラックスとの間には明らかな関係は認識されていない.今後,水田で気泡の存在下のもとで生じるガス輸送経路が実際に働いているのか,あるいは机上の空論であるのか知りたいところである.

12.9 おわりに

水稲などの水生植物は湛水された嫌気性の土壌内で生成蓄積したメタンを大気へ放出するためのパイプの役割をはたしている.水生植物のガス輸送には,① 加圧化などによるマスフローの輸送システムと,② 特定ガス成分の濃度差による分子拡散の輸送システムの2つがある.ヨシ,ガマやハスなどの水生植物はマスフローの輸送システムであり,直径 $0.1\,\mu m$ 以下の微小な孔隙を持つ仕切り壁(組織柵状組織を支持・分離している細胞層)で分けられた葉内の上下の間に thermal transpiration(熱放散)や humidity-induced pressurization(湿度に起因する加圧化)により圧力差を生み出す.圧力を生み出すのは若い葉であり,空気は若い葉から地下茎へと流れ,老化した葉や枯死した葉を通して大気へ放出される.マスフローを持つ水生植物は受動的な分子拡散に頼る水生植物よりも速い空気の流れがあるため,根から植物体内に侵入して空隙内に滞留しているメタンを効率的に排出することができ,メタン放出速度が大きい.しかし,この水生植物におけるマスフローが存在することは事実であるが,現在のマスフロー理論は,物理学の物質移動論を植物に応用したものであり,その根拠には不確かな部分が見受けられる.今後の理論の裏付けを期待したい.

水田からのメタン発生量は自然湿地よりは少ないが,水田は一種の人工的な生態系であるため,メタン放出の削減対策を立てやすいと考えられる.水田からのメタン発生量を削減する最も効果的な技術は水管理(中干し,間断灌漑)であり,次いで有機物養分として堆肥の使用である.しかし,これらの技術が全世界の水田に適用させることは費用および労力の面で困難であろう.一方,水田からのメタンの放出はその大部分が水稲を経由したプロセス

であるので,メタン放出の少ない品種を選抜することは有望なオプションであり,その可能性が国際稲研究所を中心にして検討されている.その際,根圏でのメタン酸化活性が大きく(通気組織を介したメタン輸送能が小さいことと矛盾するが),かつ根からの有機物分泌の少ないという性質を合わせ持つことがポイントとなるであろう.21世紀の食料確保のためにも生産性を維持しつつ,メタン放出の少ない稲品種の選抜を期待したい.

引用文献

Allen, Jr., L. H., 1997: Mechanisms and rates of O_2 transfer to and through submerged rhizomes and roots via aerenchyma. *Soil Crop Sci. Florida Proc.*, **56**, 41-54.

有門博樹・池田勝彦・谷山鉄郎, 1990:水稲における通気組織と通気組織系に関する解剖学的ならびに生態学的研究. 三重大学生物資源紀要, **3**: 1-24.

Armstrong, J. and Armstrong, W., 1990: Light-enhanced convective throughflow increases oxygenation in rhizomes and rhizosphere of *Phragmites australis* (Cav.) Trin. ex Steud. *New Phytol.*, **114**: 121-128.

Armstrong, J. and Armstrong, W., 1991: A convective throughflow of gases in *Phragmites australis* (Cav.) Trin. ex Steud. *Aquat. Bot.*, 39: 75-88.

Armstrong, J., Armstrong, W. and Beckett, P. M., 1992: Venturi- and humidity-induced pressure flows enhance rhizome aeration and rhizosphere oxidation. *New Phytol.*, **120**: 197-207.

Armstrong, J., Armstrong, W. and Beckett, P. M., Halder, J. E., Lythe, S., Holt, R. and Sinclair, A., 1996: Pathways of aeration and mechanisms and beneficial effects of humidity- and Venturi-induced convections in *Phragmites australis* (Cav.) Trin. ex Steud. *Aquat. Bot.*, **54**: 177-197.

Aselmann, I. and Crutzen, P., 1989: Global distribution of natural freswater wetlands and rice paddies, their net primary production, seasonality and possible methane emissions. *J. Atmos. Chem.*, **8**: 307-358.

Bartlett, K. B., Bartlett, D. S., Harriss, R. C. and Sebacher, D. I., 1987: Methane emissions along a salt marsh salinity gradient. *Biogeochemistry*, **4**: 183-202.

Beckett, P. M., Armstrong, W., Justin, S. H. F. W. and Armstrong, J., 1988: On the relative importance of convective and diffusive gas flow in plant aeration. *New Phytol.*, **110**: 463-468.

Bendix, M., Tornbjerg, T. and Brix, H., 1994: Internal gas transport in *Typha latifolia* L. and *Typha angustifolia* L. 1. humidity-induced pressrurization and convective throughflow. *Aquat. Bot.*, **49**: 75-89.

Brix, H., Sorrell, B. K. and Orr, P. T., 1992: Internal pressurization and convective gas flow in some emergent freshwater macrophytes. *Limnol. Oceanogr.*, **37**: 1420-1433.

Brix, H., Sorrell, B. K. and Schierup, H. H., 1996: Gas fluxes achived by in situ convective flow in *Phragmites australis*. *Aquat. Bot.*, **54**: 151-163.

Butterbach-Bahl, K., Papen, H. and Rennenberg, H., 1997: Impact of gas transport through rice cultivars on methane emission from paddy fields. *Plant, Cell Environ.*, **20**: 1175-1183.

Chanton, J. P., Whiting, G. J., Blair, N. E., Lindau, C. W. and Bollich, P. K., 1997: Methane emission from rice: stable isotopes, diurnal variations, and CO_2 exchange. *Global Biogeochem. Cycles*, **11**: 15-27.

Chanton, J. P., Whiting, G. J., Happell, F. D. and Gerard, G., 1993: Contrasting rates and diurnal patterns of methane emission from emergent macrophytes. *Aquat. Bot.*, **46**: 111-128.

Chanton, J. P., Whiting, G. J., Showers, W. J. and Crill, P. M., 1992: Methane flux from *Peltandra virginica*: stable isotope tracing and chamber effects. *Global Biogeochem. Cycles*, **6**: 299-328.

Chappellaz, J., Barnola, J. M., Raynaud, D., Korotkevich, Y. S. and Lorius, C., 1990: Ice-core record of atmospheric methane over the past 160,000 years. *Nature*, **345**: 127-131.

Chidthaisong, A., Obata, H. and Watanabe, I., 1999: Methane formation and substrate utilisation in anaerobic rice soils as affected by fertilization. *Soil Biol.*

Biochem., **31**: 135-143.

Cicerone, R. J. and Shetter, J. D., 1981: Sourses of atmospheric methane: measurements in rice paddies and a discussion. *J. Geophys. Res.*, **86**: 7203-7209.

Cicerone, R. J., Shetter, J. D. and Delwiche, C. C., 1983: Seasonal variation of methane flux from a California rice paddy. *J. Geophys. Res.*, **88**: 11022-11024.

Conrad, R., Schütz, H. and Babbel, M., 1987: Temperature limitation of hydrogen turnover and methanogenesis in anoxic paddy soil. *FEMS Microbiol. Ecol.*, **45**: 281-289.

DeBont, J. A. M., Lee, K. K. and Bouldin, D. F., 1978: Bacterial oxidation of methane in a rice paddy. *Ecol. Bull.*, **26**: 91-96.

Dacey, J. W. H., 1981: Pressurized ventilation in the yellow water-lily. *Ecology*, **62**: 1137-1147.

Denier van der Gon, H. A. C. and van Breemen, N., 1993: Diffusion-controlled transport of methane from soil to atmosphere as mediated by rice plants. *Biogeochemistry*, **21**: 177-190.

Epp, M. A. and Chanton, J. P., 1993: Application of the methyl fluoride technique to the determination of rhizospheric methane oxidation. *J. Geophys. Res.*, **98**: 18413-18422.

Etheridge, D. M., Steele, L. P., Francey, R. J. and Langenfelds, R. L., 1998: Atmospheric methane between 1000 A. D. and present: evidence of anthropogenic emissions and climatic variability. *J. Geophys. Res.*, **103** (D13): 15979-15993.

Food and Agriculture Organization of United Nations (1998) *1997 FAO Yearbook Production*. Vol. 51, pp. 64-65, FAO, Rome.

Frenzel, P., Rothfuss, F. and Conrad, R., 1992: Oxygen profiles and methane turnover in a flooded rice microcosm. *Biol. Fertil. Soils*, **14**: 84-89.

Frye, J. P., Mills, A. L. and Odum, W. E., 1994: Methane flux in *Peltandra virginica* (Araceae) wetlands: comparison of field data with a mathematical model. *Am. J. Bot.*, **81**: 407-413.

Grosse, W., 1989: Thermoosmotic air transport in aquatic plants affecting growth activities and oxygen diffusion to wetland soil. In: *Constructed Wetlands for Wastewater Treatment - Municipal, Industrial, and Agricultural* (ed. by Hammer, D. A.), pp. 469-476, Lewis Publishers, Chelsea.

Grosse, W., 1996: The mechanism of thermal transpiration (= thermal osmosis). *Aquat. Bot.*, **54**: 101-110.

Grosse, W., Buchel, H. and Tiebel, H., 1991: Pressurized ventilation in wetland plants. *Aquat. Bot.*, **39**: 89-98.

Holzapfel-Pschorn, A., Conrad, R. and Seiler, W., 1985: Production, oxidation and emission of methane in rice paddies. *FEMS Microbiol. Ecol.*, **31**: 343-351.

Holzapfel-Pschorn, A. and Seiler, W., 1986: Methane emission during a cultivation period from an Italian rice paddy. *J. Geophys. Res.*, **91**: 11803-11814.

細野達夫, 2000: 水田におけるメタンフラックスと水稲体を通したメタン放出機構に関する研究. 農環研報, **18**, 33-80.

細野達夫・野内 勇, 1996: 水田からのメタンフラックスと水田土壌水中メタン濃度の季節変化. 農業気象, **52**: 107-115.

Hosono, T. and Nouchi, I., 1997a: The dependance of methane transport in rice plants on the root zone temperature. *Plant and Soil*, **191**: 233-240.

Hosono, T. and Nouchi, I., 1997b: Effect of gas pressure in the root and stem base zone on methane transport through rice bodies. *Plant and Soil*, **195**: 65-73.

細野達夫・野内 勇, 1998: 水田からのメタンフラックスの日変化と地温との関係. 農業気象, **54**: 329-336.

今井 功, 1973: 流体力学, pp. 189-190, 岩波書店, 東京.

犬伏和之・堀 謙三・松本 聡・梅林正直・和田秀徳, 1989: 水稲体を経由したメタンの大気中への放出. 土肥誌, **60**: 318-324.

IPCC, 1990: *Climate Change: The IPCC Scientific Assessment.* IPCC Working Group I and WMO/UNEP (ed. by Houghton, J. T., Jenkins, G. J. and Ephraums, J. J.), 365pp, Cambridge University Press, Cambridge.

IPCC, 1994: *'Radiative Forcing of Climate Change'*, The 1994 Report of Scientific

Assessment Working Group of IPCC, Summary for Policymakers. WMO/UNEP, Geneva, 28 pp.

IPCC, 1995 : *Climate Change 1994 : Radiative Forcing of Climate Change and an Evaluation of the IPCC IS92 Emission Scenarios.* (ed. by Houghton, J. T., Meria Filho, L. G., Bruce, J., Lee, H., Callender, B. A., Haites, E., Harris, N. and Maskell, K.), pp. 73-126, Cambridge Univ. Press, Cambridge.

Kanno, T., Miura, Y., Tsuruta, H. and Minami, K., 1997 : Methane emission from rice paddy fields in all of Japanese prefecture. *Nutr. Cycling Agroecosystems*, **49** : 147-151.

Khalil, M, A, K., Rasmussen, R. A, Shearer, M. J., 1998 : Effects of production and oxidation processes on methane emission from rice fields. *J. Geophys. Res.*, **103** (D19) : 25233-25239.

Kim, J., Verma, S. B., Billesbach, D. P. and Clement, R. J., 1998 : Diel variation in methane emission from a midlatitude prairie wetland : significance of convective throughflow in *Phragmites australis. J. Geophys. Res.*, **103** (D21) : 28029-28039.

Knapp, A. K. and Yavitt, J. B., 1992 : Evaluation of a closed chamber method for estimating methane emission from aquatic plants. *Tellus*, **44B** : 63-71.

Lindau, C. W., Bollich, P. K. and Delaune, R. D., 1995 : Effect of rice variety on methane emission from a Louisiana rice. *Agric. Ecosyst. Environ.*, **54** : 109-114.

Luxmoore, R. J. and Stolzy, L. H., 1972 : Oxygen diffusion in the soil-plant system. VI. a synopsis with commentary. *Agronomy J.*, 64 : 725-729.

Mariko, S., Harazono, Y., Owa, N. and Nouchi, I., 1991 : Methane in flooded soil water and the emission through rice plants to the atmosphere. *Environ. Exp. Bot.*, **31**, 343-350.

Matthews, E., Fung, I. and Lerner, J., 1991 : Methane emission from rice cultivation : geographic and seasonal distribution of cultivated areas and emissions. *Global Biogeochem. Cycles*, **5** : 3-24.

Minami, K. and Kimura, T., 1993 : The significance of grasslands in absorption of atmospheric methane and emission of nitrous oxide. *J. Agric. Meteorol.*, **48** : 719-722 (special issue).

Minoda, T. and Kimura, M., 1994 : Contribution of photosynthesized carbon to the methane emitted from paddy fields. *Geophys. Res. Letters*, **21** : 2007-2010.

Minoda, T., Kimura, M. and Wada, E., 1996 : Photosynthates as dominant source of CH_4 and CO_2 in soil water and CH_4 emitted to the atmosphere from paddy fields. *J. Geophys. Res.*, **101** : 21091-21097.

森下智陽, 波多野隆介, 1999 : 新設ダム湖からのメタン放出量と森林土壌へのメタン吸収量. 土肥誌, **70** : 791-798.

Morrissey, L. A., Zobel, D. B. and Livingston, G. P., 1993 : Significance of stomatal control on methane release from carex-dominated wetlands. *Chemosphere*, **26** : 339-355.

Murase, J., Kimura, M. and Kuwatsuka, S., 1993 : Methane production and its fate in paddy fields. III. Effects of percolation on methane flux distribution to the atmosphere and the subsoil. *Soil Sci. Plant Nutr.*, **39** : 63-70.

Neue, H. U., 1993 : Methane emission from rice fields. *Biosciences*, **43** : 466-474.

Neue, H. U. and Sass, R. S., 1994 : Trace gas emission from rice fields. *Environ. Sci. Res.*, **48** : 119-145.

Neue, H. U., Wassmann, R., Lantin, R. S., Alberto, M. C. R., Aduna, J. B. and Javellana, A. M., 1996 : Factors affecting methane emission from rice fields. *Atmos. Environ.*, **30** : 1751-1754.

日本土壌協会, 1996 : 環境保全型土壌管理対策推進事業, 土壌生成温室効果ガス動態調査報告書, 概要編, 29p.

Nouchi, I., Hosono, T., Aoki, K. and Minami, K., 1994 : Seasonal variation in methane flux from rice paddies associated with methane concentration in soil water, rice biomass and temperature, and its modelling. *Plant and Soil*, **161** : 195-208.

Nouchi, I. and Mariko, S., 1993 : Mechanism of methane transport by rice plants. In

Biogeochemistry of Global Change (ed. by Oremland, R. S.), pp. 336-352, Chapman & Hall, New York.

Nouchi, I., Mariko, S. and Aoki, K., 1990: Mechanism of methane transport from the rhizosphere to the atmosphere through rice plants. *Plant Physiol.*, **94**: 59-66.

Raskin, I. and Kende, H., 1983: How does deep water rice solve its aeration problem. *Plant Physiol.*, **72**: 447-454.

Raskin, I. and Kende, H., 1985: Mechanism of aeration in rice. *Science*, **228**: 327-329.

Sass, R. L., Fisher, F. M. and Harcombe, P. A., 1990: Methane production and emission in a Texas rice field. *Global Geochem. Cycles*, **4**: 47-68.

Sass, R. L., Fisher, F. M., Harcombe, P. A. and Turner, F. T., 1991a: Mitigation of methane emission from rice fields: effect of incorporated rice straw. *Global Biogeochem. Cycles*, **5**: 275-288.

Sass, R. L., Fisher, F. M., and Turner, F. T., 1991b: Methane emissions from rice fields as influenced by solar radiation, temperature, and straw incorporation. *Global Biogeochem. Cycles*, **5**: 335-350.

Schröder, P., Grosse, W. and Woermann, D., 1986: Localizationof thermo-osmotically active partitions in young leaves of *Nuphar lutea. J. Exp. Bot.*, **37**: 1450-1461.

Sebacher, D. I., Harriss, R. C. and Bartlett, K. B., 1985: Methane emissions to the atmosphere through aquatic plants. *J. Environ. Qual.*, **14**: 40-46.

Seiler, W., Holzapfel-Pschorn, A., Conrad, R. and Scharffe, D., 1984: Methane emission from rice paddies. *J. Atmos. Chem.*, **1**: 241-268.

Schütz, H., Holzapfel-Pschorn, A., Conrad, R., Rennenberg, H. and Seiler, W., 1989a: A 3 year continuous record on the influence of daytime, season, and fertilizer treatment on methane emission rates from an Italian rice paddy. *J. Geophys. Res.*, **94**: 16405-16416.

Schütz, H., Seiler, W. and Conrad, R., 1989b: Processes involved in formation and emission of methane in rice paddies. *Biogeochemisry*, **7**: 33-53.

Schütz, H., Schröder, P. and Rennenberg, H., 1991: Role of plants in regulating the methane flux to the atmosphere. In: *Trace Gas Emissions by Plants* (ed. by Sharkey, T. D., Holland, E. A. and Mooney, H. A.), pp. 29-63, Academic Press, San Diego.

Skelton, N. J. and Allaway, W. G., 1996: Oxygen and pressure changes measured in situ during flooding in the roots of the Grey Mangrove *Avicennaia marina* (Forssk.) *Viehr. Aquat. Bot.*, **54**: 165-175.

Sorrell, B. K. and Boon, P. I., 1994: Convective gas-flow in *Eleocharis sphacelata* R. Br.: methane transport and release from wetlands. *Aquat. Bot.*, **47**: 197-212.

Steele, L. P., Dulgokensky, E. T., Lang, P. M., Tans, P. P., Martin, R. C. and Masarie, K. A., 1992: Slowing down of the global accumulation of atmospheric methane during the 1980s. *Nature*, **358**, 313-316.

Sugimoto, A. and Wada, E., 1995: Hydrogen isotopic composition of bacterial methane: CO_2/H_2 reduction and acetate fermentation. *Geochim. Cosmochim. Acta*, **59**: 1329-1337.

Takai, Y., 1970: The mechanism of methane fermentation in flooded paddy soil. *Soil Sci. Plant Nutr.*, **16**: 238-244.

Tyler, S. C., Bilek, R. S., Sass, R. L. and Fisher, F. M., 1997: Methane oxidation and pathways of production in a Texas paddy field deduced from measurements of flux, δ 13C, and δ D of CH4. *Global Biogeochem. Cycles*, **11**: 323-348.

Wang, B., Neue, H. U. and Samonte, H. P., 1997a: Role of rice in mediating methane emission. *Plant and Soil*, **189**: 107-115.

Wang, B., Neue, H. U. and Samonte, H. P., 1997b: Effect of cultivar difference (IR72, IR65598 and Dular) on methane emission. *Agric. Ecosyst. Environ.*, **62**: 31-40.

Watanabe, A., Kajiwara, M. and Kimura, M., 1995: Influence of rice cultivar on methane emission from paddy fields. *Plant and Soil*, **176**: 51-56.

Watanabe, A. and Kimura, M., 1995: Methane production and its fate in paddy fields: VIII. Seasonal variations in the amount of methane retained in soil. *Soil Sci. Plant Nutr.*, **41**: 225-133.

Watanabe, A. and Kimura, M., 1998: Factors affecting variation in CH_4 emission from paddy soils grown with different rice cultivars: a pot experiment. *J. Geophys. Res.*, **103** (D15): 18947-18952.

Watanabe, A., Kimura, M., Kasuya, M., Kotake, M. and Katoh, T., 1994: Methane in groundwater used for Japanese agriculture: its relationship to other physico-chemical properties and possible tropospheric source strength. *Geophys. Res. Letters*, **21**: 41-44.

Whiting, G. J. and Chanton, J. P., 1992: Plant-dependent CH_4 emission in a subarctic Canadian fen. *Global Biogeochem. Cycles*, **6**: 225-231.

Whiting, G. J. and Chanton, J. P., 1996: Control of the diurnal pattern of methane emission from emergent aquatic macrophytes by gas transport mechanisms. *Aquat. Bot.*, **54**: 237-253.

Whiting, G. J., Chanton, J. P., Bartlett, D. S. and Happell, J., 1991: Relationships between CH_4 emission, biomass, and CO_2 exchange in a subtropical grassland. *J. Geophys. Res.*, **96**: 13067-13071.

八木一行，1997：水田からのメタン発生－食糧生産と地球環境保全とのバランス－，*Tropics*, **6**: 227-246.

Yagi, K. and Minami, K., 1990: Effect of organic matter application on methane emission from some Japanese paddy fields. *Soil Sci. Plant Nutr.*, **36**: 599-610.

Yagi, K., Tsuruta, H., Kanda, K. and Minami, K., 1996: Effect of water management on methane emission from a Japanese rice paddy field: automated methane monitoring. *Global Biogeochem. Cycles*, **10**: 255-267.

山中健生，1992：入門生物地球化学．学会出版センター，東京，134p.

第13章 植物の持つ大気浄化機能

農地と森林地帯には多量の緑が存在する．植物は食料や木材などを生産する再生可能な天然資源であるとともに，植物の蒸散作用に起因する気温と湿度環境の緩和機能やガス吸収作用に起因する大気浄化機能など大気環境保全機能をも有している．

わが国の大気汚染の現況についてみると，SO_2濃度は年々減少し，ほとんどの地域で環境基準を達成しているが，NO_x濃度は多くの都市域で減少せず，あるいはむしろ微増の傾向を示している．また，光化学オキシダント濃度も都市周辺で未だ高い状態にある．これまでNO_xや光化学オキシダント濃度を低下させるために，様々な排出物規制が行われてきたが，自動車台数の絶対的な増加とNO_x排出量の多いジーゼル車の増加により，その成果はあがっていない．正月の澄み渡った青空をみればわかるように，大気中への汚染物質の排出を止めれば大気はきれいになる．しかし，経済を発展させたまま，汚染物質の排出を少なくするのが困難なことは，これまでの環境行政の苦難の歴史が物語っている．

そこで，植物に大気汚染物質のフィルターとしての役割が期待されるが，植物はその期待にどの程度答えられるのかを探ってみる．

13.1 植物のガス交換機能

植物は葉面に存在する気孔を介して，大気中のSO_2, NO_2, O_3, PAN等の汚染ガスを取り込む（図11.9参照）．大気中のガスは，大気と葉内におけるガスの濃度差にしたがった拡散によって吸収される．水平方向に十分広い群落を仮定し，高さ方向（Z）の拡散だけを考え，大気中でのガスの化学反応がなく，また，植物体や土壌等の表面への吸着は無視できると仮定すると，ガス拡散方程式から次式が得られる．

$$F = k(C_a - C_i)/(r_a + r_s) \tag{1}$$

ここで，Fは単位葉面積当たりのフラックス（流束というが，ここでは単位葉

面積当たりの吸収速度)で，C_a と C_i はそれぞれ葉面境界層外の大気中のガス濃度と気孔底界面でのガス濃度である．k は葉面の構造や気孔の数等に関する定数で，気孔が葉の片面に分布する場合は k＝1，両面に分布する場合は k＝2 である．すなわち，単位葉面積当たりのガス吸収速度は，大気中のガス濃度と気孔底界面でのガス濃度の差をガス拡散抵抗（葉面境界層抵抗（r_a）と気孔抵抗（r_s）の和）で割ったものである．

　上式から明らかなようにガスの吸収速度を律速する要因は，① 大気ガス濃度と気孔底界面との間のガス濃度差と，② 葉の表面で生じる葉面境界層抵抗と気孔の間隙を通過する際に生じる気孔抵抗の和であるガス拡散抵抗である．葉面境界層抵抗は有効長（風の流れる方向に対する葉の長さで，葉が長いと抵抗は大きい）と風速（風が弱いと抵抗が大きい）によって影響されるが，通常，葉がヒラヒラ揺れている場合は r_a は r_s よりも極めて小さいので，計算上無視しても大きな影響はない．気孔抵抗は植物の種や品種などで異なるばかりでなく，植物の水分状態や葉齢など植物側の要因や光，土壌水分，温度，湿度，CO_2 濃度などの環境要因によって大きく変動する．一方，気孔底界面のガス濃度は，ガスの分子拡散係数，葉内の細胞を包んでいる水へのガスの溶解度，植物細胞によるガスの代謝活性などに依存する．すなわち，分子拡散係数（分子量が大きいほど拡散係数は小さくなる）が小さいと気相中の移動時間が長くなり，吸収速度は低下する．また，水に対する溶解度が

表 13.1　気孔底界面でのガス濃度（C_i/C_b），葉肉抵抗（r_m）と溶解度

ガスの種類	C_i/C_b	r_m, s cm^{-1}	溶解度, nmol ml^{-1}
SO_2	0	0	1.6
NO_2	0	0	解離（NO_2^-, NO_3^-）
O_3	0	0	0.012
HF	0	0	18
Cl_2	0	0	0.10
PAN	0	0	
NO	0.9以上	30以上	0.0021
CO	0.9以上	30以上	0.0010

大政（1979）と Bennett & Hill（1973）より編集

小さかったり，気孔底界面でのガス濃度が大きいと，大気と気孔底細胞表面との間のガス濃度差が小さくなり，吸収速度は小さくなる．表13.1に溶解度と気孔底界面でのガス濃度を示す（古川，1987）．溶解度が極めて低く気孔底界面でのガス濃度が大きいNOやCOは，植物ではほとんど吸収できない．一方，SO_2，NO_2やO_3などでは気孔底界面でのガス濃度がゼロである．このことは，これらのガスが細胞液に容易に溶解し，細胞内ですみやかに代謝され（SO_2やNO_2はアミノ酸やタンパク質に），除去される．そのため，植物によるこれらのガスの吸収は，大気から気孔を介して気孔底に到る気相でのガス拡散のみに律速される．しかし，大気中のガスの濃度が高く，生理代謝阻害が起こると吸収したガスの代謝がスムースに進展しなくなり，細胞内の濃度が高まり，吸収速度は低下する．

13.2 沈着速度と沈着量評価

13.2.1 沈着速度

地表面への物質の沈着量は，単位時間内における単位地表面への物質の流束（フラックス（F），$mg\,cm^{-2}s^{-1}$）で示される．フラックスは次式で表される．

$$F = Vd \cdot C \tag{2}$$

ここで，Vdは沈着速度（$cm\,s^{-1}$），Cは汚染ガス濃度（$mg\,cm^{-3}$）である．この沈着速度（Vd）はその単位が$cm\,s^{-1}$の速度と同じ次元をもつため沈着速度と定義され，乾性沈着量を評価する際に重要な係数である．なお，沈着速度は，ガスのフラックスを物体表面からかなり離れた大気上層のガス濃度で割った値となる（Vd = F/C）．沈着速度を求めるには，チャンバー内に植物を置いてガスを通気し，入口と出口のガス濃度差から求める物質収支法や，微気象学的手法の勾配法や渦相関法等による．あるシーズンや年間の平均的な沈着速度が求まれば，それにその期間の平均的なガスの濃度を掛けることにより，ある期間や年間の沈着量（吸収量）が容易に求められる．なお，吸収速度は暴露時のガス濃度が高いほど高くなる（気孔の閉鎖や生理代謝機能に変化がない場合）ので，植物のガス吸収能力を比較するために単位ガス

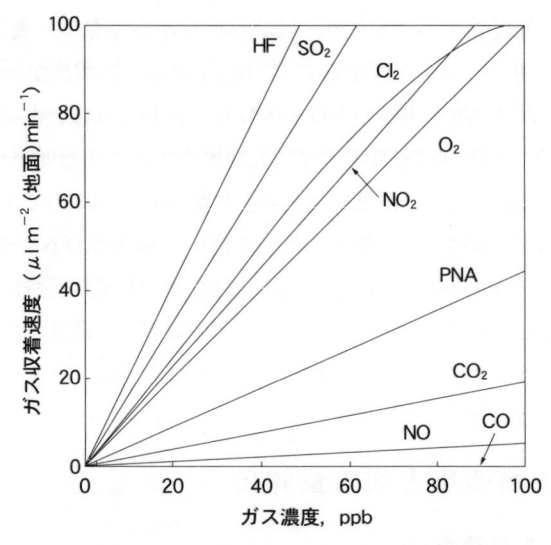

図 13.1　アルファルファ群落における各種大気汚染ガスの収着速度（Hill, 1971 より作図）
群落の葉面積指数：4～4.5
測定条件
　気温：23～24 ℃，湿度：45～50 %，照度：40～45 kLux，群落上 20 cm における風速：1.8～2.2 m s^{-1}
　曝露時間：1～2 時間

濃度当たりで表わす.

　Hill (1971) がアルファルファ群落（葉面積指数，4～4.5）で測定した各種のガスの吸収量を図 13.1 に示す．この実験では群落内の地表面を被覆していないので，図 13.1 の縦軸の値は植物体によるガスの吸収と土地表面によるガスの吸着の合計値（収着速度）である．この場合，直線の勾配が沈着速度となる．例えば，SO_2 の沈着速度を求めてみよう．ガス濃度が 60 ppb（= 0.06 ppm = 0.06 $\mu l\, l^{-1}$ = 157 × 10^{-6} g m^{-3}）のとき，ガス沈着速度は 100 μl m^{-2}（地面）min^{-1} であり，100 μl は 261 × 10^{-6} g であるので，SO_2 沈着速度 (261 × 10^{-6} g min^{-1} m^{-2} = 4.35 × 10^{-10} g cm^{-2} s^{-1}) をガス濃度 (157 × 10^{-12} g cm^{-3}) で割ると沈着速度は 2.77 cm s^{-1} となる．なお，ppm 単位を g

m^{-3} 単位に変換するには,気体の状態方程式を用いる($g\,m^{-3}$ = ppm ×(分子量/24,450)× 10^6,1気圧25℃の時).その他の汚染ガスの沈着速度も同様に CO:0.0,NO:0.10,CO_2:0.33,PAN:0.62,O_3:1.67,NO_2:2.00,Cl_2:2.00,HF:3.77 cm s^{-1} となる.汚染ガスの種類によって沈着速度が異なるのは,汚染ガスの分子拡散係数と気孔底におけるガス濃度の差異に起因する.この沈着速度は植物群落等のガス浄化能力を示す指標となる.大気中の汚染ガスの土壌,海水,植物等への沈着速度は,Sehmel (1982),大喜多 (1982, 1996),戸塚・三宅 (1991) によってまとめられているが,植物群落,ガス濃度,風速,日射量などの違いにより,大きなバラツキがある.

13.2.2 沈着速度から求めた植物群落の大気浄化能の評価

野外に生育するヒマワリ群落の NO_2 大気浄化能力を沈着速度を用いて推定してみよう.なお,ヒマワリは汚染ガスの吸収能力が高い植物であることが知られている.単位葉面積あたりの沈着速度を 0.38 cm s^{-1} (名取・戸塚, 1980),葉面積指数(群落のもつ全葉面積を群落が占有する面積で割った値)を4とした場合の沈着速度は 1.52 cm s^{-1} となる.土壌表面の沈着速度を 0.5 cm s^{-1} (Payrissat and Beile, 1975;青木ら, 1987) とすると,土壌を含む植物群落への沈着速度は合計 2.02 cm s^{-1} となる.大気中の NO_2 濃度が 0.05 ppm (0.094 mg m^{-3}) の場合のガス収着速度は,2.02 (cm s^{-1}) × 0.01 (cm/m) × 0.094 (mg NO_2 m^{-3}) × 3600 (s/h) = 6.84 mg NO_2 m^{-2} (地面) h^{-1} となる.夜間のガス収着量をゼロとして,日中 (12時間) のみガスの収着があるとすれば,82.1 mg NO_2 m^{-2} (地面) d^{-1} となる.

自動車から排出される窒素酸化物をすべて吸収するのに必要なヒマワリ群落のグリーンベルトを算出してみよう.乗用車の窒素酸化物排出基準は,1 km 走行当たり 0.25 g であり,そこで日中に 100,000 台の乗用車が通行する道路では,1 km 当たり 25,000 g の窒素酸化物が排出される.自動車からの窒素酸化物をすべて NO_2 とみなして,全排出量をヒマワリ群落に収着させるとすれば,25,000 (g) ÷ 0.0821 (g m^{-2}) ≒ 305000 m^2 であり,この面積は道路の両側に幅 153 m ものグリーンベルトを必要とする.実際上このような広大なグリーンベルトが確保できるかは多いに疑問ではある.

道路沿道において樹林によるNO₂の低減効果を実測した例が報告されているが，その樹林によるNO₂低減率は10〜25％程度であり，吸収効率は高いものではない（小川，1994）．しかし，排ガス対策に対するエンジン改良や浄化装置の開発，総量規制の導入などの規制にも係わらずほとんどNO₂の環境濃度が低下していないことを考慮すると，植物によるNO₂の浄化効果は大きいということができるかもしれない．

森林への乾性沈着の場合も，沈着フラックスは，一般に乾性沈着速度と物質濃度 C の積で表される．Okita et al. (1993) は樹冠雨・樹幹流と勾配法を組み合わせた方法（大喜多モデル）により，八王子の傾斜地コナラ，スギ林で沈着量を測定した．その結果によると，コナラ林の樹冠への乾性沈着速度は SO_2 : 0.79, SO_4^{2-} : 0.27, HNO_3 : 0.77, NO_3^- : 0.50 cm s^{-1} となった．これらの値と現実に観測される大気中の濃度，例えば SO_2 濃度（g cm^{-3} で表示）との積により，森林に降下する SO_2 沈着量が計算される．わが国の SO_2 濃度の年平均値を 6 ppb (15.7 × 10^{-12} g cm^{-3}) とし，コナラ林の沈着速度を 0.79 cm s^{-1} とすると，コナラ林の年間沈着量は 3911 mg SO_2 m^{-2} y^{-1} (= 15.7 × 10^{-12} cm^{-3} × 0.79 cm s^{-1} × 10^4 (m^2/cm^2) × 3600 (s/h) × 24 (h/d) × 365 (d/y)) となる．

13.3 植物生産量を利用した植物の大気浄化能の評価

13.3.1 植物生産力に基づく汚染ガス吸収モデル

戸塚（1987）は，汚染ガスが植物に障害を与えないような低濃度であれば，CO_2 吸収量と汚染ガスの吸収量の比を求めておけば，植物の汚染ガス吸収能力の推定が可能であることを示した．さらに，三宅（1990）は植生の持つ同化生産量に基づいた SO_2, NO_2, O_3 などの汚染ガス吸収モデルを開発した（戸塚・三宅モデル）．以下にそのモデルの概要を示す（戸塚・三宅，1991）．このモデルは植物被覆面積当たりの長期間のガス吸収量を推定するのに適している．

$$\text{総光合成速度} = K_{CO_2} \times C_{CO_2} \tag{3}$$

$$\text{ガス吸収速度} = K_{gas} \times C_{gas} \tag{4}$$

13.3 植物生産量を利用した植物の大気浄化能の評価

$$蒸散速度 = K_{H_2O} \times \Delta_{H_2O} \tag{5}$$

ここで，K はコンダクタンス（抵抗の逆数）と呼ばれる伝導度を示す定数であり，気孔が開くとその値は大きくなり，気孔が閉じると小さくなる．C は大気中の CO_2 とガスの濃度であり，Δ_{H_2O} は葉内外の水蒸気濃度差である．K は環境条件によって変化し，さらに，K_{CO_2} は葉緑体の光合成活性に応じても変化する．しかし，K_{CO_2} と K_{gas} との関係を求めておけば，環境条件の影響を考慮せずに CO_2 吸収量からガス吸収量が求められる．ところが，K_{CO_2} と K_{gas} の実測的な関係は明らかでないため，K_{H_2O} を介在させて，次式のように書き直す．

$$K_{gas} / K_{CO_2} = (K_{gas} / K_{H_2O}) \times (K_{H_2O} / K_{CO_2}) \tag{6}$$

(K_{gas} / K_{H_2O}) と (K_{H_2O} / K_{CO_2}) のそれぞれについては，これまでにいくつかの報告がある．また，実測も容易であるので，K_{gas} / K_{CO_2} を推定することができる．SO_2 や NO_2 では，K_{gas} / K_{H_2O} が一定であり，K_{H_2O} / K_{CO_2} も養分欠乏や葉の老化等のため光合成活性と気孔開度が不均衡な状態を除けば，ほぼ一定（C_3 植物ではほぼ10になる）とみなせることから，(6) 式の値は定数になる．三宅 (1990) は既存資料から $K_{SO_2} / K_{CO_2} = 8$，$K_{NO_2} / K_{CO_2} = 6$ とした．

一方，緑地における植物体生産量から CO_2 吸収量が推定できるので，これにより，緑地におけるガス吸収量が推定できる．すなわち，植物体の同化生産に伴う汚染ガスの総吸収量（U_{gas}）は，(4) 式の生育期間中の積分量となるが，CO_2 総光合成速度（U_{CO_2}）との関係では，(3) 式と (4) 式の比から次の (7) 式が成立する．

$$U_{gas} = U_{CO_2} \cdot (K_{gas} / K_{CO_2})(C_{gas} / C_{CO_2}) \tag{7}$$

ここで，植物集団の総光合成速度は一般に単位面積，単位時間当たりに吸収された CO_2 量で表示される．植物生態学では単位面積当たり，年間の植物体生産量（乾物重）を純生産量（Pn）とよんでおり，この値に植物集団の呼吸による乾物重の損失（R）を加算して総生産量（Pg）を算出している（Pg = Pn + R）．森林では生物量の蓄積が大きいために呼吸量が著しく大きい．そのために，純生産量が草原や農耕地に比較して著しく大きくなっている．乾物重で示された生産力を CO_2 量に換算するためには，乾物重に1.63を掛け

ればよい．すなわち，植物体の乾物重の大部分を占める多糖類（$C_6H_{10}O_5$ で代表）と，多糖類を合成する際に取り込まれる CO_2 の重量比を求めると，1.63（$= 6\,CO_2/C_6H_{10}O_5$）となるからである．

$$U_{CO_2} = 1.63\,Pg \tag{8}$$

ただし，Pg は植物集団の総生産量（乾物 t/ha/年）である．

以上より(7)式に(8)式および大気中の CO_2 として $C_{CO_2} = 0.63\,\mu g\,cm^{-3}$（$= 350\,ppm$），さらに K_{gas}/K_{CO_2} 比（$K_{SO_2}/K_{CO_2} = 8$，$K_{NO_2}/K_{CO_2} = 6$）の値を代入し，変形することにより，最終的に次式が導かれる．

$$U_{SO_2} = 20.7 \times C_{SO_2} \times Pg \tag{9}$$
$$U_{NO_2} = 15.5 \times C_{NO_2} \times Pg \tag{10}$$

ここで，ガス濃度の C_{SO_2} と C_{NO_2} の単位は $\mu g\,cm^{-3}$ であるが，C_{CO_2} の $\mu g\,cm^{-3}$ により消去され，式中の値としては $\mu g\,cm^{-3}$ で表した数値のみとなり，Pg と同じ単位で U_{gas} が計算される．

以上が戸塚・三宅モデルの概要である．(9)式や(10)式において，ガス濃度以外の環境要因による影響は Pg の変動に反映されるので，緑地の生産量が何らかの方法で求められれば，他の環境因子の影響を考慮せずに緑地のガス吸収量を推定することができる．

この戸塚・三宅モデルで最も問題となるのが，CO_2 の沈着速度と汚染ガスの沈着速度の比（戸塚・三宅はこの比を $K_{SO_2}/K_{CO_2} = 8$，$K_{NO_2}/K_{CO_2} = 6$ と仮定している）である．金ら（1997）は，コムギ群落で CO_2 フラックスと O_3 フラックスを観測した．そのフラックスを大気中の CO_2 と O_3 の濃度で割って，ガスの沈着速度（K_{CO_2} および K_{O_3}）を計算した．金らは求められた K_{CO_2} と K_{O_3} から沈着比例定数（K_{O_3}/K_{CO_2}）が平均 8.5 であったことを報告した．戸塚・三宅（1991）は環境要因によって沈着比例定数が変化しないと考えていた．しかし，観測の結果，この沈着比例定数は多少変化しており，日射が強いと沈着比例定数は低下する反比例関係となることがわかった．この原因は日射量の増加により，コムギの葉の気孔開度が増大し，K_{CO_2} を増加させ，沈着比例定数が低下したと推察されている．

13.3.2 わが国の緑地の大気浄化能の評価

三宅（1990）は，上述のモデルと植生の総生産量のデータから我が国の植生による SO_2 と NO_2 のガス吸収量を算出している．すなわち，植生区分毎の平均的な年間純生産量（Pn）（岩城，1981）と純生産量/総生産量の比（Pn/Pg）（吉良，1976）から植生区分毎の Pg を定めた（表13.2）．また，各都道府県毎の大気汚染ガス濃度の年平均値（1980年度）と緑地面積を用いて，植生による SO_2 および NO_2 の吸収量を計算した．その結果，日本全体で SO_2 および NO_2 の吸収量は，それぞれ42万 t（4.2×10^{11} g），33万 t（33×10^{11} g）と算出した．1980年度の SO_2 および NO_x の総排出量は，それぞれ126万 t（12.6×10^{11} g）と134万 t（13.4×10^{11} g）と推定されており（産業公害防止協議会，1985），植生による SO_2 および NO_x の除去率を見ると，日本全体で1980年度の SO_2 総排出量の33％，NO_x 総排出量の25％に相当することになる．なお，表13.2には，全国平均の SO_2 および NO_2 の年平均値を SO_2 8.5 ppb（2.22×10^{-5} μg cm^{-3}）と NO_2 13.5 ppb（25.4×10^{-5} μg cm^{-3}）と全国の植生面積から求めた SO_2 および NO_2 吸収量を示した．この値は全国

表13.2 植生区分別の単位生産量と汚染ガス推定吸収量（三宅，1990 より作成）

植生区分	面積 1000 ha	P_n (t ha^{-1}y^{-1})	P_n/P_g	P_g (t ha^{-1}y^{-1})	ガス吸収量 (t y^{-1}) SO_2	NO_2
水田	3,049	11	0.6	18	25,221	21,608
畑地	1,246	12	0.6	20	11,452	9,811
樹園地	587	10	0.5	20	5,395	4,622
牧草地	852	8	0.6	13	5,095	4,365
天然針葉樹林	2,450	11	0.3	37	42,504	36,415
人工針葉樹林	9,435	14	0.3	47	203,783	174,586
常緑広葉樹林	1,395	20	0.3	67	42,943	36,790
落葉広葉樹林	10,421	9	0.5	18	86,200	73,850
竹林	140	10	0.5	20	1,296	1,110
都市公園	43	5	0.5	10	195	167
草生地等	1,862	8	0.5	10	13,690	11,728
合計	31,531,036				437,774	375,052

ガス吸収量の計算には，CO_2 濃度を350 ppm（0.63 μg cm^{-3}）とし，全国の年平均汚染ガス濃度を SO_2：8.5 ppb（22.2×10^{-6} μg cm^{-3}），NO_2：13.5 ppb（25.4×10^{-6} μg cm^{-3}）とした．

(380) 第13章 植物の持つ大気浄化機能

一律に計算した値であり，三宅 (1990) による都道府県毎の植生面積および大気汚染ガス濃度から求めたガス吸収量とは若干異なっている．

近年，わが国は都市化や田畑の耕作放棄など，土地利用が変化しており，さらに，SO_2 濃度が年々低下していることから，三宅 (1990) の手法を用いて，最近の植生面積（第74次農林水産省統計表，1999；1990年世界農林業センサス，1992；環境庁第4回植生調査調査報告書，1994）とガス濃度

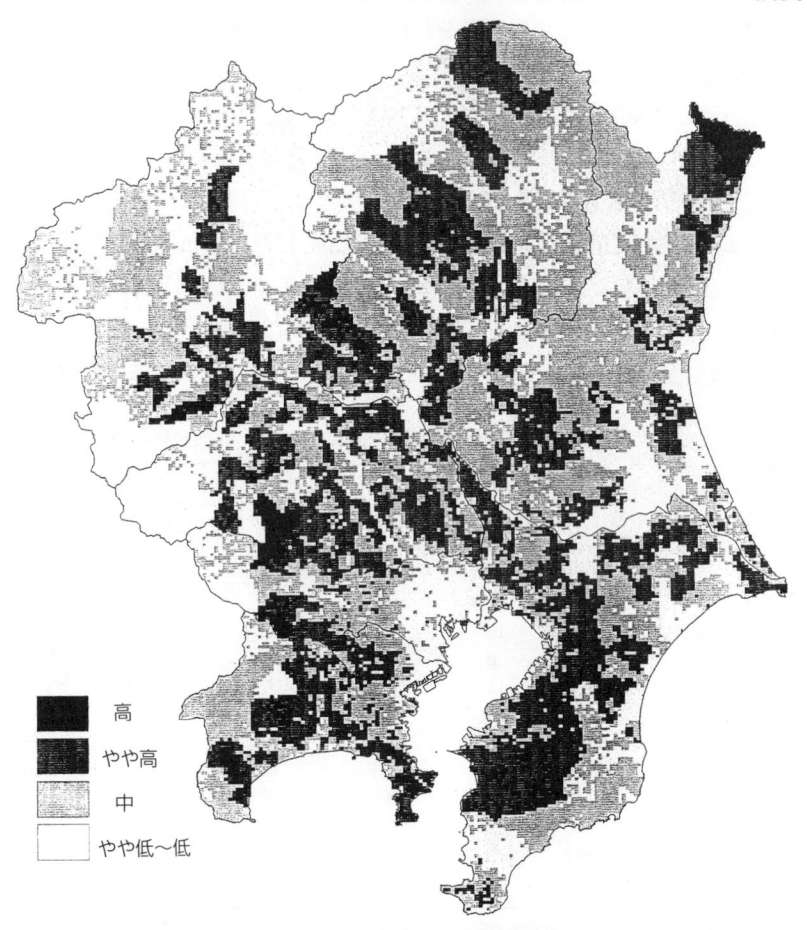

図 13.2 関東地方における植物の持つ大気汚染ガス（NO_2）浄化機能（横張・加藤，1997，許可を得て転載）

(1998年のSO_2年平均値：4.2 ppb $= 11.0 \times 10^{-6} \mu g\,cm^{-3}$，$NO_2$年平均値：14.4 ppb $= 27.1 \times 10^{-6} \mu g\,cm^{-3}$）から，日本全体の植生によるガス吸収量を再計算した．植生によるガス吸収はSO_2で21万t，NO_2では39万tであり，植生による除去率は1998年のSO_2年間発生量（85万t）の25%，NO_x年間発生量（196万t）の20%となった．1980年時点と比較して，NO_2の吸収量にはほとんど変化がないが，SO_2吸収量が著しく減少している．この理由は土地利用変化よりもSO_2発生量の低下が大きく，環境のSO_2濃度が低下したことに起因している．

加藤（1998）は戸塚・三宅モデルにより，1 km メッシュに落とした植生区分を用いて，農林地の持つNO_2の潜在的大気浄化能および大気浄化能をマップ化した．潜在的大気浄化能とは，Pgに Pgの植生区分に相当する土地利用面積を掛けるが，NO_2濃度を掛けていない場合である．一方，大気浄化能は潜在的大気浄化能に地域のNO_2濃度を乗じたものである．関東地方の大気浄化能（潜在的大気浄化能×NO_2濃度）を図13.2に示した．当然，植生の多い山間の森林地帯は大気浄化能力が高く，緑のほとんどない東京都心は大気浄化能力は低くなっている．

13.4 おわりに

植物による大気汚染ガスの吸収という森林および農業生態系の持つ大気浄化機能の一面について概説した．国土全体としての植生はかなりの量の大気汚染ガスを吸収し，大気を浄化する能力があることがわかった．しかし，道路沿道のグリーンベルトの例のような局所汚染を緩和するための対症療法的な方法で植物を利用する場合では，植物群落の浄化能力は大きなものではないこともわかった．一方で，大気汚染ガスの多くは植物にとって有害で，それらの吸収は植物の生理障害を引き起こし，ひいては枯死させることもある．さらには，塵埃も葉に付着して光合成や蒸散を妨げる．このように考えると大気環境が悪化したからといって，そのエアフィルター装置としての機能を植物に期待することは，植物にとっては酷な話である．植物の浄化能力の限界を十分わきまえて，国土の緑化や現在ある様々な緑地の価値を正しく

評価することが重要と考えられる．植物は食料や木材などを生産する天然資源であるとともに，植物には，緑と人間とのふれあいという生活の快適性を満足させるという計り知れない機能がある．

引用文献

Bennett, J. H. and Hill, A. C., 1973 : Absorption of gaseous pollutants by a standardized canopy. *J. Air Pollut. Control Assoc.*, **23**, 203-206.

古川昭夫，1987：大気浄化能力の植物種間差，植物の大気環境浄化機能に関する研究，国立公害研究所研究報告，第108号，25-32.

Hill, A. C., 1971 : Vegetation : a sink for atmospheric pollutants, *J. Air Pollut. Control Assoc.*, **21**, 341-347.

岩城英夫，1981：わが国におけるファイトマス資源の地域的分布について，環境情報科学，**10**，54-61.

加藤好武，1998：農林地および農用地のもつ国土保全機能の定量的評価，環境情報科学，**27**，18-22.

環境庁自然保護局，1994：第4回自然環境保全基礎調査－植生調査報告書－．

金　元植・青木正敏・伊豆田　猛・戸塚　績，1997：コムギ群落における二酸化炭素とオゾンの沈着速度，大気環境学会誌，**32**，58-63.

吉良竜夫，1976：陸上生態系概論，共立出版．

三宅　博，1990：植物の生産力に基づく緑地の大気浄化機能の評価，文部省「人間環境系」研究報告書（G038-N31-13），「都市圏の生産緑地のもつ環境改善機能評価方法に関する研究」，平成元年度研究成果報告書，pp. 15-30.

農林水産省統計情報部，1999：第74次農林水産省統計表：平成9年～10年．

農林水産省統計情報部，1992：1990年世界農林業センサス：第14巻林業地域調査報告書．

名取俊樹・戸塚　績，1980：二酸化窒素の短期および長期暴露に伴う植物のガス収着速度を支配する植物側の要因について，大気汚染学会誌，**15**，329-333.

小川和夫，1994：沿道緑地帯による窒素酸化物低減効果に関する研究，埼玉県公害センター研究報告，第20号，特1-99.

大政謙次・安保文彰・名取俊樹・戸塚 績, 1979：植物による大気汚染物質の収着に関する研究.（II）NO_2, O_3 あるいは NO_2+O_3 暴露下における収着について. 農業気象, *35*, 77-83.

大喜多敏一, 1982：大気保全学, 産業図書, 254p.

大喜多敏一, 1996：酸性降下物の発生源と酸性雨の発生メカニズム, 酸性雨（大喜多敏一監修）, pp. 51-93, 博友社.

Okita, T., Murano, K., Matsumoto, M. and Totsuka, T., 1993 : Determination of dry deposition velocities to forest canopy from measurements of throughfall, stemflow and vertical distribution of aerosol and gaseous species. *Environmental Sciences*, **2**, 103-111.

大政謙次, 1979：植物群落の汚染ガス収着機能－現象の解析とそのモデル化－, 陸上植物による大気汚染環境の評価と改善に関する基礎的研究, 国立公害研究所研究報告, 第10号, 367-385.

Payrissat, M. and Beike, S., 1975 : Laboratory measurement of the uptake of sulfur dioxide by different soil. *Atmos. Environ.*, **9**, 211-217.

産業公害防止協会, 1985：湿性大気汚染に関する調査研究報告書, 131p.

Sehmel, G. A., 1982 : Particle and gas dry deposition : a review. *Atmos. Environ.*, **14**, 983-1011.

戸塚 績, 1987：植物の生産力に基づく各種植物群落のガス吸収量の評価, 植物の大気環境浄化機能に関する研究, 国立公害研究所研究報告, 第108号, 19-24.

戸塚 績・三宅 博, 1991：緑地の大気浄化機能, 大気汚染学会誌, **26**, A71-A80.

横張 真・加藤好武, 1997：環境保全からみた国土の多面的機能. 緑地環境科学（井手久登編）, pp. 113-133, 朝倉書店.

索引

あ行

IPCC ················· 212, 339
アカマツの衰退 ············ 176
アサガオ ············ 9, 73, 137
アサガオ全国調査 ············ 139
亜酸化窒素（N_2O）········· 113
足尾銅山 ················ 2, 173
亜硝酸イオン（NO_2^-）···114, 181
亜硝酸還元酵素（nitrite reductase）·115
アスコルビン酸 ············· 79
アスコルビン酸/グルタチオン・サイクル
　················· 92
アスコルビン酸ペルオキシダーゼ（AP）
　················· 91
アポプラスト（細胞外空間）······ 79
雨水排除可動フィールドシェルター装置
　················· 163
アメリカ国家酸性降下物評価プログラム
　（NAPAP）············ 171
亜硫酸イオン（sulfite：SO_3^{2-}）···· 66
アルミニウムの毒性 ·········· 180
暗呼吸, dark respiration ········ 292
アンダーセンサンプラー ····· 33, 34
アントシアン ·············· 253
アンモニウムイオン ·········· 181

維持呼吸（maintenance respiration）
　················· 291
異常落葉 ················· 169
一次汚染物質 ·············· 16
1時間値 ················· 16
一次粒子 ················· 34
1日平均値 ················ 16
一酸化炭素（CO）·········16, 18
一酸化窒素（NO）············ 113
一般化植物反応作用スペクトル
　（generanized plant reponse action
　spectrum）·········· 241, 251
一般環境大気測定局 ··········· 18

ウメノキゴケ ·············· 129
運動量輸送（拡散）係数 ········ 310

AOT 40 ··········· 78, 185, 186
SH基 ················ 85, 101
SH試薬 ················· 101
SO_2 ············ 16, 19, 64, 374
SO_2 の酸化過程 ············· 37
エタン（C_2H_6）············ 89
エチレン ········ 89, 134, 136, 259
NO_2 ············· 16, 113, 375
NCLAN（National Crop Loss
　Assessment Network）········ 73
エピクチクラワックス ·········· 157
煙害 ··················· 1
塩酸塩（Cl^- 化合物）········· 35

OHラジカル ········ 19, 50, 51, 324
汚染ガス吸収モデル ············ 376
オゾノリシス ············ 80, 81
オゾン ··········· 8, 72, 178, 135

オゾン全量 ················· 54, 56
オゾン層破壊 ················ 52, 241
オゾンホール ·················· 54
オープントップチャンバー（OTC）
  ········· 73, 143, 217, 297
温室効果 ················· 44, 210
温室効果ガス ········ 1, 45, 209, 211
温度-光合成曲線 ·············· 287

か 行

海塩粒子 ·················· 33, 34
過酸化水素（H_2O_2）············ 69, 94
ガス拡散方程式 ················ 371
活性酸素 ······ 81, 91, 119, 242, 259
活性酸素解毒系酵素 ········· 259, 266
花弁の脱色 ················· 10, 156
CAM (crassulacean acid metabolism)
  植物 ·····················287
カルシウム欠乏 ················180
$(Ca + Mg + K) / Al$ モル比 ········ 191
環境基準 ········ 16, 17, 19, 33, 37
乾性沈着 ·················373, 376

気孔コンダクタンス ··············303
気孔抵抗 ·················286, 372
気候変化シナリオ ·222, 225, 226, 234
気候変動に関する政府間パネル
  (Intergovernmental Panel on
  Climate Change ; IPCC) ·212, 339
気候モデル ·····················214
気象庁の「地球温暖化予測情報」····214
気泡·························340
急性被害 ······················65
Q_{10}（温度係数, temperature
  coefficient) ················· 291
空気浄化チャンバー法 ············131
矩形波（square-wave）照射 ··· 250, 262
クヌーセン数 ··················330
グラジオラス ·········· 6, 133, 136
クリティカルレベル（critical level）
  ······················ 77, 185
グルタチオン（GSH） ············· 91
グルタミン合成酵素（glutamine synthe-
  tase）·······················115
グルタミン酸合成酵素（glutamate gluta-
  mate synthase）················115
クローバー ···················145

ケヤキの異常落葉 ················9
嫌気性微生物 ··················50

公害·························7
光化学オキシダント ···· 1, 7, 16, 72
光化学系Ⅰ（photosystem Ⅰ）
  ················· 67, 99, 253
光化学系Ⅱ（photosystem Ⅱ）
  ················ 68, 86, 99, 253
光化学系電子伝達活性律速 ········299
光化学スモッグ ·············· 7, 72
光化学スモッグ注意報 ········ 19, 140
光合成有効放射（PAR）··········308
構成呼吸（growth respiration,
  constructive respiration）······291
光リン酸化反応 ············· 67, 84
呼吸························290
黒煙·························20
国際生物学事業計画（IBP, International

Biological Program) ………284
黒体の放射平衡 ………………43
黒体放射 ………………………44
国連気候変動枠組条約 ………284
コケ類 …………………………125
国家作物収量減少評価ネットワーク
　　(National Crop Loss Assessment
　　Network ; NCLAN) …………73
COP3 …………………………284
固定発生源 ……………………18
コンダクタンス ……………352, 377

さ 行

サトウカエデの衰退 …………178
酸性降下物 ……………………156
酸性雨 …………………1, 10, 25, 187
酸性霧 …………………176, 177, 190
酸素ラジカル …………………259

GISS シナリオ ………………225
シアノバクテリア ……………242
ClO ……………………………53
Cl ラジカル ……………………53
CO_2 交換過程 ………………295
CO_2-光合成曲線 ……………287
CO_2 施肥 (CO_2 fertilization) ……293
CO_2 施肥効果 …………………234
CO_2 補償点 (CO_2 compensation point)
　　………………………………287
紫外線 …………………………241
紫外線カットフィルム ………268
紫外線防御 ……………………254, 259
紫外線ランプ …………………249
シキミ酸経路 …………………256

仕切り壁 ………………………331
シクロブタン型ピリミジン二量体
　　(CPD) ………………245, 256
C_3 径路 ………………………215
C_3 作物 ………………………215
C_3 植物 ………………………252, 287
脂質 ……………………………81, 99
脂質過酸化 ……………………81
湿度起因の加圧化 (humidity-induced
　　pressurization) ……329, 338
自動車 NOx 法 ………………22
自動車排出ガス測定局 ………18
自動車保有台数 ………………21
指標植物 ………………………122
重亜硫酸イオン (bisulfite : HSO_3^-) ・66
従属栄養生物による呼吸量
　　(heterotrophic respiration, HR)
　　………………………………285
収着速度 ………………………374
樹木活力指数 …………………125
純一次生産 (net primary production,
　　NPP) ……………………284
純一次生産力 …………233, 234, 268
純生産量 (Pn) …………………377
硝化 ……………………………181, 195
硝酸イオン (NO_3^-) ……………114, 181
硝酸塩 …………………27, 35, 37, 39
硝酸還元酵素 (nitrate reductase) …115
常時監視 ………………………16
C_4 径路 ………………………215
C_4 作物 ………………………215
C_4 植物 ………………………252, 287
シラビソの衰退 ………………176
シンク (吸収源) ………………295

人工酸性雨 ……156, 187, 188, 197
森林衰退 ………………………… 1, 168

水稲のメタン放出口 ……………341
水分ストレス ……………………183
水分特性曲線 ……………………312
スギの枯損 ………………………173
スギの衰退 ………… 1, 11, 29, 173
Stefan-Boltzmann 定数…………… 43
ストロマトライト ………………242
スーパーオキシド（O_2^-）……… 69, 91
スーパーオキシドデスムターゼ（SOD）
……………………… 69, 91

成層圏オゾン層の破壊 …… 2, 52, 220
生態系純生産（net primary ecosystem production, NEP）…………284
生態指数 …………………………130
生物学的影響量（biologically effective UV-B：UV-B_{BE}）……………251
全球大気・海洋結合モデル ………214
全球炭素循環モデル ……………318
蘚苔類 ……………………………125
全天日射量 ………………… 56, 58

総生産量（Pg）…………………377
総量削減計画 ……………………… 22
ソース（放出源）…………………295
粗大粒子（coarse particle）……… 33

た 行

大気・海洋結合気候モデル ……213
大気質 ……………………………… 16
大気浄化機能 ……………………371

大気清浄指数（IAP）……………129
大理石の溶出 ……………………… 30
ダウンレギュレーション ………294
ダケカンバの衰退 ………………176
タバコ ………………… 9, 73, 135
段階的な（stepwize）照射 ……250, 263
短期的評価 ………………… 17, 37
炭酸カルシウム …………………… 30
炭素循環（carbon cycle）………284
タンニン …………………… 256, 273
タンパク質 ………………………… 85
短波放射 …………………………209

地衣類 ……………………… 125, 128
地下部／地上部の比 ……………216
地球温暖化 ………………… 1, 40, 209
地球温暖化指数（Global Warming Potential：GWP）……………211
地球規模の熱収支 ………………… 42
地球の放射収支 …………………209
窒素過剰 …………………… 177, 195
窒素酸化物 ………………………113
窒素飽和（nitrogen saturation）……180
着生砂漠 …………………………126
着生植物 …………………………125
抽水植物 …………………………328
長期的評価 ………………… 17, 37
調光型照射装置 …………………265
長波放射 …………………………209
沈着速度 …………………………373
沈着比例定数 ……………………378

通気組織（aerenchyma）………328

DNA 損傷 ·······················256
DNA 損傷産物 ···············245, 247
ディーゼル黒煙 ···················34
ディーゼル車 ················20, 22
デグリーデイ ····················219
テトラクロロエチレン ·········16, 20
電子伝達系 ··············67, 84, 253
電磁波 ··························45

糖脂質 ······················82, 99
トウヒの衰退 ···········178, 179, 180
土壌呼吸 (soil respiration, SR) ····295
土壌酸性化 ·······164, 177, 180, 191
ドース・レスポンス (量-反応) 関係
　　　　　　　·········75, 136, 138, 162
ドブソン単位 ·····················52
トリクロロエチレン ···········16, 20

な 行

ナシ被害 ·························5
NPAP (National Acid Precipitation Assessment Program) ········163

二酸化イオウ (SO₂) ··16, 19, 64, 122
二酸化窒素 (NO₂) ···········16, 113
二次生成粒子 ················22, 35
二次汚染物質 ····················16

熱放散 (thermal transpiration)
　　　　　　　··············329, 331, 338

農業気候資源 ····················225

は 行

PAR ··························250
煤煙 ····························3
バイオマス ·····················216
煤塵 (ばいじん) ············3, 6, 34
hydroxymethyl hydroperoxide (HMHP)
　　　　　　　··························95
ハイボリュームサンプラー ··········34
bimodal 粒径分布 ················39
パーオキシアセチルナイトレート
　　(PAN) ················8, 97, 146
破生細胞間隙 (lysiganeous intercellular space) ·····················328
ハツカダイコン ········73, 143, 160
葉の熱容量 ·····················308
ハロカーボン ····················54
ハロン ·························54
PAN ····················8, 97, 146

PS I ···················67, 99, 253
PS II ·············68, 86, 99, 253
光-乾物変換率 ····················76
光-光合成曲線 ··················287
光呼吸 (photorespiration) ········292
光修復酵素 (DNA photolyase) ·····246
光飽和光合成速度 ················287
光補償点 (light compensation point)
　　　　　　　··························287
光利用効率 ·················76, 287
微小粒子 (fine particle) ···········33
皮層 (cortex) ···················328
非メタン炭化水素 (NMHC) ········23
ピリミジン (6-4) ピリミジノン型

索　引　(389)

索引

光産物（6-4光産物）・・・・・・・・・245
FACE (Free-air CO_2 enrichment)
　・・・・・・・・・・・・・・・・・218, 297
浮水植物 ・・・・・・・・・・・・・・・・328
フッ化水素 ・・・・・・・・・・・・・6, 133
物質収支法 ・・・・・・・・・・・・・・・373
フッ素化合物 ・・・・・・・・・・・・・・・6
ブナの衰退 ・・・・・・・・・・・175, 182
不飽和脂肪酸 ・・・・・・・・・・・・・・82
不飽和透水係数 ・・・・・・・・・・・・313
浮遊粒子状物質 ・・・・・・・16, 22, 33
フラックス ・・・・・・・・295, 303, 371
フラボノイド ・・・・・・・・・・253, 255
ブリオメーター ・・・・・・・・・131, 133
プロセスベースモデル ・・・・・・・・315
フリーラジカル ・・・・・・・・・・69, 90
プール ・・・・・・・・・・・・・・・・・294
フロン ・・・・・・・・・・・・・1, 52, 54
フロンの分解 ・・・・・・・・・・・・・・53
分光放射照度 ・・・・・・・・・・・・・251
分子拡散 (molecular diffusion)・・・328
分子吸光係数 ・・・・・・・・・・・・・・51
分子流 (molecular flow, Knudsen flow)
　・・・・・・・・・・・・・・・・・・・・・330
粉じん ・・・・・・・・・・・・・・・・・・34

平均自由行路 (mean free path) ・・・・330
ペチュニア ・・・・・9, 98, 134, 136, 146
ベンゼン ・・・・・・・・・・・・・・16, 20
ベンチュリ (Vanturi) ・・・・・・・・334

ポアズイユ流れ ・・・・・・・・・・・・330
放射エネルギー密度 ・・・・・・・・・・44
放射強制力 ・・・・・・・・・・・・・・・211
phosphoenol pyruvate carboxylase
　（PEPカルボキシラーゼ）・・・・・・68
ポリアミン ・・・・・・・89, 90, 255, 259

ま行

マイクロポア ・・・・・・・・・・・・・345
マグネシウム欠乏 ・・・・・・・・・・178
マスフロー (mass flow, convective throughflow) ・・・・・・・・328, 329
マツの衰退 ・・・・・・・・・・・・・・178
マロンジアルデヒド (MDA)・・・81, 99
慢性被害 ・・・・・・・・・・・・・・・・65

水ストレス ・・・・・・・・・・・178, 190
水のポテンシャルエネルギー ・・・・312
水利用効率 ・・・・・・・・・・・183, 215

メタン ・・・・・・・・・・・・・・・・・324
メタン酸化菌 (methanotrophic bacteria)
　・・・・・・・・・・・・・・・・・・・・327
メタン生成菌 (methanogenic bacteria)
　・・・・・・・・・・・・・・・・・・・・325
メタンフラックス ・・・・・338, 339, 349

モミの衰退 ・・・・・・・・・・・174, 182

や行

有機化合物 ・・・・・・・・・・・・・・・20
有機過酸化物 ・・・・・・・・・・・・・・95
UV-A ・・・・・・・・・・・・・・・・55, 57
UV-B ・・・・・・・・・・・・72, 220, 241
UV-B吸収物質 ・・・・・・・・・・・・270
UV-C ・・・・・・・・・・・・・・・・・・56

European Open-top Chamber (EOTC)
　　　　　　‥‥‥‥‥‥‥‥‥‥74
葉鞘‥‥‥‥‥‥‥‥‥‥‥‥‥344
溶存炭酸成分‥‥‥‥‥‥‥‥‥27
葉肉抵抗‥‥‥‥‥‥‥‥‥‥286
葉面境界層抵抗‥‥‥‥286, 310, 372
葉面交換係数‥‥‥‥‥‥‥‥309
葉面積指数‥‥‥‥‥‥‥306, 375

ら行

乱流‥‥‥‥‥‥‥‥‥‥‥‥309

リグニン‥‥‥‥‥‥‥‥256, 273
リザーバー‥‥‥‥‥‥‥‥‥294
リターフォール‥‥‥‥‥‥‥294
リーチング（溶脱）‥‥‥‥‥157
リブロース-1, 5-ビスリン酸カルボ
　　キシラーゼ/オキシゲナーゼ
　　　　　（Rubisco）・68, 86, 215, 254, 290
粒径‥‥‥‥‥‥‥‥‥‥‥‥32
粒径分布関数‥‥‥‥‥‥‥‥32
硫酸イオン（sulfate：SO_4^{2-}）‥‥66
硫酸塩‥‥‥‥‥‥‥27, 35, 37, 39
粒子状物質‥‥‥‥‥‥‥‥‥31
量子収率（quantum yield）‥‥‥‥287
林外雨‥‥‥‥‥‥‥‥‥‥‥182
臨界負荷量（critical load）‥‥‥‥193
リン酸欠乏‥‥‥‥‥‥‥‥‥180
リン酸再利用律速‥‥‥‥299, 301
リン脂質‥‥‥‥‥‥‥‥83, 99
林内雨‥‥‥‥‥‥‥‥‥‥‥182

root/shoot ratio‥‥‥‥‥‥‥‥87
Rubisco (ribulose-1, 5-bisphosphate
　　carboxylase / oxygenase)
　　　　‥‥‥68, 86, 215, 254, 290
Rubisco 酵素律速‥‥‥‥‥‥‥299

European Open-top Chamber (EOTC)
　　　　　　　　　　　　　　74
葉鞘・・・・・・・・・・・・・・・・・・・・・・・・・・344
溶存炭酸成分・・・・・・・・・・・・・・・・・・・27
葉肉抵抗・・・・・・・・・・・・・・・・・・・・・・286
葉面境界層抵抗・・・・・・・286, 310, 372
葉面交換係数・・・・・・・・・・・・・・・・・309
葉面積指数・・・・・・・・・・・・・・・306, 375

ら行

乱流・・・・・・・・・・・・・・・・・・・・・・・・・・309

リグニン・・・・・・・・・・・・・・・・・256, 273
リザーバー・・・・・・・・・・・・・・・・・・・294
リターフォール・・・・・・・・・・・・・・・294
リーチング（溶脱）・・・・・・・・・・・・・157
リブロース-1, 5-ビスリン酸カルボ
　　キシラーゼ/オキシゲナーゼ

(Rubisco)・68, 86, 215, 254, 290
粒径・・・・・・・・・・・・・・・・・・・・・・・・・・・32
粒径分布関数・・・・・・・・・・・・・・・・・・32
硫酸イオン（sulfate：SO_4^{2-}）・・・・・・66
硫酸塩・・・・・・・・・・・・・27, 35, 37, 39
粒子状物質・・・・・・・・・・・・・・・・・・・・31
量子収率（quantum yield）・・・・・・・・・287
林外雨・・・・・・・・・・・・・・・・・・・・・・・182
臨界負荷量（critical load）・・・・・・・・・193
リン酸欠乏・・・・・・・・・・・・・・・・・・・180
リン酸再利用律速・・・・・・・・・299, 301
リン脂質・・・・・・・・・・・・・・・・・83, 99
林内雨・・・・・・・・・・・・・・・・・・・・・・・182

root/shoot ratio・・・・・・・・・・・・・・・・・・87
Rubisco (ribulose-1, 5-bisphosphate
　　carboxylase / oxygenase)
　　　・・・・・・68, 86, 215, 254, 290
Rubisco酵素律速・・・・・・・・・・・・・・・299

JCLS	〈㈱日本著作出版権管理システム委託出版物〉	
2001	2001年6月20日　第1版発行	

```
┌──────────────┐
│ 大気環境変化と │
│ 植物の反応   │
│              │
│ 著者との申   │
│ し合せにより │
│ 検印省略     │
└──────────────┘
```
ⓒ著作権所有

本体 5000 円

著作代表者　野内　勇（のうち いさむ）

発行者　株式会社　養賢堂
　　　　代表者　及川　清

印刷者　株式会社　丸井工文社
　　　　責任者　今井晋太郎

発行所　〒113-0033 東京都文京区本郷5丁目30番15号
　　　　株式会社 養賢堂
　　　　TEL 東京(03)3814-0911　振替00120-7-25700
　　　　FAX 東京(03)3812-2615

ISBN4-8425-0079-4 C3061

PRINTED IN JAPAN　　製本所　板倉製本印刷株式会社

本書の無断複写は、著作権法上での例外を除き、禁じられています。
本書は、㈱日本著作出版権管理システム（JCLS）への委託出版物です。本書を複写される場合は、そのつど㈱日本著作出版権管理システム（電話03-3817-5670、FAX03-3815-8199）の許諾を得てください。